V&R

Hypomnemata

Untersuchungen zur Antike und zu ihrem Nachleben

Supplement-Reihe

Herausgegeben von
Albrecht Dihle, Siegmar Döpp, Dorothea Frede,
Hans-Joachim Gehrke, Hugh Lloyd-Jones †, Günther Patzig,
Christoph Riedweg, Gisela Striker

Band 2

Walter Burkert, Kleine Schriften

Herausgegeben von Christoph Riedweg,
Laura Gemelli Marciano, Fritz Graf, Eveline Krummen,
Wolfgang Rösler, Thomas Alexander Szlezák,
Karl-Heinz Stanzel

Band IV

Vandenhoeck & Ruprecht

Walter Burkert

Kleine Schriften IV
Mythica, Ritualia, Religiosa 1

Herausgegeben von

Fritz Graf

Vandenhoeck & Ruprecht

Bibliografische Information der Deutschen Nationalbibliothek

Die Deutsche Nationalbibliothek verzeichnet diese Publikation in der
Deutschen Nationalbibliografie; detaillierte bibliografische Daten sind
im Internet über http://dnb.d-nb.de abrufbar.

ISBN 978-3-525-25277-2

Hypomnemata ISSN 0085-1671

© 2011, Vandenhoeck & Ruprecht GmbH & Co. KG, Göttingen/
Vandenhoeck & Ruprecht LLC, Oakville, CT, U.S.A.
www.v-r.de
Druck und Bindung: ⊕ Hubert & Co, Göttingen

Gedruckt auf alterungsbeständigem Papier.

Inhaltsverzeichnis

Vorwort

Religion ist das Zentrum von Walter Burkerts Werk. Ganz besonders sind es Mythos und Ritual, seit *Homo Necans* (1972), einem Buch, das in Burkerts eigener Einschätzung das erste war, das "umfassend und methodisch die Parallelismen der beiden Phänomene im griechischen Material verfolgte". Entsprechend sind "Mythus" und "Ritual" die beiden grossen Teile der Bände IV und V, die (zusammen mit Band III und VI) zentrale Schriften aus diesen Bereichen vorlegen, angereichert durch eine etwas vagere Gruppe von Schriften zur Religion in Band 4. Wie immer ist die Auswahl mit dem Autor abgesprochen, aber in der letzten Verantwortung des Herausgebers. Um die Bedeutung der Thematik zu unterstreichen, sind in beiden Bänden zwei eher programmatische Texte der jüngeren Vergangenheit an den Schluss gestellt, die beide dem Herausgeber selber am Herzen liegen – die Hans Lietzmann-Vorlesung zum christlichen Altertum und Klassischer Philologie von 1996 in Band IV, mit ihrem nachdrücklichen Plädoyer für eine grössere Annäherung der beiden Disziplinen als Teildisziplinen einer (religiösen) Altertumswissenschaft, einer "übergreifenden Religionswissenschaft", und der Beitrag zu Mythus und Ritual in der Festschrift für Henk Versnel von 2002 in Band V, in der Burkert sein eigenes Werk in einen grösseren geistigen Zusammenhang einordnet.

Die Edition folgt den Richtlinien der bereits erschienenen Bände. Wie bisher wurden also reine Versehen stillschweigend berichtigt; Konventionen wurden einander angeglichen, ohne jedoch (etwa in den Abkürzungen in den Fussnoten) völlig vereinheitlicht zu werden; die häufigen Abkürzungen "Jh." und "Jt." im Text wurden der besseren Lesbarkeit halber stillschweigend aufgelöst. Alle anderen Eingriffe des Herausgebers (meistens Verweise auf neuere Editionen) wurden kursiv in eckigen Klammern markiert.

Wie immer hätten auch diese beiden Bände nicht erscheinen können ohne vielfältige Hilfe. Christoph Riedweg, der seinerzeit diese Reihe angeregt hatte, ist mehrfach mit tatkräftiger Hilfe beigesprungen; Eveline Krummen, die Herausgeberin von Band VI, der zusammen mit diesen beiden Bänden dieses Unternehmen abschliesst, hat ihre Arbeit mit meiner kurzgeschlossen; meinen wissenschaftlichen Mitarbeiter in Columbus, Roderick Saxey und Hanne Eisenfeld haben alle Artikel mitgelesen, und ihr Scharfblick hat geholfen, die Versehen einzuschränken; Katrina Väänanen hat bei der Erarbeitung des Index beigestanden. Ihnen allen sei an dieser Stelle gedankt. Für mich als Herausgeber aber war dieses Unternehmen nicht nur eine Gelegenheit, Walter Burkert Dank abzustatten dafür, was er für unsere Wissenschaft und für mich selber in fünf Jahrzehnten geleistet hat, es war auch ein erstaunliches Erlebnis, noch einmal zu sehen, wie reich dieses Œuvre ist und wieviele seiner Einsichten ich erst heute, wo ich selber das Ende meiner wissenschaftlichen Laufbahn absehen kann, so richtig zu verstehen glaube.

Columbus, im November 2010   Fritz Graf

A. Mythos

Erschienen in: Propyläen Geschichte der Literatur. Literatur und Gesellschaft der westlichen Welt I: Die Welt der Antike, Berlin 1981, 11-35

1. Mythos und Mythologie

Wesen und Funktion

'Mythos' – latinisiert 'Mythus' – ist mindestens seit den zwanziger Jahren dieses Jahrhunderts wieder respektabel geworden und im Gespräch geblieben, ohne jedoch die alte Zweideutigkeit, die ihm anhaftet, loszuwerden: Ein Mythos ist unlogisch, unwahrscheinlich oder unmöglich, vielleicht unmoralisch und auf jeden Fall verkehrt, zugleich aber zwingend, faszinierend, tief und ehrwürdig, wenn nicht gar heilig. Je nach emanzipatorischer oder nostalgischer Tendenz wird aufgerufen, einen Mythos als Vorurteil zu durchschauen und so zu überwinden oder aber zurückzufinden zur Verbindlichkeit eines ursprünglichen Vorwissens.

Daß eine kulturelle Tradition von ihren Mythen mit getragen wird, ist Aufgabe und Ergebnis wissenschaftlicher Forschung seit den Zeiten Johann Gottfried Herders.[1] 'Mythologie' bezeichnet dabei ebenso Sammlung und System der Mythen eines Volkes wie die mit ihrer Deutung befaßte Wissenschaft. Die Ethnologie hat "Mythologien aller Völker" zusammengetragen.[2] Für die Menschheitsgeschichte wurde oft ein "mythisches Zeitalter", gekennzeichnet durch ein besonderes "mythisches Bewußtsein", als notwendiges Stadium der Entwicklung angenommen. Daß bei alledem stets die altgriechische Bezeichnung verwendet wird, eben *mýthos*, ist mehr als ein Zufall. In der antiken – vorchristlichen – Kultur ist die Macht der Mythen in der Tat fast einzigartig: Sie beherrschen Dichtung und Bildkunst, selbst Religion drückt sich vorzugsweise in ihnen aus, und die Philosophie ist

---

[1] Einen wichtigen Anstoß gab Christian Gottlob Heyne; vgl. Otto Gruppe, *Geschichte der Klassischen Mythologie und Religionsgeschichte*, 1921, 109–112.

[2] Vgl. John Arnott MacCulloch and Louis H. Gray *[The Mythology of All Races in Thirteen Volumes, New York 1916–1964]*; Alexander Eliot *[Myths, New York 1976]*; Pierre Grimal *[Dictionnaire de la mythologie grecque et romaine, Paris 1951]*; Hans W. Haussig *[Wörterbuch der Mythologie, Stuttgart 1961–2004]*.

ihnen nie ganz entwachsen. Aber auch in der Politik werden sie als gegeben und wirksam vorausgesetzt, sie verleihen großen Familien ihr Prestige und bestimmen ein gut Teil des Selbstverständnisses des kleinen Mannes. Und da die griechische Kultur nicht als Rechtsnorm oder kraft einer Offenbarungsschrift, sondern vor allem als Kunstform überlegen und durchsetzungsstark war, ist überall in ihrem Strahlungsbereich die 'klassische' Mythologie anzutreffen, und sei es zuletzt nur noch als Bildungsresiduum: Man muß doch wissen, was ein 'Chaos' oder ein 'Augiasstall' ist, eine 'Achillesferse' oder ein 'Trojanisches Pferd'.

Mythologie tritt seit langem vorzugsweise in Gestalt des Handbuchs auf, das eine verwirrende Fülle von Namen an kuriosen Handlungsfäden aufreiht und von der Lebendigkeit des Mythos nicht mehr bewahren kann als ein Herbarium vom Saft und Duft der Pflanzen. Wo und in welcher Gestalt der lebendige Mythos anzutreffen ist, darüber freilich besteht keine einmütige Meinung. Mythos als Mode legt eher moderne Mißverständnisse nahe, vor allem dieses, Mythos sei vorzugsweise in irrationalen Tiefen oder Tabuzonen jenseits der Sprache angesiedelt – banaler: Nur besonders Primitives sei 'mythisch'. In Wahrheit hat Mythos mit Mystik nichts zu tun. Das griechische Wort *mŷthos* heißt 'Rede, Erzählung, Konzeption'. Zum Terminus jedoch wurde es in der griechischen Aufklärungszeit als Dialektwort, um aus der Distanz die alten Erzählungen zu bezeichnen, die nicht wirklich ernst zu nehmen waren. Trotzdem entfaltet sich der Mythos in einer durchaus erwachsenen und reifen Hochkultur.

Mythen sind – und dies ist fundamental – traditionelle Erzählungen. Insoweit ist Mythologie ein Teilbereich der allgemeinen Erzählforschug. Schwierig ist nur, die Mythen im 'echten'*[12]* Sinne auszugrenzen aus der Fülle vorhandener Erzähltypen. Ein Mythos kann wie ein Märchen erzählt werden und unterscheidet sich doch darin, daß er im Normalfall nicht um seiner selbst willen und schon gar nicht vorwiegend für Kinder erzählt wird; Mythos ist Volkserzählung und doch der individuellen Gestaltung zugänglich, ja im Griechischen Inhalt klassischer Dichtung von höchstem Niveau; Mythos deckt sich teilweise mit Sage, und doch ist fraglich, ob ein "historischer Kern" sich ausschälen läßt.

Zwei Definitionen des Mythos haben sich in gewissen Grenzen als brauchbar erwiesen, ohne grundsätzlicher Kritik[3] entzogen zu sein: Mythos sei Erzählung von Göttern und Heroen[4] oder aber Erzählung vom Ursprung

---

[3]   Geoffrey S. Kirk 1970, 1–41.

[4]   Vgl. Joseph Fontenrose 1966.

der Welt und ihrer Einrichtungen "einmal in jener Zeit".[5] Beide Definitionen sind zumindest für den griechischen Befund zu eng, erst recht die noch weiter einschränkende, Mythos sei grundsätzlich 'heilige', sakralisierte Erzählung. Die einzelnen Erzählungen respektieren die von der Theorie gezogenen Grenzen kaum und treten wechselnd als 'echte' Mythen, als Märchen, Sagen, Legenden oder Schwänke auf und sind doch auch in dieser Form durchaus bedeutsam. Darum empfiehlt sich, die Besonderheit des Mythos nicht im Inhalt, sondern in der Funktion zu suchen. Einen Fingerzeig geben die in Mythen so zahlreich auftretenden Namen, von denen zumindest ein Teil eindeutig auf einst real existierende Familien, Stämme und Städte, auf Heiligtümer, Götterfeste und Heroengräber verweist: Mythos ist angewandte Erzählung,[6] Erzählung als Verbalisierung komplexer, überindividueller, kollektiv wichtiger Gegebenheiten. In diesem Sinne ist Mythos begründend – ohne daß darum explizit von Urzeit die Rede sein muß – als 'Charta' von Institutionen, Erläuterung von Ritualen, Präzedenzfall für Zaubersprüche, Entwurf von Familien- und Stammesansprüchen und überhaupt als wegweisende Orientierung in dieser und der jenseitigen Welt. Mythos in diesem Sinne existiert nie 'rein' in sich, sondern zielt auf Wirklichkeit; Mythos ist gleichsam eine Metapher auf dem Niveau der Erzählung. Ernst und Würde des Mythos stammen von dieser 'Anwendung': Ein Komplex traditioneller Erzählungen liefert das primäre Mittel, Wirklichkeitserfahrung und -entwurf zu gliedern und in Worte zu fassen, mitzuteilen und zu bewältigen, die Gegenwart an Vergangenes zu binden und zugleich die Zukunftserwartungen zu kanalisieren. Mythos ist "Wissen in Geschichten".[7] Besonders in der archaischen Kultur der Griechen war solches "Wissen" fundamental.

Kurzschlüssig indes ist die Annahme, ein Mythos sei aus seiner 'Anwendung' unmittelbar und restlos zu entschlüsseln, als sei er Widerspiegelung oder transformiertes Abbild einer bestimmten Realität. Erzählung ist eine sprachliche Form, die in ihrem charakteristischen Nacheinander von der Linearität der menschlichen Sprache bestimmt und in ihrer Dynamik von der Typik menschlichen Erlebens getragen ist. Die traditionelle Erzählung ist im Prozeß des Hörens und Wiedererzählens stets als Sprachgestalt vorgegeben und kann nur in standardisierter Gestalt überleben. Mythos ist insofern eine Synthesis *a priori*. Die 'Anwendung', der Bezug zur Realität,

---

[5] Vgl. Mircea Eliade 1953; Raffaele Pettazzoni, *Paideuma* 4, 1950, 1–10; William R. Bascom, *Journal of American Folklore* 78, 1965, 4.

[6] Walter Burkert 1979, 22–26.

[7] Vgl. Wilhelm Schapp 1976.

ist sekundär und meist nur partiell treffend: Die Erzählung hat ihren 'Eigen-Sinn'.

Erzählungen lassen sich bekanntlich wiedergeben, ohne daß ein fester Text zu memorieren ist. Im 'Mitgehen' des Hörers werden die Situationen und Handlungsbögen intuitiv erfaßt. Erzählen und Erleben sind offenbar in besonderer Weise aufeinander abgestimmt. Dies bedeutet, daß auch ein Mythos, *qua* Erzählung, nicht als fester Text gegeben und nicht an bestimmte literarische Formen gebunden ist: Er kann kunstvoll entfaltet oder aufs dürrste Résumé komprimiert werden, kann in Prosa, Gedicht und Lied erscheinen; er kann, ohne seine Identität zu verlieren, selbst Sprachgrenzen überschreiten. Allerdings treten, wie bei anderen Erzähltypen, vielerlei Varianten auf, die vielleicht gemeinsam erst seine Sinnfülle konstituieren.[8] Mythen sind Sinnstrukturen.

Der Erforscher der antiken Mythologie allerdings steht vor dem Problem, daß ihm nur schriftliche Texte vorliegen, vorzugsweise jene Texte, die als 'klassische' Dichtung ausgesondert wurden und darum erhalten blieben. Zwischen den Texten individueller Autoren bestehen literarische Beziehungen, bewußte Bezugnahmen in Nachahmung, Variation, Distanzierung. Läßt sich antike Mythologie somit auf Literaturgeschichte reduzieren: "Der Mythos als Dichtung"?[9] Mündlichkeit, wie sie von der allgemeinen Erzählforschung vorausgesetzt wird, läßt sich für die ferne Vergangenheit nie direkt nachweisen. Doch gibt es immerhin Indizien, die zwingen, über das bloß Literarische hinauszugehen und mit einer mündlichen Lebendigkeit auch des antiken Mythos fest zu rechnen. Wenn etwa korinthische Töpfer den von ihnen gemalten Sagenbildern die Heroennamen im lokalen Dialekt beischreiben, beweist dies, daß sie in ihrer Alltagssprache und nicht in homerischen Versen von *[13]* den Helden sprachen. Für manche der populärsten Stoffe, insbesondere die Herakles-Mythologie, läßt sich kaum eine maßgebende Dichtung auch nur vermutungsweise benennen. Die literarische, 'homerische' Tradition steht gar nicht selten im Gegensatz zu lokalen Überlieferungen, die später verschriftlicht werden, aber lange vor der hohen Dichtung dagewesen sein müssen. In Einzelfällen läßt sich die Kontinuität einer Erzählung sogar über den Zusammenbruch einer Schriftkultur hinaus verfolgen.[10]

Dokumentiert in Wort und Bild sind antike Mythen seit dem Ende des 8. Jahrhunderts v. Chr.; daß sie weit älterer Abkunft sind, bleibt zwingende

---

[8] Vgl. Claude Lévi-Strauss 1958, 240.

[9] Ernst Howald, *Der Mythos als Dichtung*, Leipzig o.J. *[1937]*

[10] Burkert, "Von Ullikummi zum Kaukasus", *Würzburger Jahrbücher* 5, 1979, 253–261 *[= Kleine Schriften II, 87–95]*.

Vermutung, die aber nur vereinzelt direkt zu stützen ist. Bezeugt ist etwa das Götterpaar Zeus–Hera mit einem "Sohn des Zeus" in der mykenischen Epoche.[11] Vorbilder und Parallelen sind in orientalischen Literaturen faßbar; auch lassen sich bis in den Anfang des 3. Jahrtausends zurück zumindest Rudimente einer indogermanischen Mythologie erkennen. Vermutlich ist mythische Tradition so alt wie die Sprache der Menschheit und in noch älteren Verhaltens- und Erlebensmustern verwurzelt. Doch falsch wäre die Annahme, sie sei darum unveränderlich und starr. Man mag Beharrungsvermögen und Wandelbarkeit analog zu Sprache überhaupt einschätzen. Dauerhafte Fixierung bietet erst die Schrift, die doch zugleich die mythische Kommunikation durch neue Formen des Wissens zu verdrängen unternimmt.

Strukturen und Variationen

Man pflegt Mythen nach Namen zu benennen und zu verzeichnen: der Mythos von Oidipus, von Medeia, von Orestes. Und doch sind die Namen ein Oberflächenelement, unbeständig und vielgestaltig. Einige sind von der Handlung getragen, wie Orest der "Mann vom Berg", der als Rächer einbricht und als Mörder flieht. Einige sind Füllsel: Ein König heißt Kreon "der Herrschende", eine Königstochter Kreusa. Viele dienen dazu, die Erzählung an die jeweilige soziale und lokale Realität zu binden: Perseus als Sohn der Danae *[14]* ist Exponent des in Argos angesiedelten Danaerstamms, und er gründet Mykene, die mächtigste Burg dieser Landschaft.

Gering an Zahl und stereotyp wiederkehrend sind dagegen Erzählstrukturen; ihnen hat sich darum die Aufmerksamkeit der neueren Forschung besonders zugewandt. Die meisten Handlungsfolgen sind im Grunde ebenso simpel wie fundamental, 'biotische' Operatoren, die in Verhaltensmustern um Nahrungssuche, Kampf, Sexualität seit je vorgezeichnet sind.[12] Eine Besonderheit aber muß sie als 'merkwürdig' charakterisieren, damit sie in die Erzähltradition eingehen, ein ungewöhnlich verstärktes Element oder eine gleichsam kristalline oder paradoxe Stimmigkeit.

Aus einem Corpus russischer Zaubermärchen hat Vladimir Propp 1928 eine *Morphologie der Erzählung* gewonnen, die weithin sich bewährt. Beschrieben wird ein Handlungsbogen, den man 'Abenteuer' oder 'Suche' ('Quest') nennen mag, als eine Folge von einunddreißig Elementen, 'Funk-

---

[11] Burkert 1977, 83f.

[12] Der Terminus 'biotisch' ist von Max Lüthi, *Deutsche Zeitschrift für Volkskunde* 2, 1973, 292, eingeführt.

tionen': Aus Verlust oder Auftrag ergibt sich eine Aufgabe, ein Held schickt sich an sie zu erfüllen; er zieht aus, trifft dabei auf Widersacher und Helfer, gewinnt ein entscheidendes Zaubermittel, stellt sich dem Gegner, überwindet ihn, wobei er selbst nicht selten gezeichnet wird; er gewinnt das Gesuchte, macht sich auf den Heimweg, schüttelt Verfolger und Konkurrenten ab; am Ende stehen Hochzeit und Thronbesteigung. Offensichtlich verlaufen nach diesem Muster Märchen, Romane und Filmhandlungen in nimmermüden Variationen; und zahlreiche griechische Mythen halten mit. So gehören natürlich die 'Arbeiten' des Herakles zu diesem Typ. Um etwa die Rinder des Geryoneus zu gewinnen, muß der Held bis ans Ende der Erde im fernen Westen wandern, den Sonnengott zwingen, ihm seinen goldenen Becher zur Verfügung zu stellen, in dem er über den Okeanos-Strom zur "Roten Insel" fahren kann; dort erschlägt er den Hirten, den zweiköpfigen Wachhund, den dreileibigen "Herrn der Herde Geryoneus", und bringt unter etlichen Schwierigkeiten die Rinder schließlich bis nach Argos heim. Ähnlich, mit jeweils markanten Besonderheiten, schafft Herakles Pferde, Wildschwein, Hirsch, goldene Äpfel, ja den Ölbaum von Olympia herbei.[13] Die Fahrt der Argonauten gilt dem goldenen Vließ im fernen Sonnenland Aia: Iason sammelt die rechten Helfer und baut das erste Schiff, er findet unter Fährlichkeiten den Weg, er löst die vom Barbarenkönig gestellten Aufgaben, entführt samt Vließ die Sonnenenkelin Medeia, entgeht der Verfolgung und gelangt nach Hause – allerdings fehlt der glückliche Märchenschluß. Auf wieder anderem Weg, mit anderen Helfern und Mitteln, gewinnt Perseus das Haupt der Medusa, das ihm die künftigen Siege garantiert, so daß er Andromeda heiraten und König von Mykene werden kann. Gleichsam kristallisiert ist die Angst um 'Suche' und Rückkehr im Bild des Labyrinths. Ein Abenteuer besonderer Art ist die Jenseitsreise, wie sie etwa von Orpheus erzählt wird: Jenseits von Kampf und Raub geht es hier vor allem um den Gewinn an Wissen.

Der Kampf, der in der Mitte der Abenteuersequenz steht, kann kraft seiner Bedeutung im realen Leben auch Eigenrecht in Anspruch nehmen. Kampferzählungen sind beliebt und entwickeln ihre eigenen Kristallisationen.[14] Der Gegner des Helden muß möglichst gefährlich und schreckerregend sein und von einer Art, daß seine vorbestimmte Niederlage nichts als Befriedigung erweckt, also 'böse' im wahrsten Sinne. Als ideale Besetzung der Rolle erwies sich schon in den altorientalischen Kulturen das Ungeheuer mit Schlangencharakter, der Drache – dies ein griechisches Wort

---

[13] Burkert 1979, 83–98.

[14] Ausführliche Monographie: Joseph Fontenrose, *[Python. A Study of Delphic Myth and Its Origins, Berkeley]* 1959.

für Schlange. Der stärkste Gott ist dadurch ausgezeichnet, daß er den Drachen, dem keiner sich zu stellen wagte, überwunden hat: Jahwe von Israel
triumphiert über Leviathan, Marduk von Babylon über Tiamat, der hethitische Wettergott über Illuyankaš, Zeus über Typhon, Apollon zu Delphi über
Python. *[15]* Die Spannung steigt, wenn der Held vorübergehend unterliegt,
gefangen, geschwächt, vielleicht gar getötet wird. Dies schließt insbesondere Illuyankaš- und Typhon-Mythos aneinander: Der Gott gerät in die
Gefangenschaft des Drachen, und erst nachdem ein Helfer ihm mit List seine Kraft zurückgegeben hat, kann er im zweiten Anlauf den Sieg erringen.
Daneben steht die Möglichkeit, die beiden Kämpfe, Niederlage und Sieg,
auf zwei Protagonisten zu verteilen. Das Ungeheuer als 'Anti-Held' wird so
zum 'Zwischen-Herrscher'; der endgültige Sieg ist Rache, der die ursprüngliche Ordnung wiederbringt. So entspricht der hethitische Mythos vom
"Königtum im Himmel" mit der Abfolge Anu (Himmel) – Kumarbi – Wettergott bis ins einzelne der Göttersukzession bei Hesiodos: Uranos (Himmel) – Kronos – Zeus. Hier wie dort entmannt der ungute Zwischen-Herrscher den Himmelsgott und verschluckt, was ihn später noch stürzen wird.
Doch vergleichbar an Stellung und Funktion ist auch der weichliche Mörder
Aigisthos zwischen Agamemnon und Orest, dem Rächer seines Vaters.

   Eine zusätzlich Dynamik gewinnt die Kampferzählung, wenn der
Gegner weiblichen Geschlechts ist; aggressive und sexuelle Motivation
verschränken sich zu neuen Kristallisationen. Herakles, Theseus, Achilleus
kämpfen mit Amazonen; Theseus zeugt mit einer Amazone einen Sohn
Hippolytos, während für Achill und Penthesileia Liebe und Kampfeswut
sich unlösbar verstricken. Auch die Phase der 'Zwischen-Herrschaft' kann
weiblich charakterisiert sein: Vom Frauenaufstand wird in Lemnos wie in
Tiryns erzählt;[15] in Theben erscheint nach dem Tod des Königs die rätselhafte Sphinx, bis der neue König Oidipus sie stürzt. Klytaimestra, die
Gattenmörderin und Feindin der eigenen Kinder, spielt neben Aigisthos eine
analoge Rolle. Daß die Herrschaft des Mannes die rechte Ordnung sei, wird
im griechischen Mythos vorausgesetzt. Medeia freilich mordet ungestraft
die Könige in Iolkos und Korinth sowie die eigenen Söhne, muß dann aber
schleunigst weichen; auch sie bleibt 'Zwischen-Herrscherin'. Es war ein
Mißverständnis, aus solchen Mythen auf ein prähistorisches 'Mutterrecht'
zu schließen.

   Eine andere große Gruppe mythischer Erzählungen kreist um Zeugung
und Geburt. Die biologischen Gesetze führen auf ein einfaches Handlungs-
gerüst, das an sich als Erzählung, auch in Form des Märchens, wenig ergie-

---

[15] Burkert 1972, 189–218.

big ist – die Ausgestaltung zu Novelle und Roman steht auf einem anderen Blatt. Wohl aber bedient sich seiner mit Vorliebe der Mythos, um zu beschreiben, wie überhaupt etwas entsteht. Es geht um das, was auf einzigartige Weise gezeugt und geboren wurde, das Urpferd, ein Urkönig oder Stammvater, oder ein neuer Gott. Dabei wird der Akt von phantastischen Merkwürdigkeiten umspielt; denn Besonderes kann nur aus besonderen Voraussetzungen entspringen. Poseidon verwandelte sich in einen Hengst und besprang die in eine Stute verwandelte 'Schwarze' Demeter: So entstand das Pferd Areion. Zeus verfolgte Nemesis durch alle ihre Verwandlungen als Fisch, Landtier und Vogel: Aus dem schließlich gelegten Ei ging Helena hervor, die schönste Frau oder vielmehr selbst eine Göttin. Der Widerstand der Partnerin liefert oft die eigentliche Spannung. Peleus hielt der Meeresgöttin Thetis durch alle ihre Verwandlungen stand, bis sie sich ergab und schließlich Achilleus gebar – allerdings verließ sie danach wieder die menschliche Behausung. Wie Zeus als Schwan der Leda, als Stier der Europa, als Goldregen der Danae nahte, der Alkmene jedoch in der Maske des eigenen Gatten Amphitryon, ist bald schon zu burlesken Katalogen zusammengefaßt worden; doch geht es auch hier vor allem um die Söhne, Dioskuren, Minos, Perseus und Herakles. Athena entzieht sich der Bedrängung durch Hephaistos, bis dessen Same auf die Erde fällt: Diese bringt so den athenischen Urkönig Erichthonios hervor; Erechtheion und Hephaistos-Tempel stehen, über die Agora hinweg, einander gegenüber. Merkwürdig im umgekehrten Sinne ist es, wenn der weibliche Partner die Initiative ergreift. Göttinnen kommt *[16]* dies zu: Aphrodite empfängt Aineias von Anchises, Demeter gibt sich Iasion auf dreifach gepflügtem Ackerfeld hin und bringt Plutos, den Getreide-Reichtum, zur Welt; für Iasion bedeutet dies den Tod, für Anchises lebenslanges Siechtum. Schließlich kann der Mythos auch gleichsam experimentell und als Grenzfall von Zeugung und Geburt ohne Partner berichten: Die jungfräuliche Athena entspringt aus dem Haupt des Zeus, während Hera im Gegenzug ohne Gatten den allerdings hinkenden Schmiedegott Hephaistos gebiert.

Widerstand schafft Spannung: Die typische Fortsetzung der Geburtsgeschichte erzählt von tödlicher Gefahr, Verfolgung und Aussetzung des Neugeborenen. Natürlich wird das Kind gerettet, es wächst bei Tieren, Räubern, Hirten auf, seiner großen Bestimmung entgegen. Diese Form der Königslegende wurde von Sargon von Akkade wie von Moses erzählt, von Kyros wie von Romulus.[16] Aber auch Zeus mußte in der kretischen Höhle vor seinem Vater verborgen von einer Ziege ernährt werden, und Dionysos

---

[16] Gerhard Binder 1964.

wuchs im fernen Nysa bei Nymphen auf, während Hera seine Mutter und seine Ammen verfolgte.

Wird die Geburt des Helden von der weiblichen Seite her erzählt, so liegt die Struktur der 'Mädchentragödie' vor, der 'verfolgten Heldin'.[17] Wieder wird ein einfaches Grundschema variiert: Ein Mädchen, aus der Geborgenheit von Familie und Kindheit herausgetreten, wird zunächst in idyllischer Abgeschiedenheit vorgestellt – doch kann es sich ebenso um ein Gefängnis handeln; dort wird es von einem Gott oder Heros übermannt. Es folgt eine Phase der Bestrafung und der Qualen, bis mit der Geburt des Heldensohnes, vielleicht auch erst später durch diesen selbst die Rettung erfolgt. So wird Danae in einem ehernen Gemach gefangengesetzt und doch geschwängert von Zeus in Gestalt des goldenen Regens; sie wird mit ihrem Sohn Perseus in eine Truhe gesperrt und ins Meer geworfen, auf der fernen Insel Seriphos aber an Land getragen, wo Perseus aufwachsen kann. Ähnliches erleiden andere Heroenmütter, Kallisto etwa, die Bärenmutter des Arkadervolkes, oder Antiope, die Mutter der thebanischen Dioskuren Amphion und Zethos, oder Auge, die Mutter des Telephos, des Gründers von Pergamon. In der Spätantike hat dann Lucius Apuleius das Schema literarisch ausgestaltet im Märchen von Amor und Psyche, das einen der beliebtesten Märchentypen hervorgebracht oder mindestens beeinflußt hat.[18]

Alle diese Strukturen sind unmittelbar 'biotisch' verständlich. Gerade die 'Mädchentragödie' folgt im Grunde der natürlichen Entwicklung von der Pubertät über Defloration und Schwangerschaft zur Entbindung. Andere Formen erscheinen dunkler, ja pervers, besonders eine Gruppe, die auf Menschenopfer und Kannibalismus zielt. Auch hier ist ein 'biotischer' Untergrund einsehbar, die unlösbare Verkettung von Töten und Essen, die jedoch in sehr eigener Weise in den Ritualen der blutigen Opfer ausgestaltet ist; diese zeichnen den Mythen die Handlungsstruktur vor. So schlachtet der Vater den eigenen Sohn – Tantalos den Pelops –, oder er wird durch Täuschung oder Wahnsinn dahin gebracht, daß er vom Fleisch des eigenen Kindes ißt – so Thyestes oder Tereus. Weniger grell, doch nicht minder furchtbar ist die Situation, wenn der Vater die eigene Tochter schlachtet: Iphigeneia oder die Töchter des athenischen Königs Kekrops. Das Opfer des eigenen Sohnes kommt gleichfalls vor: Menoikeus in Theben, der Sohn des Idomeneus in Kreta. Die alttestamentlichen Parallelen, Isaak und die Tochter Jephtas, sind seit jeher aufgefallen. Dann wieder zerreißen Mütter die eigenen Kinder in dionysischer Raserei; so insbesondere Agaue den Pen-

---

[17] Burkert 1979, 6f.

[18] Detlef Fehling, *Amor und Psyche. Die Schöpfung des Apuleius und ihre Einwirkung auf das Märchen. Eine Kritik der romantischen Märchentheorie*, Abh. Mainz 1977.

theus, der sich als Thebens König anmaßte, dem Dionysos Widerstand zu leisten. Die Situation der Greuel aber ist in der Erzählung stets 'Ausnahme-Zeit', Zwischenzeit, durch eine Vorgeschichte ausgelöst; Umkehrung, Strafe, Verwandlung müssen folgen, damit die Erzählung zum Ziel kommt. Im Hintergrund stehen Opferrituale mit ihrer Ambivalenz von Verschuldung und Sühnung, Blutvergießen und Reinigung,[19] wie denn der Verweis auf Götter, Orakel und Heiligtümer diesem Mythentypus besonders zu eigen ist.

Und doch können Opfer und Gründung im Mythos auch unter ganz anderem Aspekt erscheinen, in Distanz zum Göttlichen und mit eigentümlicher Bewußtheit des Menschlichen, untragisch, ja unernst bis an den Rand des Zynischen. Zunächst in Indianermythen wurde die Gestalt des 'Tricksters' erfaßt und benannt, des Kulturbringers, der die Regelverstöße und Tabubrüche als einen 'Sport' betreibt und den Menschen das Dasein selbst gegen den Willen der Götter ermöglicht. In diesem Sinne erzählt man im Babylonischen von Atraḫasīs, dem "durch Klugheit Herausragenden",[20] *[17]* im Griechischen von Prometheus, dem Menschenfreund; dieser hat die Verteilung der Opfer so eingerichtet, daß den Menschen praktisch das ganze eßbare Fleisch verbleibt, und er hat das für Kochen und Handwerk gleich notwendige Feuer dem Zeus vom Himmel gestohlen. Vergleichbar ist der Gott Hermes im 'homerischen' Hymnus, der seinem Bruder Apollon die Rinder stiehlt, um sie schlachten und braten zu können, der dazu die Leier erfindet und vom Werden des Kosmos singt. Für Hesiod ist Prometheus ein Frevler, der der gräßlichen Strafe des Zeus nicht entgehen kann; während er an den Kaukasus geschmiedet ist, frißt ein Adler täglich an seiner Leber; doch die Menschen leben vom Ergebnis seiner Schlauheit. Ein Drama der frühen Sophistenzeit, *Der gefesselte Prometheus*,[21] hat dann die Auflehnung des Kulturbringers gegen den Gott zu jenem trotzigen Stolz ausgestaltet, der seither als 'prometheische' Haltung menschliches Selbstverständnis mitbestimmt.

Dieser Überblick über Erzählstrukturen der antiken Mythologie kann weder systematisch noch erschöpfend sein. Er soll nur Hinweise geben, wie die Formen sich variierend wiederholen, wie die Dynamik der Handlung in allgemeinen menschlich-traditionellen Programmen verwurzelt ist; auch wie die Namen dabei von Fall zu Fall auf jeweils besondere Realitäten

---

[19] Burkert 1972.

[20] Vgl. Wilfred George Lambert, Alan Ralph Millard, *Atra-hasīs: The Babylonian Story of the Flood*, Oxford 1969.

[21] Als Werk des Aischylos überliefert, doch höchstwahrscheinlich von einem anderen Dichter verfaßt: Mark Griffith, *The Authenticity of Prometheus Bound*, Cambridge 1977.

verweisen, ist hie und da deutlich geworden. Das meiste mag als typisch menschlich erscheinen. Die Besonderheit des Griechischen, im Kontrast zu den Mythologien anderer Völker, ist zunächst eher negativ zu fassen: Das Magische tritt in den Hintergrund – es gibt kaum Mythen von Verzauberung und Entzauberung; auch die Warnerzählung ("cautionary tale") ist in Reinform kaum anzutreffen. Die meisten der alten 'Geschichten' sind in irgendeiner Form ambivalent, verschiedener Deutung zugänglich. Ihr 'Wissen' kann Wirklichkeit gliedern und begründen, kann orientieren und erklären, doch oft muß um die Erklärung gerungen werden; fertige Rezepte werden nicht geboten. Die Mythentradition übergreift die Individualerfahrung und ist eben darum für den einzelnen mehr Aufgabe als Lösung im Umgang mit Wirklichkeit.

Theorien des Mythos

Bereits die Antike hat eine Methode entwickelt, die widernatürliche und amoralische Phantastik der überlieferten Mythen, vor allem der Götter-mythen, zum Verschwinden zu bringen: die Allegorese.[22] Demnach wären Mythen sinnvoll und wahr, sofern man sie als "Sprechen von etwas ande-rem", als Verschlüsselung einer anderen Mitteilung über einen durchaus erfahrbaren und beschreibbaren Bereich erfaßt. Daß Apollon die Sonne, Artemis–Diana den Mond, Demeter–Ceres die Erde bedeuten, gehörte lange zum allgemeinen Bildungsgut. Im 19. Jahrhundert wurde im Gefolge von Max Müller der Versuch unternommen, das ganze Muster der Helden-Er-zählung speziell vom Sonnenlauf herzuleiten;[23] Mond- und Astralmytholo-gen sterben nicht aus. Die willkürliche Gewaltsamkeit, mit der die alle-gorischen Methoden den tatsächlich überlieferten 'Geschichten' gegenüber verfahren müssen, hat sie indessen längst diskreditiert. Der Naturbezug ist eine der Ebenen mythischer 'Anwendungen', gelegentlich die bevorzugte, doch nicht der Ursprung und nicht der volle Sinn der Erzählung.

Zwei andere Theorien der Mythologie, um 1890 entworfen, sind bis heute wirksam und werden lebhaft diskutiert: die Ritualtheorie und die psychoanalytische Theorie. Beide schließen sich nicht etwa aus; sie kom-men von ganz verschiedenen Erfahrungsberei-[18]chen her und können sich insofern ergänzen, aber auch ganz aneinander vorbeigehen.

---

[22] Felix Buffière 1956; Jean Pépin 1958.

[23] Richard M. Dorson, "The Eclipse of Solar Mythology", in: Thomas A. Sebeok, *Myth: A Symposium*, Bloomington 1955, 25–63.

Die Ritualtheorie ist in Cambridge von W. Robertson Smith und Jane E. Harrison formuliert worden und hat sich seit James George Frazers Monumentalwerk *The Golden Bough* vor allem im angloamerikanischen Bereich verbreitet. Sie behauptet in einer ersten, schlichteren Form die Abhängigkeit der Mythen von zugeordneten Ritualen, von den stereotypen Zeremonien, die besonders die primitiven Gemeinschaften zu prägen scheinen: Mythos sei "mißverstandenes Ritual".[24] In einer fortgeschrittenen Form postuliert die Theorie die gegenseitige Zuordnung von Mythen und Ritualen im Rahmen der Kommunikations- und Prägungsprozesse, die zum Fortbestand einer Gesellschaftsordnung notwendig sind,[25] ohne daß der Mythos dabei notwendig den zweiten Rang einnehmen müßte. Die Definition des Mythos wird damit sehr einfach: Mythen sind die mit Ritualen verbundenen traditionellen Erzählungen. Dies hat sich in der Ethnologie zumindest als heuristisches Prinzip durchaus bewährt.

Eine mit dem Schlagwort "Myth and Ritual"[26] hervorgetretene Richtung[27] verfocht im Blick auf "Altes Testament und Alten Orient" darüber hinaus die These, Mythos und Ritual müßten auch im praktischen Vollzug verbunden sein; Mythos sei "der gesprochene Teil des Rituals", Ritual der "Vollzug des Mythos". Dies ist, was die Antike angeht, so oft widerlegt worden, daß darüber eher übersehen wurde, wie weit die Ritualtheorie doch trägt. Das Muster der Helden-Erzählung mit Aussetzung, Suche und Probe als Voraussetzung von Hochzeit und Herrschaft stellt sich als direktes Gegenstück von Initiationsriten dar, und die 'Mädchen-Tragödie' fällt mit dem Verlauf von Mädcheninitiationen vollends zusammen. Die Erzählung vom Raub des 'Mädchens' Kore-Persephone durch den Totengott Hades ist mit den geheimen Initiationsfeiern, 'Mysterien' von Eleusis eng verbunden; und bei den Mythen um Menschenopfer, Zerreißung, Greuelmahlzeit ist die Beziehung zum Opferkult meist explizit. Einschränkend allerdings bleibt festzuhalten, daß Mythen immer auch ohne Ritual erzählt, weitergegeben und neugestaltet werden konnten, daß die Hypothese, jedem Mythos liege zumindest 'ursprünglich' ein Ritual zugrunde, weit übers Nachweisbare hinausgeht, daß vielmehr Sinn und Funktion des Mythos losgelöst vom Ritual sich entfalten können. 'Trickster-Mythen' schließlich nehmen zwar auf Ritual Bezug – doch in einer distanzierten, fast parodierenden Erzählhaltung, so daß sie alles andere als Abspiegelung oder gar Teil des Rituals

---

[24]   Jane Ellen Harrison, *[Mythology and Monuments of Ancient Athens, London]* 1890, III; XXXIII.

[25]   Harrison 1912, 331.

[26]   Samuel Henry Hooke 1933.

[27]   Fontenrose 1966; Kirk 1970, 8–31.

sind. Man wird die Parallelität von Mythos und Ritus im Rahmen menschlicher Kommunikation betonen und den vielen wechselseitigen Beeinflussungen nachzugehen haben; doch ist nicht eines auf das andere reduzierbar.

Die von Sigmund Freud geprägten Begriffe und Thesen der Psychoanalyse sind zu einem Teil längst Mode, ja selbstverständlich geworden; ein anderer Teil bleibt sektenhafte Esoterik. Indem Freud die unbewußten Seelenkräfte ans Licht hob, hat er dank seiner klassischen Bildung Namen der griechischen Mythologie aufgegriffen, um die neuartigen Tatbestände knapp und farbig zu umreißen. Daraus ergab sich dann der Anspruch, der psychologische Befund erkläre, neben anderen kulturellen Errungenschaften, auch das Zustandekommen der überlieferten Mythen. Neben Narziß, dem ins eigene Spiegelbild Verliebten, ist es ganz besonder Oidipus, der in der psychologischen Fachsprache einen festen Platz gefunden hat. Oidipus hat den eigenen Vater erschlagen und seine Mutter geheiratet. Die anhaltende Faszination dieses Themas erklärte Freud durch die These, die Tat des Oidipus sei der unterdrückte, unbewußte Wunsch der kindlichen Psyche, deren sexuellen Regungen sich dem andersgeschlechtigen Elternteil zuwenden. Die *[19]* entwicklungspsychologische Relevanz dieser Theorie steht hier nicht zur Diskussion; selbst auf die mythologische Kontroverse kann nur kurz verwiesen werden.[28] Der Oidipus der Sage hätte, als Patient betrachtet, freilich keinen Ödipus-Komplex gegenüber den eigenen Eltern entwickeln können, waren diese dem ausgesetzten Kind doch unbekannt geblieben; indem er heiratete und Kinder zeugte, zeigte er durchaus reifes Sexualverhalten. Das Drama des Sophokles, die maßgebende Ausformung des Oidipus-Mythos, erzwingt Bewunderung durch die unerbittliche Folgerichtigkeit des Prozesses, in dem die Wahrheit ans Licht gebracht wird, mehr noch durch eine menschliche Haltung, die den totalen Zusammenbruch, wenn die Grundlagen der Existenz, Abkunft, Ehe, Herrschaft, als von Anfang an vergiftet sich erweisen, einsam besteht. Dabei kann die literarhistorische Betrachtung nachweisen, daß erst Sophokles Oidipus in dieser Weise in die Einsamkeit stellt, während in der traditionellen Erzählung von den *Sieben gegen Theben* das Leid des Oidipus nur Vorspann war zur Verfluchung der Söhne und zur Selbstauslöschung des Geschlechts im wechselseitigen Brudermord beim Sturm auf die Tore der Stadt. Und doch wird der Psychoanalytiker sich nicht geschlagen geben und darauf beharren, daß eben in der Wahl der Motive eine Angerührtheit von Erzählern und Hörern, von Dichter und Publikum durch jene unbewußte Dynamik sich verrate, daß Blendung als Strafe des Inzestes psychoanalytisch stimmig sei, daß der

---

[28] Jean-Pierre Vernant 1972, 75–98: "Œdipe sans complexe"; D. Anzieu, "Œdipe avant le complexe", *Les temps modernes* 245, 1966, 675–715.

Name Oidipus – "Schwellfuß" – kaum verhüllt auf Sexuelles weise. Und der Ritualist kann sich anschließen, insofern seine Betrachtungsweise auf das Grab des Oidipus im Heiligtum der Demeter bei Eteoneus am Kithairon führt: Oidi-pus bei der 'Mutter'.

Überhaupt hat die tiefenpsychologische Betrachtungsweise den Blick dafür geschärft, in welchem Ausmaß gerade die griechische Mythologie dominiert wird von den Permutationen des 'Familiendramas'. Nicht nur, daß die Helden-Erzählung, besonders das Aussetzungsmotiv, auf die Vater-Sohn-Feindschaft zurückführbar ist;[29] es läßt sich zeigen, daß die erlaubten und die verbotenen Beziehungen in der Kernfamilie von Vater, Mutter, Sohn und Tochter in den Mythen fast systematisch durchexerziert werden; Inzest und Mord durchkreuzen die erwartbare und wünschbare Solidarität und führen zu jeweils entsprechenden Folgen: Der Vater verstößt den Sohn, der Sohn erschlägt den Vater und heiratet die Mutter, er verflucht die eigenen Söhne, die sich gegenseitig töten; die Schwester folgt dem Bruder in den Tod – dies die Verkettung im Haus des Oidipus. Oder der Vater opfert die eigene Tochter, die Mutter tötet den Vater, der Sohn erschlägt die Mutter, die Schwester leistet ihm Beistand – so die Rollen von Agamemnon, Iphigenie, Klytaimestra, Orest und Elektra. Orest kann insofern als Umkehrung von Oidipus erscheinen: Die Verneinung der Mutterbindung ermöglicht die Identifikation mit dem Vater; Orest wird König. Unter rituellem Aspekt bedeutet dies wiederum Initiation.

Über die Freudschen Kategorien hinaus Mythos allgemein zu erschließen, hat Carl Gustav Jung unternommen. Daß Mythen kollektive Träume seien, hatten auch andere Freud-Schüler behauptet. Jung[30] erweitert diese These durch die Theorie der 'Archetypen' des kollektiven Unbewußten, die mit Notwendigkeit bestimmte Bilder hervorbrächten und so noch im modernen Menschen als Mythen unmittelbar wirksam seien. Eine Verifizierung dieser Thesen, wonach überlieferte mythische Strukturen mit psychoanalytischen Befunden zur Deckung kommen müßten, ist jedoch über Rudimente nicht hinausgekommen. Die Behandlung der Mythen ihrerseits hat in der Zusammenarbeit Jungs mit Karl Kerényi[31] nicht zu einer objektivierbaren wissenschaftlichen Methode geführt; es blieb *[20]* bei faszinierenden, doch persönlichkeitsgebundenen Leistungen.

Als übersubjektive, geradezu naturwissenschaftliche Methode des Umgangs mit Mythen hat sich in den letzten Jahren der Strukturalismus etab-

---

[29] Otto Rank 1909.

[30] Jung 1976; Jolande Jacobi, *Komplex, Archetypus, Symbol in der Psychologie von C. G. Jung,* Zürich 1957.

[31] Jung-Kerényi 1942; eine Bibliographie von Karl Kerényi in Kerényi 1976, 447–474.

liert. Wegweisend waren die Behandlungen von Indianermythen durch
Claude Lévi-Strauss.[32] Strukturalismus beruht auf Sprach- und Kommuni-
kationswissenschaft und versteht sich im Rahmen einer umfassenden Zei-
chenlehre (Semiologie). Zeichen gelten als definiert durch Relationen;
Mythen als Zeichenkomplexe erscheinen bestimmt durch Bündel von Beziehungen, insbesondere Gegensätze und Umkehrungen; nicht die Handlungs-
sequenz, sondern bedeutungstragende Elemente ganz verschiedener Art
werden als ebensoviele 'Codes' entschlüsselt und auf analoge Strukturen
zurückgeführt. Eine versteckte, doch eindrucksvolle 'Logik' wird so zutage
gefördert, innerhalb eines einzelnen Mythos mit seinen Varianten oder in
einem ganzen Mythencorpus. Der 'Geist' erweist seine Gesetzlichkeit gerade in seinen bizarrsten Schöpfungen. Man wird die neuen Methoden als
Form der Beschreibung auch in bezug auf antike Mythologie wohl mehr
und mehr verwenden. Doch dürfte der damit gewonnene Schematismus
mehr den Geist der Theoretiker befriedigen, als daß er den bunten und
tiefen Gehalt der Mythen erschöpfen könnte.

Das alte Epos und 'Homer'

Die griechische Kultur ist fast schicksalhaft von der Tatsache bestimmt, daß
gleich am Anfang ihrer Selbstfindung eine literarische Hochleistung steht,
die man dem Dichter Homeros zuschrieb: das Gedicht vom Zorn des Achilleus im Rahmen des Kriegs um Troia-Ilion, die *Ilias*. Allerdings steht dieses
Werk nicht in einem Leerraum; Analyse der Sprache, vergleichende Feldforschung und archäologische Funde haben den Hintergrund zu einem
gewissen Teil aufgehellt.[33] Deutlich ist, wie eine zunächst mündliche, von
Berufssängern geübte Kunst des Vortrags epischer Erzählungen im 8. Jahrhundert, inmitten von wirtschaftlicher Expansion und vielerlei Anregungen
durch die orientalischen Hochkulturen, einen besonderen Aufschwung
nahm, bis dann ein umfassender, wohldurchdachter Entwurf in der vom
Orient übernommenen Schrift festgehalten wurde.

Epische Erzählung ist mit Mythos nicht identisch; sie lebt nicht von den
eingängigen Strukturen, sondern von der Formung des Details, sie ist

---

[32] Lévi-Strauss 1958; 1964/71; vgl. Burkert 1979, 10–14.

[33] Milman Parry 1971; Cecil Maurice Bowra 1952; Albert B. Lord 1960. Es gibt kein direktes
Zeugnis aus der Bronzezeit über den Trojanischen Krieg, auch nicht für den Namen der
berühmten, um 1200 zerstörten Ruinenstätte an den Dardanellen. Die spätere griechische Stadt
an der Stelle hieß Ilion, 'Troia' ist zunächst Adjektivbildung zum Stammesnamen 'Troes': "die
troische Stadt".

gebunden an die komplizierte Form des Hexameter-Verses und eine eigens
dafür entwickelte Kunstsprache; sie zielt nicht von vornherein auf mythische 'Anwendung', auf außerdichterische Wirklichkeit, sondern schafft eine
eigene, quasirealistische Welt heroischer Vorzeit; sie ist Erzählung um ihrer
selbst willen, dem 'Ruhm' der früheren Männer und Frauen verpflichtet.
Detaillierte Schilderungen von Waffen und Kämpfen, von Wagenfahrten
und Empfängen, Reden und Gegenreden entfalten ihren eigenen Reiz. Die
Ilias hat darüber hinaus zum tragenden Thema nicht eine der typischen
Erzählstrukturen gewählt, sondern einen einzigartigen, fast 'modernen'
seelischen Konflikt, eben den 'Zorn' des Achilleus, der aus der Kränkung
auflodert und den Helden aus der bislang fraglosen Gemeinschaft und
Lebensform hinausdrängt, so daß sein Dasein seinen Sinn zu verlieren droht
– bis die eben daraus erwachsene Verstrickung, der Tod des Freundes
Patroklos durch Hektor, ihn auf die Bahn der Rache und damit dem eigenen
Tod entgegentreibt. Diese Konzeption muß die einmalige Erfindung eines
Dichters sein; sie bot den Rahmen, in den die wesentlichen Elemente des
großen Kriegs der Griechen gegen Troia-Ilion direkt oder auch in raffinierter Spiegelung eingefügt wurden. Unter diesem Rahmen- und Füllwerk aber
stechen die eigentlich mythischen Schemata ins Auge; darum ist die *Ilias*
doch zugleich eines der großen Sammelbecken griechischer Mythologie.
Schon die eigentliche Fabel vom Trojanischen Krieg, dem Raub der Helena,
der göttlichen Tochter des Zeus, und ihrer Rückführung durch die 'standhaften' Brüder Aga-memnon und Mene-laos, ist 'mythisch', ist Variante jener anderen Geschichte, wonach Helena von Theseus entführt und von den
eigenen Brüdern, den Dioskuren, zurückgeholt wird. In den Rahmen des
großen Kriegs sind dann Gestalten von eigener göttlicher oder heroisch-kul-
tischer Würde eingefügt worden – Diomedes etwa, der, selbst unsterblich,
mit den Göttern den Kampf aufnimmt, oder der Schutz- und Nothelfer Aias,
der unverwundbare Riese mit dem bergenden Schild, der nur durch sich
selbst zu Fall kommen konnte. Auch Achill, der Sohn der Meeresgenauer:
Tintenfisch-Göttin Thetis, der einzig am Fuß verwundbar ist, erweist sich
als eine mythisch-göttliche Gestalt. Mehr noch drängt sich Fabulöses außer-
*[21]*halb des *Ilias*-Stoffes hervor, etwa der Raub des 'Palladion', des Athe-
na-Bildes aus Troia, an dem das Heil der Stadt hängt, oder der Untergang
durch das 'Hölzerne Pferd' – eine scheinrationale Umdeutung dunklerer
Traditionen. Die epische Technik des 'Götterapparates', die Verschränkung
der menschlichen Ebene mit Göttererzählungen, bringt dazu Göttermythen
ins Spiel. Hier hat die *Ilias* offenbar manches Altertümliche zurückgedrängt
oder in freier Weise neu gestaltet: Die kosmogonische Hochzeit des Himmelsgottes auf der Bergeshöhe wird zum burlesken "Trug an Zeus".
    Eben die durch die *Ilias* und andere an sie anschließende Epen schrift-
lich ausgestaltete Troia-Epik hat nun ihrerseits alsbald mythische Funkti-

onen übernommen: In den Taten der 'Achaier' oder 'Argiver' fand das sich festigende Selbstbewußtsein der Hellenen selbst gespiegelt und von den anderen, den 'Barbaren', abgesetzt. So wurde der Trojanische Krieg alsbald zum Bezugsrahmen für die Auseinandersetzung mit Nichtgriechen in Ost und West, im Sinne der menschlichen Achtung und doch der vorbestimmten Siegesgewißheit. Wo immer 'Barbaren' anzutreffen waren, mit denen nicht leicht fertigzuwerden war, wurden sie als 'Troianer' aufgefaßt: Phryger und Lykier sind schon in der *Ilias* Troias Alliierte, die Thraker stoßen in einer der spätesten Schichten dazu; im Westen werden dann die Veneter an der Po-Mündung, die Elymer in Nordwestsizilien und vor allem die Etrusker und Römer als Nachkommen der 'Troianer' bezeichnet. Es sind die Stadt- und Schriftkulturen des Westens, deren Rang damit anerkannt wird; Wirklichkeit erscheint im Mythos präformiert.

Neben der *Ilias* blieb nur die *Odyssee* als eine Homers würdige Dichtung erhalten. Sie ist, strukturell betrachtet, die typische Abenteuer- und Heimkehrgeschichte, in die ein komplexes Geflecht von Varianten und eigentlich selbständigen Geschichten eingelegt ist; durchdachte und improvisierte Erfindungen im epischen Stil halten den raffinierten Aufbau zusammen. Der menschenfressende Kyklop, seine Blendung und die Flucht aus der Höhle, oder die zauberische Tierherrin Kirke, die die Besucher in Schweine verwandelt, auch die Durchfahrt durch 'Klappfelsen' oder zwischen Skylla und Charybdis und die Reise ins Totenreich gehören zu jenen Geschichten, die auf Anhieb unvergeßlich sind; unter den Jenseitsbildern haben Tantalos und Sisyphos den stärksten Eindruck hinterlassen. Die mythische Funktion, der detaillierte Realitätsverweis tritt demgegenüber zurück. Erst mit der sekundären Lokalisierung der Irrfahrten im Mittelmeer wurde die *Odyssee* dann für die archaische Epoche gleichsam zu einer vorwegnehmenden Landkarte, die den unbekannten Küsten die Namen gab.

Kaum geringeren Ruhm als die *Ilias* scheinen eine Zeitlang die Epen um Theben genossen zu haben, die erfolgreiche Abwehr des Angriffs der 'Sieben' mit dem Untergang der Oidipus-Söhne und die spätere Zerstörung der Stadt durch die 'Epigonen'. Das Selbstgefühl der Stadt Argos, Ausgangspunkt jener Unternehmungen, hat sich gern darin bespiegelt. Doch mag den eigentlichen Anlaß zur Ausgestaltung der Wiederaufbau der Stadt Theben gegeben haben, die offenbar seit der Bronzezeit in Trümmern lag, ohne daß der Name und die einstige Blüte ganz in Vergessenheit geraten waren. Der Sturm der 'Sieben' berührt sich merkwürdig mit babylonischer Epik und Magie, die sich mit der Abwehr der dämonischen, bösen 'Sieben' befaßt. Als weiterwirkendes Zeichen blieb vor allem der gegenseitige Brudermord, der als Inbegriff der Vernichtung ungezählte etruskische Sarkophage schmückt.

Von der Argonautenfahrt wurde gleichfalls im Stil des Epos gesungen, auch von Herakles; doch ist hiervon noch weniger faßbar geblieben.*[22]*

Genealogie als mythische Form

Kaum später als die *Ilias* ist zumindest im Grundbestand die erste systematische Gestaltung der mythischen Überlieferung der Griechen anzusetzen, jenes Werk des Hesiodos, dessen erster Teil als *Theogonia* erhalten blieb, während die Fortsetzung, die *Kataloge*, bis auf Fragmente verlorenging. Der Verfasser ist der früheste als Individuum hervortretende Autor der Griechen; zugleich ist er maßgebender Vertreter und Gestalter einer grundlegenden archaischen Denkform, der 'Genealogie'.[34] "Die Abkunft zu erzählen", die Vorfahren der Reihe nach zu nennen, war in Familien, die auf sich hielten, fest eingeübte Kunst; selbst komplizierte Verwandtschaftsverhältnisse mußten durchschaubar sein. Daneben erzählten die mythischen Schemata gern von Zeugung und Geburt. Indem Hesiod – kaum als erster – beides verband, hatte er eine Methode, um in die Vielfalt überlieferter Geschichten Ordnung zu bringen und jede Gestalt an ihren Ort zu stellen: Die Nennung von Vater und Mutter bestimmt Platz, Rang und Wesen, mit der Nennung von Frau und Kindern breitet das System sich immer weiter aus. So ließen sich zunächst die Götter fast alle in drei Generationen unterbringen, Titanen, Zeus und seine Geschwister und deren göttliche Kinder. Mehr Generationen beanspruchten die Heroen, wenn alle im Repertoire der epischen Sänger sowie in zahlreichen Lokaltraditionen gegebenen Namen in feste Relationen zu bringen waren; immerhin ließen sich die meisten den zwei Generationen von Herakles und den "Sieben gegen Theben" einerseits, von 'Epigonen' und Troia-Krieg andererseits zuweisen. Da die Vaterschaft für einen Helden immer wieder einem Gott zufiel, waren für die genealogische Stellung die Mütter entscheidend: Der Katalog war ein 'Frauenkatalog'. Die damit vollbrachte geistige Leistung ist erstaunlich, auch wenn der mit Zettelkasten nachrechnende Philologe Unstimmigkeiten entdecken kann. Aus einsträngigen Erzählungen war ein feinmaschiges Netz von Beziehungen geworden.

Das mythisch-genealogische Schema wurde dabei übers Überlieferte hinaus produktiv. Nicht nur, daß Lücken zu schließen, mit improvisierten Namen auszufüllen waren; das einzelne wurde vom Allgemeineren hergeleitet, die Götter vom Himmel und der Erde und was vor diesem war, die Heroen von ihrem in einer Gestalt repräsentierten Stamm und Volk. Wenn

---

[34] Paula Philippson 1936.

also in der Gesamtheit der 'Hellenes', der Griechen, nach Institutionen und Dialekten vier Stämme unterschieden wurden – Dorier, Ionier, Achaier und Aioler, von denen Ionier und Achaier enger zusammengehörten –, so heißt dies in mythischer Ausdrucksweise: Hellen hatte drei Söhne: Doros, Xuthos, Aiolos; Xuthos hatte zwei Söhne, Ion und Achaios. Dies ist eine rein erdachte Art von Mythos, fern von Ritual und Tiefenpsychologie, und doch 'echt' im Sinne der in Erzählungsform vorgegebenen Orientierung. Es ist eine mögliche, nicht aber notwendige Ergänzung, die auf Apollons Rolle beim Bundesfest der Ionier verweist, daß Ion dann Apollon als göttlichen Vater erhält, was die obligate Aussetzungsgeschichte nach sich zieht. Das genealogische Schema hat weit über Hesiod hinaus etwas Einleuchtendes, ja Selbstverständliches behalten. Eine Theorie etwa, wonach die Etrusker – von den Griechen 'Tyrrhener' genannt – mit den Lydern verwandt und aus Kleinasien nach Westen gewandert seien, erscheint bei Herodotos in genau entsprechender Form: Atys hatte zwei Söhne, Lydos und Tyrsenos; Tyrsenos ist anläßlich einer Hungersnot mit einem Teil des Volkes nach Westen gewandert.

Weiter noch greift das genealogische Schema, wenn "abstrakte" Mächte als zeugend und gebärend dargestellt werden. Die Nacht, sagt Hesiod, gebar neben vielen anderen düsteren Kindern auch den Streit, 'Eris', dieser wiederum Plage, Schmerzen, Kämpfe, Lügen und ihresgleichen – dies ist fast schon 'Allegorie', erzählende Umhüllung von klar gedachten Folgebeziehungen. Die erste Gattin des Zeus ist [23] Metis, die Klugheit, die zweite Themis, die rechte Ordnung; deren Töchter sind die 'Jahreszeiten', 'Hôrai', als Auffächerung der rechten Ordnung auf Erden, und die 'Verteilungen' der Lebenssphären, 'Moîrai'. So ist die Herrschaft des Zeus genauer charakterisiert. Der Mythos scheint hier bruchlos in den 'Logos', die direkt verantwortbare, explizite Aussage, überzugehen; umgekehrt blieb späteren Denkern die mythische Form der Aussage unverwehrt. Eros, sagt Platon, sei der Sohn der 'Armut' und des zielstrebigen 'Weges', 'Póros'; er kann dabei die Zeugungsgeschichte kraß ausmalen und doch Entscheidendes über die Philosophie als höchste Form der 'Erotik' aussagen.

Kosmogonie

Mythos ist "Wissen in Geschichten". Auch das umfassendste Wissen, die allgemeinste Orientierung über die Stellung des Menschen in der ihn umgebenden Wirklichkeit wird als mythische Erzählung weitergegeben, als Schilderung vergangener Ereignisse. Die Welt, wie sie ist, wird damit aus dem Kontrast erläutert, von einem Zustand her, als alles "noch nicht" so

war, wie es ist, sondern ganz anders. Ziel ist das Begreifen des Hier und
Jetzt. Meist wird es als die rechte, beständige Ordnung vorgestellt, zumal in
bezug auf die jeweils praktizierte, auf Dauer eingestellte Religion; dann
erscheint die Vorwelt als Unordnung, grenzenlose Vermischung, Schlamm,
Meer, Nacht und Abgrund. Sie kann ebenso im Gegenteil als "Goldene
Zeit", Götternähe und Paradies auftreten; dann führt der Weg zur Gegenwart über Verbrechen, Abfall, Katastrophe. Auch von verschiedenen Welt-
perioden, getrennt durch Katastrophen, läßt sich erzählen; eindrucksvollste
Zäsur ist die allumfassende Überschwemmung: die Sintflut.

Mythen von der Weltentstehung sind weit verbreitet.[35] Sie treten insbesondere in den altorientalischen Hochkulturen in vielen Varianten auf. Am
bekanntesten ist seit jeher der Anfang des *Alten Testaments*, wo die Analyse
indessen zwei parallele Schöpfungserzählungen unterscheidet. Daneben ist
vor allem das babylonische Weltschöpfungsepos zu Ruhm gekommen. Die
griechische Überlieferung ist deutlich dem Orient verpflichtet.

Ungeachtet des gewaltigen Stoffes sind die verwendeten Erzählformen
wiederum gering an Zahl und von schlichter, anthropomorpher Struktur. Ein
einfaches Modell ist Zeugung und Generationenfolge: Wie Götter- und
Menschengestalten im einzelnen wird auch ihre Gesamtheit und alles, was
sie umgibt, als Geschlechterkette von einem Ursprung her verstanden. Das
Verhältnis von 'Älterem' und 'Jüngerem' kann dabei wechselnd gestaltet
werden, als Aufstieg oder Abstieg an Rang und Macht, freundschaftlich-
kontinuierlich oder mit Unterdrückung und Empörung. Fast noch einfacher
ist das technomorphe Modell, das einen 'Schöpfer' nach Art eines Hand-
werkers einführt, der herstellen kann, was ihm beliebt. Bei den Ägyptern ist
der Töpfergott Ptah der Schöpfer von Allem, während der griechische
Töpfergott Prometheus immerhin den Menschen schafft. Dunkler, doch fest
etabliert, ist ein drittes Modell: Gründung durch Opferhandlung; Töten, um
Neues zuwege zu bringen. Das "kosmogonische Opfer" erscheint am deutlichsten im altindischen *Ṛg-vedá* und in der *Edda*: Aus einem zerstückelten
Riesenleib werden Himmel und Erde, Berge, Flüsse und Meere gebildet.[36]

Bei den Griechen wird unter Führung Homers die Welt vermenschlicht
als anderwärts gesehen, und magische Handlungen werden weithin aus-
geblendet. In der *Ilias* klingen nur an einer Stelle kosmogonische Traditionen an: Okeanos, der die Erde umgebende Ringstrom, wird "Entstehung der Götter" oder "Entstehung von allem" genannt, zusammen mit seiner
Gattin, der "Mutter Tethys"; beide freilich seien seit langem durch Streit

---

[35] Eine Sammlung zum Beispiel: Eliade, Hg., *Die Schöpfungsmythen*, Einsiedeln, Zürich, Köln
1964.
[36] Anders Olerud 1951.

voneinander getrennt: Der Ursprung hat aufgehört zu zeugen. Den Späteren erschien dies wie eine Vorwegnahme der Philosophie des Thales, wonach alles aus dem Wasser entstanden ist. Der Historiker der Mythologie vermutet eher eine Übernahme aus dem babylonischen Weltschöpfungsepos, das an den Anfang "Mutter Tiamat" stellt – die ebenso 'Tamtu' oder 'Tawatu' heißt – und ihren Gatten Apsu, den Süßwasser-Ozean: Damals noch "vermischten sie ihre Wasser", ehe die Götter gezeugt, Himmel und Erde geschaffen wurden.

Der gleichsam offizielle kosmogonische Mythos der Griechen steht in Hesiods *Theogonia*. Diese setzt ein mit der Frage, wie Welt und Götter 'entstanden', insbesondere "was als Erstes wurde": Dies war 'Chaos', ein 'gähnender' Spalt oder Abgrund; doch alsbald entstanden die Erde als fester Sitz von allem und Eros, der Gott der Liebesvereinigung. Von nun an ist Paarung möglich: 'Chaos' bringt das (männliche) Dunkel und die Nacht hervor, beide vereinen sich und zeugen Aither, den strahlenden Tageshimmel, und den (weiblichen) 'Tag'; die Erde gebiert den Himmel, Uranos, dazu Berge und Meer; aus der Umarmung von *[24]* Himmel und Erde gehen sechs göttliche Paare hervor, später 'Titanen' genannt, unter ihnen Okeanos und Tethys sowie Kronos und Rhea. Die Differenzierung der Naturwelt ist damit fast schon beendet. Uranos will seine Kinder nicht ans Licht lassen, bis Kronos ihm mit einem Sichelmesser das Genital abschneidet – gewaltsame Trennung von Himmel und Erde findet sich öfter in kosmogonischen Mythen, das Kastrationsmotiv aber stammt offenbar aus hethitisch-hurritischer Tradition. Kinder des Kronos und der Rhea sind dann die eigentlichen Götter der griechischen Religion, Zeus, Hera, Poseidon; Kronos verschlingt sie, um allein die Herrschaft zu behaupten, doch Zeus wird gerettet, stürzt die Titanen und wird als König der Götter eingesetzt. Eine Reihe von Hochzeiten umschreiben seine Macht und bringen die nächste, letzte Göttergeneration hervor mit Apollon, Artemis, Hermes und anderen.

Zu Einzelheiten wie zum Gesamtaufbau gibt es orientalische Parallelen; direkter Traditionszusammenhang ist anzunehmen. Unter allgemeinerem Aspekt wird man die Erzählstruktur des doppelten Kampfes mit dem unguten 'Zwischen-Herrscher' konstatieren, worin die vomg verfolgten Götterkind eingebettet ist. Das Eigengewicht der Kampferzählung zeigt sich darin, daß sie noch über Hesiod hinaus variierend wiederholt wird. Im Hesiod-Text folgt auf den Titanenkampf der Kampf mit Typhon, dem rebellierenden Schlangenunhold; später hat eine andere Rebellion gegen Zeus besondere Popularität gewonnen, der Aufstand der erdgeborenen Giganten;

sie wurden als schwerbewaffnete Krieger dargestellt und waren darum ein unmittelbareres Vorbild für menschliche Kriegsthematik.[37]

Auch das kosmogonische Thema reizte zur Variantenbildung. Wenig ist kenntlich von einer mit Hesiod konkurrierenden Theogonie, die dem kretischen Reinigungspriester Epimenides zugeschrieben wurde. In Prosa schrieb in der zweiten Hälfte des 6. Jahrhunderts Pherekydes von Syros eine spekulative Darstellung der Götterentstehung, in der Namen schon als Begriffe durchsichtig werden: Statt Kronos ergießt nun Chronos, der Zeitgott, seinen Samen, und Zeus heißt Zas, der 'Lebende'. Berühmter wurden kosmogonisch-theogonische Dichtungen, die, um Hesiod zu überbieten, dem ältesten Dichter der epischen Tradition unterschoben wurden, dem Sänger, der die Argonauten begleitete, Orpheus. Da diese Texte zumindest teilweise in Verbindung mit Geheimkulten, 'Mysterien', standen und fast ganz verloren sind, steht die historische Forschung hier vor besonders heiklen Problemen. Erst ein Zufallsfund in jüngster Zeit[38] hat eine neue Basis geschaffen. Es existiert demnach im 6. und 5. Jahrhundert ein Gedicht des Orpheus in der Art von Hesiods *Theogonia*, doch mit bizarren Besonderheiten. Ursprung war die 'Nacht', die den Himmel, Uranos, gebar; dieser war der erste König, Kronos und Zeus folgten ihm nach. Die Kastrationsgeschichte scheint ähnlich wie bei Hesiod erzählt worden zu sein. Als aber schließlich Zeus den Vater stürzt, verschluckt er ein Genital (des Uranos?) und ist so in der Lage, als der 'Einzige' alle Götter und die gesamte Welt neu aus sich hervorzubringen und planend zu gestalten: Oral-Primitives schlägt um ins technomorphe Schema. Dann aber folgt ein Mutterinzest des Gottes, weitere inzestuöse Zeugung führt nachher wohl über Persephone zum 'chthonischen' Dionysos. Nach späterer Bezeugung wurde Dionysos vom Vater bereits als Kind zum vierten König eingesetzt, die Titanen aber – hier in anderer Rolle als bei Hesiod – haben ihn verführt, gestürzt, zerstückelt und zum Mahl bereitet; Zeus strafte sie mit dem Blitz, und aus dem Ruß entstanden so die Menschen, widergöttliche Rebellen, *[25]*die doch etwas Göttliches in sich tragen. Am Alter dieses Mythos ist nicht mehr zu zweifeln, zumal recht enge babylonische Parallelen aufgetaucht sind. Zum genital-oralen und zum technomorphen Modell tritt so schließlich das Opfermodell, um die eigentümliche *conditio humana* zu umreißen. Es ist einleuchtend, daß dieser

---

[37] François Vian 1952.

[38] Papyrus von Derveni, Stylianos G. Kapsomenos, *Archaiologikon Deltion* 19, 1964, 17–25. Reinhold Merkelbach, *Zeitschrift für Papyrologie und Epigraphik* 1, 1967, 21–32; Burkert *Antike und Abendland* 14, 1968, 93–114 *[= Kleine Schriften III, 62–88]*; die vollständige Publikation steht noch aus. *[Erschienen als: Theokritos Kouremenos, George M. Parássoglou, Kyriakos Tsantsanoglou, Hgg., The Derveni Papyrus, Florenz 2006.]*

paradoxe Mythos eher dem Selbstverständnis von Randgruppen entsprach, im Kontrast zur herrschenden Familien- und Stadtkultur und ihrer 'homerischen' Mythenwelt.

Die später bekannteste Fassung der Orphischen Kosmogonie weicht wiederum in Einzelheiten ab: Aus Chaos und Aither entsteht ein 'Welt-Ei', aus dem der strahlende Gott Phanes bricht, Weltgott und Urkönig; dieser zieht sich jedoch nach Inzest mit der eigenen Tochter, der 'Nacht', in die Verborgenheit zurück, bis später Zeus ihn ausfindig macht und verschluckt, um aus sich selbst die Welt ein zweites Mal hervorzubringen. Monströse Göttergestalten und paradoxe Paarungen, bekannte und wenig bekannte Götter waren zu einem theogonischen Poem von *Ilias*-Umfang verwoben. Für Juden und Christen war dieser Orpheus schließlich der eigentliche Prophet des mythologischen Polytheismus; und die letzten Verteidiger des Heidentums stimmten bei, indem sie jenem Gedicht allegorisierend die tiefsten Lehren neuplatonischer Metaphysik unterlegten.

Dabei war längst zuvor, schon zur Zeit jenes Pherekydes von Syros, der radikale Neuansatz kosmogonischer Spekulation erfolgt, die Naturphilosophie eines Anaximandros von Milet und seiner Nachfolger, die heute 'Vorsokratiker' genannt werden. Sie unternahmen es, die Entfaltung der Welt aus einem 'Anfang' ('Arché') gegenständlich-konkret zu denken und zu beschreiben; als dann das Axiom von der Ungewordenheit und Unvergänglichkeit, von der Erhaltung des Seienden hinzukam, war die mythische Kosmogonie in wissenschaftliche Hypothesenbildung verwandelt. Und doch blieben in Denkformen und Darstellung die Spuren der vorprägenden, mythischen Tradition: Eines 'zeugt' das andere, aus dem Einen entstehen Gegensätze, die sich 'mischen' wie männlich und weiblich, bis etwas "die Oberhand gewinnt" und fortan die Welt in Ordnung hält; Darstellungsform bleibt die Vergangenheitserzählung. Noch immer sucht das Wissen nach 'Geschichten', statt nach Formel und Analyse.

So hat denn Platon bewußt und aus spielerischer Distanz auf die Form des Mythos zurückgegriffen, um ebenso die moralische wie die räumlich-materielle Gesetzlichkeit des Kosmos anschaulich zu machen. Im eigenen kosmologischen Entwurf, dem *Timaios*, führt er den Weltschöpfer als Handwerker ein, Demiurgós, der nach einem zeitlosen Vorbild diese Welt so vollkommen wie möglich gebildet hat, als Ordnung, die im Kern mathematische Harmonie ist, einer widerstrebenden Materie abgerungen. Die Einzelheiten sind aus mathematischem und astronomischem Wissen, aus Beobachtungen und Hypothesen gewonnen und von den mythischen Menschheitstraditionen nicht mehr abhängig; das Gesamtbild indessen, besonders in seinem Bezug auf Gott und Seele, hat alsbald wiederum mythische Funktion übernommen, als orientierende Vorprägung des Weltver-

ständnisses. In solcher Weise lebte es im christlich-mittelalterlichen Weltbild weiter.*[26]*

Die Entfaltung der archaischen Mythenwelt

Die Dichtung im Stil des Homer und Hesiod hatte den Überlieferungen die
Form gegeben, die fortan als Bezugssystem die Bewußtseinswelt der Griechen bestimmt. Den erzählten Geschichten folgt seit dem Ende des 8. Jahrhunderts auch die bildende Kunst,[39] indem sie teils orientalische Ikonographie umdeutet – der Löwenkämpfer bedeutet fortan Herakles –, teils
eigene Schemata entwirft. Bald wird der Mythos zum hauptsächlichen Inhalt der Kunstdarstellung überhaupt. Erhalten ist zunächst Kleinkunst –
Gravierungen auf Gewandnadeln und Bronzegerät, bemalte Keramik; doch
gibt es Tendenzen zum Monumentalen schon im 7. Jahrhundert, und gegen
Ende desselben finden die Mythenbilder ihren Platz auch an den nunmehr
neu errichteten Tempeln, in Giebelfeldern und Metopen. Nicht einfach
Schreckfigur, sondern Mutter von Pferd und Krieger – Pegasos und Chrysa-
or – ist die fliehende Gorgo vom Artemis-Tempel auf Korfu.

Kampf und Jagddarstellungen sind am frühesten zu identifizieren: Herakles mit der siebenköpfigen Hydra oder mit Hirschkuh, Amazone, Ken-
taur; daneben gleich das "Hölzerne Pferd" auf Rädern, wenig später auch
andere Szenen um Troias Eroberung. Aus der *Odyssee* wird zunächst nur
das Kyklopenabenteuer mehrfach geschildert: die Blendung des Riesen mit
dem überlangen Spieß, die Flucht der unter Schafe gebundenen Männer.
Götter werden zunächst gern in der Gestalt des waffendrohenden Kriegers
dargestellt, dann bei Wagenfahrt und Prozession, später erst aktionslos
thronend. Seit der zweiten Hälfte des 7. Jahrhunderts werden Szenen nicht
selten durch Beischriften verdeutlicht. Es ist nicht die *Ilias*, die dominiert,
andere Teile des Troia-Stoffes haben Vorrang; auch Herakles-Epen sowie
Hesiod sind als 'Quellen' auszumachen. Freilich ist das Verhältnis von Text
und Bild vielschichtig, da die Eigengesetzlichkeit der Ikonographie und
Darstellungstechnik ebenso in Rechnung zu stellen ist wie Lebenskreis und
Absicht von Handwerkern und Kundschaft.

Das 6. Jahrhundert bringt bereits fast Enzyklopädien mythischer Bilder
hervor. Von der so reich ausgestatteten und beschrifteten Kypselos-Lade,
dem Weihgeschenk der Korinther in Olympia, ist allerdings nur eine Beschreibung geblieben.[40] Erhalten ist das Meisterwerk der attischen Töpfer

---

[39]   Karl Schefold 1964; Klaus Fittschen 1969.
[40]   Pausanias 5,17,5–19,10; Schefold 1964, 68 f.

Klitias und Ergotimos, die 'François-Vase' in Florenz,[41] die eine ganze
Welt von Göttern und Heroen entfaltet, Hochzeit der Thetis und Troia-Sze-
nen, Kalydonische Eberjagd, Kentaurenkämpfe, Hephaistos, Theseus, mit
nimmermüder Liebe zum Detail und mit beigeschriebenen Namen. Reprä-
sentativ und programmatisch tritt der Mythos hervor, wenn dem Mantel, der
in Athen beim Panathenäen-Fest der Göttin Athena überreicht wird, Bilder
vom Gigantenkampf eingewirkt werden und Athena, wie sie den Giganten-
gegner niederstreckt, im Giebelfeld des peisistratischen Tempels auf der A-
kropolis erscheint. Als dann in Olympia um 460 Zeus einen großen Tempel
erhält, stellt man im Giebel über dem Eingang die Wettfahrt von Pelops und
Oinomaos dar, einen der Ursprungsmythen der Olympischen Spiele, und in
den Metopen darunter die zwölf Taten des Herakles, des Ahnherrn der
peloponnesischen Dorier, der als Begründer der Spiele gilt.

    Die literarische Verbreitung der Mythen hat inzwischen weiteren Auf-
schwung genommen. Wandernde Rezitatoren, 'Rhapsoden', 'Homeriden'
zogen durch die Lande, trugen ihre Texte bei Götterfesten vor mit einem jeweils zum Anlaß passenden Vorspruch, sogenannten homerischen Hymnen.
In der ersten Hälfte des 6. Jahrhunderts treten daneben liedhafte Vorträge,
die mit dem Dichternamen Stesichoros verbunden sind. Von diesen umfang-
reichen, manieristisch ausgestalte-[27]ten Dichtungen haben erst neuere
Funde eine zulängliche Vorstellung gegeben. Wichtig ist, daß auch sie nicht
auf Lokaltraditionen abgestellt waren, sondern von wandernden Sänger-
truppen in ganz Griechenland verbreitet wurden. Einige Stoffe scheinen so
erst populär geworden zu sein, etwa die "Kalydonische Eberjagd". Stark
wirkte gleichfalls die Neugestaltung des Herakles-Mythos, gruppiert um das
Geryoneus-Abenteuer. Auch die thebanischen und troianischen Stoffe,
einschließlich der 'Heimkehrergeschichten' um Orest und Odysseus, wurden im neuen Stil bearbeitet. Stesichoreer und Homeriden dürften eine
Zeitlang in Konkurrenz gestanden haben, bis der klassische Text der *Ilias*
endgültige Anerkennung fand.

    Die übrige Dichtung, die vielgestaltig aufblüht, hat im Mythos den all-
gegenwärtigen Hintergrund, den sie variierend aufgreift. Im Kreis der
Sappho erzählt ein Hochzeitslied von Hektor und Andromache, wird die
Frage nach dem 'Schönsten' am Exempel von Helenas Entführung erörtert.
Das Heiligtum, wo Alkaios Zuflucht sucht, ist von Agamemnon gegründet,
und das Vergehen der Gegner wird am Frevel des Aias bei Troias Zerstö-
rung gemessen. "Ihr seid des unbesiegten Herakles Geschlecht", klingt der
Aufruf zum Kampf in der Elegie;[42] erst recht gehört der genealogisch-my-

----

[41] Schefold 1964, T. 46–52.
[42] Sappho, Fr. 44; 16; 17; Alkaios, Fr. 129; 298; Tyrtaios, Fr. 11 West.

thische Preis von Familie und Stadt zum Siegeslied anläßlich der jetzt groß organisierten sportlichen Wettkämpfe. Die Beziehungen zum Mythos sind schließlich so eingespielt, daß Andeutungen genügen, um Verstärkung und Kontrast, Farbe und Tiefengrund zu geben. Höchster Meister dieser Kunst ist Pindaros.

Doch bleibt Mythos keineswegs nur Sache der Dichter. Nicht weniger ernst als die Genealogie überhaupt werden die damit verbundenen Geschichten genommen, wenn es für Familien und Städte um politische, ja um militärische Auseinandersetzungen geht. Als Kleisthenes von Sikyon (Herodot 5, 67) mit Argos bricht, verbannt er die 'homerische' Dichtung aus der Stadt, weil sie dem Ruhm von Argos dient, er beschneidet den Kult des A-drastos, der die 'Sieben' gegen Theben führte, und richtet einen Kult des Melanippos ein, der als Opfer der 'Sieben' ihr unerbittlichster Feind sein mußte; eben damit freilich erkennt Kleisthenes die epische Tradition bis in ihre Einzelheiten als verbindlich an. Athen unter Peisistratos pflegt die Tradition des Herakles, zumal in Verbindung mit Eleusis; die von Tyrannis befreite Stadt hat dann Theseus als den demokratischen König in den Vordergrund gerückt[43]. Als Athen Lemnos eroberte, zirkulierten Geschichten von "Lemnischen Greueln", für die jetzt endlich Rache käme. Der Heraklide Dorieus glaubte, Eryx in Sizilien erobern zu können, weil ja sein Vorfahr Herakles ein Gleiches getan hatte (Herodot 5, 43) ; in diesem Fall freilich ist der mythischen Vorwegnahme die Verwirklichung nicht gefolgt.

Die Krise des Mythos

Fast möchte man meinen, es liege an einer Übersättigung mit mythischer Tradition, daß der geistige Neuansatz gegen Ende des 6. Jahrhunderts rasch die Form einer radikalen Kritik am Mythos annimmt. Von dem Wandel der Kosmogonie zur Naturphilosophie durch Anaximandros war die Rede. Kaum eine Generation nach diesem hat Xenophanes, der das neue Denken zu popularisieren unternahm, zum Schlag gegen die Tradition der Dichter ausgeholt. Was Homer und Hesiod von den Göttern erzählen, sei nicht Wissen und nicht Weisheit, sondern Schande und Spott; was alle Welt seither "von Homer gelernt" habe, sei ebenso unmoralisch wie unsinnig, "Erfindungen der Früheren", die man auch beim Gelage nicht mehr singen sollte.

Nun hatte freilich nie eine Instanz 'Glauben' an den Mythos in irgendeinem dem Christlichen vergleichbaren Sinne gefordert. 'Trickster-Mythen'

---

[43] John Boardman, *Journal of Hellenic Studies* 95, 1975, 1–12; Christiane Sourvinou-Inwood 1979.

und Götterburlesken sind uralt. Die Musen des Hesiod rühmen sich, daß sie "viele Lügen" zu erzählen wüßten und nur, "wenn sie wollen", die Wahrheit sagen; "vieles lügen die Dichter", klingt schon bei Solon gut zwei Generationen vor Xenophanes wie ein Sprichwort. Doch lag das Lebensinteresse ja nicht beim Inhalt des Mythos, sondern bei jenen unzweifelhaften Tatbeständen der Welt und ihren Institutionen, die der Mythos im Vorentwurf beschrieb und deutete. Die Kritik des Xenophanes war darum zu seiner Zeit möglich und wirksam, weil damals eine neue Art, Wirklichkeit zu beschreiben, sich durchsetzte, unpretentiös, genau, und prosaisch. Das Monopol der Dichter auf Vermittlung allgemeinen Wissens war damit gebrochen; und so blieb seither dem gebildeten Griechen nur noch ein gebrochenes Verhältnis zum Mythos.

Freilich geriet die mythische Tradition nicht etwa in Vergessenheit; Homer war auch fortan Autorität. Doch deutlicher als zuvor beginnt man, Heroen- und Göttermythologie zu trennen. Die Göttermythen waren nie mehr im Ernst zu retten; nur die Allegorie bot einen Ausweg, die Suche nach dem anderen, eigentlich Gemeinten: Naturmächten, ethischen *[28]* Exempeln, schließlich metaphysischen Hypostasen. Die Heroenmythen dagegen wurden in der neuen, realistischen Sicht zur Geschichte, allerdings um den Preis einer beträchtlichen Deflation: Nach dem Maß des Durchschnittlich-Normalen muß ein Überschuß als Übertreibung und Lüge weggeschlagen werden, damit der Rest akzeptabel wird. Als erster hat in dieser Weise Hekataios, gleichfalls Anaximandros-Schüler, es unternommen, Hesiod in prosaische 'Genealogien' umzuschreiben. Wenn er etwa behauptet, Danaos sei nicht mit fünfzig Töchtern nach Argos gekommen, sondern mit weniger als zwanzig, oder der von Herakles überwältigte 'Hades-Hund' sei eine gewöhnliche Giftschlange gewesen, mag dies skurriler erscheinen als der ursprüngliche Mythos. Der Gehalt des Mythos läßt sich nun einmal nicht auf einen realen 'Kern' reduzieren. Die wuchernden Auskristallisierungen der alten Geschichten erweckten nicht zu Unrecht den Zweifel der historisierenden Mythologen, doch übersahen sie, wie sehr das Ganze vom Sinngehalt der Erzählstrukturen getragen war, so daß die ausgelösten amorphen 'Fakten' in Nichts zusammenfallen müssen. Selbst einem Thukydides, dem methodenbewußtesten der griechischen Historiker, kam kein Zweifel an der historischen Realität des Seekönigs Minos von Kreta oder des Trojanischen Kriegs; und viele möchten ihm noch heute gern folgen.

Zu Beginn der hellenistischen Epoche erzielte dann Euhemeros eine besondere Wirkung, indem er den Göttermythos der gleichen Behandlung unterwarf und ihn seinerseits zu plausibler Pseudohistorie zurechtschnitt: Zeus war ein mächtiger König, der seinen Vater stürzte, der herrschte, Kinder zeugte und starb – in Kreta zeigt man ja sein Grab; Dionysos erfand den

Wein, Demeter den Ackerbau, Hephaistos die Metallbearbeitung, ihre 'Gaben' leben fort, ohne daß die Geber darob unsterblich sein müßten. Euhemeros berief sich auf eine angeblich gefundene Urkunde; die Willkür gab sich als Entdeckung. Als Theorie der Mythologie ist der Euhemerismus kaum ernst zu nehmen, und doch blieb ihm bis in neueste Zeiten eine gewisse Attraktivität: Die Suche nach dem "realen Kern" muß für eine realitätsbewußte Wissenschaft verlockend sein.

Mythologie ganz zu verwerfen, war im praktischen und geistigen Leben der Griechen freilich unmöglich geworden. Viel zu verbreitet und verfilzt waren die eingespielten 'Anwendungen' in den lokalen und familiären, kultischen und politischen Aitiologien. Sparta konnte auf Herakles und die Dioskuren so wenig verzichten wie Athen auf Erechtheus oder Theseus: Da war das Königshaus der Herakliden, da waren Erechtheion und Theseus-Heiligtum. So beeilte sich die politische Rhetorik, in die Fußstapfen der Dichter zu treten und die nun bewußt *mŷthos* genannten alten Geschichten mit feiner Distanzierung vom Detail und allgemeinen Klagen über die Unzuverlässigkeit der Dichter jeweils für den vorliegenden Zweck nach Kräften auszuschöpfen. Auch aktive Politiker griffen gern nach den Begründungen, die ihnen so geliefert wurden. Warum sollte ein Philippos von Makedonien es nicht gern hinnehmen, daß seine Expansionspolitik in den Taten des Herakles vorgezeichnet und gerechtfertigt schien? Herakles, der Ahnherr, taucht noch auf den Münzen seines Sohnes Alexander der Große auf, der sich freilich dann direkt als Sohn des Zeus empfand und so verehren ließ.

In ganz anderer Weise hat Platon den Mythos restituiert, als eine Möglichkeit indirekter Aussage in der Maske alter Erzählung, wo die rationale Beweisführung innehält. Mythen beschließen die Dialoge *Gorgias, Phaidon, Staat*, während das *Symposion* gerade im Zentrum das Wesen des Eros mit wechselnden Mythen umkreist. Postulate philosophischer Ethik *[29]* schließen erzählerische Naivität freilich aus. Platons 'Quellen' lassen sich heute kaum fassen. Mythen vom Jenseits lagen in den Geschichten eines Odysseus, Herakles, Orpheus vor; vieles ist gewiß freie Transposition und Gestaltung, auch der Entwurf eines seltsamen Inselstaates 'Atlantis' jenseits von Gibraltar, der einst im Meer versunken sei. Platon betont immer wieder den 'kindlichen' und 'spielerischen' Charakter des Mythos und spricht doch auch vom "ernstesten Spiel"; so entzieht er sich der Festlegung. Für die Literaturgeschichte wurde es damit zu einem bedeutenden Präzedenzfall, daß ein Philosoph Mythen dichten kann.

Tragödie

Es ist ein denkwürdiges Paradoxon, daß eben aus der Krise des mythischen Denkens die mächtigste dichterische Gestaltung des Mythos erwuchs: die attische Tragödie. Stellt schon die Schaffung des Theaters durch die Griechen eine einzigartige und insofern nicht allgemein erklärbare Leistung dar, so mag die Tatsache, daß zum Stoff dieses Theaters, sofern es ernst und feierlich war, fast ohne Ausnahme der Mythos diente, erst recht erstaunlich erscheinen. Gewiß, die Masken gehörten längst zum Kult des Gottes Dionysos, an dessen Fest auch die Tragödienaufführungen angeschlossen wurden; daß aber in den Masken nicht irgendwelche Fratzenwesen der karnevalistischen Ausnahmezeit auftraten, sondern bekannte und benannte Gestalten der vertrauten Mythologie, dies war der entscheidende Schritt. Die Tradition schreibt ihn Thespis zu, um 530 v. Chr., doch fehlen direkte Dokumente über die ersten zwei Generationen des attischen Theaters. Die erhaltenen Tragödien des Aischylos, Sophokles und Euripides gehören in die Jahre von 472 bis 406.

Die Paradoxie hat ihre eigene Notwendigkeit. Eben für eine sich differenzierende, auseinanderstrebende Wirklichkeit konnte der Mythos noch einmal den gemeinsamen Bezugsrahmen abgeben. Weil das individuelle Denken sich von den Zwängen kollektiver Überlieferungen nicht mehr fraglos leiten ließ, vermochte es die Tradition in neuer Weise zu durchleuchten; eben weil die direkte Wirklichkeit der mythischen Tradition bereits im Schwinden war, ließ sie sich um so geschlossener in der Scheinwirklichkeit, im Maskenspiel vergegenwärtigen. Indem aber die Hinwendung zum Mythos aus dem erlebten Traditionsbruch der beginnenden Moderne erfolgt, erscheint die mythische Welt jetzt nicht mehr im Glanz des Vorbildlichen, sondern in zuvor nicht bemerkter Gebrochenheit. Die Tragödie betrachtet die mythischen Situationen fast ausschließlich unter dem Aspekt der Katastrophe, die die Klage evoziert. "Furcht und Mitleid", nach der bekannten Definition des Aristoteles, hat das tragische Geschehen auszulösen. Gerade weil der Individualismus im Aufbruch ist, erscheint ihm im Spiegel des Mythos seine umheimlichste kollektive Kompensation: das Menschenopfer[44].

Die Stoffe der Tragödien sind weithin bekannten Gestaltungen entnommen, den alten Epen und Stesichoros; daneben ließen sich Lokaltraditionen auffinden oder aus der Kombination geläufiger Motive einige neue Mythen 'erfinden'. Die Notwendigkeiten des dramatischen Spiels drängen

---

[44] Walter Burkert, *["Greek Tragedy and Sacrificial Ritual", Greek, Roman and Byzantine Studies 7,]* 1966*[, 87–121 = Kleine Schriften VII, 1–36].*

zu neuer Ponderierung, zur Konzentration auf entscheidende Szenen, zu Konfrontationen der Partner, zum Kontrast der Situationen. In der Regel hat das Drama seinen 'Helden', gespielt von dem stets herausgehobenen 'Ersten' Schauspieler. Allein die Identifikationsfigur ist zugleich in Distanz gerückt, nicht nur durch die Maske überhaupt: Inmitten des demokratischen Athen ist der 'Held' fast immer ein König, ja 'Tyrann', im Gewand *[30]* sogar dem feindlichen Perserkönig angenähert. Höhe und Sturz sind vorausbestimmt und absehbar, ist doch der Mythos meist auch dem Publikum im voraus bekannt. Zentral und packend ist der Weg, der zur Vernichtung führt, in allen seinen Stationen und Variationen, ob er nun wissend und willig oder aber in Blindheit abgeschritten wird. Auf die Opfersituation weist die tragische Metaphorik fast regelmäßig hin.

Wie die Tragiker im einzelnen ihre klassischen Texte gestaltet haben, ist Sache der Literaturgeschichte. Im Verhältnis zum Mythos scheint heute Aischylos die archaische Tradition am vollständigsten auszufüllen; die heroische Welt des Mythos kommt mit den ernsten Forderungen der Wirklichkeit zur Deckung. Wenn allerdings in der *Orestie* den Greueln des Atridenhauses die Rechtsordnung der Stadt Athen schließlich ein Ende setzt, so ist damit das eigentlich Mythische einer Vorzeit oder allenfalls einem dunklen Untergrund der rationalen Welt zugewiesen. Sophokles zeigt sich als der modernere, indem er den Helden aus seiner Geschichte löst und vereinzelt, ihn im eigensinnigen und verzweifelten Zerfall mit seiner Mitwelt darstellt: Aias in der Verlorenheit seines Selbstmordes, Antigone im Widerstand gegen die Staatsräson unter Berufung auf die nur ihr einsichtigen "ungeschriebenen Gesetze der Götter"; am unheimlichsten, einsamsten: König Oidipus. Euripides, für die spätere Antike der meistgespielte Dramatiker, gewinnt seine Wirkungen meist gerade im Widerstreit zum überlieferten Stoff, dem er untergründige, gegenläufige Tendenzen abgewinnt. Medeia, die mörderische Sonnen-Enkelin, wird bei ihm zur gänzlich menschlichen Frau; um so erschreckender ist es, wie eben aus der menschlichen Seele das Ungeheure bricht: der Mord an den eigenen Kindern. Gelegentlich hat Euripides den Mythos vermeintlich unbedenklich, wenn auch nicht ohne Widerhaken, staatlicher Ideologie unterstellt, dann wieder religiösen Zweifel mit fast komödienhaft verwirrendem Spiel verschränkt – so im *Ion* und in der *Helena*. Wenn Herakles nach dem im Wahnsinn begangenen Mord an Frau und Kindern die Göttermythen explizit zu kritisieren unternimmt, stellt er in vertrackter Weise sich selbst in Frage. Fast parodistisch werden im *Orestes* mythische Gewalttätigkeiten als Terroristenakte vergegenwärtigt. Merkwürdig, daß dann gerade die letzten Stücke dieses Dichters zur tragischen Grundsituation zurückfinden, die sich noch immer im Menschenopfer darstellt: *Iphigenie in Aulis*; *Die Bakchen*. Auch das letzte Stück des Sophokles,

Oidipus auf Kolonos, kehrt zum Uralten zurück: der Tod des Heros in 'seinem' Heiligtum.

Etrurien und Rom

Wie Mythen Sprachgrenzen überschreiten, zeigt in der archaischen Epoche die etruskische Kunst. In der blühenden Stadtkultur der Etrusker, die mit den Griechen wie mit den Karthagern durch vielfältige Kontakte verbunden ist, werden mit allen anderen zivilisatorischen Errungenschaften einschließlich der Schrift auch die griechischen mythologischen Darstellungen übernommen und weiterentwickelt. Über Jahrhunderte hin, bis zum Aufgehen des Etruskischen im allgemein Römischen, spielen sie eine hervorragende Rolle, von den Werken der Kleinkunst, besonders Bronzespiegeln, über Urnen und Aschenkisten bis zu Wandmalereien in den monumentalen Grabbauten. Allerdings steht die Interpretation auf besonders unsicherem Boden: Die etruskische Literatur ist verloren, die etruskische Sprache weithin unverständlich geblieben. Haben diese 'Barbaren' nur Bilder nachgezeichnet und mißverstanden, oder hatten sie genaue Kenntnis griechischer Dichtungen?[45] Oder wurden die Mythen in der Übertragung wieder reduziert auf ungeformte mündliche Erzählung? In der Tat haben die Etrusker offenbar den Inhalt griechischer Mythen zulänglich gekannt und verstanden: Sie erweitern Sagenbilder gelegentlich um sinnvolle Details, die in den griechischen Bildvorlagen nicht enthalten waren. Daß sie dabei in ihrer eigenen Sprache von den Figuren redeten, zeigen die Beischriften, die die griechischen Namen in etruskischer Veränderung, ohne einheitliche Standardisierung bringen. Die Ausformung etruskischer Mythologie im einzelnen bleibt unbekannt; doch von der Möglichkeit eindringender Kommunikation auf dem Niveau archaisch-mythischen Denkens und Sprechens darf man ausgehen.

Insbesondere ist kaum zu bezweifeln, daß die Etrusker mit der Troia-Sage deren politisch motivierte Anwendung von den Griechen übernahmen:[46] Als Nichtgriechen waren sie bereit, sich selbst als Troianer zu verstehen. Darauf weisen die zahlreichen Aineias-Darstellungen auf etruskischen Vasen hin und eine Aineias-Statuette aus der etruskischen Stadt Veii, die im Jahr 396 durch Rom zerstört wurde. In der Nachfolge der Etrusker hat sich

---

[45] Hampe–Simon 1964; Tobias Dohrn, *Römische Mitteilungen* 73/74, 1966/67, 15–27; Ingrid Krauskopf 1974.

[46] Andreas Alföldi 1957; G. Karl Galinsky, *[Aeneas, Sicily, and Rome, Princeton]* 1969; Werner Fuchs, in: *Aufstieg und Niedergang der Römischen Welt* I, 4, Berlin 1973, 615–632.

dann die römische Aeneas Tradition entwickelt – während der Mythos zunächst auch die andere Möglichkeit bereithielt, die Latiner in ihrem Gegensatz zu den Etruskern von Odysseus und Kirke herzuleiten.*[31]*

Die Stadt Rom hat sich um 500 der etruskischen Oberhoheit entzogen und im 4. Jahrhundert zu ihrem einzigartigen Machtaufstieg angesetzt; doch erst nach der Mitte des 3. Jahrhunderts wird das römische Wesen von innen her, durch eigene Literatur erhellt. Diese nun beginnt mit Übersetzung der griechischem mythologischen Dichtung, der *Odyssee* und einzelner Tragödien durch Livius Andronicus. Die römische Geschichtsschreibung setzt wenig später überhaupt in griechischer Sprache ein. Dabei wird der Ursprung von Volk und Stadt mit Selbstverständlichkeit in der Art griechischer, leicht rationalisierender Mythistorie gestaltet, von der Einwanderung der Troianer um Aeneas zur Gründung der Stadt durch die ausgesetzten Götterkinder, die von der Wölfin gesäugten Zwillinge Romulus und Remus; der Brudermord fügt zum Gründungsmythos das Opfermotiv.

In eigentümlichem Kontrast zur Mythenfreudigkeit von Bildkunst und Literatur steht die römische Religion. Aus ihrem so ernstgenommenen Vollzug, wie er von den Priestern peinlich reglementiert und überwacht war, scheint alles Mythologische verbannt zu sein: In den Formeln der Gebete und Rituale gibt es keine Götterehen und Götterkinder, keine Titanen- und Gigantenkämpfe, nichts von Kulturschöpfung und Kosmogonie, nur mächtig helfende, strafende, Verehrung fordernde 'numina', deren 'Friede' zu gewinnen und zu erhalten ist. Man schloß hieraus, die Römer hätten auf Grund ihres 'Wesens' keine Mythen gekannt; alles, was als römische Mythologie bei Dichtern, Historikern und Handbuchautoren erscheint, sei unrömischer Import, von Griechen übertragen und ersonnen. Doch die These von der 'ursprünglichen' Sonderstellung der Römer ließ sich widerlegen.[47] Die nächstverwandten Italiker kennen durchaus Göttermythen; der Romulus-Mythos ist so alt und authentisch wie nur irgendeine antike Mythentradition; in den historisch gemeinten Schilderungen *[32]* eines Livius aus der Zeit der Könige und frühen Republik steckt offensichtlich, kaum verwandelt, Mythisches in Fülle. Was die Religion der Republik bestimmt, ist offenbar eine bewußte, halb rationalistische, halb puritanische Säuberung von mythischen Elementen, eine 'Entmythisierung', die alle Spekulationen zugunsten juristischer Exaktheit verbannte. In der Revolutionsperiode des 1. Jahrhunderts ist das System dann zusammengebrochen und machte der philosophierenden Deutung, aber auch den privaten und fremden Religionen und zugleich dem Caesar- und Kaiserkult Platz.

---

[47] Carl Koch, 1937.

Poeta doctus und 'Metamorphosen'

Als, nach dem Urteil des Komödiendichters Aristophanes aus dem Jahr 405, mit Euripides und Sophokles die Tragödie starb, hatte auch der Mythos für die Griechen seine Sonderstellung eingebüßt, seine prägende Kraft weithin verloren. Hatte bisher die Dichtung das Weltverständnis vorgezeichnet, so war nun die rhetorische und philosophische Bildung auf den Plan getreten. In ihr blieb freilich die Dichtung und mit ihr die mythische Tradition aufgehoben, aber als 'Bildung'.

Der soziale Wandel, der Niedergang der autonomen Stadtstaaten veranlaßte gleichzeitig nostalgische Rückwendung zur Vergangenheit: Seit dem 4. Jahrhundert traten vielerorts Schriftsteller auf, die bestrebt waren, die Traditionen der eigenen Stadt festzuhalten und einem allgemeinen Lesepublikum vorzustellen, Mythen, Feste, Institutionen; aus Athen ist eine ganze Literatur von 'Atthidographen' bekannt. Der literarisch verfügbare Stoff wuchs ins Ungemessene und füllte die Regale der nun entstehenden Bibliotheken – führend war die Bibliothek von Alexandreia. Daraus ergab sich wiederum das Bedürfnis nach übersichtlichen Zusammenfassungen, die die Hesiod-Hekataios-Tradition durch Tragödienstoffe und Lokalgeschichten anreicherten. Von den vielerlei so zustandegekommenen Handbüchern ist nur eine Kurzfassung erhalten, die schlechthin *Bibliotheke* heißt; sie wird dem gelehrten Apollodoros von Athen (2. Jahrhundert v. Chr.) zugeschrieben, ist aber erst in der Kaiserzeit redigiert.

Im Schatten der Alexandrinischen Bibliothek tritt eine neue Art der Dichtung auf, die jetzt ganz in der Schriftlichkeit, ja Gelehrsamkeit zu Hause ist und mit dem Raffinement der Bildung höchst formale Eleganz verbindet. Wortführer ist Kallimachos; sein *Aitia* betiteltes Gedicht ist gleichsam Inbegriff dieser hellenistischen Poesie. Aus entlegener Literatur sind mythische 'Begründungen' aller Art von Namen, Orten, Festen und Institutionen zusammengetragen und in ironisch-distanzierter Haltung immer wieder geistreich und überraschend ausgestaltet. So entstand erneut eine Art mythologischer Enzyklopädie, die aber den Kenner oder den Kommentar erfordert. Apollonios von Rhodos, Antipode des Kallimachos, hat mit seinen *Argonautika* nochmals ein großes mythologisches Epos geschaffen, das an detaillierter Gelehrsamkeit den *Aitia* kaum nachsteht. Daneben hat Aratos die populäre Astronomie im Stil Hesiods dargestellt und damit die Aufmerksamkeit auf eine spezielle Projektionsebene mythischer Figuren gelenkt: Alten Ansätzen – Bär, Orion – folgend, hat man allgemein die Sternbilder mit mythologischen Namen belegt wie Perseus, Andromeda, Kassiopeia; so ließ sich den Heroengeschichten jeweils ein Schnörkel der "Verwandlung ins Sternbild", *katasterismós*, anhängen – das von der Himmelsvermessung genommene Wort 'Kataster' ist später irdischen Belangen zugeführt worden. Die 'Katasterismen', unter dem Namen des Mathematikers und Dichters Eratosthenes überliefert, wurden zu einer eigenen Spielart des mythologischen Handbuchs. Das Non plus ultra gelehrter Dichtung schuf schließlich Lykophron mit dem Rätselgedicht *Alexandra*, einer Rede der Prophetin Kassandra, die alle an Troias Fall anschließenden Heimkehr- und Gründungsmythen in dunkelsten Anspielungen zusammenfaßt. Kaum ein Vers ist ohne Kommentar verständlich, doch eben dies ließ das Gedicht im Bildungsstrom nicht untergehen. Die angebliche Prophezeiung zielt bereits auf die Vorherrschaft Roms.

Die römischen Dichter haben zunächst ungescheut an die alte, klassische Dichtung der Griechen angeknüpft, an Epos und Tragödie. Ein Quintus Ennius trug kein Bedenken, sich als den neuen Homer vorzustellen. In der moderner fühlenden Umbruchsepoche der Cicero-Zeit haben dann die 'neuen' Dichter – von denen nur Gaius Valerias Catullus erhalten blieb – mit Entschiedenheit die hellenistische Dichtung zum Vorbild erhoben, mit ihren kleinen, durchgefeilten Formen und mit ihrer Gelehrsamkeit zumal mythologischer Art. Der klassische römische Dichter ist und versteht sich seither als *poeta doctus*, auch ein Publius Vergilius Maro, Quintus Horatius Flaccus und ganz besonders Sextus Propertius. Es ist kein Geheimnis, daß römische Herren sich griechische Sklaven und Freigelassene zur Hand gehen ließen; ein in solchem Zusammenhang verfaßtes Hilfsbüchlein ist erhalten geblieben, die Sammlung ungewöhnlicher *Liebesleiden* von Parthenios.

Und doch hat die römische Dichtung dann über die *[33]* hellenistischen Kleinformen hinaus wieder große mythologische Epen hervorgebracht. Sie sind, unabhängig von ihrem Eigenwert, bedeutsam als die eigentlichen Träger mythologischer Bildung durch das ganze abendländische Mittelalter bis zur Renaissance, ja bis zum Barock: die *Aeneis* des Vergil, die *Metamorphosen* des Publius Ovidius Naso, die *Thebais* des Publius Papinius Statius. Ihnen und den sie begleitenden Kommentaren ist es zu verdanken, daß die antike Mythologie bis ins 19. Jahrhundert fast ausschließlich in latinisiertem Gewand auftrat, ehe die griechischen Originale schrittweise wieder zur Wirkung kamen: Juppiter und Iuno statt Zeus und Hera, Diana statt Artemis, Mercurius statt Hermes, Venus und Amor statt Aphrodite und Eros.

Dabei ist Vergil auf Grund jenes kleinen Gedichtes, das die Geburt des göttlichen Kindes verheißt, unter die christlichen Propheten eingereiht worden, und dies hat seiner *Aeneis* einzigartige Autorität verliehen. So ist die Troia-Mythologie ins Mittelalter geraten und hat bewirkt, daß eine ganze Reihe von europäischen Herrscherhäusern troianische Deszendenz in Anspruch nahmen – die deutsche Stadt Xanten, aus *Ad Sanctos*, verdankt

die exotische Schreibweise ihres Namens der Tatsache, daß sie als Heimat-
stadt Siegfrieds mit Troia und dem troianischen Fluß Xanthos assoziiert
wurde,[48] wobei oberflächliche literarische Fiktion und mythisches Selbstverständnis, zumal in Auseinandersetzung mit dem 'griechischen' Byzanz,
wunderlich ineinanderlaufen. Das einflußreichste mythologische Gedicht jedoch, ja das Grundbuch abendländischer Mythologie, sind die *Metamorphosen* geworden.

Hellenistischer Poetik entsprach die artistische Grundidee Ovids, alle
möglichen merkwürdigen Erzählungen der Alten am Motiv der 'Verwandlung' aneinanderzureihen. Der Aufbau des Großepos zwischen Weltschöpfung und Apotheose des Gaius Iulius Caesar ist wohlüberlegt, doch nicht
ohne weiteres durchsichtig. Was wirkt, sind die einzelnen Geschichten
durch die gefällige Präsentation und durch sich selbst; die Gelehrsamkeit
der Vorbilder ließ Ovid zurücktreten zugunsten des eigenen leichten und
spielerischen Stils. Die menschliche Seite des Geschehens wird mit Einfühlung und Ironie, ja Frivolität ausgemalt; das Erotische beansprucht gebüh-
rendes Interesse. Und doch ist die obligate Verwandlung in Baum, Quelle,
Tier oder Stern schließlich mehr als eine Arabeske. Die menschlich-gesell-
schaftliche Existenz wird aufgesprengt und geht über in eine umfassendere
vegetabilisch-animalische Allnatur. Über Gelehrsamkeit und Spiel hinaus
ist damit in merkwürdiger Weise etwas vom Leben des alten Mythos wie-
dergewonnen: Die menschlich einleuchtenden und packenden Erzählstrukturen weisen zugleich auf eine allgemeinere Wirklichkeit hin, die allerdings
jetzt weniger gedeutet als verzaubert erscheint.*[34]*

Auf jeden Fall war in den *Metamorphosen* nunmehr die mythische
Tradition in zugänglicher und eingängiger Weise aufgehoben. Der heutige
Mythologe ist sich vielleicht nicht immer bewußt, wie ovidisch er noch
meist den Mythos sieht. Der mythische Begriff des 'Chaos' etwa wird allgemein im Sinne der Metamorphosen verwendet und keineswegs im Sinne des
Hesiod. Viele der bekanntesten mythologischen Bildungsinhalte sind maßgebend durch Ovid vermittelt, wie die Flut des Deukalion oder Auffahrt und
Absturz des Phaethon im Sonnenwagen. Einiges hat der *poeta doctus* aus
entlegenen Quellen aufgespürt und zu bleibender Wirkung gebracht, Narziß
zum Beispiel und auch Pygmalion, der sich in die von ihm selbst geschaffe-
ne Frauenstatue verliebt.

---

[48] Vgl. Hildebrecht Hommel, *Symbola* I, Hildesheim 1976, 393–399.

Christentum und Gnosis

Das Christentum hat sich von Anfang an ausdrücklich von den 'Mythen' der Heiden distanziert[49] und ihnen die eigene Verkündigung als Wahrheit gegenübergestellt. Alsbald wurde die philosophische Mythenkritik aufgenommen und weitergeführt; parodierende Zusammenstellungen ließen sich den mythologischen Handbüchern ohne große Mühe entnehmen. Daß im Zentrum der eigenen Lehre, im Begriff des 'Gottessohnes', ein mythisches Element übernommen war, wurde übersehen oder theologisch allegorisiert; die entsprechende Geburts- und Kindheitsgeschichte blieb allerdings in den kanonischen Evangelien am Rande, und der Kampfmythos der Höllenfahrt ist auf Andeutungen beschränkt. Doch ist es kein Zufall, daß die Weihnachtsgeschichte das volkstümlichste, beliebteste Fest begründet. Die Dogmen von Sünde und Erlösung dagegen sind schon der Form nach kein Mythos, so wenig wie die ältere, zuweilen konkurrierende Seelenwanderungslehre: Hier fehlt die Indirektheit und Metaphorik angewandter Erzählung, vielmehr beansprucht eine ausformulierte Lehre, genau und allgemein für Menschen überhaupt zuzutreffen; sie wird primär nicht durch Geschichtenerzählen vermittelt, sondern durch autoritative Unterweisung, die sich im Glaubensbekenntnis auskristallisiert. Nur mit der Geschichte von Adams Fall ist ein echter Mythos aus dem *Alten Testament* herübergenommen. Zum anderen haben die sakralisierten Texte der Evangelien, die 'Geschichten' um Jesus einschließlich des erschreckend realen Kreuzigungsberichtes, nun wiederum die Funktionen des Mythos übernommen, als Vorentwurf und Deutung der Wirklichkeit: Sie begründen die Rituale von Taufe und Abendmahl, sie können das Selbstverständnis eines ganzen Lebens als "Nachfolge Christi" prägen.

Das Christentum beginnt als Randgruppe. In seinem Bereich, genährt vom Protest gegen die etablierte Realität, gewinnt eine 'Underground'-Literatur der Wundertexte seit dem 1. Jahrhundert n. Chr. an Boden, die in mannigfacher, jedoch komplexer Weise mit den alten mythischen Traditionen verbunden ist. Bewegungen innerhalb und außerhalb des Christentums verheißen geheime und vertiefte 'Erkenntnis', 'Gnosis'. Später ist die gnostische Bewegung samt ihrer Literatur durch die Staatskirche verketzert und nach Kräften vernichtet worden.[50]

---

[49] Warnung vor "Mythen und Genealogien": *1. Timotheusbrief* 1, 4.

[50] Eine ganze Bibliothek gnostischer Schriften in koptischer Übersetzung wurde 1945 gefunden; vgl. James M. Robinson, Hg., *The Nag Hammadi Library in English*, Leiden 1977; Werner Foerster, Hg., *Die Gnosis* I/II, Zürich 1969/71.

Man spricht heute vom "gnostischen Mythos" oder von "mythologischer Gnosis". In der Tat werden mythische Formen aufgegriffen und weitergeführt. In der universellen Erzählform der Abenteuer-Erzählung gab es seit je die Sonderform der Jenseitsreise; nach *Odyssee*, 'Orpheus', Platon hatte Vergil im 6. Buch der *Aeneis* eine klassische Variante vorgelegt. Daneben hatten die Propheten Israels einen Stil der symbolischen Visionen entwickelt, bei denen der Entrückte nicht einfach Entlegenes wahrnimmt, sondern verhüllende Bilder schaut, die ihrerseits der Deutung bedürfen. Dem Vorbild des *Buches Daniel* folgt die *Apokalypse* des Johannes sowie eine kaum übersehbare Fülle jüdischer, christlicher, gnostischer Texte. Mythische Elemente werden dabei aufgegriffen, nicht nur in der Rahmenerzählung vom 'Abenteuer'-Typ, sondern auch im Inhalt, vor allem der Kampf mit dem Drachen. Doch die Eigenwilligkeit des traditionellen Erzählens muß sich auf Schritt und Tritt der Eindeutigkeit eines theologischen Wollens beugen.

Gnostische Spekulation hat daneben ganz besonders an den kosmogonischen Mythos angeknüpft, um die paradoxe Stellung des Menschen in einem als widergöttlich empfundenen Kosmos und seine Erlösung zu umschreiben. Grundtext ist neben dem biblischen Schöpfungsbericht Platons *Timaios*; Motive anderer alter Mythen, aber auch philosophischer, besonders 'vorsokratischer' Lehren fließen mit ein. Wie der höchste Gott sich Geistwesen und insbesondere einen Sohn erschafft, wie ihm die Materie gegenübertritt, wie ein Geistwesen in die Materie fällt und in die Gefangenschaft der dunklen Mächte gerät, das wird wie eine Ereignisfolge scheinbar naiv erzählt. Doch sind die meisten Texte dieser Art dann im Detail derart *[35]* kompliziert, auch bewußt dunkel gehalten und mit Anspielungen auf fiktives Geheimwissen befrachtet, daß man sie kaum im Gedächtnis behalten und nacherzählen kann: Es sind Lesetexte, 'Lesemysterien'. Die Erzählung darf sich nicht aus sich selbst entfalten, sie ist im Blick auf das Gemeinte, im Grunde dogmatisch Fixierte mit angestrengter, punktueller Symbolik ausgedacht.

Gelegentlich indessen liegt echter Märchenstil vor, wie im *Lied von der Perle*:[51] Ein Königssohn wurde von Osten nach Ägypten gesandt, um einem Drachen eine köstliche Perle abzujagen; doch vergaß er in der Fremde Herkunft und Auftrag, bis Botschaft aus der Heimat ihn erweckt, so daß er die Perle gewinnen und in sein Königreich heimkehren kann. Hier scheint in der Urform des 'Quest'-Märchens am ehesten eine Verschmelzung von traditioneller Erzählung und neuem Glauben erreicht. Und doch ist der Reali-

---

[51] Alfred Adam, *Die Psalmen des Thomas und das Perlenlied als Zeugnisse vorchristlicher Gnosis*, Berlin 1959; Reinhold Merkelbach, *Roman und Mysterium*, München 1962, 299–321.

tätsbezug ganz anders als im archaischen Mythos; kein gegenständliches Interesse am Hier und Jetzt spricht sich aus, 'Ägypten' ist so allgemein gemeint wie das Land des Sonnenaufgangs, der Held bleibt namenlos; dafür ist stets bei jedem Schritt die tiefere Deutung schon im Blick. So kontrastiert das Symbolmärchen mit dem alten Mythos.

Überhaupt sind die Versuche gescheitert, einen eigentlichen gnostischen Urmythos zu rekonstruieren. Es gibt viele parallele Entwürfe, die allerdings eine gemeinsame Struktur von göttlichem Sein, widergöttlichem Werden, Fall, Erlösung, Eschatologie aufweisen. Keiner dieser Versuche ist durchgedrungen und zur gleichsam klassischen Form geworden, trotz des mit Pseudonymität gekoppelten Offenbarungsanspruchs. Mythen lassen sich nicht 'machen', auch nicht von unberufenen oder berufenen Propheten.

[Bibliographie]

A. Alföldi, *Die Struktur des voretruskischen Römerstaates*, Heidelberg 1974.

– –, *Die Troianischen Urahnen der Römer*, Basel 1957.

G. Binder, *Die Aussetzung des Königskindes. Kyros und Romulus*, Meisenheim am Glan 1964.

C. M. Bowra, *Heldendichtung. Eine vergleichende Phänomenologie der heroischen Poesie aller Völker und Zeiten*, Stuttgart 1964.

F. Buffière, *Les mythes d'Homère et la pensée Grecque*, Paris 1956.

W. Burkert, *Homo Necans. Interpretation altgriechischer Opferriten und Mythen*, Berlin 1972.

– –, *Griechische Religion der archaischen und klassischen Epoche*, Stuttgart 1977.

– –, *Structure and History in Greek Mythology and Ritual*, Berkeley und Los Angeles 1979.

M. Detienne, *Les jardins d'Adonis*, Paris 1972.

– –, *Dionysos mis à mort*, Paris 1977.

M. Eliade, *Der Mythos der ewigen Wiederkehr*, o. O.1953.

K. Fittschen, *Untersuchungen zum Beginn der Sagendarstellungen bei den Griechen*, Berlin 1969.

J. Fontenrose, *The Ritual Theory of Myth*, Berkeley 1966.

J. G. Frazer, *The Golden Bough I–XIII*, London 1911–1936.

M. Fuhrmann (Hg.), *Terror und Spiel. Probleme der Mythenrezeption*, München 1971.

R. Hampe und E. Simon, *Griechische Sagen in der frühen etruskischen Kunst*, Mainz 1964.

J. E. Harrison, *Themis. A Study of the Social Origins of Greek Religion*, Cambridge [2]1927 [1912].

A. Heubeck, *Die Homerische Frage*. Darmstadt 1974.

S. H. Hooke, *Myth and Ritual. Essays on the Myth and Ritual of the Hebrews in Relation to the Culture Pattern of the Ancient Near East*, Oxford 1933.

C. G. Jung und K. Kerényi, *Einführung in das Wesen der Mythologie*, Zürich 1942, [4]1951.

K. Kerényi, *Prometheus. Das griechische Mythologem von der menschlichen Existenz*, Zürich 1946.

– –, *Die antike Religion. Ein Entwurf von Grundlinien*, Düsseldorf und Köln 1952.

– –, *Die Herkunft der Dionysosreligion nach dem heutigen Stand der Forschung*, Köln 1956.

– –, *Die Mythologie der Griechen*, 2 Bde, Zürich 1951 und 1958.

– –, *Dionysos, Urbild des unzerstörbaren Lebens*, München und Wien 1976.

G. S. Kirk, *Myth. Its Meaning and Functions in Ancient and Other Cultures*, Berkeley und Los Angeles 1970.

I. Krauskopf, *Der Thebanische Sagenkreis und andere griechische Sagen in der etruskischen Kunst*, Mainz 1974.

C. Lévi-Strauss, *Anthropologie structurale*, Paris 1958.

– –, *Mythologica I–IV*, Frankfurt am Main 1971–1975.

A. B. Lord, *The Singer of Tales*, Cambridge, Mass. 1960 (dtsch. *Der Sänger erzählt. Wie ein Epos entsteht*, München 1965).

A. Olerud, *L'idée de macrocosmos et de microcosmos dans le 'Timée' de Platon*, Uppsala 1951.

W. F. Otto, *Die Götter Griechenlands*, Frankfurt am Main 1929.

M. Parry, *The Making of Homeric Verse*, Oxford 1971.

J. Pépin, *Mythe et allégorie*, Paris 1958.

P. Philippson, *Genealogie als mythische Form*, Oslo 1936.

V. Propp, *Morphologie des Märchens*, München [2]1975.

O. Rank, *Der Mythus von der Geburt des Helden*, Wien 1909.

R. v. Ranke-Graves, *Griechische Mythologie. Quellen und Deutung*, Reinbek bei Hamburg 1960.

W. Schapp, *Wissen in Geschichten. Zur Metaphysik der Naturwissenschaft*, Wiesbaden [2]1976.

K. Schefold, *Frühgriechische Sagenbilder*, München 1964.

W. R. Smith, *Die Religion der Semiten*, Tübingen 1899.

C. Sourvinou-Inwood, *Theseus as Son and Stepson. A Tentative Illustration of the Greek Mythological Mentality*, London 1979.

J.-P. Vernant – P. Vidal-Naquet, *Mythe et tragédie*, Paris 1972.

F. Vian, *La guerre des géants*, Paris 1952.

J. de Vries, *Forschungsgeschichte der Mythologie*, München 1961.

Erschienen in: Philosophie und Mythos. Ein Kolloquium, hgg. v. H. Poser, Berlin 1979, 16–39

2. Mythisches Denken:
Versuch einer Definition an Hand des griechischen Befundes

'Mythos' ist ein griechisches Wort; das Phänomen des Mythos jedoch ist ohne Zweifel keine Besonderheit des Griechischen; die einflußreichsten Studien über 'Mythos' in unserem Jahrhundert sind gerade nicht aus dem griechischen Bereich hervorgegangen – ich denke an Franz Boas, Bronislaw Malinowski, Claude Lévi-Strauss[1]. In der Gegenwartssprache wird 'Mythos' dabei in einer merkwürdig ambivalenten Weise verwendet: etwas als 'Mythos' zu bezeichnen, eine Meinung oder Einstellung, heißt sie als unwahr, irrational und vielleicht gar gefährlich denunzieren, als "falsches Bewußtsein": "der Mythos des Staates", "Mythen des Alltags";[2] zugleich aber hat 'Mythos' einen erlesenen und nostalgischen Klang, etwa im Sinn der Verse Hugo von Hoffmannsthals vom 'Weltgeheimnis': "Der tiefe Brunnen weiß es wohl; einst aber wußten alle drum; nun zuckt im Kreis ein Traum herum". Mancher erwartet hier die Wegspur zu finden zum Ausbruch aus unserer Wirklichkeit, die als ebenso rational wie absurd erscheint. Die Wissenschaft freilich kann hierzu kaum die Hand reichen.

Was Mythos eigentlich ist, läßt sich indessen nicht leicht definieren, und schon gar nicht in unbestrittener Weise. Ich will hier nicht eine Geschichte der wissenschaftlichen Mythologie geben, der rationalen Auseinander-

---

Ausführlicher, mit besonderer Berücksichtigung der Beziehungen zum Ritual und in Anwendung auf Mythenkomplexe der Alten Welt wird diese Position entwickelt in: *Structure and History in Greek Mythology and Ritual*. Berkeley, Los Angeles: University of California Press. Sather Classical Lectures (im Druck) *[erschienen 1979]*.

[1]   F. Boas, "Tsimshiam Mythology", in: *31ˢᵗ Annual Report of the US Bureau of American Ethnology*, Washington 1916, 29–1037; B. Malinowski, *Myth in Primitive Psychology*, London, New York 1926, wiederabgedruckt in: *Magic, Science and Religion and Other Essays*, Garden City 1954, 93–148; C. Lévi-Strauss, s. Anm. 27.

[2]   E. Cassirer, *Vom Mythus des Staates*, Zürich 1949; R. Barthes, *Mythologies*, Paris 1957, dt. Übers.: *Mythen des Alltags*, Frankfurt 1964.

setzung mit dem Mythos, die nun bereits etwa 2500 Jahre andauert, auch nicht eine systematische Auseinandersetzung mit den aktuellen Theorien von Ritualismus, Psychoanalyse und Strukturalismus[3]; ich möchte eine *[17]* Definition entwickeln und zur Diskussion stellen, der Klarheit halber in Form von vier Thesen, die sich mir bei meiner Arbeit mit griechischen Mythen ergeben hat. Ich setze dabei voraus, daß in die Definition von 'Mythos' die griechischen Mythen eingeschlossen sein müssen, genauer gesagt der Inhalt griechischer Corpora wie Hesiod – *Theogonie* und *Kataloge* –, die griechische Tragödie, und die *Bibliotheke* des sogenannten Apollodor. 'Homer' ist nur zum Teil 'mythisch': das heroische Epos hat eine Tendenz zum Realismus, womit sich noch die quasi aufgeklärte und humane Haltung von Ilias- und Odysseedichter kreuzt. Inwiefern der wichtigste Überlieferungsträger für den griechischen Mythos in der Abendländischen Tradition, Ovid mit den *Metamorphosen*, den Stoff bewahrt, nicht aber den Mythos selbst am Leben erhalten hat, wird sich zeigen.

1.

Meine erste These ist, in Übereinstimmung mit dem Buch *Myth* von Geoffrey Kirk[4]: Mythos gehört zur allgemeineren Klasse der traditionellen Erzählung oder Volkserzählung, *folktale*. Dies ist trivial, und meist eilt man den nächsten Schritt zu tun, den 'echten' Mythos abzugrenzen gegenüber weniger edlen Verwandten wie Märchen, Sage, Legende und Fabel. Und doch lohnt es sich, erst einmal die Gemeinsamkeiten zu bedenken; denn hieraus ergeben sich bereits fundamentale Konsequenzen: zum einen ist Mythos als *Erzählung* ein Phänomen der Sprache, nicht etwa eine Schöpfung neben der Sprache, gleichberechtigt neben Wortsprache und bildender Kunst, wie schon behauptet wurde[5]; zum anderen sollte die Einordnung als *traditionelle* Erzählung von vornherein die Frage erledigen, die die wissenschaftliche und romantische Mythologie seit je beherrscht: die Frage nach dem 'Ursprung' des Mythos. Was immer an Mythenschöpfern entdeckt und präsentiert worden ist, inspirierte Dichter oder lügende Dichter, der Volksgeist in Person oder die tief analysierte Psyche, Grundtatsache ist nicht, daß My-

---

[3] J. de Vries, *Forschungsgeschichte der Mythologie*, München 1961; G. S. Kirk, *Myth. Its Meaning and Function in Ancient and Other Cultures*, Berkeley, Los Angeles 1970.

[4] Kirk (s. Anm. 3) 31–41.

[5] W. Mannhardt, *Wald- und Feldkulte* II, Berlin (1876) 1905[2], Xf., "eine der Sprache analoge Schöpfung des unbewußt dichtenden Volksgeistes"; vgl. S. Langer, *Philosophy in a New Key*, Cambridge, Mass. (1942) 1951[2], 201f.

then 'erschaffen' werden, sondern daß sie tradiert werden und erhalten bleiben, anscheinend auch und gerade in Gesellschaften ohne Schriftlichkeit[6]. Das Entscheidende ist Rezeption *[18]* und Tradition, nicht kreative Produktion. Auch eine historische "Krise des Mythos" ist eben eine Krise der Tradition, nicht der Kreativität. Geschichten, die ein individueller Autor erfunden oder maßgebend gestaltet hat, können zum Mythos werden, wenn und nur wenn sie traditionell werden – was oft bezeichnende Veränderungen mit sich bringt –; nicht selten hat auch erst eine einmalige dichterische Gestaltung einer traditionellen Erzählung zur mythischen Wirkung verholfen – die *Antigone* des Sophokles, oder Schillers *Wilhelm Tell* –. Vorausgesetzt bleibt die Tatsache, daß es traditionelle Erzählungen gibt, nach deren Form und Funktion in menschlicher Gesellschaft zu fragen ist.

Was aber ist eine 'Erzählung'? Philologe der ich bin, sehe ich mich hier gezwungen, die Philologie zu transzendieren: 'Erzählung' im Sinn einer traditionellen Erzählung ist nicht ein gegebener Text. Dieselbe Erzählung kann offensichtlich in Gestalt sehr verschiedener Texte erscheinen, bald besser bald schlechter, ausführlicher oder kürzer erzählt, in Dichtung oder in Prosa. Ein bestimmter griechischer Mythos kann auftreten als ein Buch Homer, ein Exkurs bei Pindar, eine Tragödie, ein Exempel im Chorlied, ein paar Sätze bei Apollodor oder in einem Scholion – ganz verschiedene Texte, aber stets derselbe Mythos, wenn auch vielleicht mit Varianten. Erzählungen, einschließlich der Mythen, sind denn auch ohne weiteres übersetzbar, im Gegensatz zum dichterischen Text.

Wo aber fassen wir die Erzählung, den Mythos, der zwar in der Sprache, nicht aber im Text gegeben ist? Ich möchte von der Dreiteilung ausgehen, die analytische Philosophie und Linguistik ansetzen, wobei die von den Stoikern und von de Saussure getroffene Unterscheidung von *semaînon* und *semainómenon*, *signifiant* und *signifié* mit Freges Trennung von Sinn und Bedeutung[7], oder Bedeutung und Bezeichnung, Denotation, Referenz – die Terminologie ist leider nicht fest – gekoppelt ist. Vom konkret faßbaren Zeichen also trennen wir einerseits den Sinn (oder auch 'Bedeutung', 'sense', 'meaning'), und die Bezeichnung, d. h. die Beziehung auf außer-

---

[6]   Allerdings fehlt es an empirischen Nachweisen für die Stabilität mündlicher Tradition; mehr und mehr meldet sich Skepsis: Th. P. van Baaren, *The Flexibility of Myth*, in: *Ex orbe religionum*, Studia G. Widengren, Leiden 1972, II 199–206; D. Fehling, *Amor und Psyche. Die Schöpfung des Apuleius und ihre Einwirkung auf das Märchen. Eine Kritik der romantischen Märchentheorie*, Abh. Mainz 1977, 9.

[7]   G. Frege, "Über Sinn und Bedeutung," *Zeitschr. f. Philos. und philos. Kritik* 100, 1892, 25–50 wiederabgedruckt in: ders., *Funktion, Begriff, Bedeutung*, Göttingen 1962, 38, 63; vgl. B. Mates, *Stoic Logic*, Berkeley 1953; A. Graeser, *Platons Ideenlehre. Sprache, Logik, Metaphysik*, Bern 1975.

sprachliche Gegebenheiten. Unter diesem Gesichtspunkt gehört Erzählung, einschließlich Mythos – und dies ist die zweite These – zum Bereich von 'Sinn' oder 'Bedeutung', und weder zum konkret gegebenen sprachlichen Ausdruck noch zur Gegenstandsbeziehung. Das Wesen, die Identität einer Erzählung besteht nicht in ihrer Beziehung auf eine bestimmte pragmatische Wirklichkeit[8]. Dies möchte ich in ganz radikalem *[19]* Sinn festhalten. Erzählung kann gar nicht in unmittelbarer Weise Wirklichkeit bezeichnen, wie dies ein Elementarsatz leistet: dies ist eine Rose, dies ist rot, dies ist eine rote Rose. Eine Erzählung enthält eine zeitliche Abfolge von Begebenheiten, von denen allenfalls die letzte unmittelbar aufweisbar sein kann; normalerweise erscheint die ganze Erzählung in der Vergangenheitsform. Wirklichkeit und Erzählung sind nicht isomorph: Erzählung spiegelt nicht unmittelbar Wirklichkeit, Wirklichkeit bringt nicht unmittelbar eine Erzählung hervor. Selbst eine 'Life' Reportage von einem sportlichen Ereignis, oder die laufende Darstellung eines Entführungsdramas in den Massenmedien kann doch immer nur einen Ausschnitt aus vielerlei gleichzeitig ablaufenden Interaktionen vermitteln; und wenn man das ganze im Nachhinein in Form einer Erzählung rekapituliert, wird diese noch weit selektiver, aber auch wie von selbst strukturierter, mit Höhepunkten und Peripetien; und in dieser Form kann sie wiedererzählt werden. Durchgesetzt hat sich die Sprache, von der die Grundform der Erzählung stammt: die Linearität. Die heutige Krise des Romans – als Erzählung – und der Geschichte – in der hergebrachten Form der Geschichtserzählung – beruht doch wohl darauf, daß uns ganz andere Methoden des Zugriffs auf die Wirklichkeit zur Verfügung stehen, Informationen wie sie der Computer speichern und verarbeiten kann, Statistiken, Kurven, Tendenzen – dies läßt sich nicht, nicht mehr am Faden einer Erzählung auffädeln.

Mythos, als Erzählung, ist nicht unmittelbare Spiegelung einer Wirklichkeit – dies entspricht übrigens ganz der griechischen Verwendung des Wortes *mýthos*, gerade im Kontrast zu *lógos*: *lógos*, von *légein* 'sammeln', heißt einzelne nachprüfbare Feststellungen zusammenbringen; "*lógon* geben" heißt Rechenschaft ablegen; *mýthos* ist demgegenüber die Erzählung, für die man keine Verantwortung übernimmt: "nicht von mir stammt der *mýthos*", geht die Redensart[9]. Die Entlastung von Verantwortung ver-

---

[8] Dies gilt allgemein für fiktionale Literatur (vgl. etwa T. Todorov, *Introduction à la littérature fantastique*, Paris 1970, dt. Übers.: *Einführung in die phantastische Literatur*, München 1972), nur daß bei Literatur im engeren Sinn die einmalige Gestaltung durch die Schrift bewahrt bleibt.

[9] Euripides Fr. 484 (A. Nauck, *Tragicorum Graecorum Fragmenta*, Leipzig 1889[2], 511f. mit Parallelstellen).

setzt den Mythos, die Erzählung überhaupt in eine Atmosphäre der Ent-
spannung, trotz aller 'Spannung' im Leerlauf: die Gänsehaut im Lehn-
stuhl...

Und doch gilt Mythos als etwas Wichtiges, Ernstes, gar Heiliges: wie
geht dies zusammen? Seit der Antike gibt es eine Lösung dieses Problems,
die unreflektiert noch oft als einzige Lösung des Problems genommen wird,
die ich aber als Kurzschluß bezeichnen möchte: man substituiert in der
Deutung des Mythos eine Wirklichkeit, als deren direkte Bezeichnung der
Mythos verstanden wird; vom Gegenstand kommt ihm seine Würde *[20]*
zu, man muß nur die rechte Auflösung finden, x = a. Am beliebtesten seit
der Antike war die Naturdeutung: Apollon ist die Sonne[10], und wenn er
Niobes Kinder erschoß, hat das verderbliche Gestirn die Pest gebracht;
Phaethons Absturz im Sonnenwagen ist Sonnenuntergang mit Abendrot,
oder, noch spektakulärer, der Ausbruch des Vulkans von Thera im 15. Jahrhundert v. Chr.[11]; Bellerophon erschlug die feuerschnaubende Chimaira in
Lykien – siehe da, es gibt ein Erdgasfeuer in Olympos in Lykien[12], ich habe
es selbst gesehen; das Flügelpferd Pegasos und die Ziegen-Löwen-Schlan-
gen-Gestalt der Chimaira ist 'Phantasie'. Diese direkte Art der Deutung ist
nicht mehr in Mode; aber daß Attis und Adonis 'die Vegetation' sind, die
stirbt und beweint wird, steht in allen Handbüchern. Das 19. Jahrhundert
stellte daneben die historische Deutung: die Abenteuer des Herakles spiegeln die Eroberungszüge der Dorier, der Drachenkampf Siegfrieds den Sieg
des Arminius – der vielleicht Siegfried oder Sigurt hieß – im Teutoburger
Wald[13]; auch direktere Entdeckungen erreichen das Ohr des Publikums, so
die Identifizierung des Ödipus als Pharao Amenophis IV Echnaton[14]. Nicht
alles ist dabei verkehrt: gewiß wurden traditionelle Erzählungen mit Bezug
auf Naturphänomene und historische Ereignisse erzählt; der Kurzschluß
liegt in der Annahme, der Schlüssel x = a, der vielleicht ein Türchen öffnet,
erkläre das ganze, als wäre der Bau des Mythos direkt durch Tatsachen aus
Natur oder Geschichte geschaffen worden. De facto müssen alle diese Deutungen zu Prokrustes-Methoden greifen und die Überschüsse wegschlagen,
wie etwa die Flügel des Pegasos; man nennt sie Phantasie. Ob der Mythos
die Operation überlebt, ist die Frage.

---

[10] Seit Aischylos, Fr. 83 Mette *[= TrGF 3, p. 138]*; P. Boyancé, "Apollon solaire", in: *Mélanges J. Carcopino*, Paris 1966, 149–70.

[11] C. Robert, in: *Hermes* 18, 1883, 440 – A. G. Gelanopulos, in: *Altertum* 14, 1968, 157–61.

[12] Ktesias, *FGrHist* 688 F 45e; *Realencyclopädie der class. Altertumswissenschaft* VIII 318f.

[13] O. Höfler, *Siegfried, Arminius und die Symbolik*, Heidelberg 1961.

[14] I. Velikovsky, *Oedipus and Akhnaton*, London 1960, dt. Übers.: *Oedipus und Echnaton*, Zürich 1966.

Es gibt sehr viel subtilere Deutungsmethoden, die aber m. E. dem gleichen Kurzschluß verfallen: man findet im Mythos nicht direkte Bezeichnung einer empirischen Realität, sondern einer metaphysischen bzw., in
modernerer Weise, einer unbewußten seelischen Wirklichkeit. C. G. Jung
war so konsequent zu behaupten, diese seelischen Wirklichkeiten seien eben
unbewußt und man könne von ihnen nichts weiter wissen als daß sie sich im
Mythos offenbaren[15]. Dies läßt sich also nicht widerlegen. *[21]* Mir scheint
immerhin, daß, soweit Detailbeobachtungen möglich sind, die behauptete
Isomorphie von Erzählung und seelischer Wirklichkeit nicht stattfindet; in
Träumen von Patienten, deren Psychiater an Mythen sehr interessiert ist,
treten gelegentlich Gestalten auf, die an Gestalten des Mythos erinnern –
das Kind, die Alte, der Schatten –. Zur Erzählung als solcher ist's noch ein
weiter Schritt; sie gehört offenbar zum verbalisierten, bewußten Bereich.

Die metaphysische Deutung spielt noch im Streit um die Entmythologisierung ihre Rolle. Mythos wurde von Schniewind definiert als eine "Vor-
stellungsweise, in der das Unanschauliche als anschaulich erscheint"[16]. Dies
geht über Friedrich Creuzer, für den der Mythos "das Göttliche einer höchsten Idee zur unmittelbaren Anschauung bringt"[17] direkt zurück auf die
antike *Timaios*-Interpretation: Platon habe mit der Einführung von Demiurg
und Weltschöpfung – die nicht im wörtlichen Sinne wahr sein kann – das
komplexe Ineinander des ewigen Seins und der Seele in der Erzählung
zeitlich auseinandergelegt[18]. Dieses Mythenverständnis hängt also an der
Setzung einer metaphysischen Realität, wobei der Begriff des "anschau-
lichen Bildes", das der Mythos bringen soll, ein Nebeneinander von Entsprechungen und Verschiedenheiten und damit eine große Freiheit der Interpretation zuläßt. Trotzdem ist bei vorurteilsloser Betrachtung des Gegebenen die Isomorphie von traditionellen Mythen und postuliertem metaphysi-
schem Gehalt meist nur schwer herzustellen; auch hier bedarf es der Prokrustes-Methoden; und wie ließe sich dann der Vorrang der metaphysischen
gegenüber den anderen Deutungen und ihren partiellen Erfolgen rechtfertigen? Charakteristisch am Mythos ist anscheinend gerade die Vieldeu-
tigkeit: derselbe Mythos kann auf ganz verschiedene Aspekte der, Wirklichkeit bezogen werden und dabei als sinnvoll, ja als faszinierend erscheinen, je nach Empfänglichkeit des Interpreten. Aber eben die schillernde

[15] C. G. Jung, K. Kerényi, *Das göttliche Kind*, Amsterdam 1940, vgl. *Eranos-Jahrhuch* 6, 1938,
403–43; *Man and His Symbols*, London 1964; J. Jacobi, *Komplex, Archetypus, Symbol in der
Psychologie C. G. Jungs*, Zürich 1957.

[16] J. Schniewind, in: H. W. Bartsch, *Kerygma und Mythos*, Hamburg 1948 (= 1967⁵), 79.

[17] F. Creuzer, *Symbolik und Mythologie der alten Völker*, Leipzig (1810) 1819², 91.

[18] s. Anm. 74.

Vielfalt verbietet, 'Wesen' und 'Ursprung' des Mythos in kurzschlüssiger Festlegung zu suchen.

2.

Damit läßt sich die zweite These präzisieren: Traditionelle Erzählungen, jenseits des festen Textes und diesseits der konkreten Wirklichkeit, sind Sinnstrukturen. Strukturalismus ist längst zur Mode geworden, und eine kritische Diskussion der strukturalistischen Theorien[19] würde über den *[22]* Rahmen eines Vortrags weit hinausgehen. Doch sei versucht festzustellen, inwieweit strukturalistische Begriffe und Methoden zur Erfassung von traditionellen Erzählungen, einschließlich Mythen, herangezogen werden können, und warum ich zögere, mich dem Strukturalismus als ausschließlicher Methode oder gar als einer Philosophie zu verschreiben.

'Struktur' heißt ein System von definierbaren Relationen zwischen einem Ganzen und seinen Teilen, die bestimmte Transformationen zulassen; Strukturalismus bedeutet die Annahme, daß eben dieses Bündel von Relationen für das Ganze wie für die Teile konstitutiv ist. Im speziellen versteht sich Strukturalismus als eine Theorie der Zeichen[20], als Semiologie, mit dem entsprechenden Anspruch, daß die Struktur der Zeichen und ihre möglichen Transformationen für ihre Funktion ausschlaggebend sind.

Für den Strukturalismus in der Erzählforschung gibt es zwei Hauptansätze, zwei gleichsam klassische Autoren, Vladimir Propp und Claude Lévi-Strauss. Das Buch von Propp, *Morphologie des Märchens*, ist 1928 auf russisch erschienen, aber erst 1958 im Westen bekannt geworden[21]. Propp hat aus dem gesamten Corpus der russischen Zaubermärchen eine einzige Struktur destilliert, eine lineare Reihe von 31 'Funktionen'; Alan Dundes hat den präziseren Terminus 'Motifeme' vorgeschlagen. Die Proppsche Theorie läßt sich in 3 Theoremen zusammenfassen: 1. Die beständigen Elemente der Märchenerzählung, in allen Varianten, sind die 'Funktionen' – und nicht Personen oder Einzelmotive –. 2. Ihre Anzahl ist begrenzt. 3. Ihre Reihenfolge ist unveränderlich. Dies heißt nicht, daß alle 31 Funktionen in

---

[19] O. Ducrot, T. Todorov, D. Sperber, M. Safonan, F. Wahl, *Qu'est-ce que le structuralisme?*, Paris 1968; J. Piaget, *Le structuralisme*, Paris 1968, 1970[4] (dt. Übers.: *Der Strukturalismus*, Olten 1973); G. Schiwy, *Der französische Strukturalismus*, Reinbek 1969; ders., *Neue Aspekte des Strukturalismus*, Hamburg 1971; H. Naumann, *Der moderne Strukturbegriff*, Darmstadt 1973; E. Leach (ed.), *The Structural Study of Myth and Totemism*, London 1967.

[20] Ducrot (s. Anm. 19) 10: "les sciences du signe, des systèmes de signes".

[21] V. J. Propp, *Morfologija skaski*, Leningrad 1928, 1969[2], engl. Übers.: *Morphology of the Folktale*, Bloomington 1958, dt. Übers.: *Morphologie des Märchens*, München 1972, 1975[2].

jedem Märchen vorkommen, wohl aber, daß alle Funktionen eines gegebe-
nen Märchens in der idealtypischen Reihe zu finden sind, und zwar an der
richtigen Stelle. Kann man dies verallgemeinern, so gilt: eine traditionelle
Erzählung – einschließlich Mythos – ist eine feste Folge von 'Motifemen'.
Die Akteure sind austauschbar. Dies hat, wie bereits bemerkt[22], durchaus
Verwandtschaft mit der Definition, die Aristoteles dem Mythos als der
"Seele des Dramas" gibt: Mythos sei eine *sýstasis pragmáton* mit fester Folge von 'Anfang', 'Umschlag' und 'Lösung' – nacharistotelisch *katastrophé*
genannt –. Man hat auch schon vor Propp, um viele *[23]* Varianten eines
Mythos übersichtlich zu vergleichen, die gemeinsamen Elemente durch-
numeriert; Propps Fortschritt bestand darin, nur 'Funktionen' zuzulassen,
nicht Personen, Qualitäten, Einzelzüge, und ein sehr großes Corpus damit
zu analysieren. Er hat nicht behauptet, damit die Struktur jeglicher
Erzählung gefunden zu haben – obwohl Theoretiker wie A. Greimas, die
Propps Ansatz weiterentwickeln, dies gelegentlich vorauszusetzen scheinen[23] –; zunächst geht es ums Zaubermärchen, verallgemeinert könnte man
vom Typ der 'Suche' oder des 'Abenteuers' sprechen, besser englisch: *the
quest.* Dundes[24] hat, indem er Propps Methode auf Indianermythen an-
wandte, allgemeinere Sequenzen verwendet, "Mangel" und "Beseitigung
des Mangels", oder "Verbot – Übertretung – Folge – Rettungsversuch".
Von den griechischen Mythen her würde ich vor allem auch eine Sequenz
ansetzen, die es mit Zeugung und Geburt zu tun hat, die 'Mädchentragödie':
wie ein Mädchen das Elternhaus verläßt, zunächst in einer Idylle lebt, dann
einem Gott oder Heros anheimfällt, dafür leiden muß bis zur Rettung nach
der Geburt des göttlichen Sohns, diese Reihe kehrt in griechischen Mythen
dutzendfach wieder; und es gibt auch eine eigentlich tragische Sequenz mit
Verschuldung und Tod des Helden und einer irgendwie folgenden Restitution. Die Verwandlung, die Metamorphose dagegen scheint nicht eine
eigene Sequenz zu sein, sondern ein vielfach anwendbares Motiv.

Propps Ansatz hat seine Fruchtbarkeit in vielen Studien bewiesen. Problematisch allerdings ist zunächst die Segmentierung: welches sind die Ein-
schnitte, die die Motifeme trennen? Wie weit soll man ins Detail gehen oder
Verallgemeinerungen suchen? In der Praxis allerdings zeigt der Vergleich
paralleler Fassungen leicht die Nahtstellen, an denen die Varianten sich
treffen und auseinandergehen. Störender ist für den Theoretiker der Mangel

---

[22] P. Madsen, in: *Orbis Litterarum* 25, 1970, 287–99; E. Güttgemanns, in: *Linguistica Biblica*
      23/4, 1973, 5f.

[23] A. J. Greimas, *Sémantique structurale*, Paris 1966 nennt (177) "la quête" als Thema von
      Propps Reihe, entwickelt jedoch daraus "le modèle actantiel mythique" (180) schlechthin.

[24] A. Dundes, *The Morphology of North American Indian Folktales*, Helsinki 1964.

an System: 31 Funktionen, welch häßliche und zufällige Zahl! So erhebt sich die Forderung: *"From chain to system!"*[25]; und hier beginnt die Faszination von Lévi-Strauss[26].*[24]*

Lévi-Strauss behauptet von vornherein, ein Mythos als *chaîne syntagmatique* sei *"privée du sens"*[27]. Die Folge, die zeitliche Abfolge der Erzählung wird also aufgebrochen, und alle Elemente, Personen, Objekte, Eigenschaften, Handlungen werden verfügbar als Terme abstrakter Relationen, meist binärer Oppositionen – arbeitet doch auch der Computer mit einem binären System –. Lévi-Strauss findet in den Mythen mehrere übereinandergelagerte Codes, etwa einen Code der Nahrungsmittel, der Tiere, der Pflanzen, der Farben, des Raumes; sie entschlüsseln sich gegenseitig, wenn jeweils die fundamentale Opposition gefunden wird. So stehen am Ende der Analyse meist zwei Kolumnen von entgegengesetzten Begriffen, zwischen denen eine dritte Kolumne als Vermittlung, *médiation [25]* steht; und man hat bereits danach den Mythos definiert: seine Funktion sei eben die Vermittlung eines Widerspruchs[28]. Bevorzugte Opposition bei Lévi-Strauss ist die von Natur und Kultur, aber auch Leben und Tod können eintreten.

Ich glaube nicht, daß Lévi-Strauss irgend etwas bewiesen hat; er hat gezeigt, was man mit Mythen machen kann, und damit der Interpretation ein neues, weites Feld geistreicher Exerzitien eröffnet, jenseits der abgegrasten historisch-philologischen Ebene, obendrein mit dem Versprechen, Geisteswissenschaft nun endlich zu einer *science* zu machen. Der nächstliegende Einwand, daß hier Strukturen produziert werden, von denen niemand zuvor eine Ahnung hatte, auch nicht die Tradenten der Mythen selbst, wird ausgeräumt: auch der *native speaker* kennt die Grammatik der eigenen Sprache nicht explizit und hält sich doch daran[29]. Sollte dies nicht für geistig-kulturelle Erscheinungen als Kommunikationssysteme schlechthin gelten? Also laßt uns die strukturalistischen Spiele mitspielen; ich selbst habe dadurch

---

[25] P. Madsen, *Orbis Litterarum* 26, 1971, 194.

[26] Seine grundlegenden Publikationen sind: "The Structural Study of Myth", *Journal of American Folklore* 78, 1955, 428–44, auch in: Th. A. Sebeok (ed.), *Myth. A Symposium*, Bloomington 1955, 81–106, frz. Fassung: "La structure des mythes", in *Anthropologie structurale*, Paris 1958, 227–55, dt. Übers.: "Die Struktur des Mythos", in: *Strukturale Anthropologie*, Frankfurt 1967, 226–54; "La geste d'Asdival", *Annuaire de l'École Pratique des Hautes Etudes, Sciences religieuses* 1958, 3–43, wiederabgedruckt in: *Anthropologie structurale deux*, Paris 1973, 175–233; *Mythologiques*. I: *Le Cru et le Cuit*, II: *Du miel aux cendres*, III: *L'origine des manières de table*, IV: *L'homme nu*, Paris 1964–71, dt. Übers.: *Mythologica I–IV*, Frankfurt 1971/5.

[27] *Mythologiques* I, 313.

[28] Lévi-Strauss bei Sebeok (1955) (s. Anm. 26) 105: "the purpose of myth is to provide a logical model capable of overcoming a contradiction".

[29] Lévi-Strauss, *Antropologie structurale* (s. Anm. 26), 25–33.

jedenfalls gelernt, Einzelheiten zu bemerken, die man bisher übersehen oder für völlig belanglos gehalten hatte.

Kritik an Lévi-Strauss wird von Pariser Adepten in der Regel mit der Versicherung erwidert, der Kritiker habe Lévi-Strauss mißverstanden[30]. Trotzdem wage ich, in drei Punkten meine Reserven zu formulieren: 1. Mathematische Formulierung der *science* ist nur sinnvoll, wenn sie allgemein ist, d. h. für mehr als einen Fall gilt, und wenn sie über Banalitäten hinausgeht. Wenn ich einem Physiker erzählen wollte, die Grundformel der Elektrizität sei -1+1 = 0, mit der bemerkenswerten Umkehrung daß auch +1-1 = 0 ist, würde dieser kaum in Begeisterung ausbrechen. Aber ist die Behauptung, Mythos sei eine *médiation* zwischen polaren Gegensätzen, wirklich über diesem Niveau? Außerdem gilt sie nicht für alle Mythen, aber sicher für andere Formen von Erzählungen, für Utopie und Witz. Die eigentliche Formel der *médiation*, die Lévi-Strauss in seinem Aufsatz über die Struktur der Mythen aufgestellt hat, ist kompliziert genug um eigentlich immer falsch gedruckt zu werden, aber wenn man sie richtig anwendet, wie es Köngäs-Maranda getan haben[31], gilt sie auch für Gedichte, Rätsel und vor allem Witze, nicht aber für alle Mythen. – 2. Strukturalismus führt am Verstehen vorbei. Es ist bezeichnend, daß Lévi-Strauss von der Phonologie als dem Muster einer *science* ausgeht: hier ist es gelungen, alle Phoneme einer Sprache in einem binären System zu beschreiben. Aber so interessant dies ist, Phonologie allein würde uns nicht helfen auch nur ein Wort einer Sprache zu verstehen; auch der perfekte Phonologe müßte angesichts einer unbekannten Sprache, in Abwesenheit eines Dolmetschers, "mit Händen und Füßen" zu reden beginnen, d. h. auf die außersprachliche Realität rekurrieren, um Verständigung zu erzielen. Ein Zeichensystem ist sinnlos, wenn wir nicht wissen, worauf es sich bezieht. – Und damit meine ich 3., daß wir nicht darauf verzichten können zu unterscheiden zwischen objektiv gegebenen Strukturen und Projektionen, die vom geistreichen Interpreten entworfen sind. Vielleicht ist eine theoretische Position möglich, wonach es nichts Reales außer Strukturen gibt, Zeichen, die immer nur auf Zeichen verweisen im geschlossenen Kreislauf eines Geistes an sich[32], *esprit*; insofern wäre Strukturalismus die letzte Möglichkeit des Idealismus. Mit gleichem Recht wurde gesagt, Strukturalismus sei die Konsequenz der Feststellung, daß

---

[30] Vgl. M. Detienne, *Dionysos mis à mort*, Paris 1977, 18–21 gegen Kirk und E. R. Leach.

[31] $F_x(a):F_y(b) = F_x(b):F_a-1(y)$, dazu E. K. Köngäs, P. Maranda, *Structural Models in Folklore*, Midwest Folklore 12, 1962, 133–92. Dabei ist, zur Bezeichnung der Umkehrung, offensichtlich $a^{-1} = 1/a$ gemeint, wird aber praktisch immer als a-1 gedruckt.

[32] So folgert Greimas (s. Anm. 23) 13 aus "le statut privilégié des langues naturelles" alsbald "la clôture de l'ensemble linguistique", ja "la clôture de l'univers sémantique".

Gott tot ist[33]: damit fällt die absolute Bedeutung von irgend einem Zeichen, es bleibt nur relationaler, differentieller Sinn. Und gewiß ist Strukturalismus die einzige Methode, auch mit dem Absurden umzugehen. Als Philologe, Historiker und Mensch möchte ich doch daran festhalten, daß es außersprachliche Probleme gibt, die uns auf den Nägeln brennen können; so zieht selbst Lévi-Strauss Nutzen aus einem der brennenden Probleme unserer Zeit: Natur und Kultur.

3.

Zurück zur traditionellen Erzählung, und zum Mythos: nun scheinen wir freilich in einer Sackgasse angelangt zu sein, wenn wir beides ablehnen, *[26]* Metaphysik und Strukturalismus. Erzählung, hieß es, ist nicht unmittelbare Bezeichnung einer Wirklichkeit, ein Zeichen aber hat nur Sinn in Beziehung auf eine Wirklichkeit. Wie läßt sich diesem Dilemma entgehen, ohne doch, mit dem Strukturalismus, den zweiten Satz aufzugeben? Mein Vorschlag ist: indem man im Sinngehalt der Sprache zwischen mittelbarem und unmittelbarem, oder potentiellem und aktuellem Wirklichkeitsbezug unterscheidet. Dies führt freilich auf sehr allgemeine Probleme der Semantik, über die alles andere als Einigkeit besteht; und ich kann die Theorien referentieller, operationeller und struktureller Semantik hier nicht diskutieren[34]. Ich gehe davon aus, daß einerseits sinnvolles Sprechen ohne außersprachliche Erfahrung unmöglich ist, daß andererseits die Sprache ein eigenes, traditionelles Regelsystem für ihre Anwendung an die Hand gibt, und daß die Semantik beides, Erfahrung und Anwendungsregel, im Blick behalten muß.

Die Erzählstruktur im Sinne Propps erschien als Bedeutungs- oder Sinnstruktur; sie enthält eine Anwendungsregel eben in der Sequenz: jede Funktion ist nur an einer Stelle zulässig; zugleich aber enthalten die 'Funktionen' für sich und im ganzen eine Bedeutungsfülle, die nicht leicht aus binären Oppositionen zu deduzieren ist. Eine 'Suche', ein 'Abenteuer', das bedeutet: man verläßt die Alltagsumgebung, sei es auf Befehl, sei es auf Grund eines 'Mangels'; man durchmißt neue Räume, trifft Partner, die hilfreich oder lästig sein können; man entdeckt das Gesuchte, man eignet es

---

[33] M. Casalis, *Semiotica* 17, 1976, 35f.

[34] Verwiesen sei auf M. Bunge, *Treatise on Basic Philosophy*. I: *Semantics*, Dordrecht 1974; A. J. Heringer, *Praktische Semantik*, Stuttgart 1974; F. R. Palmer, *Semantics. A New Outline*, Cambridge 1976, dt. Übers.: *Semantik. Eine Einführung*, München 1977; J. D. Fodor, *Semantics. Theories of Meaning in Generative Grammar*, Hassocks 1977.

sich an – in zivilisierten Verhältnissen durch Verhandlung und Kauf, im A-
benteuer-Kontext eher durch List oder Gewalt; und dann gilt es, das Objekt
erst noch nach Hause und in Sicherheit zu bringen, und dies kann der
spannendste Teil der Serie sein – im Märchen bekannt als die "magische
Flucht"[35] –. Roman- und Filmhandlungen, die nach diesem Schema ablau-
fen, werden jedem einfallen; es sind dies aber auch *de facto* die Funktionen
8–31 bei Propp. Dies ist sehr viel mehr als eine Opposition "Mangel" –
"Mangel behoben"; man beachte die Asymmetrie: die Suche vor dem Erfolg
ist etwas ganz anderes als die Rückkehr bzw. Flucht danach. Im Mythos
führt dies zum Paradox, daß sowohl die Argonauten wie Odysseus für den
Rückweg eine ganz neue Route einschlagen müssen. Worauf beruht diese
Bedeutungsstruktur? Mir scheint: auf Erfahrung, doch nicht individueller
Art. De facto handelt es sich hier um ein grundlegendes biologisches Akti-
onsprogramm. Ich habe die "magische Flucht" recht begriffen, als ich in
einem Film über Ratten sah, wie schnell *[27]* eine Ratte, die einen Leckerbissen erwischt hat, rennen muß, weil alle Mit-Ratten sich dann auf sie
stürzen. Die Abenteuer-Sequenz beruht auf dem biologischen Programm der
Futtersuche.

Dies scheint nun allerdings die schlimmste *Metábasis eis állo génos* zu
sein: von den sublimen Höhen des Strukturalismus stürzen wir ab in die
Biologie. Und doch ist Sprache, die wir kennen und sprechen, eben die
Sprache von Lebewesen; die emotionellen Kräfte, die uns drängen Sprache
zu gebrauchen, werden vom Programm des Lebens gesteuert. Die eigentliche Kontaktstelle zwischen Lebenswirklichkeit und Sprache scheint in diesem Fall das Verbum zu sein; und die einfachste Form des Verbums, die
Nullform, funktioniert in den verschiedensten Sprachen als Imperativ, besonders schön im Türkischen, aber *de facto* auch im Lateinischen, Französischen und Deutschen: geh und hol, komm und bring. Basisstruktur der Erzählung im Sinne Propps ist eine verbal auszudrückende Handlung; die
primitivste Form, oder Vorform, einer Erzählung wäre demnach eine Folge
von Imperativen: geh, such, nimm, komm und bring. Und die Reaktion des
Hörers, sein Mitgehen in der Erzählung entspricht dem offenbar: er voll-
führt, wie geheißen, diese Handlungen mit, wenn auch gleichsam im Leerlauf.

Die biologische Perspektive bewährt sich, wenn wir neben der Propp-
schen Reihe andere Sequenzen ins Auge fassen. Der besonders häufige Typ
der Kampf-Erzählung, *combat-myth* allerdings ist nur eine Spezialform der
Abenteuer-Serie; bemerkenswer immerhin, wie oft die begehrenswerte Frau

---

[35] A. Aarne, *Die magische Flucht*, Helsinki 1930.

in den Kampf der harten Männer eingeschaltet wird, getreu dem biologischen Sinn der Auslese-Kämpfe. Die vorhin erwähnte Mädchen-Tragödie läßt sich in Einzelheiten auf Pubertätsrituale zurückführen, diese ihrerseits aber akzentuieren die Grundgegebenheiten des Lebensrhythmus mit Pubertät, Defloration, Schwangerschaft und Geburt[36]. Andere Sequenzen sind mehr kulturell als biologisch bedingt; ich denke besonders an Rache- und Strafgeschichten. Eine erschöpfende Typologie ist nicht meine Absicht. Meine dritte These wäre demnach: Erzählungen, als Sinnstrukturen, beruhen auf biologisch oder kulturell vorgegebenen Aktionsprogrammen und sind insofern unausrottbar anthropomorph, oder biomorph.

Dies bedeutet nicht einen 'Kurzschluß' im vorhin kritisierten Sinn. Die Erzählung wird damit nicht zur direkten Bezeichnung einer Wirklichkeit, sie folgt selbst einem vorgegebenen Programm, einem Prinzip der Synthesis *a priori*, einer überindividuellen Form der biologisch-kulturellen Tradition. Und eben darum können Erzählungen 'traditionell' werden, *[28]* kann der Hörer zum Erzähler werden, können wir uns eine Geschichte mit einmaligem Anhören merken – während wir Schwierigkeiten haben ein einziges kompliziertes Wort einer fremden Sprache nachzusprechen –, weil das Programm im Grunde schon vorgegeben ist; wir merken uns nur, was in dieses gleichsam einrastet.

Diese vorgezeichneten Strukturen enthalten Oppositionen, gewiß, doch auch kompliziertere Beziehungen; und während die Realität sich diesen nicht immer leicht fügt, kann die vom direkten Realitätsbezug befreite Erzählung hier bis zum äußersten gehen; dies nennt man gewöhnlich Phantasie, doch könnte es ebensogut Logik der Erzählung heißen. Die Kampf-Erzählung etwa hat in ihrer Grundform einen Helden, der schließlich siegt, und einen Gegner, der unterliegt, entsprechend der verbalen Sequenz: kämpfen–siegen. Nun wäre es alles andere als spannend, zwei Durchschnittsmenschen aufeinander loszulassen; Protagonist und Antagonist werden vielmehr zu Kontrasten in allen verfügbaren 'Codes': ist der eine jung, energisch, tugendhaft, so der andere alt, häßlich und lasterhaft; Licht gegen Dunkel; der Held ist vielleicht eher klein, der Gegner scheinbar überlegen, damit die Peripetie an Wirkung gewinnt. Die perfekte Besetzung der Antagonisten-Rolle liefert der Drache: er ist schlangenhaft, weil die Schlange das gefürchtetste Tier ist; er hat ein Riesenmaul, weil Gefressen-Werden eine Urangst des Lebewesens ist; er speit Feuer, weil dies einst die ärgste zerstörende Energie war, die man kannte – in Science Fiction hat der Antagonist inzwischen sich auf Atom- und Laserstrahlen umgestellt –. Der

---

[36] S. L. La Fontaine, "Ritualization of Women's Life Crises in Bugisu", in: J. S. La Fontaine, *The Interpretation of Ritual*, London 1972, 159–86.

Drache kann Flügel haben, was ihn noch mächtiger und unangreifbar macht; er hat ein merkwürdiges Interesse für Jungfrauen, damit auch die sexuelle Rivalität ins Spiel kommt. Der Drache wird schließlich immer überwunden, denn dafür ist er da. Wenn wir also den Drachen als Phantasiegeschöpf bezeichnen, so entsprechen doch die Einzelheiten des Bildes der Logik der Kampferzählung, einer biologisch gesteuerten Logik der Aggression. Ja man mag bedauern, daß es den zu bekämpfenden Drachen in dieser Perfektion in unserer Wirklichkeit nicht gibt; wie Kampfpropaganda unversehens immer wieder in die Codes des Drachenbildes verfällt, ist evident – womit wir denn bei den Mythen des Alltags angelangt wären. Doch sei dies nicht weiter verfolgt.

4.

Was aber ist nun 'Mythos' im Bereich der traditionellen Erzählungen, deren dynamische Sinnstrukturen umrissen wurden? Die Abgrenzung gegenüber *folktale* im allgemeinen, Märchen, Sage, Legende, kann weder in der Struktur noch im Inhalt gefunden werden. Die strukturelle Identität *[29]* ist oft festgestellt worden[37] und zeigt sich immer wieder, gleichgültig ob man nach den Methoden von Propp oder Lévi-Strauss vorgeht. Üblich sind inhaltliche Definitionen des Mythos: Mythos sei Erzählung über Götter und göttliche Wesen[38], oder aber Erzählung über eine maßgebende Urzeit, Ereignisse *in illo tempore* im Sinn von Mircea Eliade[39]. Gerade am griechischen Befund scheitern diese Definitionen: im einen Fall wäre die Erzählung von Ödipus kein Mythos, weil keine Erzählung über Götter – zwar greift das Orakel ein in die Handlung, jedoch in einer Weise, die dem Wirken der Orakel in der realen Welt sehr nahe kommt –; im anderen Fall bliebe gerade noch der Anfang von Hesiods *Theogonie* als griechischer 'Mythos' übrig. Die Mehrzahl der griechischen Mythen ist in eine Zeit verlegt, die den Griechen als historisch galt, die Epoche des Troianischen Kriegs. Daß diese damit der 'Traumzeit' im australischen Mythos entspricht, ist eine interessante Feststellung, die aber die Definition nicht erleichtert.

---

[37] Boas (s. Anm. 1) 880; Dundes (s. Anm. 24) 110.

[38] J. Fontenrose, *The Ritual Theory of Myth*, Berkeley 1966, 54f.

[39] M. Eliade, *Le mythe de l'éternel retour*, Paris 1949; ders., *Myth and Reality*, New York 1963, 5; H. Baumann, *Studium Generale* 12, 1959, 3; W. R. Bascom, *Journal of American Folklore* 78, 1965, 4.

Es bleibt eine funktionale Definition. Nach der These der Schule von Cambridge wäre Mythos die mit Ritual verbundene Erzählung[40]; dies ist zu eng gefaßt. Ich schlage vor – und dies ist meine vierte und letzte These –: Mythos ist eine traditionelle Erzählung, die als Bezeichnung von Wirklichkeit verwendet wird. Mythos ist angewandte Erzählung. Mythos beschreibt bedeutsame, überindividuelle, kollektiv wichtige Wirklichkeit. Ernst und Würde des Mythos stammen von dieser Anwendung; die Handlungs- und Sinnstruktur des Mythos aber ist nicht von dieser Anwendung abgeleitet, sondern vorgegeben durch die Sprache und die Lebensbedingungen der Sprache. Der Wirklichkeitsbezug ist demgegenüber sekundär und partiell; Wirklichkeit und Erzählung sind nicht isomorph. Trotzdem ist Mythos oft die grundlegende, allgemein akzeptierte, oder jedenfalls die erste und älteste Verbalisierung einer komplexen Wirklichkeitserfahrung, die primäre Weise, darüber zu sprechen, so wie ja das Erzählen sich als eine ganz elementare Form der Kommunikation erwiesen hat.

'Wirklichkeiten', über die mythisch, d. h. in Form von Erzählung gesprochen wird, sind zunächst soziale Ordnungen, Institutionen und Ansprüche von Familie, Clan, Stadt und Stamm; Malinowski hat den *[30]* Terminus "charter myths" eingeführt[41]. – Die 'Anwendung' kann ebenso gut etabliertes Ritual betreffen wie einmalige Unternehmen und Entscheidungen: Theseus, erzählte man, hat seine Jugend in Troizen verbracht, und so haben die Athener angesichts des Persersturms im Jahr 480 Frauen und Kinder nach Troizen evakuiert[42]. Herakles, hieß es, hat in Sizilien Eryx besiegt, den Eponym der Bergstadt Erice: dementsprechend versuchte der Heraklide Dorieus um 500 v. Chr. Eryx zu erobern, was jedoch mißlang[43]: die vom Mythos vorgezeichnete Hoffnung hat getrogen.

Dies eben ist ein bekanntes, äußerliches Indiz, um Mythos und Märchen zu trennen: im Mythos treten Eigennamen auf mit eindeutigem Wirklichkeitsbezug, während der Märchenheld namenlos ist oder einen Allerweltsnamen wie Hans oder Iwan führt. Dies ist es auch, was am griechischen Mythos für Nicht-Spezialisten und oft noch für Spezialisten so verwirrend

---

[40] W. R. Smith, *Lectures on the Religion of the Semites*, London 1889, 1894², dt. Übers.: *Die Religion der Semiten*, Tübingen 1899, 13f.; J. E. Harrison, *Mythology and Monuments of Ancient Athens*, London 1890, XXXIII; S. H. Hooke, *Myth and Ritual*, Oxford 1933; ders., *Myth, Ritual, and Kingship*, Oxford 1958; zur Kritik vgl. Fontenrose (s. Anm. 38) und Kirk (s. Anm. 3) 8–31.

[41] Malinowski (s. Anm. 1) 1954, 101.

[42] Anfang der Themistokles-Inschrift, R. Meiggs, D. Lewis, *A Selection of Greek Historical Inscriptions*, Oxford 1969, nr. 23; die Frage der Authentizität dieses Dokuments ist hier unerheblich.

[43] Herodot 5, 43.

ist, die Fülle von Namen mit ihrem Verweis auf Familien, Stämme, Städte, Örtlichkeiten, Rituale, Feste, Götter und Gräber: nicht irgendein Königssohn, sondern Perseus, Enkel des Akrisios von Argos, Sohn der Danae und des Zeus, Gründer von Mykene, oder Theseus, Enkel des Pittheus von Troizen, Sohn der Aithra und des Poseidon, maßgebender König von Athen. Nicht alle Namen freilich im Mythos sind echte Eigennamen, einige sind Füllsel, die Leerstellen verdecken. Der Drache, den Apollon in Delphi erschlug, ist in der ältesten Quelle namenlos[44], und wenn er später 'Python' heißt, ist dies keine zusätzliche Information: der Wirklichkeitsbezug war durch 'Apollon' und 'Delphi-Pytho' von Anfang an gegeben. Wie eine Frau entführt und von ihren 'standhaften' Brüdern, Aga-memnon und Mene-laos, zurückgeholt wird, könnte irgendeine Erzählung des Kampf-Typs sein. Mit Agamemnon von Mykene, Menelaos von Sparta, Nestor von Pylos, 'Argivern' oder 'Achäern' als ihren Mannen ist der Bezug auf Griechenland und Griechen gegeben, und die Troer sind dort zuhause, wo im 8. Jahrhundert die Griechen auf die zunächst überlegenen Phryger trafen. So gibt der troianische Krieg das Muster, kraft dessen das Selbstbewußtsein der Griechen sich gegen gleich gewichtige Nicht-Griechen absetzt: die Lykier von Südkleinasien, die Thraker vom Balkan sind schon in unserer *Ilias* Alliierte der Troianer; später angetroffene Konkurrenten werden zu Nachkommen der Troianer stilisiert: die Elymer in Sizilien, die Veneter an der Po-Mündung, die Etrusker, die Römer[45] – *[31]* wo immer man 'Barbaren' vorfand, die etwa gleiche Kulturhöhe hatten und mit denen nicht leicht fertig zu werden war, sah man sie in der Optik des Troianischen Kriegs; nicht als ob man allgemein den Iliastext auswendig gelernt hätte, aber man kannte den 'Mythos'; bezeichnend, daß es sich dabei nicht um den typischen Drachenkampf-Mythos handelt mit der Vernichtung des antihumanen Gegners, sondern um einen heroisch-tragischen Mythos, der dem Gegner seine Würde gibt und doch den Griechen den Sieg verheißt.

Die Definition des Mythos als angewandter Erzählung verlangt freilich noch eine Verdeutlichung und eine Modifikation: Es ist damit nicht vorausgesetzt, daß erst die reine Erzählung da war und in einer zweiten Phase, einer neuen historischen Epoche die 'Anwendung' gefunden wurde. 'Erzählung' ist so elementar, daß die 'Anwendung' gleich eingeschlossen, ja bereits auslösender Faktor sein kann. Der Osiris-Mythos in Ägypten erscheint in seinen 'Anwendungen' auf Königsideologie und Jenseitshoffnung seit der Pyramidenzeit; als zusammenhängende Erzählung liegt er bei Plut-

---

[44] *Hom. Apollonhymnus* 300–74; vgl. J. Fontenrose, *Python*, Berkeley 1959.

[45] A. Alföldi, *Die Troianischen Urahnen der Römer*, Basel 1957; G. K. Galinsky, *Aeneas, Sicily, and Rome*, Princeton 1969.

arch vor, 2500 Jahre später. Da die angewandte Erzählung nicht auf sich allein angewiesen ist, sondern von der 'Anwendung' mitgetragen wird, kann sie elementarer, rudimentärer sein als die auf sich gestellte, für den Vortrag auskristallisierte Erzählung. "Ein Mann hatte drei Söhne" ist keine Erzählung, allenfalls der Anfang einer Erzählung; "Hellen hatte drei Söhne, Doros, Xuthos, Aiolos; Xuthos hatte zwei Söhne, Ion und Achaios", dies ist ein Mythos, wie er in den hesiodeischen Katalogen[46] kondifiziert war; er beschreibt die Tatsache, daß verschiedene Stämme von 'Hellenen' nebeneinander stehen, von denen zwei, Ionen und Achaier, einander näher stehen als den anderen, Doriern und Aiolern; dies hat übrigens jetzt auch die Sprachwissenschaft an Hand der Dialekte bestätigt. Darum also sind Ion und Achaios Brüder, Doros und Aiolos nur Onkel. Die Frage nach der 'Wahrheit' dieser Erzählung ist offensichtlich völlig unerheblich. Der Mythos beschreibt die Wirklichkeit; die Genealogie liefert das Ordnungssystem, das dies leistet, so gut wie Logik oder Mengenlehre, ja besser als diese: die Erzählung ist einfach zu merken, und die von ihr vorgezeichnete Rolle des Stammvaters impliziert patriarchalische Autorität. Nicht nur: so ist es, sondern auch: so soll und muß es sein.

Mythisches Denken ist demnach nicht spontane Erfindung von Mythen; die nostalgische Idee der Romantiker von einem "mythischen Zeitalter", in dem poetisch begabte Primitive sich in Mythen statt in Alltagssprache äußerten, braucht nicht weiter verfolgt zu werden; sie ist selbst ein Ursprungsmythos. Mythisches Denken herrscht, sofern traditionelle *[32]* Erzählungen die hauptsächliche oder einzige Form allgemeiner Aussagen, allgemeiner Kommunikation und Spekulation vorschreiben – wie es etwa in Griechenland bis ins 5. Jahrhundert der Fall war –. Solches Sprechen und Denken ist anthropomorph, oder biomorph, aber es ist alles andere als simpel. Man kann es 'spielerisch' nennen, in dem präzisen Sinn von Piaget[47], wonach im Spiel die Wirklichkeit der Aktivität des Menschen, nicht die Aktivität der Wirklichkeit angepaßt wird. Mythisches Denken ist trotzdem nicht willkürlich und chaotisch, sondern begrenzt durch die zur Verfügung stehenden Mittel biomorpher Aktionen und den Anwendungsbereich. Mythisches Denken verwendet als Operatoren nicht die Bildung von Klassen oder Mengen und nicht die Dichotomie wahr–falsch, sondern Handlungsfolgen; es arbeitet mit Sequenzen, nicht mit Konsequenz; trotzdem kann es überaus differenziert, subtil und wirksam sein. Oft fügt die Wirklichkeit in ihrem Eigensinn sich nur partiell dem Mythos, der seinerseits in seiner

---

[46] Hesiod Fr. 9.
[47] J. Piaget, *La formation du symbole chez l'enfant chez l'enfant*, Neuchâtel 1959, dt. Übers.: *Nachahmung, Spiel und Traum*, Stuttgart 1975 (Ges. Werke V) Teil II.

gleichsam archetypischen Evidenz dadurch kaum zu erschüttern ist; und er bietet in jedem Fall eine Synthese[48], einen Sinnzusammenhang, eine Legitimation.

Man hat, mit Recht, oft Mythos und Metapher in Parallele gesetzt[49]. In der Metapher wird ein Stück Wirklichkeit bezeichnet, erklärt und strukturiert, indem ein zunächst nicht hergehöriges Wort eintritt, das mit seinem eigenen Gefolge von Assoziationen eine zusätzliche Sinnstruktur schafft. Man weiß, daß die so gewonnene Beschreibung als uneigentlich, vorläufig, versuchsweise zu nehmen ist, und doch kann sie unerhört erhellend sein. Man könnte den Mythos eine Metapher auf dem Niveau der Erzählung nennen: indem diese ihre eigenen Sinnstrukturen mitbringt, strukturiert sie die Wirklichkeit und gibt ihr den Anschein des Erhellten, Vertrauten. Dies kann, aus unserer Sicht, unrichtig, verführerisch, verhängnisvoll sein; doch kann der Mensch sich der Aufgabe nicht entziehen, mit einem begrenzten Vorrat an Erfahrungen und Begriffen in einer unübersehbar komplizierten Welt sich zurechtzufinden. Der Mythos liefert ein begrenztes System von komplexen Operatoren, die gestatten, Vielheit in einem Allgemeinen aufzuheben; und aus seiner uralten biomorphen Tradition *[33]* bringt er die Chance mit, daß diese Mittel dem Sinn und Zweck des Lebens, wenn auch nicht der naturwissenschaftlich-technischen Wirklichkeit adäquat sind. Denn darin unterscheidet sich ja schließlich der Mythos von der Fabel, daß er natürlich, d. h. unabsichtlich gewachsen ist, während die Fabel auf ihre Anwendung hin konstruiert ist und nur in bewußter Verstellung dem sozialen Druck in außermenschliche Bereiche ausweicht[50]

5.

Zu bewähren hat sich die gewonnene Definition noch in zwei Bereichen, die mit dem 'Mythos' in besonderer Weise verschränkt sind, Religion und Phi-

---

[48] Auch E. Cassirer, *Philosophie der Symbolischen Formen. II: Das Mythische Denken*, Oxford 1954², entwickelt auf der Grundlage der Kantianismus einen Begriff des Mythos als Synthesis *a priori*. Allerdings befaßt er sich de facto nicht mit Mythen als Erzählungen, sondern mit einem Konstrukt "Mythisches Denken", das mit magischem Denken und primitiver Mentalität gleichgesetzt wird und nicht den Quellen, sondern den damaligen anthropologischen Theorien entnommen ist.

[49] Seit M. Müller, *Einleitung in die vergleichenden Religionswissenschaften*, Straßburg 1876², 316 ff. Mythologie als "die durch die Sprache auf den Gedanken ausgeübte Macht" (317) erklärte; zu einer Theorie der Metapher vgl. P. Ricœur, *La métaphore vive*, Paris 1975.

[50] K. Meuli, *Herkunft und Wesen der Fabel*, Basel 1954 *[= Gesammelte Schriften, Basel 1975, 731–756]*.

losophie. Was das Verhältnis des Mythos zur Religion betrifft, so sei von der empirischen Feststellung ausgegangen, daß es Mythen auch außerhalb religiöser Kontexte gibt und daß es Religionen ohne oder zumindest nahezu ohne Mythen gibt – ich denke an die Religion des republikanischen Roms oder an den Islam. Dies besagt, daß Religion und Mythos prinzipiell unabhängig voneinander und nicht unter allen Umständen aufeinander angewiesen sind. Und doch gibt es ohne Zweifel einen großen und wichtigen Bereich religiöser Mythen; gerade im griechischen Bereich konnte es lange Zeit so scheinen, als seien Religion und Mythologie identisch; und wenn nicht alle Mythen religiös sind, wird man doch den umgekehrten Satz kaum bestreiten: Erzählungen über Götter sind Mythen.

'Religion' freilich ist wiederum nicht leicht zu definieren. Die gängigen, von der Phänomenologie herkommenden Definitionen[51] als "Erlebnis des Heiligen" oder "des Transzendenten" oder "des Numinosen" übersehen geflissentlich, daß das Erlebnis nicht spontan gegeben, sondern stets durch Institutionen vorgeprägt und vermittelt ist. Unabdingbar gehört zu Religion, soweit ich sehe, auf psychischem Niveau der Bezug zu Angst und Angstüberwindung oder Angstverlagerung, und im Bereich des Verhaltens die fixierten Handlungen mit 'symbolischem', d. h. mit Mitteilungscharakter, die wir Rituale nennen[52]. Mythos im religiösen Bereich läßt sich daher weithin als die auf Rituale angewandte Erzählung verstehen. Dies entspricht der Ritualtheorie des Mythos, die die "Schule von Cambridge"[53] vertrat, nur daß 'Mythos' noch darüber hinausreicht, auch *[34]* nicht durchweg 'heilige' Erzählung ist; auch bei Völkern, die terminologisch klar trennen zwischen 'heiligen' und 'profanen' Geschichten – was die Griechen im Wort 'Mythos' gerade nicht taten –, lassen sich de facto die gleichen Erzählungen in beiden Gruppen finden[54]. Trotzdem werden die religiösen Mythen besonders wichtig, indem sie an der 'Heiligkeit' der Religion partizipieren.

Verehrung eines überlegenen Gegenübers kann im religiösen Ritual selbst ohne Worte signalisiert werden, und der Gott kann mit einem Namen benannt und angerufen werden auch ohne Erzählung. Wenn diese jedoch dazutritt, wird der Gott in dieser zum Akteur, und dann liefert der Mythos auch hier und hier erst recht Synthese, Sinnzusammen-*[35]*hang, einsehbare Legitimation. So gibt es etwa, bezeugt seit dem Paläolithikum, das Ritual

---

[51] R. Otto, *Das Heilige*, München 1917, 1936²⁵; G. Mensching, *Die Religion*, Stuttgart 1959, 18f.; 129f.; F. Heiler, *Erscheinungsformen und Wesen der Religion*, Stuttgart 1961.

[52] Vgl. W. Burkert, *Homo Necans*, Berlin 1972, 31–45.

[53] s. Anm. 40.

[54] Vgl. Boas (s. Anm. 1) 565; Malinowski (s. Anm. 1) 1954, 101–6; H. Baumann, *Studium Generale* 12, 1959, 15f.; Kirk (s. Anm. 3) 20.

der Versenkungsopfer[55]: man versenkt Gaben, auch eßbare Tiere, in Quelle, See, Fluß, Moor und Meer; inmitten von Armut und Hunger macht sich der Primitive so noch ärmer. Dies zu erklären ist hier nicht unsere Aufgabe. Die Geschichte, die sich damit bei den Griechen immer wieder verbindet, ist die, wie ein Mensch an eben dieser Stelle sich in die Tiefe stürzte, in Todesnot, Verzweiflung, Wahnsinn oder Heroismus, und so nicht nur Ruhe, sondern Ehre, ja Göttlichkeit gewann: Leukothea die Weiße Göttin, oder Glaukos der grüngraue Meermann, oder Persephone die Herrin der Toten an der Kyanequelle bei Syrakus, wo die Versenkungsopfer fortdauerten[56]. Mit der Erzählung hat der zwangshafte Akt des Wegwerfens eine humane Dimension angenommen, es gibt ein Vorbild des Vollzugs, ein Gegenüber für die Gabe. Verbreitet in Europa sind oder waren Feuerfeste[57], bei denen man auch eine menschengestaltige Puppe verbrannte – ein bedenklich grausames Schauspiel, besonders solange Ketzerverbrennung und Hexenverbrennung daneben stand. Nun, man nannte die Puppe 'Judas' und gewann damit den Erzählungs- und Sinnzusammenhang des Christentums, das ärgste Verbrechen als Legitimation der Rache. Nach dem Matthaeusevangelium hat sich Judas freilich erhängt; aber für die mythische Funktion genügt die partielle Koinzidenz. In England nennt man seit der 'Pulververschwörung' von 1623 die Puppe Guy Fawkes und hat damit den gleichen Sinnzusammenhang von Verbrechen und Strafe aus einem historischen Mythos – daß der historische Terrorist Guy Fawkes geköpft und nicht etwa verbrannt wurde, stört dabei nicht. In Zürich verbrennt man beim Frühlingsfest einen Schneemann und zieht damit den aufgeklärten Naturmythos heran vom Kampf von Sommer und Winter; der Schneemann heißt aber 'Böög', ein Wort für den 'Maskierten'; das ist sehr viel geheimnisvoller, aber ich kenne keinen Mythos dazu.

Im Himmel-Erde-Trennungsmythos bei den Hethitern und bei Hesiod[58] ist der Akt der Kastration mit dem Sichelmesser sicher ein Ritual, wie es an Opfertieren vollzogen wurde; rituell ist insbesondere, wenn Kronos die abgeschnittenen Genitalien rückwärts über seine Schulter ins Meer wirft[59].

---

[55] A. Closs, "Das Versenkungsopfer", *Kultur und Sprache. Wiener Beiträge zu Kulturgeschichte und Linguistik* 9, 1952, 66–107; H. Jankuhn (ed.), *Vorgeschichtliche Heiligtümer und Opferplätze*, Göttingen 1970.

[56] Diodor 5, 4.

[57] W. Mannhardt, *Wald- und Feldkulte* I, Berlin (1875) 1905², 497–566; 'Judas' 504f.; 522; zu Guy Fawkes Fontenrose (s. Anm. 38) 19f.

[58] J. B. Pritchard, *Ancient Near Eastern Texts Relating to the Old Testament*, Princeton 1955², 121f. ; Hesiod, *Theog.* 154–210; G. Steiner, *Der Sukzessionsmythos in Hesiods 'Theogonie' und ihren orientalischen Parallelen*, Diss. Hamburg 1958; A. Lesky, *Gesammelte Schriften*, Bern 1966, 356–71; P. Walcot, *Hesiod and the Near East*, Cardiff 1966; Kirk (s. Anm. 3) 213–20.

[59] Burkert (s. Anm. 52) 84.

Eine 'Anwendung' der Erzählung auf anderer Ebene ist zugleich, wenn das Opfer der "Vater Himmel" ist, der durch den perversen Akt nun gerade erhöht und befestigt wird. Der Mythos leistet eine Synthese von Ritualhandlung und Kosmos, er gibt dem Opfer einen unerhört geweiteten, überhöhten Status und bezieht zugleich den Kosmos in die fundamentale religiöse Handlung ein. Auch losgelöst vom Ritual bleibt dann dem Mythos seine Bedeutungsfülle, indem die anthropomorphe Vater-Sohn-Katastrophe in ihrer kosmischen Anwendung Vorgeschichte und Grundlage für die Herrschaft des herrschenden Wettergottes ist.

Ein System religiöser Mythen, eine Mythologie kann zu einer sehr wirksamen, nahezu verbindlichen, jedenfalls traditionell fixierten Form religiöser Kommunikation werden und insofern eine Religion durchaus beherrschen. Dies beruht nicht nur darauf, daß die Heiligkeit der Religion in die Erzählung gleichsam diffundiert, sondern mehr noch darauf, daß der 'archetypischen' Funktion der Erzählung die identische Wiederholbarkeit des Rituals perfekt entspricht. Nirgends freilich in den mythologischen Religionen, zu denen ja alle alten Religionen Vorderasiens und des Mittelmeerraums vor dem Aufgang der Weltreligionen zählen, ist der Mythos wirklich dogmatisch fixiert worden, nicht einmal in Ägypten; in Indien wurde der Text des Veda fixiert und auswendig gelernt, aber die vedische Mythologie ist ein phantastisches Chaos. Staunen bewirkt der Mythos, Verwunderung, nicht Glaubensmut, wohl aber Nachdenken, spielerisch, grüblerisch, oder auch in kühner Spekulation.*[36]*

6.

Daß die Philosophie in ihrem Anfang bei den Griechen aus dem Mythos herauswächst und von ihm geprägt ist, ist seit Francis Macdonald Cornford[60] wohl anerkannt. Auch die Umkehrung, daß der Mythos eine Vorwegnahme der Philosophie[61], von philosophischer Spekulation und Einsicht sei, findet geneigtes Gehör. Doch möchte ich hier nicht die große Synthese umkreisen, sondern eher analytisch differenzieren. Zum einen ist davor zu warnen, daß das Interesse des Geisteshistorikers die Perspektive verschiebt: ihn

---

[60] F. M. Cornford, *From Religion to Philosophy*, London 1912; ders., *Principium Sapientiae*, Cambridge 1952; U. Hölscher, "Anaximander und die Anfänge der Philosophie", *Hermes* 81, 1953, 257–77; 385–418, wiederabgedruckt in: ders., *Anfängliches Fragen*, Göttingen 1968, 9–89.

[61] Vgl. z. B. O. Gigon, *Der Ursprung der griechischen Philosophie von Hesiod bis Parmenides*, Basel 1945.

interessieren kosmologische Mythen, Ursprungsmythen, insbesondere also die mythische Kosmogonie; und die Bedeutung des babylonischen Weltschöpfungsepos in Verbindung mit dem babylonischen Neujahrsfest[62] ist inzwischen gebührend bekannt geworden. Tatsächlich aber stellen kosmogonische Mythen nur einen kleinen Bruchteil mythologischer Corpora dar; Hesiod hat sich übers 'Chaos' anscheinend weiter keine Gedanken gemacht, erst Epikur sah hier ein großes Problem und wurde darob zum Philosophen[63]. Zum andern ist nicht zu übersehen, daß die griechischen Naturphilosophen, beginnend mit Anaximandros, in einem offensichtlichen Gegensatz zur poetisch-mythischen Tradition stehen, schon indem sie Prosa schreiben. Was sie zu vermeiden trachten, ist eben der Anthropomorphismus, der doch die Struktur des Mythos bestimmt. Schon bei Anaximandros[64] dominieren die Neutra: *tò ápeiron, tó theîon, tà ónta*; bei Anaxagoras ist noch deutlicher, wie er sich bemüht, Passivformen zu verwenden, gelegentlich sogar ohne explizites Subjekt: *apokrínetai*[65], irgendetwas sondert sich ab, Absonderung findet statt. Trotzdem bleibt diesen Versuchen, 'Seiendes' direkt auszusagen, ein Grundbestand anthropomorpher Operatoren, worin der mythische Hintergrund ihrer Spekulation durchscheint. Schon 'werden', *gignesthai*, ist im Griechischen vom biologischen Zeugen und Gebären, das eben im Stamm *gen–* ausgedrückt ist, unabtrennbar; die Alternative, von hand-*[37]*werklichem Herstellen, von 'Schöpfung' auszugehen, wird allerdings weniger durch die mythische Tradition als durch die Konsequenz des Anti-Anthropomorphismus verboten: wie könnte vor dem Werden des 'Alls' einer als Person vorhanden und tätig sein? Vom 'Schöpfer' kann nur negativ die Rede sein: "diesen Kosmos hat weder ein Gott noch ein Mensch gemacht"[66]. Wie aber läßt sich dann Entfaltung und Differenzierung eines komplexen Systems anders beschreiben als mit der traditionellen, mythischen Denkform der Genealogie? Wenn auch nicht mehr ein Gott oder Mensch einen Sohn 'zeugt', so 'zeugt' doch eines das andere; und indem die Wechselwirkung des so Entstandenen 'Mischung' genannt wird, ist nie davon abzusehen, daß 'sich mischen' im Griechischen ein ganz normaler Ausdruck für die sexuelle Vereinigung ist. Die äußere Form der Darstellung ist die Vergangenheitserzählung – eine *just-so-story*, würden moderne me-

---

[62] *Ancient Near Eastern Texts* (s. Anm. 58) 60–72 und 331–4; Cornford (s. Anm. 60) 1952, 225–49.

[63] Diog. Laert. 10, 2.

[64] Ch. H. Kahn, *Anaximander and the Origins of Greek Cosmology*, New York 1960; H. Diels, W. Kranz, *Die Fragmente der Vorsokratiker (VS)*, Berlin 1951⁶, 12 A 9/B 1, A 15.

[65] *VS* 59 B 12, II 38,15.

[66] Heraklit *VS* 22 B 30 = 51 Marcovich.

thodenkritische Anthropologen[67] spotten –; hierin zeigt sich die Abhängigkeit vom Mythos am augenfälligsten. Noch immer ist die Erzählung die zunächst gegebene, vorzüglichste Weise, über Wirklichkeit zu sprechen, auch wenn diese explizit ein sachliches, neutrales 'Seiendes' sein soll.

Das Ineinander von Alt und Neu tritt am deutlichsten in zweitrangigen Zeugnissen in Erscheinung, etwa im Papyrus von Derveni: seit 1965 haben wir in diesem Bruchstücke eines vorsokratischen Kommentars zu einem orphischen Gedicht[68]. Was im mythischen Gedicht etwa ein Sexualakt des Gottes war, wird umgedeutet auf das "Sich Mischen" von "kleinverteilten Partikeln"; und doch wird dieses wie ein einmaliges Ereignis in der Vergangenheit erzählt, das Ordnung und Harmonie stiftete, gleich der Hochzeit eines Gottes. Der wenig bekannte Naturphilosoph Hippon, von dem Aristoteles sehr wenig hielt, schrieb, am Anfang sei das 'Feuchte' da gewesen; dann sei "das Warme aus dem Wasser gezeugt worden, und es habe die Macht des Erzeugers besiegt und die Welt gebildet"[69]. Hier ist der kosmogonische Vatermord-Mythos noch explizit erzählt – ganz ähnlich, hat im babylonischen Weltschöpfungsepos der Gott Ea Vater, Apsu, die Wassertiefe, getötet und seinen Palast darauf gebaut[70] –; nur sind es nicht Götter, sondern 'das Feuchte' und 'das Warme', die agieren wie zuvor. Weit konsequenter ist, selbstverständlich, Parmenides. Bei ihm *[38]* wird die direkt aussagbare Wahrheit so radikal gereinigt, daß nur noch die Gewißheit des *éstin* übrig bleibt. Traditionelle Kosmogonie im Stil des Anaximandros wird als 'Doxa' abgewertet und eben damit in den alten Mythos geradezu rückverwandelt: da ist eine 'Göttin', die alles lenkt, die Männliches dem Weiblichen zusendet, daß es sich 'mische'[71]; auch die Vergangenheitsform taucht hier auf, die für *éstin* verboten wurde. Vorbau des ganzen aber ist ein Proömium, die Wagenfahrt zur Göttin, in der eine Grundform mythischer Erzählung rein sich zeigt, das 'Abenteuer' im Schema Vladimir Propps: der Held verläßt das Haus, erhält das Zaubermittel, trifft Helfer, findet den Besitzer des Gesuchten: die Göttin, die jenseits der Bahnen von Nacht und Tag die Wahrheit des Seins bewahrt[72].

---

[67]   E. E. Evans-Pritchard, *Theories of Primitive Religion*, Oxford 1965.

[68]   S. G. Kapsomenos, *Archaiologikon Deltion* 19, 1964, 17–25; R. Merkelbach, *Zeitschrift für Papyrologie und Epigraphik* 1, 1967, 21–32; W. Burkert, *Antike und Abendland* 14, 1968, 93–114; P. Boyancé, *Revue des Études Grecques* 87, 1974, 91–110; hier Kol. 17 *[= Th. Kouremenos, G. M. Parássoglou, K. Tsantsanoglou, Hgg., The Derveni Papyrus, Florenz 2006, col. 21]*.

[69]   *VS* 38 A 3.

[70]   *Ancient Near Eastern Texts* (s. Anm. 58) 61.

[71]   *VS* 28 B 12/13.

[72]   W. Burkert, "Das Proömium des Parmenides und die Katabasis des Pythagoras", *Phronesis* 14, 1969, 1–30 *[= Kleine Schriften VIII 1–27]*.

Platons nun schon raffiniertes Spiel mit Mythos und Logos kann hier nicht einmal angedeutet werden[73]. Den antiken Platoninterpreten erschien vor allem die zeitliche Schöpfung im *Timaios* als nicht akzeptabel im wörtlichen Sinn und damit als 'Mythos'; Mythos wurde von daher definiert als eine Redeweise, die erzählend in der Zeit auseinanderlegt, was im zeitlosen Sein untrennbar ist[74]. Dies wirkt bis in modernste Definitionen von 'Mythos' hinein. Mir will scheinen, daß es in der Philosophie Platons und derer, die von ihm lernten, noch wichtigere, wenn auch versteckte anthropomorphe Operatoren gibt, ungetilgte Spuren mythischen Denkens: *arché* 'Anfang', 'Prinzip', und *krateîn* 'Kraft ausüben' sind vom Vollzug menschlicher Herrschaft her genommen und bewahren von hier ihre Funktion: der 'Anfang' ist darum so wichtig, weil er zugleich das 'Herrschende' ist; wer mit der höchsten Macht ins reine gekommen ist, sie vielleicht gar lieben kann, der ist von Gefahr und Angst befreit wie niemand sonst. Der hierarchische Aufbau der Ontologie und der religiöse Anspruch der Philosophie überhaupt sind gebunden an diese Auffassung; erstarrt und zugleich doch bewahrt ist darin der alte Kampfmythos, der Sieg des Überlegenen, Einen über den Drachen des Chaos.

Von Aristoteles bis zur Mengenlehre beruht die Logik auf dem Verhältnis von Element und Klasse, auf einem Elementarsatz der Form S ist P. Sokrates hat den Mythos zerstört, wie Nietzsche sagte; Sokrates hatte mit besonderer Eindringlichkeit die Frage gestellt: *tí estin*, 'was ist' das, wovon wir reden[75]. Vom *éstin* aus hatte bereits Parmenides den Grund *[39]* gelegt für die begriffliche, nicht-mythische Philosophie der Griechen. Der Mythos hat andere, anthropomorphe Operatoren und läßt sich nicht zurückführen auf einen ist-Satz. Er sucht ein menschliches Begreifen der Welt, das freilich immer nur partiell und vorläufig bleibt; er entwirft dabei eine Überwelt, die doch nicht sein einziger Gegenstand ist. Der logisch-wissenschaftliche Zugriff auf die Wirklichkeit, die 'seinsadäquate' Beherrschung der Welt hat sich demgegenüber mehr und mehr bewährt, in einer Weise, daß dadurch heute in mehr als einer Hinsicht der Mensch aus dieser Welt hinauskatapultiert zu werden droht. Daher wohl die nostalgische Faszination des Mythos, der sich doch kaum wiedergewinnen läßt. Vielleicht kann die Analyse wenigstens verhindern, daß wir unversehens und unreflektiert in Kampfmythen zurückfallen; da würde es so wenig Sieger geben, wie es Drachen gibt.

---

[73] P. Frutiger, *Les mythes de Platon*, Alcan 1930; P. Stöcklein, *Über die philosophische Bedeutung von Platons Mythen*, Leipzig 1937; W. Hirsch, *Platons Weg zum Mythos*, Berlin 1971.

[74] Plotin 3, 5, 9; Proklos, *In Plat. Remp.* I 74f. Kroll; s. Anm. 17/18.

[75] Hierzu R. Robinson, *Plato's Earlier Dialectic*, Oxford 1953[2], 49–60.

Erschienen in: Les études classiques au XIXe et XXe siècles. Entretiens sur l'antiquité classique XXVI, Vandoeuvres-Genève 1980, 159–199

3. Griechische Mythologie
und die Geistesgeschichte der Moderne

Ärgernis und Faszination der Mythologie liegt im scheinbar Unsinnigen, im 'Irrationalen'. Eben darum ist wieder und wieder die endlich gefundene 'Wissenschaft', 'the science', 'la science' der Mythologie proklamiert worden, von Carl Otfried Müller und von Max Müller, von Kerényi–Jung und von Claude Lévi-Strauss. Ich glaube nicht, dass wir über diese Wissenschaft verfügen. Doch Aufgabe ist hier nicht, den Ertrag der mythologischen Forschungsrichtungen der letzten hundert Jahre zu sichten, weder im Sinn einer "Eröffnung des Zugangs zum Mythos" noch im Sinne der Destruktion, als ob immer nur der Herren eigener Geist sich in einem trüben Medium bespiegelt hätte. Es geht weniger um Wert als um Wirkung von Werken und Interpretationsansätzen, um Wechselwirkung von Wissenschaft und allgemeiner Geistigkeit, um Interaktionen von geistig tätigen Individuen im Rahmen ihrer Welt und Gesellschaft. Denn das Grenzüberschreitende gehört offenbar zum Charakter der Mythologie: nicht nur, dass sie wissenschaftliche Nachbargebiete wie Klassische Philologie, Orientalistik, Germanistik, Theologie aneinanderbindet, sie hat wiederholt auch ins allgemeine geistige und literarische Leben ausgestrahlt, hat Moden mitgemacht und mitbestimmt, ja Neigung gezeigt selbst zur Mode zu werden. Dies büsst die *[160]* Mythologie seit langem durch Misstrauen und Missachtung seitens der Philologie strenger Observanz.

Wie sich das Allgemeine, Zeittypische zum Persönlich-Individuellen verhält, ist ein Grundproblem der Geistesgeschichte. Mir scheint, dass das Konkrete nicht ganz im Allgemeinen aufgehen sollte; auch biographische Zufälligkeiten bis hin zur Frage, wer zu gegebener Zeit den rechten Millionär zum Freund gewann, schaffen geistesgeschichtliche Fakten.

Die Frage nach Wirkungszusammenhängen schliesst das Problem der Nicht-Wirkung, der verhinderten Wirkung origineller Anstösse ein, der nachträglichen Entdeckungen und Renaissancen – etwa im Fall Bachofen –.

Ein bezeichnendes Widerspiel von partiell ausserordentlicher Wirkung und ausbleibender Wirkung lässt sich oft beobachten, wo neue Quellen erschlossen werden: auf die Begeisterung der einen antworten die Immunisierungs-Strategien der anderen. Dies galt und gilt gegenüber dem Sanskrit wie dem semitischen Orient, gegenüber der Ethnologie wie der Psychoanalyse. Doch kann hiervon nur in Andeutungen die Rede sein.

Als Gesamtdarstellung des zu behandelnden Komplexes ist am ehesten die 'Forschungsgeschichte' des Germanisten Jan de Vries[1] zu nennen. Sie liegt fast zwanzig Jahre zurück und ist im Grund ein Lesebuch, unsystematisch und unkritisch.*[161]* Die mehr materialreiche als lichtvolle Darstellung von Otto Gruppe ist im wesentlichen 1906–1909 verfasst und reicht *de facto* nur bis etwa 1900. Sehr erhellend sind die Sather Lectures von G. S. Kirk. Die Reflexionen von Vernant und Detienne[2] sind bedeutend als Selbstaussagen von Forschern, die an den vordersten mythologischen Fronten von heute stehen. Bildet bei ihnen Paris das Zentrum, so berücksichtigen die folgenden Zusammenstellungen mehr die deutsche und englische Entwicklung; auf die italienische kann nur ein Seitenblick fallen.

Sucht man nach einem epochalen Einschnitt, so scheint ein solcher am ehesten um 1889/90 anzusetzen. Damals erschienen fast gleichzeitig die Bücher, mit denen die "Cambridge School of Anthropology" auf den Plan trat, Robertson Smith's *Religion of the Semites*, Jane Harrison's *Mythology and Monuments*, und die erste Ausgabe des *Golden Bough*; gleichzeitig veröffentlichte Sigmund Freud die ersten Schriften zur Psychoanalyse; gleichzeitig malte und starb Van Gogh. 1887 war Bachofen gestorben, 1889 kam

---

[1]   Nur mit Autornamen werden im folgenden zitiert:
O. Gruppe, *Geschichte der Klassischen Mythologie und Religionsgeschichte* (Leipzig 1921) (= Roschers *Lexikon, Supplement*); E. Howald, *Der Kampf um Creuzers Symbolik. Eine Auswahl von Dokumenten* (Tübingen 1926); S. C. Humphreys, *Anthropology and the Greeks* (London 1978); A. Kardiner/E. Preble, *Wegbereiter der modernen Anthropologie* (Frankfurt 1974) (*They studied Man*, London 1961); K. Kerényi, *Die Eröffnung des Zugangs zum Mythos. Ein Lesebuch*. Wege der Forschung 20 (Darmstadt 1967); G. S. Kirk, *Myth. Its Meaning and Functions in Ancient and Other Cultures* (Berkeley/Los Angeles 1970); A. Magris, *Carlo Kerényi e la ricerca fenomenologica della religione* (Milano 1975); P. McGinty, *Interpretation and Dionysos* (Den Haag 1978); J. W. Rogerson, *Myth in Old Testament Interpretation* (Berlin 1973); Th. A. Sebeok (ed.), *Myth. A Symposium* (Bloomington 1955; repr. 1972); E. J. Sharpe, *Comparative Religion. A History* (London 1975); J. de Vries, *Forschungsgeschichte der Mythologie* (München 1961). – Vgl. auch P. S. Cohen, "Theories of Myth", *Man* N.S. 6 (1969) 337–353; M. Meslin, "Brèves réflexions sur l'histoire de la recherche mythologique", *Cahiers Internationaux de Symbolisme* 35/6 (1978), 193–203. Für mehrere hilfreiche Hinweise habe ich Fritz Graf, Zürich, zu danken.

[2]   J. P. Vernant, "Raisons du mythe", in: *Mythe et société en Grèce ancienne* (Paris 1974), 195–250; M. Detienne, "Mito e linguaggio: da Max Müller a Claude Lévi-Strauss", in: *Il mito, guida storica e critica* (Bari 1975), 1–21.

Nietzsches Zusammenbruch; 1893 erschien das erste der Hauptwerke von Émile Durkheim. Max Müller freilich lebte und wirkte noch bis 1900, Hermann Usener bis 1905. Doch mit der *fin du siècle*-Stimmung kündigte sich das Ende des grossbürgerlichen Zeitalters und seiner – noch immer christlich dominierten – Kultur an; Naturalismus und Expressionismus waren Zeichen von Aufbruch und Ausbruch, längst ehe der Weltkrieg den äusseren Zusammenbruch brachte. Auf diesem Hintergrund wurzeln die beiden bis heute lebendigen Theorien des Mythos, die Ritualtheorie und die psychoanalytische Theorie. Als dritte und aktuellste ist seit nunmehr fast fünfundzwanzig Jahren der Strukturalismus dazugekommen.*[162]*

I

Am Anfang muss ein Rückblick auf die Mythologie des 19. Jahrhunderts stehen. Vergröbernd liesse sich sagen, dass in ihr die beiden bekanntesten antiken Erklärungsmethoden des Mythos, die Naturallegorie und der Euhemerismus, in je bezeichnender Verwandlung neu belebt worden waren, wobei für dig historisierende Richtung der Name Carl Otfried Müller, für die natursymbolische der Name Max Müller stehen mag. Doch ist weiter auszuholen. Es war Christian Gottlob Heyne[3], der die Eigenständigkeit des Mythos gegenüber Dichtung, Rhetorik, Allegorie erkannte und ihn als eine notwendige, universale Frühstufe des Menschengeschlechtes erklärte; was entweder als *error profanarum religionum* oder als barocke Allegorie erschienen war, zeigte sich nun als ursprüngliche Sinnfülle. Durch die Wirkung Herders und dann der Romantik wuchs das Interesse für das Geheimnisvolle und Uralte der Volkstraditionen, wuchs freilich auch die kritisch-historische Wissenschaft; und es ist kein Zufall, dass gerade auf dem Gebiet der Mythologie rationale Wissenschaft und romantisch-theologische Spekulation aneinandergerieten: im Streit um Creuzers *Symbolik*[4] traten dem alten

---

[3]   Chr. G. Heyne (1729–1812), *De causis fabularum seu mythorum veterum physicis* (1764) = *Opuscula academica* I (1785), 184–206; "Commentatio de Apollodori bibliotheca... simulque universe de litteratura mythica", in: *Apollodori Bibliotheca*, pars III (Göttingen 1783; [2]1803). Vgl. Ch. Hartlich/W. Sachs, *Der Ursprung des Mythosbegriffes in der modernen Bibelwissenschaft* (Tübingen 1952); de Vries, 143–9; B. Feldmann R. D. Richardson, *The Rise of Modern Mythology*, 1680–1860 (Bloomington 1972). Es war Heyne, der das Wort *mythus (quo vocabulo lubentius utor*, Apollod. III[1] 914) gegenüber *fabula, fabella* wieder zur Geltung brachte – *mythologia* allerdings war immer geläufig geblieben –; 'die Mythe' ist im Deutschland des 19. Jhdts. seit J. Görres in Gebrauch; in England wurde *myth(e)* durch M. Müller geläufig; 'Mythos' hat sich, nach Creuzer, durch Wilamowitz, W. F. Otto, Kerényi weithin durchgesetzt.

[4]   G. F. Creuzer (1771–1858), *Symbolik und Mythologie der alten Völker, besonders der Griechen* I–IV (1810–12; [2]1819–23; [3]1837–42). Vgl. Howald, *passim*; Kerényi, 35–64.

Aufklärer Johann Heinrich Voss die jungen Wissenschaftler Christian August Lobeck und Carl Otfried *[163]* Müller zur Seite, und ihnen gehörte die Zukunft, auch wenn Schelling[5] in seinen Vorlesungen über Mythologie und Offenbarung die metaphysisch-spekulative Richtung bis in die 40er Jahre weitertrug und die philosophische Respektabilität des Mythos bis ins 20. Jahrhundert rettete. Dagegen hat Lobeck[6] mit *Aglaophamus* 1829 sein Meisterwerk vorgelegt, Triumph des quellenkritischen Intellekts – freilich im Grunde ein negativer Fortschritt: Schwindeleien werden entlarvt, dahinter steckt nicht viel. Mit Grund also wendet sich die Philologie hinweg von der Mythologie und positiveren Bereichen zu: Lobecks Hauptschüler Karl Lehrs arbeitete *De Aristarchi studiis Homericis*. 1926 urteilte dann freilich Ernst Howald, dass der "Sieg des Rationalismus über die Romantik... die Klassische Philologie aus dem Kreise der lebendigen und auf die Gesamtkultur wirkenden Wissenschaften gerissen hat" (22).

Dabei war man im 19. Jahrhundert allenthalben auf Suche nach der eigenen, der nationalen Mythologie, vom schweizerischen Wilhelm Tell bis zum Gefionbrunnen in Kopenhagen[7]. Den Weg wiesen die Publikationen der Brüder Grimm[8], von den *Märchen* (1812–5) über die *Deutschen Sagen* (1816/8) zur *Deutschen Heldensage* und zur *Deut-[164]schen Mythologie*. Die Wiederentdeckung von Edda und Nibelungenlied sollte dann durch Richard Wagners *Ring* (1869/76; Text 1848/52) die spektakulärste Wirkung entfalten.

---

5   F. W. J. Schelling (1775–1854), *Sämtliche Werke*, II 1: *Einleitung in die Philosophie der Mythologie*; II 2: *Philosophie der Mythologie* (Stuttgart 1856–57) (postume Publikation der Vorlesungen). Vgl. H. Freier, *Die Rückkehr der Götter. Von der ästhetischen Überschreitung der Wissensgrenze zur Mythologie der Moderne* (Stuttgart 1976).

6   Chr. A. Lobeck (1781–1860), *Aglaophamus sive de theologiae mysticae Graecorum causis libri tres* (Königsberg 1829); vgl. K. Lehrs (1802–1878), *Populäre Aufsätze aus dem Alterthum* (Leipzig [2]1875), 479–97.

7   "Wir müssen eine neue Mythologie haben", heisst es in dem "Ältesten Systemprogramm des deutschen Idealismus" von Hölderlin–Schelling–Hegel 1796 (F. Hölderlin, *Sämtliche Werke*, Grosse Stuttgarter Ausgabe IV (1961), 299, vgl. 425f.). Gefionbrunnen 1908; der Mythos von der Königin, die Seeland aus dem Mälarsee herauspflügt, bei Snorri, *Heimskringla* 1, 6, übers. von F. Niedner (*Thule* II 14, Jena 1922), 30f. – Für die Amerikaner dichtete H. W. Longfellow den Indianermythos *Hiawatha* (1855).

8   Vgl. *Deutsche Sagen*, hrsg. von den Brüdern Grimm, Nachwort von L. Röhrich (Darmstadt 1977); W. Grimm, *Die deutsche Heldensage* (Göttingen 1829); J. Grimm, *Deutsche Mythologie* (Göttingen 1835; [2]1844; [4]1876); L. Uhland, *Der Mythos von Thor nach nordischen Quellen* (Stuttgart 1836); K. Simrock, *Handbuch der Deutschen Mythologie* (Bonn 1853). Eine *Zeitschrift für Deutsche Mythologie*, hrsg. von W. Mannhardt, erschien 1853–56. W. Mannhardt, *Germanische Mythen* (Berlin 1858).

Für die griechische Mythologie war es Carl Otfried Müller[9], der das Prinzip der nationalen Identität fand: Mythos als Stammessage. Als methodische Aufgabe ergab sich, griechische Mythen und griechische Frühgeschichte zur Deckung zu bringen. Auf die Einzeluntersuchungen zu *Minyern* (1820) und *Doriern* (1824) folgte die Grundsatzschrift, deren Titel so überdeutlich auf Kant anspielt: *Prolegomena zu einer wissenschaftlichen Mythologie*. Der Grundgedanke ist offensichtlich Heyne verpflichtet, wird aber nun zum konkreten wissenschaftlichen Programm entfaltet: die griechischen Mythen sind nicht Erfindungen eines 'Schlaukopfes', sondern in Notwendigkeit und Unbewusstheit geschaffen in einer Epoche, die nur in dieser Form von sich zeugt, weil "Mythenschöpfung damals die geistige Haupttätigkeit der Griechen" war (166). Insofern handelt es sich um echte 'Volkssagen'. In ihnen ist freilich das 'Geschehene' vermengt mit 'Gedachtem', das aus dem Götterglauben stammt; jenes 'Geschehene' lässt sich trotzdem weitgehend zurückgewinnen: es gilt, einen Mythus zu lokalisieren, einem Stamm zuzuweisen, zu datieren; methodisches Hauptmittel ist die Kombination von verschiedenen Parallelfassungen zu einem plausiblen Stammbaum. So wird zugleich ein Bild der griechischen Frühzeit gewonnen und die verworrene mythologische Überlieferung geklärt. Die gelehrt-virtuose *[165]* Arbeit an Texten und Monumenten findet ihre Erfüllung im Ideal einer völkischen Urzeit.

Die wissenschaftliche Nachwirkung von Carl Otfried Müller ist hier nicht im einzelnen zu verfolgen. Dass sein Ansatz sich in die historisch-nationale Richtung der deutschen Kultur, nicht zuletzt der deutschen Schule im 19. Jahrhundert leicht integrieren liess, liegt auf der Hand. Der Begriff 'Sage' hat sich das Gymnasium wohl endgültig mit Gustav Schwabs *Schönsten Sagen des Klassischen Altertums* erobert[10]. Besonders markant und wichtig ist Carl Otfried Müllers Wirkung auf Wilamowitz. Wenn dieser in seinem *Herakles* (1889) eben diesen als unmittelbare Schöpfung des dorischen Stammesideals erklärt[11], folgt dies durchweg Müllers Spuren; der

---

[9] C. O. Müller (1797–1840), *Geschichte Hellenischer Stämme und Städte*. I: *Orchomenos und die Minyer* (Breslau 1820; ²1844); II–III: *Die Dorier* (Breslau 1824); *Prolegomena zu einer wissenschaftlichen Mythologie* (Göttingen 1825; repr. Darmstadt 1970 mit einem Vorwort von K. Kerényi); vgl. Gruppe, 153–72; de Vries, 188–197.

[10] G. B. Schwab (1792-1850), *Die schönsten Sagen des Klassischen Alterthums* (Stuttgart 1838-40), zugeeignet "unserer vaterländischen Jugend" (I p. VIII).

[11] U. v. Wilamowitz-Moellendorff (1848–1931), *Euripides Herakles* (Berlin 1889; ²1895), 1–107; Berufung auf Buttmann und C. O. Müller: 106–107; *Die griechische Heldensage*, SBBerlin 1925 = *Kleine Schriften* V 2 (Berlin 1937), 54–126; Unbehagen am Wort 'Mythologie': 54; *Der Glaube der Hellenen* (Berlin 1931–32), I 7, über die Naturmythologie: "Rückfall in die Spekulation eines ionischen Sophisten".

Mythos erscheint nun vorzugsweise als 'Heldensage', im Zeichen grie-
chisch-germanischer Reckenhaftigkeit.

Nun ist allerdings die Position von Wilamowitz bereits Reaktion auf die
andere Hauptrichtung der Mythologie, die seit den Fünfzigerjahren das
Wort führte, die Naturdeutungen der 'vergleichenden', d.h. indogermanisch
vergleichenden Mythologie. An sich hat die Naturdeutung ihren Reiz ganz
unabhängig von Sanskrit und Indogermanistik; ein Nachhall von Romantik
konnte sich mit dem aufbrechenden naturwissenschaftlichen Zeitalter liieren
und im Sinn der Klassischen Walpurgisnacht erhoben fühlen. Ludwig Preller[12], der 1854 das massgebende Handbuch der griechischen Mythologie
vorlegte, sah in der Mythologie schlicht "die weitere Aus-*[166]*führung des
in der Naturreligion angelegten bildlichen Triebes durch Sage, Poesie und
Kunst". Doch die Durchschlagskraft, der Schwung des Neuen kam von der
Entdeckung der indogermanischen Sprachgemeinschaft und der scheinbar
damit begründeten indisch-griechisch-germanischen Allianz der 'Arier'[13].
Indiens Faszination ergriff den jungen Studenten Max Müller – Sohn des
frühverstorbenen Dichters der *Winterreise* und der *Schönen Müllerin* – und
führte ihn über Paris und London nach Oxford; die East India Company
liess sich herbei, seine grosse Ausgabe des *Rig-Veda* zu finanzieren. Neben
dieser Leistung steht eine unglaubliche Fülle von Arbeiten zur Indologie,
allgemeinen Sprachwissenschaft, vergleichenden Religionswissenschaft,
Anthropologie und Philosophie[14] – mehr extensiv als intensiv, möchte uns
heute scheinen; doch fanden seine Aufsätze starken Widerhall in der Öffentlichkeit; und so sehr er seine Beziehung zu Deutschland betonte, wurde

---

[12] L. Preller (1810–1861), *Griechische Mythologie* (Berlin 1854; ²1860–61; ³1872; bearbeitet von
C. Robert: ⁴1894–1926).

[13] Hierzu L. Poliakov, *Le mythe aryen* (Paris 1971) ~ *Der arische Mythos. Zu den Quellen von
Rassismus und Nationalismus* (München 1977), 211–243 .

[14] M. Müller, (1823–1900); unzulängliche Bibliographie in: *The Life and Letters of Friedrich M.
Müller*, ed. by his Wife (London 1902), und N. C. Chaudhuri, *Scholar Extraordinary. The Life
of Professor the Rt. Hon. Friedrich Max Müller* (London 1974). – *Ausgewählte Werke* I–XIII
(Leipzig 1897–1901) ~ *Collected Works* (London 1898); *Chips from a German Workshop* I–IV
(London 1867–75; 2nd. ed. I–II (London 1868); new ed. I–IV (London 1894–05) = *Coll.
Works* V–VIII ~ *Essays* I–IV (Leipzig 1869–76; 2. Aufl. 1879–81). Zur Mythologie bes.
Comparative Mythology (London 1856) = *Chips...* II 1–143 (~ *Vergleichende Mythologie:
Essays* II² 1–129) = *Coll. Works* VIII 1–154; new ed. by A. S. Palmer, London 1909; repr.
1977. *Introduction to the Science of Religion. With Two Essays on False Analogies and the
Philosophy of Mythology* (London 1873; new ed. 1882 und 1897) ~ *Einleitung in die vergleichende Religionswissenschaft. Mit Zwei Essays 'Über falsche Analogien' und 'Über Philosophie der Mythologie'* (Strassburg 1874; ²1876). *Selected Essays on Language, Mythology
and Religion* I–II (London 1881). *Contributions to the Science of Mythology* I–II (London
1897) ~ *Beiträge zu einer wissenschaftlichen Mythologie* (Leipzig 1898–99). Vgl. R. M. Dorson, "The Eclipse of Solar Mythology", in: Sebeok, 25–63.

Max Müller gleichsam zu einem Statussymbol des Viktorianischen Empire. Hier betrifft uns nur seine *Vergleichende Mythologie*, kurz und populär zusammengefasst in der Schrift von 1856. Erfolg und Scheitern liegen nahe beieinander. Dass man *[167]* die so ertragreiche Sprachvergleichung, bei der Sanskrit und Griechisch die tragenden Pfeiler waren und sind, auf Religion und Mythologie ausweitete, war ein notwendiger Schrift; dass man dabei dem 'Ursprung' des Menschentums nun ganz nahe zu sein glaubte, war eine zunächst unvermeidbare Illusion. Am originellsten ist Max Müllers Idee, Mythologie allgemein und im Detail aus einer Dysfunktion der Sprache selbst herzuleiten – das vereinfachende Schlagwort 'Sprachkrankheit', *disease of language* ist bekannt geblieben; im Hintergrund steht ein spekulativer Entwurf, wonach sich der Geist der Menschheit sukzessive in der Sprache, der Mythologie, der Religion und im Denken (*thought*) entfalte. Dass dann aber schliesslich in der "vergleichenden Mythologie" als Gegenstand, auf den Namen und Vorstellungen zu beziehen seien, nichts als Naturereignisse angenommen wurden, erscheint im Nachhinein als schwer begreifliche Blickverengung. Gewiss folgte man darin einigen Hinweisen der Sanskrit-Texte, in denen man eine ganz besondere 'Durchsichtigkeit' fand; man folgte aber auch wohl unreflektiert Vorlieben und Vorurteilen der Zeit.

Max Müller verkündete die Sonnen-Mythologie: ihr Tages- und Jahresablauf erschien als Heldenbahn, sieghaft und tragisch, Nachtmeerfahrt, Descensus-Kampf... Die Parodie der Methode, der Nachweis, dass Max Müller selbst der Sonnengott sei, wurde in Oxford bereits 1870 gedruckt[15]. Der etwas ältere Adalbert Kuhn[16] in Berlin, dessen Arbeiten an philologischer Substanz die Max Müllers in den Schatten stellen, richtete demgegenüber sein Augenmerk mehr auf aussergewöhnliche Naturereignisse, Blitz, Gewittersturm. Ungezählte weitere Publikationen haben in der zweiten Hälfte des 19. Jahrhunderts Mythologie auf Meteorologie zurückgeführt[17]. *[168]* Für die Engländer war dies, wohl eben wegen Max Müller, "the German Science of Mythology"[18]. Viele erstaunliche Beispiele leben durch das 1884 begonnene Roschersche Lexikon fort; bezeichnend die Publikation von Wilhelm Heinrich Roscher selbst: *Hermes der Windgott* (1878). Die Semiten sollten nicht abseits stehen: nachdem Hermann Steinthal in Simson den Sonnengott erkannt hatte, offenbart dieser seine Allgegenwart erst recht bei

---

[15]   Mit abgedruckt in der Neuauflage von *Comparative Mythology* von A. S. Palmer, 1909 = 1977 (vgl. Anm. 14).

[16]   F. F. A. Kuhn (1812–1881), *Die Herabkunft des Feuers und der Göttertranks* (Berlin 1859; Gütersloh ²1886, repr. 1968).

[17]   Vgl. Gruppe, 179–93; de Vries, 202–53.

[18]   L. R. Farnell, *The Cults of the Greek States* I (Oxford 1896), 3–8.

Ignaz Goldziher, von Isaak bis zum Osterhasen[19]. Die Mondmythologie scheint erst um 1900 einen ersten Höhepunkt erlebt zu haben, pflanzt sich aber seither fort[20]; astrologische Mythologie blüht in einschlägigen Zirkeln seit langem.

Auf die Euphorie folgte das Desaster. Zum einen entzog die verfeinerte Methode der Indogermanistik seit den 'Junggrammatikern' (ab 1878) den famosen mythologischen Gleichungen wie *pramantha*–Prometheus, *gandharven*–Kentauren, *sarmeyas*–Hermes den Boden – nur eben Dyaus–Zeus blieb bestehen –; zum anderen brachte die aufblühende Ethnologie so vielerlei neue Materialien bei, dass die indogermanischen Weiten nun eher provinziell erscheinen mussten. Hier setzten die Attacken ein, die Andrew Lang[21] gegen Max Müller führte. Die Sprachwissenschaft war überfordert; der spekulative Hintergrund zerfiel; der Spott blieb: Mythologie als "highly *[169]* figurative conversation about the weather"?[22] Max Müllers letzte Verteidigung stiess ins Leere: Die Naturmythologie verlor um 1890 fast schlagartig das Interesse. Freilich hat zugleich Frazers 'Vegetationsgott' einen neuen Naturbezug geschaffen; und für naturliebende Menschen wird die Naturmythologie immer die dichterischste, die lieblichste, die Lieblingsvariante der Mythologie bleiben. Davon getrennt bleibt indogermanisch vergleichende Mythologie eine mit grosser Vorsicht anzugehende Aufgabe der Wissenschaft[23]. Und noch in einem allgemeineren Betracht blieb Max Müllers Ansatz *malgré lui* wegweisend: so gewiss die Sonnenmythologie eine groteske Vereinfachung war, gab sie doch Anlass, äusserlich divergierende Mythen verschiedenster Bezeugung unabhängig von Etymologie und Stammesbezug auf ihre idealtypische Identität hin zu untersuchen, ein Ver-

---

[19]   H. Steinthal, *Zeitschrift für Völkerpsychologie und Sprachwissenschaft* 2 (1862), 129–78; I. Goldziher, *Der Mythos bei den Hebräern* (Leipzig 1876); Berufung auf M. Müller: p. VIII; Osterhase: 138. Vgl. Rogerson, 33–44.

[20]   E. Siecke, *Die Liebesgeschichte des Himmels* (Strassburg 1892); *Indogermanische Mythologie* (Leipzig 1921); *Mythologische Bibliothek*, hrsg. von der Gesellschaft für vergleichende Mythenforschung (Leipzig 1907–16); P. Ehrenreich, *Die allgemeine Mythologie und ihre ethnologischen Grundlagen* (Leipzig 1910); E. Zehren, *Der gehenkte Gott* (Berlin 1959); E. Stucken, *Astralmythen der Hebräer, Babylonier und Aegypter* (Leipzig 1896–1901) .

[21]   A. Lang (1844–1912), *Custom and Myth* (London 1884); *Myth, Ritual, and Religion* (London 1887; [2]1899); *Modern Mythology* (London 1897); vgl. R. M. Dorson, in: Sebeok, 33–39; R. L. Green, *Andrew Lang. A Critical Biography* (Leicester 1946).

[22]   L. R. Farnell, *op. cit.* (*supra* Anm. 18), 9.

[23]   Vgl. neuerdings etwa J. Puhvel (ed.), *Myth and Law among the Indo-Europeans* (Berkeley 1970); G. J. Larson (ed.), *Myth in Indo-European Antiquity* (Berkeley 1974); M. L. West, *Immortal Helen* (London 1975).

fahren, welches das seither rituell oder psychoanalytisch interpretierte 'He-
ro-Pattern'[24] zutage förderte und das heute 'strukturalistisch' heissen würde.

Carl Otfried Müller wie Max Müller betrieb für ein wissenschaftsgläu-
biges Jahrhundert in der etablierten Stellung des Universitätsprofessors
Mythologie als Wissenschaft; ihnen gegenüber stehen die beiden Aussen-
seiter, die – übrigens ganz unabhängig voneinander – in Basel ihre Pro-
fessur aufgaben, in Distanz zur Wissenschaft traten und doch von weit an-
haltenderem Einfluss sind: Bachofen und Nietzsche. Sie haben weniger Mythen erklärt als vielmehr aus griechischer Überlieferung neuen Mythos geschaffen, der als Kontrast zum grossbürgerlichen Zeitalter faszinierte: 'das
Mutterrecht', 'das Dionysische'. *[170]*

Die "pathologisch grossartigen Schöpfungen"[25] von Bachofen[26] entstanden ohne Kontakt zur Fachwelt und waren nur einem kleinen Kreis bestimmt. Fast durch Zufall ist das *Mutterrecht* von 1861 dem Amerikaner L.
H. Morgan bekannt geworden und so in die Theorien über die Evolution der
Menschheit, so auch zu Friedrich Engels und in die Marxistische Orthodoxie gekommen[27]; was der Basler Patrizier im bewussten Gegen-Sinn zum
modernen Trend ersonnen hatte, geriet so unversehens zu einem Baustein
der Evolutionslehre. Möglich war diese soziologische Auswertung von
Bachofens Werk dadurch, dass Bachofen, als Jurist, Gesellschaft als System
zu erfassen wusste. Die bestimmende Denkform freilich, der Entwurf einer
Urzeit, als alles ganz anders, ja umgekehrt war als heutzutage, ist zutiefst
mythisch; eben dem verdankt das Mutterrecht seine anhaltende Faszination,
obgleich die historischen Stützen, die Bachofen den Quellen für die prähistorische Realität des Mutterrechtes entnehmen wollte, inzwischen wohl alle
geknickt sind[28]. Prähistorische 'Venus-Statuetten', Magna Mater, Mittel-
meerisch-Minoische Kultur – Bachofensche Anregungen geistern immer

---

[24] Systematisch behandelt als "die Arische Aussetzungs- und Rückkehrformel" von G. J. von
Hahn, *Sagwissenschaftliche Studien* (Jena 1876).

[25] Howald, 1.

[26] J. J. Bachofen (1815–1887), *Gesammelte Werke* I–X (Basel 1943–1967); *Das Mutterrecht*
(Basel 1861; ²1897) = *Ges. W.* II–III; *Die Sage von Tanaquil* (Basel 1870) = *Ges. W.* VI; C. A.
Bernouilli, *J. J. Bachofen und das Natursymbol* (Basel 1924); A. Bäumler/M. Schröter, *Der
Mythus von Orient und Okzident* (München 1926) ~ A. Bäumler, *Das mythische Weltalter.
Bachofens romantische Deutung des Altertums* (München 1965).

[27] L. H. Morgan, *Ancient Society* (New York 1877); Fr. Engels, *Der Ursprung der Familie, des
Privateigentums und des Staates* (Zürich 1884) = *Marx-Engels Werke* XXI (Berlin 1973) 25–
173.

[28] H. J. Heinrichs, *Materialien zu Bachofens 'Das Mutterrecht'* (Frankfurt 1975); S. Pembroke,
"Last of the Matriarchs", *Journal of the Economic and Social History of the Orient* 8 (1965),
217–47; J. Bamberger, "The Myth of Matriarchy", in: M. Z. Rosaldo/L. Lamphere (edd.),
Woman, Culture, and Society (Stanford 1974), 263–80.

wieder durch die wissenschaftliche Interpretation, erscheinen auch im psychoanalytischen Gewande, und der Popularisierung sind keine Grenzen gesetzt, bis zur neuesten *women's lib.[171]*
Universeller, nachhaltiger und tiefer ist Friedrich Nietzsches Wirkung,
erweist er sich doch immer wieder als einer der aktuellsten Philosophen.
Doch muss es hier mit einigen Hinweisen auf den Mythologen Nietzsche
sein Bewenden haben[29]. Fachphilologe aus bester Schule, als junger
Professor fleissig am Diogenes Laertios arbeitend, hat Nietzsche, aus der
Rolle fallend, das 'Dionysische' entdeckt und erfahren – für ihn ging dies
bis zu den Dionysos-Dithyramben, bis zur Selbstidentifizierung im Wahn[30]
–, und er hat es der Mit- und Nachwelt vermittelt in einer Weise, dass keine
Behandlung des Dionysos seither davon unbetroffen sein kann. Die Fach-
wissenschaft hat Nietzsche ausgestossen – die *Geburt der Tragödie* (1872),
die den bekannten Streit mit Wilamowitz auslöste, war bis vor kurzem in
kaum einer philologischen Seminarbibliothek zu finden –; und doch war
eben hier antike Mythologie, war das komplexe Paar Apollon/Dionysos[31]
zur unmittelbaren Wirkungsmacht geworden, diese unsere Realität er-
schliessend und verwandelnd. Die weiteren Entwürfe Nietzsches auf einen
neuen Mythos hin, den Mythos von Zarathustra, vom Übermenschen, von
der ewigen Wiederkehr, führen über die Antike hinaus – so gewiss vieles
von der Antike angeregt ist, bis zur "blonden Bestie" –. Das Einzigartige ist,
dass damit 'Mythos' überhaupt einen neuen Klang, eine neue Funktion erhielt, als *explanans*, nicht als *explanandum*, als das Kommende und Packen-
de, nicht das Primitive, Überholte – ob zu Heil oder Unheil, ist eine andere
Frage.*[172]*

II

Nietzsche schrieb 1872/3 als Unzeitgemässer; umso zeitgemässer war der
Neuansatz in Cambridge um 1890. Voraus lag der enorme Zuwachs an
Materialien aus Volkskunde und Ethnologie; in Deutschland hatte Wilhelm

---

[29] Fr. Nietzsche (1844–1900), *Werke*, kritische Gesamtausgabe von G. Colli/M. Montinari (Berlin
1967ff.): *Socrates und die Tragödie* (1870) = *Werke* III 2 (1973), 23–41; *Die dionysische
Weltanschauung* (1870) = ibid., 43–69; *Die Geburt des tragischen Gedankens* (1870) = ibid.,
71–91; *Die Geburt der Tragödie aus dem Geist der Musik* (1872) = *Werke* III 1 (1972); K.
Gründer (ed.), *Der Streit um Nietzsches 'Geburt der Tragödie'* (Hildesheim 1969).

[30] K. Reinhardt, "Nietzsches Klage der Ariadne", in: *Vermächtnis der Antike* (Göttingen 1960),
310–33.

[31] M. Vogel, *Apollinisch und Dionysisch. Geschichte eines genialen Irrtums* (Regensburg 1966);
D. Pesce, *Apollineo e Dionisiaco* (Napoli 1968).

Mannhardt[32], einer der Entdecker der systematischen Feldforschung, seit 1865 seine grundlegenden Sammlungen und Interpretationen europäischen Brauchtums vorgelegt; in England, im Zentrum des Empire, gab Edward Tylor 1871 seine berühmte Synthese der *Primitive Culture*[33]. Mit dem Evolutionsgedanken, mit Darwin und Spencer war fast schlagartig eine neue Perspektive gewonnen, mit der die Distanzierung von der älteren geistig-religiösen Tradition, von Christentum und Idealismus entscheidend zunahm. Im Bewusstsein des Fortschritts wandte man sich mit prickelndem Schauder den barbarischen Wurzeln zu, aus denen sich alles 'entwickelt' hatte. Für Religionswissenschaft und Mythologie bedeutete dies die Entdeckung des Rituals.

In Cambridge trafen sich der Theologe und Semitist William Robertson Smith[34], der mit der kirchlichen Orthodoxie schwer zusammengestossen und als Professor für Arabistik gleichsam neutralisiert worden war, mit dem besonders in 'Classics' ausgebildeten James George Frazer[35] und mit Jane Ellen Harrison – eine Aussenseiterin schon als eine der ersten Frauen im *[173]* akademischen Leben[36]; ihr bisheriger Schwerpunkt war Archäologie. Frazer wurde direkt durch Smith auf den Weg gebracht, indem er die Artikel 'Taboo' und 'Totemism' für die *Encyclopaedia Britannica* zur Bearbeitung erhielt; dabei stiess er auf die Servius-Notiz über den *rex nemorensis* von Aricia, und bis 1890 war daraus ein zweibändiges Werk von achthundert Seiten geworden, das Robertson Smith gewidmet ist: *The Golden Bough*. Umgekehrt nennt Smith Frazer als seinen 'Freund' im Vorwort

---

[32] W. Mannhardt (1831–1880), *Roggenwolf und Roggenhund* (Danzig 1865); *Die Korndämonen* (Berlin 1867); *Antike Wald- und Feldkulte* (Berlin 1875–77); *Mythologische Forschungen* (Strassburg 1884). Vgl. J. G. Frazer, *The Golden Bough* I p. xii–xiii.

[33] E. B. Tylor (1832–1917), *Primitive Culture* (London 1871) ~ *Die Anfänge der Cultur* (Leipzig 1873). Vgl. Kardiner, 55–77.

[34] W. Robertson Smith (1846–1894), *Lectures on the Religion of the Semites* (Edinburgh 1889; [2]1894) ~ *Die Religion der Semiten* (Tübingen 1899; repr. 1967). Vgl. O. Beidelmann, *William Robertson Smith* (Chicago 1974); Sharpe, 77–82.

[35] J. G. Frazer (1854–1941), *The Golden Bough* I–II (London 1890); I–III[2] (1900); I–XII[3] (1907–15); Suppl. = XIII (1936); Part IV: *Adonis, Attis, Osiris* (London 1906; [2]1907); *The Golden Bough*, Abridged Edition, London 1922 (756 p.); New York 1950 (864 p.); *Der Golden Zweig*, Leipzig 1928; Frankfurt 1977 (1087 S.). Th. Gaster, *The New Golden Bough* (New York 1959). Vgl. Kardiner, 78–109; Sharpe, 87–94; E. R. Leach, *Encounter* 25 (Nov. 1965), 24–36; R. Ackermann, *JHI* 36 (1975), 115–34.

[36] J. E. Harrison (1850–1928), *Mythology and Monuments of Ancient Athens* (London 1890); *Prolegomena to the Study of Greek Religion* (Cambridge 1903; [2]1908; [3]1922); *Themis. A Study of the Social Origins of Greek Religion* (Cambridge 1912; [2]1927). – *Epilegomena to the Study of Greek Religion* (Cambridge 1921). – Vgl. "Reminiscences of a Student's Life", *Arion* 4 (1965), 312–46; R. Ackermann, "J. E. Harrison: The Early Work", *GRBS* 13 (1972), 209–30; McGinty, 71–103.

seines Hauptwerks. Die Kontakte Harrisons zu beiden in diesen Jahren sind nicht so offenkundig; später hat sie Frazers Einfluss wiederholt und ausdrücklich anerkannt. Doch während Frazer in gigantischer, abgeschirmter Fleissarbeit den *Golden Bough*, neben seinen anderen vielbändigen Werken, bis auf dreizehn Bände anwachsen liess, hat Harrison in rastloser, fast sprunghafter Weiterentwicklung immer neue Anregungen aufgegriffen, Bergson, Durkheim, schliesslich Freud. Der originellste war wohl Robertson Smith; sein Werk hat sowohl Émile Durkheim wie Sigmund Freud entscheidende Anregungen vermittelt. *Religion of the Semites* ist über die enorme Detailgelehrsamkeit hinaus epochal durch das Prinzip, über 'Glauben' und 'Vorstellungen' zurückzugreifen auf die *fundamental institutions*, insbesondere die *ritual institutions*, und durch die ins Zentrum gerückte Theorie vom sakramentalen Opfer: nicht um Geschenk an ein personales Gegenüber gehe es, wenn man die tatsächlichen *[174] institutions* betrachtet, sondern um schuldhaft-heilige Mahlgemeinschaft im Verzehren des Tieres, des Gottes. Dass dabei der Begriff 'Totemismus' verwendet wurde, erscheint heute eher als Missgriff.

Gemeinsam ist den drei Werken von 1889/90 die Konzentration auf *ritual*, auf das die Mythen rückbezogen werden. Harrison hat gelegentlich die Ritualtheorie des Mythos – *myth* als "professed explanations" von *rites and ceremonies*, als "ritual misunderstood"[37] – als ihren eigenen, neuen Beitrag in Anspruch genommen[38], doch handelt eben Smith ausdrücklich von der "Abhängigkeit des Mythus vom Ritus". "Dass die Fabel... aus einem... herrschenden Cult entstanden ist", hat gelegentlich freilich bereits Carl Otfried Müller formuliert[39], und auch bei Wilamowitz[40] finden sich – wohl Useners Anregungen folgend – schon 1889 einschlägige Formulierungen. Smith und Harrison haben den Ansatz zum Prinzip erhoben, und insbesondere Harrison war es, die das Prinzip mit der ihr eigenen Begeisterungsfähigkeit und in Konzentration auf den griechischen Bereich zur Wirkung gebracht hat.

Man kann die Ritualtheorie des Mythos in doppelter Perspektive sehen: sie entstand und wirkte zunächst unter der Herrschaft des Evolutionsgedankens. 'Ursprünglich' ist das Primitive, und eigentlich ist es ein doppeltes Missverständnis, das zum Mythos führt: missverstandene Kausalität führt zum magischen Ritus, missverstandener Ritus erscheint als Mythos. In dieser Form mag man sie getrost *ad acta* legen; in diesem Sinn wirkt gerade

---

[37] *Mythology and Monuments... [vorige Anm.]*, p. III; XXXIII.
[38] *JHS* 12 (1892), 350–351.
[39] *Prolegomena...[s. Anm. 36]*, 108f. zu Hylas.
[40] *Herakles* (*supra* Anm. 11), 85.

Frazer heute altmodisch und überholt. Doch sind die Beziehungen von Mythos und Ritual, die damals in den Blick traten, auf die genetische Perspektive nicht ange-*[175]*wiesen[41]. Entscheidend ist der Schritt hinaus über die bloss sprachlich-philologische Ebene, ohne dass dieser Schritt gleich zur kurzschlüssigen Fixierung an eine Realität, etwa im Sinn der Naturallegorie, führt. Dem Zeichensystem des Mythos tritt ein anderes Kommunikationssystem zugeordnet oder vorgeordnet an die Seite. Aufzuweisen ist zunächst der Parallelismus, die Sequenz von Entsprechungen und Permutationen. Mythos und Ritual erhellen einander gegenseitig, ohne weitergehende anthropologische Erklärungen zu präjudizieren. So war eine hermeneutische Aufgabe gestellt, die bis heute nicht ganz zu Ende geführt ist.

Einen entscheidenden Fortschritt in der Theorie vollzog Jane Harrison im Alleingang, indem sie die von Durkheim[42] entwickelte soziologische Betrachtungsweise übernahm. Das Ergebnis ist *Themis* (1912). Der Anstoss kam von einem Neufund, dem Kuretenhymnus von Palaekastro; er bestätigte, was etwa auch Wilamowitz gesehen hatte: die mythischen Kureten werden identisch mit den realen Tänzern im Fest, und der Gott, ihr Anführer, ist der 'Grösste' unter ihnen. Mythos und Ritus werden gemeinsam lebendig in ihrer konstitutiven Funktion für die Gemeinschaft. An Stelle der Abhängigkeit und Zweitrangigkeit des Mythos, als *ritual misunderstood*, tritt Gleichordnung: "the myth is the plot of the dromenon" (*Themis*, 331). Insofern allerdings diese funktionelle Einheit meist nur auf frühen – wie Kritiker meinten: allzufrühen[43] – Stufen der Menschheit direkt nachweisbar scheint, bleibt es für die fassbaren Hochkulturen weithin bei der Perspektive der Evolution: *Ritual origin* von kulturellen Leistungen wird zum Schlagwort – wie ehedem der 'Ursprung' im Mythos. Wegweisend *[176]* waren hier vor allem die beiden Kapitel, die Murray und Cornford zu *Themis* beisteuerten: der rituelle Ursprung der Tragödie und der Ursprung der Olympischen Spiele.

Mit den Namen Murray[44] und Cornford[45] sind bereits die beiden Freunde Harrisons genannt, die ihren und Frazers Ideen ganz besonders zum Durch-

---

[41] Dies verkennt McGinty in seiner Kritik 100–103, vgl. dagegen G. Kluckhohn, *Anthropology and the Classics* (Providence 1961), 11; S. E. Hyman, in: Sebeok, 139.

[42] E. Durkheim (1858–1917), *Les formes élémentaires de la vie religieuse* (Paris 1912); vgl. S. Lukes, *E. Durkheim. His Life and Work* (London 1973); Kardiner, 110–35; Humphreys, 96–106; zum Einfluss Robertson Smiths: 105.

[43] Vgl. M. P. Nilsson, *The Minoan-Mycenean Religion* (Lund ²1950), 548–549.

[44] G. Murray (1866–1957), "Excursus on the Ritual Forms preserved in Greek Tragedy", in: *Themis*, 341–363; *Euripides and his Age* (Oxford 1913; ²1955) ~ *Euripides und seine Zeit* (Darmstadt 1957); *The Rise of the Greek Epic* (Oxford 1907; ⁴1934).

[45] F. M. Cornford (1874–1943), "The Origin of the Olympic Games", in: *Themis*, 212–59; *From Religion to Philosophy* (London 1912); *The Origin of Attic Comedy* (London 1914).

bruch und zur Breitenwirkung verhalfen; waren doch Murray in Oxford, Cornford in Cambridge über Jahrzehnte verdientermassen führende Geister. Dazu kam A. B. Cook[46], der schon 1903 mit *Zeus, Jupiter and the Oak* recht in die Spuren von *The Golden Bough* getreten war und in seinem enzyklopädischen *Zeus* diese Herkunft nicht verleugnete. Zur nächsten Generation gehören etwa T. B. L. Webster[47], W. K. C. Guthrie[48] und George Thomson[49]. Distanzierter, positivistischer blieb L. R. Farnell in Oxford. Dabei ist auch in England zu konstatieren, dass Harrisons erfolgreichstes Buch die *Prolegomena* von 1903 geblieben sind, nicht *Themis*; das primitive Substrat der griechischen Religion, Magie, Dämonen, Orphische Mystik, war für den *fin-du-siècle-[177]*Europäer ansprechender als soziologische Theorie. In Deutschland scheint *Themis*, kurz vor dem Weltkrieg erschienen, kaum mehr bekanntgeworden zu sein.

Dagegen haben *Golden Bough* und *Prolegomena* auch nach Deutschland das Stichwort 'Ritual' getragen; sie trafen sich mit eigenständigen Ansätzen von Usener und Dieterich[50], die die Wichtigkeit des 'Cultus', der 'Heiligen Handlung' erkannt hatten. Nilsson sieht im Rückblick mit Dieterich den entscheidenden Umschwung der Religionswissenschaft vollzogen: "statt der Mythen waren die Riten in den Vordergrund getreten"[51]. Zugleich wirkte

---

[46] A. B. Cook (1868–1952), "Zeus, Jupiter, and the Oak", *CR* 17 (1903), 174–86, 268–78, 403–21; 18 (1904), 75–89, 325–8, 360–75; *Zeus* I–III (Cambridge 194–42) ("in support of Sir James G. Frazer's Arician hypothesis", I p. XII). – Zu nennen ist auch W. R. Halliday (1886–1966), *Greek Divination* (London 1913); *The Homeric Hymns*, 2nd ed., by T. W. Allen, W. R. Halliday, and E. E. Sikes (Oxford 1936; 1st ed. by T. W. Allen and E. E. Sikes: London 1904).

[47] T. B. L. Webster (1905–1974); vgl. bes. "Some Thoughts on the Pre-History of Greek Drama", *BICS* 5 (1958), 43–8.

[48] Geb. 1906 *[gest. 1981]*; Schüler von Cook; *Orpheus and Greek Religion* (London 1935; 2 1952); *The Greeks and Their Gods* (London 1950).

[49] Geb. 1903 *[gest. 1987]*; *Aeschylus and Athens* (London 1941) ~ *Aischylos und Athen* (Berlin 1957; 2 1979); *Studies in Ancient Greek Society* I (London 1949).

[50] H. Usener (1834–1905), "der ἥρως κτίστης der modernen Religionswissenschaft" (A. Dieterich, in *ARW* 8 (1905), p. x); *Kleine Schriften* IV: *Arbeiten zur Religionsgeschichte* (Leipzig 1913); darin bes. 93–143: "Italische Mythen" (= *RhM* 30 (1875), 182–229); 422–67: "Heilige Handlung" (= *ARW* 7 (1904), 281–339). Hier (467) gilt die "sakramentale Handlung" als das "Samenkorn", "aus dem ... ein ganzer ... Wald von Sagen erwachsen sollte", während die ältere Arbeit die Bräuche als Reflex des Mythos nahm (142). – "Mythologie", in *ARW* 7 (1904), 6–32 = *Vorträge und Aufsätze* (Leipzig 1907), 39–65, bes. 42–7 = Kerényi, 129–33. – Das theoretische Hauptwerk, *Götternamen* (Leipzig 1896), führt über die Mythologie als Erzählung hinaus. – A. Dieterich (1866–1908), Schwiegersohn Useners, wurde Begründer der deutschen Schule der Religionswissenschaft, mit *Archiv für Religionswissenschaft* und *Religionsgeschichtliche Versuche und Vorarbeiten; Kleine Schriften*. (Leipzig 1911).

[51] M. P. Nilsson (1874–1967), *Geschichte der griechischen Religion* I (München 3 1967; 1 1940; 2 1955), 10; *ibid.*: "Seitdem ist keine durchgreifende oder grundsätzliche Änderung der Methode und der Richtung der Forschung eingetreten"; zur Mythologie: 13–35.

die Wendung, die die Erforschung der römischen Religion mit Mommsen und Wissowa genommen hatte: indem die altrömische Religion von allem griechischem Import gereinigt wurde, schien alles Mythologische mit abzufallen[52]; analog wurde nun auch von der griechischen Religion der Mythos als sekundär abgeschieden, um einer Religion der – magisch verstandenen[53] – Rituale *[178]* Platz zu lassen: dies die Position von Nilsson und besonders von Ludwig Deubner. Sie vertrug sich gut mit der Philologie im engeren Sinn, weil die Kompetenzen reinlich geschieden waren: Mythos als Werk der Dichter blieb der literarischen Behandlung, 'Sage' der historischen Analyse vorbehalten, mit dem 'Märchen' als allgemeinem Hintergrund[54]; Religionswissenschaft behandelte die Riten samt 'Glauben' oder 'Vorstellungen', die darin enthalten schienen.

Anders war die Entwicklung in Frankreich, dank der Wirkung der Durkheim-Schule, die sich um *L'Année Sociologique* zusammenfand. Sie wandte ihrerseits sich dem Ritual zu, erarbeitete streng formale soziologische Beschreibungen. Zu nennen ist vor allem *Le sacrifice* von M. Mauss und H. Hubert[55]; doch auch die zu Recht so berühmte und einflussreiche Abhandlung von A. van Gennep, *Les rites de passage*[56], steht in diesem Einflussbereich. Durkheim hat, wie erwähnt, Anregungen von Robertson Smith verarbeitet, und die nächste Generation hat Harrisons *Themis* gründlich rezipiert: Louis Gernet[57] in seinem Aufsatz über "Les frairies antiques" wie Henri Jeanmaire[58] in *[179] Couroi et Courètes* knüpfen direkt daran an.

---

[52]   G. Wissowa (1859–1931), *Religion und Kultus der Römer* (München (1902) ²1912), 9f.: "Völlig auszuscheiden ist... die mythologische Dichtung." Vgl. dagegen C. Koch, *Der römische Juppiter* (Frankfurt 1937), 9–32. Vgl. unten bei Anm. 91.

[53]   Im Gefolge von Tylor und Frazer kam es zu Entwürfen 'primitiver Psychologie': W. Wundt, *Völkerpsychologie* IV–VI: *Mythos und Religion* (Leipzig 1905–9; 3.–4. Aufl.: 1923–26); L. Lévy-Bruhl, *Les fonctions mentales dans les sociétés inférieures* (Paris 1909); philosophische Systematisierung brachte E. Cassirer, *Philosophie der symbolischen Formen* II: *Das mythische Denken* (Berlin 1925; Oxford ²1955). Seit Freud und Malinowski sind dem die Fundamente entzogen.

[54]   Mythos im Verhältnis zu Volkserzählungen behandelte Useners Schüler L. Radermacher: *Die Erzählungen der Odyssee*, SBWien 178, 1 (1915); *Mythos und Sage bei den Griechen* (Brünn/München/Wien ²1938). – Dagegen gab es in der Germanistik einen kühnen Vorstoss der rituellen Interpretation: O. Höfler, *Kultische Geheimbünde der Germanen* (Frankfurt 1934).

[55]   *L'Année Sociologique* 2 (1898), 29–138 (~ *Sacrifice. Its Nature and function*, Chicago 1964); vgl. M. Mauss (1872–1950), *Sociologie et anthropologie* (Paris 1950); *Œuvres* I: *Les fonctions sociales du sacré* (Paris 1968).

[56]   A. van Gennep (1873–1957), *Les rites de passage* (Paris 1909) (~ *The Rites of Passage*, London 1960); vgl. N. Belmont, *Arnold van Gennep, le créateur de l'ethnographie française* (Paris 1974).

[57]   L. Gernet (1882–1962), "Frairies antiques", *REG* 41 (1928), 313–59 = *Anthropologie de la Grèce antique* (Paris 1968), 21–61; vgl. Humphreys, 76–94.

[58]   H. Jeanmaire (gest. 1960), *Couroi et Courètes* (Lille 1939).

Auch Georges Dumézil[59] hat in seinen frühen Büchern Musterbeispiele für die rituelle Erklärung mythischer Komplexe geliefert, ehe er sich seinem strukturell-soziologischen Schema indogermanischer Trifunktionalität verschrieb.

Am stärksten war und blieb die Wirkung des Frazer-Harrison-Ansatzes natürlich in der angloamerikanischen Welt; sie reicht weit über die Altertumswissenschaft hinaus, während in dieser nach dem Tod von Cornford und Murray eine starke Reaktion zu Worte kam[60]. Drei Richtungen der weiteren Wirkung seien hervorgehoben: zum einen der Durchbruch von *Myth and Ritual* in der Behandlung altorientalischer und alttestamentlicher Texte, programmatisch angekündigt in dem von S. H. Hooke herausgegebenen Sammelband (1933)[61]; eine Schlüsselrolle spielte die Entdeckung, dass das babylonische Weltschöpfungsepos *Enuma Eliš* beim babylonischen Neujahrsfest an fester Stelle des Rituals zu rezitieren war. Damit verband sich, immer noch im Schatten des *Golden Bough*, die Idee vom orientalischen Sakralkönigtum: der Göttermythos ist präsent im Königsritual. Ritual ist *enactment of myth*, Mythos ist *the spoken part of the ritual*. *Myth and Ritual* war dann Zentralthema des ersten internationalen Kongresses für Religionswissenschaft nach dem 2. Weltkrieg,[62] und etwa gleichzeitig*[180]* hat Th. H. Gaster[63] mit *Thespis* eine originale und geschlossene Darstellung dieses Komplexes im Bereich des Alten Orients vorgelegt; die Einleitung schrieb noch Gilbert Murray.

Wichtiger noch ist die Einführung des *Myth and Ritual*-Gedankens in die empirische Ethnologie, seine Bestätigung und Modifizierung in diesem Bereich. Entscheidend war hier Bronislav Malinowski[64]. Ihn hat überhaupt die Lektüre von *The Golden Bough* zur *anthropology* geführt, er hat Robert-

---

[59] G. Dumézil (geb. 1898, *[gest. 1986]*), *Le crime des Lemniennes. Rites et légendes du monde égéen* (Paris 1924); *Le problème des Centaures* (Paris 1929). – Vgl. C. Scott Littleton, *The New Comparative Mythology. An Anthropological Assessment of the Theories of Georges Dumézil* (Berkeley 1966; ²1973).

[60] A. N. Marlow, in *Bull. of the J. Rylands Libr.* 43 (1960–1) 373–402; J. Fontenrose, *The Ritual Theory of Myth* (Berkeley 1966); Kirk, 12–29.

[61] S. H. Hooke, *Myth and Ritual. Essays on the Myth and Ritual of the Hebrews in Relation to the Culture Pattern of the Ancient Near East* (Oxford 1933); *Myth, Ritual, and Kingship* (Oxford 1958). Vgl. auch A. M. Hocart, *Kingship* (Oxford 1927); *Social Origins* (London 1954); S. Mowinckel, *Religion und Kultus* (Göttingen 1953). – Rogerson, 66–84.

[62] C. J. Bleeker, G. W. J. Drewes, K. A. Hidding (edd.), *Proceedings of the 7th Congress for the History of Religions* (Amsterdam 1951).

[63] Th. H. Gaster, *Thespis. Ritual, Myth, and Drama in the Ancient Near East* (Garden City 1950; ²1961).

[64] B. Malinowski (1884–1942), *Myth in Primitive Psychology* (New York/London 1926) = *Magic, Science, and Religion* (New York 1954), 93–148; vgl. Kardiner, 163–91.

son Smith als geistigen Vater betrachtet und auch auf Harrison sich berufen; seine eigentliche Leistung jedoch liegt in der verfeinerten, persönlichen Feldforschung bei den *Argonauts of the Western Pacific*, den Trobriand-Islanders. Sein epochemachender Essay *Myth in Primitive Psychology* ist Frazer gewidmet; von griechischem Mythos freilich ist darin nicht mehr die Rede. So hat eine im Bereich der Altertumswissenschaft entstandene Theorie sich von ihrer Herkunft emanzipiert; und da den modernen Ethnologen, im Gegensatz zu Tylor und Frazer, die Antike weit ferner gerückt ist als China und Samoa, ist dieser Prozess nicht umkehrbar. In der praktischen Ethnologie wurde und wird der *Myth and Ritual*-Gesichtspunkt als Interpretationsmethode immer wieder mit bemerkenswertem Erfolg angewandt; eingängig ist die französische Formulierung *la mythologie vécue*[65]. Es gibt eine fachinterne Diskussion über die Begriffe Mythos und Ritual, die nicht *[181]* abgeschlossen, allenfalls durch den Durchbruch des Strukturalismus in den Hintergrund gedrängt worden ist[66].

Der dritte Wirkungsbereich ist die Popularisierung in der angloamerikanischen Literatur und der allgemeinen Geistigkeit, *The Literary Impact of the Golden Bough*[67] und der daran anknüpfenden popularisierenden Autoren wie Lord Raglan[68] oder Robert Graves alias Ranke-Graves[69]. Harrisons Bücher sind zu technisch fürs allgemeine Publikum, während bei Frazer auch der Stil offenbar als besonders eingängig gewirkt hat, die unauffällig popularisierende Art, die Schwierigkeiten überdeckt, und der sympathetische Tonfall, in dem von der Höhe aufgeklärter Humanität die *tragic errors* der Primitiven abgehandelt werden. Die Wirkung erscheint an überraschenden Stellen. Margaret Murray glaubte im *Witch-Cult of Western Eu-*

---

[65] M. Griaule/G. Dieterlen, *Le renard pâle* (Paris 1965), vgl. G. Dieterlen, *Cahiers internationaux de symbolisme* 35/6 (1978), 175–86; M. Meslin, *ibid.*, 198f. F. Boas, *General Anthropology* (New York 1938), 617: "the ritual itself is the stimulus for the formation of the myth"; E. R. Leach, *The Political Systems of Highland Burma* (London 1954), 13: "Myth, in my terminology, is the counterpart of ritual...".

[66] C. Kluckhohn, "Myths and Rituals, a General Theory", *HThR* 35 (1942), 45–79; W. Bascom, "The Myth-Ritual Theory", *Journal of Amer. Folklore* 70 (1957), 103–114; B. Kimpel, "Contradictions in Malinowski on Ritual", *Journal for the Scientific Study of Religion* 7 (1968), 259–71.

[67] J. B. Vickery, *The Literary Impact of the Golden Bough* (Princeton 1973); L. Feder, *Ancient Myth in Modern Poetry* (Princeton 1971), bes. 181–269. Ganz "Cambridge School" ist der erfolgreiche Roman von M. Renault, *The King Must Die* (London 1958).

[68] F. R. S. Raglan, *The Hero. A Study in Tradition, Myth, and Drama* (London 1936), vgl. in: Sebeok, 122–35.

[69] R. Graves (geb. 1895 *[gest. 1985]*), *The Greek Myths* (Penguin 1957) ~ *Griechische Mythologie* (Hamburg 1960); *The White Goddess. A Historical Grammar of Poetic Mythology* (New York 1958).

rope ein direktes Fortleben magischer Fruchtbarkeitskulte zu entdecken, und so erscheint's dann auch in der angeblichen Autobiographie eines publicity-freudigen Hexenmeisters[70]. In einer Sammlung von Horror-Stories kann man *The Lottery [182]* von Shirley Jackson finden[71], ein grusliges Scapegoat-Ritual im kolonialen Nordamerika – doch war die Verfasserin nicht zufällig die Gattin von Stanley Hyman, dem amerikanischen Propagandisten von Harrisons *Myth and Ritual*-Theorie. Nicht ganz klar ist mir die Genese von Strawinskys *Sacré du printemps* (1913). Strawinsky hat behauptet, die Hauptszene des Jungfrauenopfers im alten Russland sei ihm 1910 in Moskau geradezu visionär vor Augen gestanden; für die Ausarbeitung im Detail freilich zog er einen Folklorespezialisten zu Rate[72]. Ob er selbst, so gut wie Malinowsky, je *The Golden Bough* in der Hand gehabt hat, liess sich nicht feststellen. Die Gleichzeitigkeit mit *Themis* und *Totem und Tabu* ist jedenfalls kein Zufall.

III

Jane Harrison hat *Totem und Tabu* wie eine Offenbarung begrüsst, was aber in ihrem eigenen Werk nicht mehr zum Ausdruck kam. Karl Meuli hat vom gleichen Werk wesentliche Anregung empfangen, doch in seinen Publikationen nur ganz knapp darauf hingewiesen[73]. Paradox ist die Stellung der Psychoanalyse in der Geistesentwicklung noch immer: vieles an Vokabular und Thesen ist längst zur Mode, ja selbstverständlich geworden; und doch ist die Psychoanalyse eine Art Sekte geblieben, charakterisiert durch Glaubensgewissheit im *[183]* inneren Zirkel und Achselzucken von ausserhalb. Von sechsundneunzig Beiträgen zur griechischen Mythologie, die eine

---

[70] M. Murray, *The Witch-Cult in Western Europe* (Oxford 1921); *The God of the Witches* (London 1933); *The Divine King in England* (London 1954); Kritik: E. Rose, *A Razor for a Goat* (Toronto 1962). – J. Johns, *King of the Witches. The World of Alex Sanders* (London 1969), 34: "the main tenet of the cult was the belief in fertility..."; 147: "the great mother who was of old also called among men Artemis, Diana, Aphrodite, Arinrod and by many other names...".

[71] Auch in J. B. Vickery, *The Scapegoat* (New York 1972), 238–45; vgl. S. E. Hyman, in: Sebeok, 136–153; *supra* Anm. 41.

[72] E. W. White, *Stravinsky. The Composer and his, Works* (London 1966), 17–28; 170–2; vgl. I. Stravinsky, *Chroniques de ma vie* (Paris 1935) ~ *Mein Leben* (München 1958).

[73] J. E. Harrison, *Epilegomena ...* (*supra* Anm. 36), p. XXIII; K. Meuli, *Der griechische Agon* (Köln 1968; geschrieben 1926), 13f.; 20f.; vgl. auch E. R. Dodds, *Missing Persons* (Oxford 1977), 99f.

neuere Übersicht zusammenstellt, verzeichnet *L'Année Philologique* nur sieben[74].

Zu den Schlagworten zählt vor allem der 'Ödipuskomplex', publik gemacht in Freuds *Traumdeutung*[75]. Aus der Fachsprache der Entwicklungspsychologie ist auch das monströse Adjektiv 'ödipal' nicht mehr auszurotten. Die hier zustande gekommene Synthese von Psychologie und Mythologie hat zwei problematische Seiten: zum einen wurde eine Gestalt des Mythos benützt, um einen komplexen Bestand psychischer oder psychiatrischer Erfahrung zu benennen und zu verdeutlichen; mag der Graecist dies begrüssen oder bedauern, er kann es nicht hindern. Zum anderen wird der Anspruch erhoben, eben der psychologische Befund erkläre die antike Tradition bis hin zum klassischen Text des Sophokles. Hiergegen ist von den Interpreten des *König Ödipus* wiederholt begründeter Einspruch erhoben worden[76]. Dass Seelenleben weit mehr als Bewusstsein ist, wird seit Freud und dank Freud wohl allgemein zugegeben. Dass verdrängte Motive in Träumen sich aussprechen, gibt dem Psychiater ein wichtiges diagnostisches *[184]* Mittel an die Hand. Dass der gleiche Mechanismus direkt Mythen entstehen lässt, die demnach erzählte 'Massenträume' wären, ist eine weitergehende These[77], die ausserhalb jenes inneren Zirkels nicht überzeugen konnte. Dass die Psychoanalyse mit den Konstruktionen einer "primitiven Mentalität" aufgeräumt hat, indem sie die verdrängte Primitivität des modernen Menschen aufdeckte, verdient indessen festgehalten zu werden.

Was die Rückwirkung psychoanalytischer Theorien auf die Interpretation tatsächlich gegebener Mythencorpora anlangt, so steht eine der solidesten Leistungen ganz am Anfang: Otto Ranks Buch über den *Mythos von der*

---

[74] J. Glenn, "Psychoanalytic Writings on Classical Mythology and Religion, 1909–1960", *Class. World* 70 (1976–77), 225–47; vgl. R. C. Caldwell, "Selected Bibliography on Psychoanalysis and Classical Studies", *Arethusa* 7 (1974), 111–34; G. Tourney, "Freud and the Greeks: A Study of the Influence of Classical Greek Mythology and Philosophy upon the Development of Freudian Thought", *Journal of the Hist. of the Behav. Sciences* I (1965), 67–85; D. Anzieu, "Freud et la mythologie", *Nouvelle Revue de Psychanalyse* 1 (1970), 114–45; Magris, 98–104.

[75] S. Freud (1856–1939), *Die Traumdeutung* (Wien 1900), 180ff., *Ges. Werke* II–III 264; 267–71 = Standard Ed. IV 258; 261–4. Vgl. P. Mullahy, *Oedipus. Myth and Complex* (New York 1948).

[76] B. M. W. Knox, *Oedipus at Thebes* (New Haven 1957); J. P. Vernant, "Œdipe sans complexe", *Raison présente* 4 (1967), 3–20 = *Mythe et tragédie en Grèce ancienne* (Paris 1973), 75–98; D. Anzieu, "Œdipe avant le complexe", *Les temps modernes* 245 (1966), 675–715; vgl. auch J. Glenn, *art. cit. (supra* Anm. 74), 230–5.

[77] "Säkularträume der jungen Menschheit": S. Freud, *Sammlung kleiner Schriften zur Neurosenlehre* II (Leipzig 1906), 205; "Massentraum": O. Rank, *Der Künstler* (Wien 1907), 36 (= ²1918: 52); K. Abraham, *Traum und Mythus* (Wien 1909), 36: "Ein Stück überwundenen infantilen Seelenlebens des Volkes". Vgl. C. G. Jung, *Wandlungen und Symbole der Libido* (Leipzig 1912), 26.

Geburt des Helden[78]. Die "Aussetzungs- und Rückkehrformel", die bereits im Zeichen von Max Müller erfasst worden war und später von Lord Raglan rituell interpretiert wurde, ist hier auf den 'ödipalen' Vater-Sohn-Konflikt zurückgeführt; dies leuchtet weithin ein. Im übrigen neigen psychoanalytische Beiträge zur Mythologie bekanntlich zu einer Selektion sexueller Motive – die *castrating mother* wird zu einer besonders interessanten Zentralgestalt –, und sie verblüffen durch Sexualdeutung von Phantasiegestalten: die Gorgo-Maske ist dem Freudianer ein Mutterschoss mit Phallen[79]. Das Verifikationsproblem scheint hier unlösbar zu werden.*[185]*

Freud selbst tat mit *Totem und Tabu*[80] einen weiteren Schritt, indem er – angeregt durch Robertson Smiths Behandlung des sakramentalen Opfers – einen neuen Mythos schuf, die Erzählung vom Vatermord der menschlichen Urhorde, wiederholt im Totem-Opfer und endlos gesühnt durch den postmortalen Gehorsam der Sexualtabus und damit überhaupt der moralischen Schranken menschlicher Kultur. "A just-so-story", spotten moderne Kritiker[81], und es ist leicht zu sehen, dass die Geschichte, gerade wenn sie wahr wäre, nicht leisten könnte was sie *de facto* leistet: Hinweis und Deutung für die ambivalenten Verhaltensweisen, wie sie in Ritualen um Götter und Tote enthalten sind, für die komplexen Probleme von Aggression, Verschuldung, Solidarisierung, geprägtem Gehorsam in menschlicher Kultur. Freud zog zu einer Synthese zusammen, was in der Faszination von Verzehren des Gottes, von Königsmord und 'Scapegoat' bei Smith–Frazer–Harrison im Hintergrund gestanden hatte.

Enger geknüpft wurde die Verbindung von analytischer Psychologie und überlieferter Mythologie durch C. G. Jung[82]. Der Pfarrerssohn mit parapsychologischen Neigungen hatte ein besonderes Interesse für alles Irrational-Geheimnisvolle; und indem er die einseitige Sexualdeutung aller Symbole

---

[78] O. Rank (1884–1939), *Der Mythus von der Geburt des Helden* (Wien 1909); *Das Inzestmotiv in Dichtung und Sage* (Wien 1912). Vgl. Ch. Baudouin, *Le triomphe du héros. Etude psychanalytique sur le mythe du héros et les grandes épopées* (Paris 1952). – Vgl. Anm. 24.

[79] S. Ferenczi, *Internat. Zeitschr. für Psychoanalyse* 9 (1923), 69; S. Freud, in *Internat. Zeitschr. für Psychoanal. und Imago* 25 (1940), 105f. = *Ges. Werke* XVII 45–48 = Standard Ed. XVIII 273f.; A. A. Miller, *American Imago* 15 (1958), 389–99.

[80] *Totem und Tabu*, *Imago* 1–2 (1912–13); Buchausgabe 1913, *Ges. Werke* IX = Standard Ed. XIII. Vgl. W. Burkert, *Homo Necans* (Berlin 1972), 86–91.

[81] E. E. Evans-Pritchard, *Theories of Primitive Religion* (Oxford 1965), 42.

[82] C. G. Jung (1875–1961), *Wandlungen und Symbole der Libido* (Leipzig 1912; 4. Aufl.: *Symbole der Wandlung*, Zürich 1952; *Man and his Symbols* (London 1964); *Ges. Werke* IX 1: *Die Archetypen und das Kollektive Unbewusste* (Olten 1976). Vgl. J. Jacobi, *Komplex, Archetypus, Symbol in der Psychologie von C. G. Jung* (Zürich 1957); H. H. Balmer, *Die Archetypentheorie von C. G. Jung. Eine Kritik* (Berlin 1972); G. Bartning, *Das Neue und das Uralte* (Bonn 1978); Magris, 97–113.

durch Freud verwarf, wurden für ihn Symbole grundsätzlich unreduzierbar, Ausformungen eines anderweitig nicht zugänglichen Unbewussten. Dass Mythen kollektive Träume, Träume *[186]* private Mythen seien, war auch von anderen Freud-Schülern konstatiert worden. Jung erweiterte die These durch den Begriff vom kollektiven Unbewussten und seinen 'Archetypen' als vorgegebenen Tendenzen, bestimmte Bilder zu formen. Ein Inventar von psychoanalytisch nachweisbaren Archetypen – genannt wurden ansatzweise: das Kind, die Alte, der Schatten, *animus, anima...* – müsste also zur Deckung mit den Grundfiguren überlieferter Mythologien zu bringen sein. Auch für Nachbargebiete wie Gnostizismus und Alchimie, ja für Literaturwissenschaft insgesamt bot sich die Archetypenlehre als Schlüssel an.

Die um 1950 auf dem Höhepunkt stehende Euphorie ist inzwischen abgeklungen[83]; Kritik hat sich wiederholt zu Wort gemeldet[84]. Die empirische Verifizierung blieb rudimentär, die Übereinstimmung mit gegebenen Überlieferungen unbewiesen. Der gnostische *Codex Jung* konnte, mit Resignation oder mit Erleichterung, an Kairo zurückgegeben werden. Die von Jung und seinen Schülern entwickelte Methode der 'Amplifikation', der Mehrung des Materials durch freie Assoziationen, ist wohl eher von psychiatrischem als von historischwissenschaftlichem Wert. Doch bleibt der Einfluss C. G. Jungs auf Psychologie und allgemeines Geistesleben nicht zu unterschätzen; er ist in der Schweiz gekoppelt mit der Institution der Eranos-Tagungen in Ascona (seit 1933) und des C. G. Jung-Instituts in Zürich-Küsnacht (seit 1948), in Amerika mit der publikationsfreudigen, von Paul Mellon gegründeten Bollingen *[187]* Foundation. Die Beziehung zum Griechentum war in erster Linie von Karl Kerényi getragen. Doch hier ist weiter auszuholen.

IV

Es gibt eine deutsche Sonderentwicklung in der Geistesgeschichte des ersten Drittels des 20. Jahrhunderts. Sie ist in etwa vom Expressionismus, der Phänomenologie, der Jugendbewegung, dem Stefan-George-Kreis tangenti-

---

[83]   Zur Wirkung in der Germanistik vgl. M. Wehrli, *Allgemeine Literaturwissenschaft* (Bern 1951), 121–3; W. Emrich, "Symbolinterpretation und Mythenforschung", in *Euphorion* 47 (1953), 38–67. Als mythologische Arbeiten aus der C. G. Jung-Schule sind noch zu nennen: E. Neumann, *Die Grosse Mutter* (Zürich 1956) ~ *The Great Mother* (New York 1963; Bollingen Foundation); S. Sas, *Der Hinkende als Symbol* (Zürich 1964).

[84]   Vgl. etwa H. Frankfort, "The Archetype in Analytical Psychology and the History of Religion", *Journ. of the Warburg & Courtauld Inst.* 21 (1958), 166–78 A. E. Jensen, *Das religiöse Weltbild einer frühen Kultur.* (Stuttgart 1948; ³1966); vgl. *supra* Anm. 82.

al berührt und bestimmt; sie ist fern der christlichen Tradition, antibürgerlich, antirational; sie ist elitär, latent 'faschistoid'. Der Schock des Weltkriegs war entscheidend prägendes, nicht aber auslösendes Element: die rationale Welt des 19. Jahrhunderts schien geborsten, 'Urgründe' traten zutage. In diesem Umkreis wurde, neben und mit Nietzsche, auch der antike Mythos wieder aktuell; Bachofen wurde neu entdeckt im Zirkel um Ludwig Klages und Alfred Bäumler in München[85]. "Auf einmal ist der Mythus in und ausserhalb der Wissenschaft wieder in Kurs gekommen", schrieb Ernst Howald 1926, und Hofmannsthal 1928: "Denn wenn sie etwas ist, diese Gegenwart, so ist sie mythisch"[86]. Es lässt sich nicht vermeiden, auch den unbehaglichsten Titel in diesem Zusammenhang zu nennen: Alfred Rosenberg, *Der Mythus des 20. Jahrhunderts*[87]. Für die Theologie ergab sich *[188]* die Konsequenz, vom Mythos prinzipiell Distanz zu nehmen. Doch ist das Problem der 'Entmythologisierung' hier nicht zu verfolgen.

Auf diesem Hintergrund ist Walter Friedrich Otto[88] ein Glücksfall. Schwabe von Herkunft, hatte er zunächst Theologie studiert, dann in Bonn bei Buecheler und Usener seine philologische Ausbildung erhalten; seine ersten bedeutenden Arbeiten zur römischen Religion gingen aus der Thesaurus-Arbeit in München hervor. 1914 wurde er Professor in Frankfurt. Nach dem Kriege nun löste sich eine persönliche Problematik in der engagiert-eigensinnigen Absage ans Christentum: *Der Geist der Antike und die christliche Welt* (1923) – Nietzsches Einfluss ist dabei evident –, und damit war der Weg frei für den eigentlichen Durchbruch: *Die Götter Griechenlands* (1929).

Erstaunlich, wie sich da mit dem von Schiller genommenen Titel, mit der Goetheschen Betrachtungsweise und Diktion moderne Wirklichkeits-

---

[85] Vgl. Anm. 26. Karl Meuli, der Bachofen-Herausgeber, hatte 1911/2 Kontakt zu den "Münchner Kosmikern", *Ges. Schriften* II (Basel 1975), 1158f. Vgl. auch J. Boehringer, *Mein Bild von Stefan George* (München 1951); J. H. W. Rosteutscher, *Die Wiederkunft des Dionysos. Der naturmystische Irrationalismus in Deutschland* (Bern 1947). L. Klages (1872–1956), *Vom kosmogonischen Eros* (Bern 1922); *Der Geist als Widersacher der Seele* (Leipzig 1929–32).

[86] Howald, 1; H. v. Hofmannsthal, am Ende des Essays *Die ägyptische Helena [1927]* (= in: *Ausgew. Werke*, ed. R. Hirsch, Frankfurt 1957, II 770).

[87] München 1930; 182. Aufl. 1941. – *Schriften und Reden*, Einleitung von A. Bäumler, II (München 1943). Bäumler war 1933 Direktor eines "Instituts für politische Pädagogik" in Berlin geworden.

[88] W. F. Otto (1874–1958); Bibliographie in *Das Wort der Antike* (Darmstadt 1962), 383–6; *Die Götter Griechenlands* (Frankfurt 1929; ²1934; ³1947; ⁴1956 (unverändert); ital. 1941; engl. 1954); *Dionysos. Mythos und Kultus* (Frankfurt 1933; ²1939; ³1960 (unverändert); engl. 1965); *Die Gestalt und das Sein. Gesammelte Abhandlungen über den Mythos und seine Bedeutung für die Menschheit* (Darmstadt 1955); *Mythos und Welt* (Darmstadt 1963); vgl. W. Theiler, *Gnomon* 32 (1960), 87–90; 35 (1963), 619–21; K. Kerényi, *Paideuma* 7 (1959), 1–10; Magris, 29–55; McGinty, 141–80.

erfahrung durchdringt. Nie seit der Antike war es gelungen, die homerische Göttermythologie so ernst zu nehmen. Was belächelt oder als Ärgernis empfunden oder als 'primitiv' wegerklärt worden war, erscheint ernstgenommen als richtig, treffend und tief. Es ist für Otto einfach 'Sein', das im Mythos erscheint – der fast mystische Klang von 'Sein' war zwei Jahre zuvor durch Heidegger in *Sein und Zeit* eingeführt worden –, und zwar Sein als Gestalt: das Sein eröffnet sich als Gestalt und wird so im Mythos offenbar. "Das Wesen der Welt ... erscheint ... in heiligen Gestalten vor dem geistigen Auge"[89]. Es sind die Griechen, die in ihren *[189]* Göttergestalten solche Wirklichkeit in vorbildlicher Weise erfasst und vermittelt haben – genauer freilich, wird man einschränkend feststellen, handeln *Die Götter Griechenlands* im wesentlichen von Homer.

Ottos zweites Hauptwerk, *Dionysos* (1933), steht dem Literarischen ferner und fügt dafür desto entschiedener die Dimension des Rituellen hinzu oder vielmehr, wie es bei Otto heisst, des Kultus. Das einleitende Kapitel über "Mythos und Kultus" ist als wichtigster Beitrag Ottos überhaupt beurteilt worden[90]. Die Themenstellung entspricht nicht zufällig der genau gleichzeitigen *myth and ritual*-Bewegung; doch da Otto seit den *Göttern Griechenlands* kaum noch Anmerkungen schreibt, werden die Querverbindungen nicht explizit. Von der frühen Position Harrisons zumindest – Mythos als *'ritual misunderstood'* – ist Otto weit entfernt, und es ist auch kein Zufall, dass der Ausdruck 'Ritual' gemieden wird. 'Kultus' war durch Wissowa vorgegeben; doch was wesentlicher ist: 'Ritual' ist von aussen gesehen, ein starrer, vielleicht absurder Handlungsablauf; 'Kultus' ist Innensicht, ist Aufblick in Verehrung. Denn, so Ottos These, Kultus ist die älteste Form, in der Menschen auf die gestaltete Selbstoffenbarung des Seins geantwortet haben; insofern ist Kultus die älteste Form des Mythos. Kultus und Mythos sind nicht aus der Zivilisation erwachsen, sie haben ihrerseits Kultur überhaupt erst möglich gemacht.

Einzelkritik ist hier nicht am Platze, auch nicht die Frage, inwieweit die Haltung feierlichen Ernstnehmens die Sache erhellt oder verstellt, Erklärung gibt oder verweigert. Der hieratische Gestus wird auf den einen mitreissend und zwingend, auf den anderen abschreckend wirken. Er liess sich, zum Glück, nicht übertragen: die in den *Frankfurter Studien* gesammelten Arbeiten der Otto-Schüler sind solide Spezialforschungen zur römischen Religion, die die starren Wissowa-Deubner-Posi-*[190]*tionen erfolgreich auf-

---

[89] *Die Gestalt und das Sein*, 217.
[90] McGinty, 157.

zulockern unternahmen[91]. Ottos eigene Arbeiten der verbleibenden fünfundzwanzig Jahre sind weithin Ausformungen, Wiederholungen des Gewon-
nenen; doch findet sich auch Vorstoss zu Neuem[92]. In die von ihm persönlich zelebrierte Privatreligion vermochte ihm niemand zu folgen[93].
    Festzuhalten bleibt, dass Ottos Arbeiten ungeachtet ihres Offenbarungs-
stils nicht nur auf dem von Anfang an gelegten philologischen Fundament,
sondern auch auf reicher ethnologischer Belesenheit ruhen; und gerade in
der Auffassung des 'Kultus' kam der Transfer zur empirischen Ethnologie
neu ins Spiel: Kollege in Frankfurt war seit 1925 Leo Frobenius[94], ein hoch-
berühmter Einzelgänger von, man darf wohl sagen, besonders deutscher
Art, übrigens mit Wilhelm II. befreundet und lebenslang in Verbindung.
Was Otto mit Frobenius zusammenführte, war weniger dessen Lehre von
Kulturkreisen und 'Paideuma' im einzelnen als die Forderung, dass 'Ergriffenheit', nicht kaltes Fakten-Sammeln die wahre Voraussetzung geistigen
Verstehens sei. Von Frobenius und Otto gemeinsam geprägt war Adolf El-
legard Jensen.[95] Mit der Ceram-Expedition von 1937 kam, gleichsam im
Wettbewerb mit Malinowski, *[181]* der Ausgriff der Frankfurter Schule in
die Praxis. Mit der Aufnahme des Hainuwele-Mythos wurde ein besonders
interessanter Ertrag nach Hause gebracht, der Ottos Intuition von der kultur-
stiftenden Einheit von Kultus und Mythos nun bei Naturvölkern bestätigte.
Die Katastrophe des Zweiten Weltkriegs folgte unmittelbar; und so gewiss
Jensens Bücher danach noch verdiente Beachtung fanden, die Bedeutung
der Frobenius-Schule war dahin.
    Mit den Verwirrungen des Zweiten Weltkriegs hing es auch zusammen,
dass der ungarische Professor Karol Kerényi zum politischen Flüchtling in
der Schweiz wurde, von wo aus er, äusserlich wie innerlich losgelöst von

---

[91] E. Tabeling, *Mater Larum* (Frankfurt/M. 1932); L. Euing, *Die Sage von Tanaquil*
      (Frankfurt/M. 1933); C. Koch, *Gestirnverehrung im alten Italien* (Frankfurt/M. 1933). Vgl.
      supra Anm. 52.
[92] "Ein griechischer Kultmythos vom Ursprung der Pflugkultur", *Paideuma* 4 (1950), 111–26 =
      Wort der Antike, 140–61.
[93] Vgl. die Karl-Reinhardt-Anekdote bei E. Simon, *Die Götter der Griechen*, (München 1969),
      11.
[94] L. Frobenius (1873–1938), vgl. A. E. Jensen, *Paideuma* 1 (1938), 45–58; W. F. Otto, *Mythos
      und Welt*, 211–6; Magris, 15–29; W. D. Vogt, *Myth and the Primitive Mind. Theories and
      Interpretation of the Culture Historical School of Mythology* (Diss. Univ. of Maryland 1976).
      Frobenius' Buch *Schicksalskunde im Sinne des Kulturwerdens* (Leipzig 1932) ist W. F. Otto
      gewidmet.
[95] A. E. Jensen (1899–1965), *Das religiöse Weltbild einer frühen Kultur* (Stuttgart 1948; ³1966);
      Mythos und Kult bei Naturvölkern (Wiesbaden 1951; ²1960; franz. 1954; engl. 1963); mit H.
      Niggemeyer: *Hainuwele. Volkserzählungen von der Molukken-Insel Ceram* (Frankfurt 1939);
      vgl. *Paideuma* II (1965), 1–7.

der fachinternen Diskussion der Universitäten, eine 'humanistische' Existenz in Ascona aufgebaut hat. Mit Verweis auf die gründliche Monographie von Aldo Magris kann ich mich kurz fassen[96]. Für ihn war eine an sich zufällige Begegnung mit Walter F. Otto in Griechenland 1929 entscheidend geworden, so dass er sich fortan ganz und ausschliesslich dem griechischen Mythos widmete. Mit Walter F. Otto verbindet ihn die staunende Achtung vor dem Gegenstand: Mythen sind "unreduzierbare Muster", stets sinnerfüllt – es gibt nichts Sinnloses in der Mythologie[97]; doch lässt sich der Sinn nicht in Alltagssprache übersetzen, es bleibt bei Andeutungen und der allgemeinen Dialektik von Tod und Leben. Der Mythos erweist seine Authentizität in seiner genuinen Form, der Erzählung; sorgsame Nacherzählung ist darum die eigentliche Interpretation; insofern kann Kerényis *Mythologie der Griechen* als sein Haupt-*[192]*werk in Anspruch genommen werden[98]. Man bewundert die Vertrautheit mit den mythologischen und auch archäologischen Quellen – dies macht besonders die Bücher über *Eleusis* und über *Dionysos*[99] wertvoll, deren Ertrag indes jenseits des eigentlich Mythologischen liegt –; an neuen und originellen Deutungen fehlt es nicht; was Mühe macht, ist kritisches Nachprüfen: Diskussion findet nicht statt, wohl aber gibt es gelegentlich gereizt-esoterische Polemik. Zudem behindert die unübersehbare Fülle der sich wiederholenden Publikationen die Rezeption.

Das Flair des Modernen gewann Kerényis Mythologie durch die Verbindung mit C. G. Jung. Genau besehen freilich war die geistige Begegnung nicht eben tiefgreifend. Eine erste Beziehung war durch Jolande Jacobi hergestellt; als Kerényi seine durch *Hainuwele* angeregten Aufsätze über *Urkind* und *Kore* 1939 an Jung schickte, liess sich dieser dadurch zu einem psychologischen Kommentar anregen; Kerényi veranlasste alsbald die gemeinsame Publikation in dem ihm nahestehenden Pantheon-Verlag, zunächst in zwei Bändchen, dann zusammengefasst: so entstand die *Einführung in das Wesen der Mythologie*, englisch noch etwas vollmundiger *Intro-*

---

[96] K. Kerényi (1897–1973); Bibliographien (unvollständig) in: *Dionysos. Archetypal Image of Indestructible Life* (Princeton 1976), 445–74, und in: Magris, 331–8; "Selbstbericht über die Arbeiten der Jahre 1939–48", *La Nouv. Clio* 1 (1949), 23–31; "Was ist Mythologie?", Europ. Revue 15, Juni 1939, 3–18 = Kerényi 1967, 212–33; *Wesen und Gegenwärtigkeit des Mythos*, Knaur-Taschenbuch (1965) = Kerényi 1963, 234–52. Vgl. auch H. Sichtermann, *Arcadia* 11 (1976), 150–77.

[97] *La Nouv. Clio* 1, 24; 26.

[98] *Die Mythologie der Griechen*, I: *Göttergeschichten*; II: *Heroengeschichten* (Zürich 1951–58; engl. 1951–59; ital. 1951–65; franz. 1952; niederl. 1960–62; schwed. 1955–60; neugriech. 1968–75; jap. 1974).

[99] *Die Mysterien von Eleusis* (Zürich 1962) ~ *Eleusis. Archetypal Image of Mother and Daughter* (London 1967); *Dionysos. Urbild des unzerstörbaren Lebens* (München 1976) ~ *Dionysos. Archetypal Image of Indestructible Life* (Princeton 1976; Bollingen Series).

duction to a Science of Mythology betitelt[100]. Man darf behaupten, dass die Wirkung *[193]* mehr von Autornamen und Titel als vom Inhalt ausging. Loser noch ist die Zusammenarbeit in der zweiten gemeinsamen Publikation, *Der göttliche Schelm* (1954)[101]. Auf einem anderen Blatt steht, dass Jung Kerényi bei der Installation in der Schweiz sehr behilflich war und dass Kerényis Lehrauftrag am C. G. Jung-Institut die einzige feste Grundlage für seinen Lebensunterhalt blieb. Die Theorien von Jung hat Kerényi nie im Detail übernommen; in der englischen Fassung des *Eleusis*-Buchs hat er sich explizit von Jung distanziert[102].

Nach Kerényis Tod wird man sein Unternehmen wenn nicht als gescheitert so doch als beendet betrachten. Während eine eigenständige 'humanistische' Existenz heute mehr denn je als praktische Unmöglichkeit erscheint, ist es auch nicht gelungen, Mythologie als übergreifende Geisteswissenschaft zu etablieren. Echter Kontakt ist mit dem Dichter Thomas Mann so wenig zustandegekommen wie mit der Psychologie, von der mehr als zurückhaltenden Einstellung der Klassischen Philologie zu schweigen. Was Durchbruch schien, bleibt Episode.

Anhangsweise sind zwei Gelehrte zu nennen, die gleich Kerényi im Gefolge des Zweiten Weltkriegs aus Balkanbereichen nach Westen getrieben wurden, gleiche Förderung u.a. durch das C. J. Jung-Institut erfuhren, dann aber im Universitätsbereich sich etablieren, ja bedeutende Institute und Schulen gründen konnten: Angelo Brelich als Nachfolger von Raffaele Pettazzoni in Rom, Mircea Eliade in Chicago. Brelich[103] *[194]* hat die Ansätze Walter F. Ottos entschiedener ins Historische transponiert; in der These, dass in griechischen Mythen wesentliche Etappen der menschlichen Kulturgeschichte enthalten sind, insbesondere der Übergang von der Jagd zu

---

[100] "Zum Urkind-Mythologem", *Paideuma* I (1940), 241–78; "Kore. Zum Mythologem vom göttlichen Mädchen", *ibid.*, 341–80; C. G. Jung/K. K., *Das göttliche Kind in mythologischer und psychologischer Beleuchtung*. Albae Vigiliae 6/7 (Amsterdam 1940); C. G. J./K. K., *Das göttliche Mädchen*. Albae Vigiliae 8/9 (Amsterdam 1941); C. G. J./K. K., *Einführung in das Wesen der Mythologie* (Amsterdam 1941; 4. Aufl. Zürich 1951 (= 1940+1941)) ~ *Prolegomeni allo Studio Scientifico della Mitologia* (Torino 1948; 1964; 1972) ~ *Essays on a Science of Mythology* (New York 1949) = *Introduction to a Science of Mythology* (London 1951) ~ *Introduction à l'essence de la mythologie* (Paris 1953). Vgl. Magris, 97f.

[101] *Der göttliche Schelm. Ein indianischer Mythen-Zyklus*, von P. Radin, K. Kerényi, C. G. Jung (auf dem Umschlag ist die Reihenfolge: Jung, Kerényi, Radin; von Kerényi stammen "Mythologische Epilegomena", 155–81; von Jung "Zur Psychologie der Schelmenfigur", 183–207).

[102] *Eleusis* (London 1967; vgl. Anm. 99), pp. XXIV–XXXIII.

[103] A. Brelich (1912–1977); zur Mythologie vgl. bes. "Mitologia", in: *Liber Amicorum. Studies C. J. Bleeker* (Leiden 1969), 55–68; "Problemi di Mitologia", *Religioni e Civiltà* I (1972), 331–525; "La metodologia della scuola di Roma", in: *Il mito greco. Atti del Convegno internazionale*, Urbino 7–12 maggio 1973 (Roma 1977), 3–29.

Ackerbau, ist die Anregung durch Otto und Jensen am deutlichsten. Eliade[104] ist verwurzelt im Katholizismus und hat den Schwerpunkt seiner wissenschaftlichen Arbeit im indischen Bereich; fürs Antike arbeitet er aus zweiter Hand; doch ist seine Mythos-Theorie mit Otto und Kerényi weithin kompatibel.

V

Unstreitig die modernste Richtung in der Mythologie und weit über sie hinaus, Brennpunkt aktueller Diskussionen in allen Geisteswissenschaften ist der Strukturalismus. Schien er einige Zeit lang eine innerfranzösische Angelegenheit zu sein, so zeigen sich mehr und mehr gerade die jungen Wissenschaftler in Italien, USA, England und Deutschland fasziniert von der neuen Richtung; wer sich reserviert und kritisch verhält, tut wohl daran sich zu fragen, ob er damit schon zur überholten Generation gehört. Treffend hat man den Aufbruch des Strukturalismus mit dem Durchbruch der abstrakten Malerei in den Zwanzigerjahren verglichen[105]. Es hiess auch schon, Strukturalismus sei die wahre Konsequenz aus Nietzsches Proklamation: Gott ist tot[106]. In der Tat, hier gibt es kein Hinnehmen mehr von prägender Tradition, nicht 'Ergriffenheit' und Erschauern vor Urtiefen, sondern das schrankenlose Spiel des *bricoleur*, Permutationen von Zeichen mit einem *[195]* Hauch von Computer und, wieder einmal, dem Anspruch der *science*. Ob es sich um eine Mode oder einen Fortschritt handelt, eine Methode oder eine Philosophie, scheint noch nicht ganz ausgemacht. Aber dass es sich um den wichtigsten Impuls für die Geisteswissenschaft in der zweiten Hälfte des 20. Jahrhunderts handelt, darf man vorläufig behaupten. Und die Mythologie nimmt dabei eine überraschend prominente Position ein.

Über Wesen und Wurzeln des Strukturalismus gibt es eine reiche Literatur[107], so dass kürzeste Andeutung hier genügt. Der Weg führte von den russischen Formalisten über Roman Jacobson zur Nachkriegsszene in USA

---

[104] M. Eliade (geb. 1907); Werke zur Mythologie: *Le mythe de l'éternel retour* (Paris 1949) ~ *Der Mythos der ewigen Wiederkehr* (Düsseldorf 1953) ~ *The Myth of the Eternal Return* (New York 1954; 1965; 1971; 1974) ~ *Cosmos and History* (New York 1959); *Aspects of Myth* (New York 1962) ~ *Aspects du mythe* (Paris 1963); *Myth and Reality* (New York 1963).

[105] H. Glassie, *Semiotica* 7 (1973) 315.

[106] M. Casalis, *Semiotica* 17 (1976), 35f.

[107] Verwiesen sei auf E. Leach (ed.), *The Structural Study of Myth and Totemism* (London 1967); O. Ducrot, T. Todorov, D. Sperber, M. Safonian, F. Wahl, *Qu'est-ce que le structuralisme?* (Paris 1968); G. Schiwy, *Der französische Strukturalismus* (Reinbeck 1969); *Neue Aspekte des Strukturalismus* (Hamburg 1971); T. Hawkes, *Structuralism and Semiotics* (Berkeley 1976); A. Dundes, "Structuralism and Folklore", in *Studia Fennica* 20 (1976), 79–93 (mit Bibl.).

und Frankreich; das rechte Klima für die Wirkung kam in den Sechzigerjahren mit der Begeisterung der Jüngeren für Formallogik und Computer, dem sich abzeichnenden Aufstand gegen die Väter, der kulturellen Unrast. Für die Mythologie entscheidend ist die Leistung von Claude Lévi-Strauss. Sein meistbeachteter und -zitierter Aufsatz mit der berühmt-berüchtigten Analyse des Ödipusmythos stammt bereits von 1955; expliziter, vielschichtiger und esoterischer wurde die Methode mit *La geste d'Asdival* (1958), worauf, nach *La pensée sauvage* (1962), die vier Bände der *Mythologiques* gefolgt sind[108].. Die öffentliche Auf-*[196]*merksamkeit fand Lévi-Strauss, soweit ich sehe, vor allem seit der Diskussion mit Paul Ricoeur um Hermeneutik und Strukturalismus 1963[109]. Edmund Leach[110] hat seit 1965 Lévi-Strauss in die angelsächsische 'anthropology' eingeführt, G. S. Kirk 1970 auch die klassischen Philologen unübersehbar auf den Strukturalismus hingewiesen[111], als die dritte Hauptrichtung der Mythologie nach Frazer-Durkheim und Freud.

'Struktur' ist ein System definierbarer Relationen zwischen Teilen eines Ganzen mit bestimmten Transformationen; 'Strukturalismus' ist die Annahme, dass eben ein Bündel transformierbarer Relationen das ganze und seine Teile bestimmt, insbesondere im Bereich der Kommunikation durch Zeichen, der Semiologie. Ausdrücklich beruft sich Lévi-Strauss auf das System der Phonologie, das die Phoneme einer Sprache aus ihrer gegenseitigen Opposition bestimmt; einen analogen Versuch einer *sémantique structurale* hat Algirdas Greimas vorgelegt. Mythos wird, mit Recht, als eine eigentümliche semantische Struktur genommen. Statt der naiven Suche nach einem Sachbezug, der die 'wissenschaftliche' Mythologie bisher bestimmte, wird die Form der Vermittlung an sich ins Zentrum der Aufmerksamkeit gerückt, die 'Codierung'. Die scheinbare Widersprüchlichkeit und Phantastik des Mythos wird von Lévi-Strauss reduziert auf das Nebeneinander koexistierender Codes, die, richtig entziffert, je die gleiche *message* in ihrer Grund-

---

[108] C. Lévi-Strauss (geb. 1908 *[gest. 2009]*), "The Structural Study of Myth", in Sebeok (1955), 81–106 ~ "La Structure des mythes", in *Anthropologie structurale* (Paris 1958), 227–55 ~ *Structural Anthropology* (New York 1963), 206–31 ~ *Strukturale Anthropologie* (Frankfurt 1967), 226–54. – "La Geste d'Asdival", in *Annuaire de l'École pratique des Hautes Etudes, Sciences religieuses*, 1958–9, 3–43 = *Les Temps modernes* 179 (1961), 1080–1123 = *Anthropologie structurale deux* (Paris 1973), 175–233 – "The Story of Asdival", in E. Leach (ed.), *The Structural Study of Myth and Totemism* (London 1967), 1–47. – *Mythologiques*, I: *Le cru et le cuit*; III: *Du miel aux cendres*; II: *L'origine des manières de table*; IV: *L'homme nu* (Paris 1964–71) ~ *Mythologica* I–IV (Frankfurt 1971–75).

[109] *L'Esprit* 31, Nr. 322 (1963), 596–653.

[110] Vgl. Anm. 107; E. Leach, *Claude Lévi-Strauss* (New York 1970); *Culture and Communication* (Cambridge 1976); zur früheren *myth and ritual*-Position vgl. Anm. 65.

[111] Kirk, 42–83.

struktur enthalten, ob sie nun in Tiergattungen, Essgewohnheiten, Farben, Raumverschiebungen, Sexualität oder Defäkation sich verkleidet oder enthüllt. Der Form nach führen die Interpretationen von Lévi-Strauss in der Regel auf eine Vermittlung, *médiation*, zwischen einem Oppositionspaar; als beherrschende Oppo-*[197]*sition erscheint, nun durchaus sachbezogen, 'Natur' und 'Kultur'; "das Rohe und das Gekochte". Dabei geht es Lévi-Strauss nicht eigentlich darum, bestimmte Stücke der Überlieferung, etwa einen gegebenen Text zu erklären, sondern vielmehr darum, durch Entzifferung der Codes die Wirkungsweise des darin tätigen Geistes, *l'esprit*, aufzuzeigen und seine komplexe Rationalität gerade in seinen bizarrsten Schöpfungen zu erweisen.

Die wissenschaftstheoretische Problematik des Strukturalismus ist noch lange nicht, ausdiskutiert.[112] Der Positivist wird nach dem Kriterium der Falsifizierbarkeit fragen: zugegeben dass, wie Sprachgrammatik, so auch andere geistigkulturelle Strukturen unbewusst sein können, doch was unterscheidet gegebene Strukturen von willkürlichen Projektionen des Interpreten? Ferner: Gibt es eine bevorzugte Ebene humaner Kommunikation – was doch auf Sachbezug hinausläuft; selbst 'Natur-Kultur' ist ein solcher Sachbezug –, oder fällt jede Schranke zwischen Sinnhaftem und Absurdem, wenn dieses nur 'Struktur' hat? Ich werde den Verdacht nicht los, dass die schrankenlose Freiheit des Subjektiven mit dem korrespondierenden Realitätsverlust nur allzusehr unsere eigene prekäre und absurde Situation widerspiegelt.

Dass Lévi-Strauss als Fundament und Illustration seiner Theorie und Methode einen Komplex gewählt hat, für den es kaum kompetente Spezialisten gibt, die Mythologie der Indianer nämlich, macht die Diskussion besonders schwer. Was griechische Mythologie betrifft, so ist seit etwa einem Jahrzehnt ein weithin ausstrahlendes Zentrum in der Pariser Gruppe um J.-P. Vernant und M. Detienne entstanden. Vernant hat in der soziologischen Tradition von Marcel Mauss und Louis Gernet begonnen und behält den Bezug auf *la société grecque [198]* bei, auch wenn er strukturalistische Modelle übernimmt. Sein Aufsatz über Prometheus und Pandora[113] ist ein methodisch instruktives Musterstück, das den Mythos auf dreifachem Niveau analysiert, Erzählfunktionen nach Propp-Greimas, semantische Oppo-

---

[112] Eine Attacke z.B. R. & L. Makarius, *Structuralisme ou ethnologie, pour une critique radicale de l'anthropologie de Lévi-Strauss* (Paris 1973); distanziert auch Dundes 1976 (vgl. Anm. 107); vgl. W. Burkert, *Structure and History in Greek Mythology and Ritual* (Berkeley 1979), bes. 10–14.

[113] J.-P. Vernant, "Le mythe prométhéen chez Hésiode", in *Mythe et société en Grèce ancienne* (Paris 1974), 177–94 ~ *Il mito greco. Atti del Convegno internationale* (Roma 1977), 91–106.

sitionen und Homologien frei nach Lévi-Strauss, und soziologische Relevanz im Nachhall von Gernet. Daneben ist Detiennes[114] Buch *Les Jardins d'Adonis* fast schon zu einem Standardwerk geworden; es entfaltet die semantische Dramatik einer *pensée sauvage* von Pflanzen und Wohlgerüchen und entdeckt strukturelle Beziehungen der bisher isoliert behandelten Festrituale: Adonia gegen Thesmophoria. Der Mythos als Handlung, der Tod des Adonis, die Klage freilich scheint sich zu verflüchtigen. In *Dionysos mis à mort* erscheint der Orphische Mythos von der Dionysos-Zerreissung als Ausdruck einer Opposition zum normalen Opferwesen; die von der *myth and ritual*-Schule angesetzte Beziehung schlägt um ins Gegenteil. Die Frage, ob wirklich Mythen in dieser Form und Funktion erfunden wurden und nicht doch eher in Analogie zu typischen oder rituell ausgeformten Erfahrungen entstanden, scheint sich auf dem synchron-strukturellen Niveau gar nicht mehr zu stellen.

Doch ist hier keine Raum für Kritik. Die Rezeption und Auseinandersetzung mit dem Strukturalismus ist allenthalben im Gange[115]. Eine Synthese, die ich in Richtung eines historischen Funktionalismus unter Verwendung systemtheore-*[199]*tischer und strukturalistischer Beschreibungsmodelle suchen würde, liegt allenfalls in der Zukunft. Einstweilen mag der Blick darauf, wie hier Modernstes um das Uralte spielt[116], ohne es zu überholen, sogar dem Humanisten neuen Mut geben.

---

[114] M. Detienne, *Les Jardins d'Adonis* (Paris 1972) ~ *The Gardens of Adonis* (Atlantic Highlands 1977); *Dionysos mis à mort* (Paris 1977).

[115] Vgl. etwa P. Pucci, "Lévi-Strauss and Classical Culture", *Arethusa* 4 (1971), 103–117; Ch. P. Segal, "The Raw and the Cooked in Greek Literature. Structure, Values, Metaphor", *CJ* 69 (1974), 289–308; C. Bérard, *Anodoi. Essai sur l'imagerie des passages chthoniens* (Bern 1974); L. Brisson, *Le mythe de Tirésias. Essai d'analyse structurale* (Leiden 1976); P. Scarpi, *Letture sulla religione classica. L'inno Omerico a Demeter* (Firenze 1976); A. Neschke-Hentschke, "Griechischer Mythos und strukturale Anthropologie", *Poetica* 10 (1978), 135–53.

[116] Gerade die letzten Jahre sind durch eine Springflut von Symposien und Sammelwerken zum Thema 'Mythos' gekennzeichnet: *Mythos. Scripta in honorem M. Untersteiner* (Genova 1970); M. Fuhrmann (ed.), *Terror und Spiel. Probleme der Mythenrezeption* (München 1971); P. Maranda (ed.), *Mythology. Selected Readings* (Harmondsworth 1972); *Il mito greco. Atti del Convegno internationale*, Urbino 7–12 maggio 1973 (Roma 1977); M. Detienne (ed.), *Il mito greco. Guida storica e critica* (Bari 1974); *Un colloque sur 'le mythe'* (Genève 1976), *Cahiers Internationaux de symbolisme* 35/6 (1978), 149–203; *Problèmes des mythes et de leur interprétation. Actes du colloque de Chantilly*, 24–25 avril 1976 (Paris 1979); H. Poser (ed.), *Philosophie und Mythos, ein Kolloquium* (Berlin 1979). Sebeok (1955) erschien als Taschenbuch, 5th printing 1972; das von Leach edierte Kolloquium (1967, vgl. Anm. 107) in Übersetzung: *Mythos und Totemismus* (Frankfurt 1973).

Erschienen in: F. Graf, Hg., Mythen in mythenloser Gesellschaft (Colloquium Rauricum 3), Stuttgart 1993, 9–35

4. Mythos – Begriff, Struktur, Funktionen

Wenn den folgenden Untersuchungen zum Mythos in der römischen Welt einige Reflexionen zum Begriff des Mythos vorangehen sollen, so ist kein Durchbruch anzukündigen, keine endgültige Definition, Theorie und Methode des Mythos; doch auch das epikritische Spiel, vorliegende Begriffe und Thesen zerfasernd aufzulösen, sei nicht vorangetrieben. Es bleibt beim schlichten Versuch, in einer anhaltenden, lebhaften und vielgestaltigen Diskussion einigermaßen die Übersicht zu behalten, was Gegenstand, Probleme, Tendenzen, auch allfälligen Fortschritt betrifft.

Kein Zweifel: Mythos ist nach wie vor 'in', erfreut sich einer ungebrochenen Konjunktur. Selbst von der "Wende zum Mythos" oder der "neomythischen Kehre" ist zu lesen.[1] Die klassische Philologie findet sich dabei im Verbund mit anderen Kulturwissenschaften, insbesondere auch mit Philosophie[2] und Theologie. Äußeres Zeichen des Interesses sind vor allem die vielerlei Tagungen, Symposien, Vorlesungszyklen zum Thema 'Mythos' –, dazu die Sammelbände, die mit und ohne solches Vorspiel zustandekommen.[3] Der Sachkatalog einer Universitätsbibliothek weist zum Thema Mythos überhaupt für die letzten Jahre leicht ein Dutzend solcher Publikationen nach.[4]

Festzustellen ist dabei, wie denn auch immer wieder festgestellt wird, daß es noch immer keine anerkannte Definition von 'Mythos' gibt. Eine gewisse Einigkeit besteht allenfalls darüber, daß "Erzählungen über Götter" in eine Mythos-Definition eingeschlossen sein sollten[5], ebenso wohl "Er-

---

[1] *Wende* (1988); Schrödter (1991).

[2] Vgl. Hübner (1985); Paul (1988); Kolakowski (1989); Reynolds-Tracy (1990).

[3] Z.B. 1990: Edmunds, Binder; 1991: Calder, Pozzi, Silver.

[4] Seit 1985: Schlesier (1985), *Mythos* (1987), Bremmer (1988), Calame (1988), Schmid (1988), Behnken (1988), Jouan – Deforge (1988), *Wende* (1988), Reynolds – Tracy (1990), Beyer (1990), Schrödter (1991), vgl. Anm. 3.

[5] Oder "Götter und Heroen", die Definition von J. Fontenrose, *The Ritual Theory of Myth*, Berkeley 1966.

zählungen vom Ursprung", aber auch "Erzählungen in Verbindung mit Ritual"; doch all diese Bestimmungen sind, jeweils für sich genommen, offenbar zu eng gefaßt. Was freilich könnte eine anerkannte Definition im Idealfall überhaupt leisten? Sofern es um *[10]* eindeutige Zuordnung oder Ausschließung eines einmal erfaßten Phänomens in bezug auf eine definierte 'Klasse' geht, setzt dies ein umfassendes, anerkanntes Klassen- oder Begriffssystem der Kulturwissenschaften überhaupt voraus, über das wir nicht verfügen und das wir im Grunde auch gar nicht wünschen; es wäre dies allenfalls der Traum eines aristotelisierenden Scholastikers. Was dagegen als *Heurema* erschiene, wäre eine sichere Methode, eine praktikable Vorschrift, wie ein einmal erfaßtes Phänomen, ein 'Mythos' also, zu analysieren und damit auf seine Eigenart zu prüfen und in dieser zu explizieren ist. Derartiges hat zweifellos der Strukturalismus geleistet, er hat Methoden an die Hand gegeben, wie man mit einem mythischen Text umgehen kann, wie man ihn transformiert, um überraschende Details ans Licht zu bringen. Aber auch der *myth and ritual*-Ansatz enthält eine Methode, indem er die Aufgabe stellt, Korrelationen aufzufinden, die nicht immer an der Oberfläche liegen[6]; und auch psychologisierende Interpretationen haben durchaus ihre eigenen Methoden und Ergebnisse.

Die Entwicklungsgeschichte des modernen Mythos-Begriffs ist wiederholt und im Detail dargestellt worden.[7] Hier nur einige Stichworte: Die entscheidende Wiederentdeckung von Wort und Begriff *Mythos* geht auf Christian Gottlob Heyne zurück und steht im Zusammenhang mit seinen Arbeiten an Apollodors *Bibliotheke*; von Heyne führt der Weg zu Herder. 'Mythos' fiel auf besonders fruchtbaren Boden im Bereich der deutschen Bewegungen von Idealismus, Romantik, Volkstumsforschung, von Hölderlin und Schelling zu Carl Otfried Müller und zu Jacob Grimm; die Suche nach der eigenen Mythologie beflügelt die Volkskunde dann überall im 19. Jahrhundert. Mit Max Müller kommt eine linguistische Dimension ins Spiel, ins Weite freilich wirkte eher die Verbindung von arkaner Indogermanistik mit manifester Sonnenmythologie. Die Rückwirkung auf die Theologie fing an kritisch zu werden, als man im Alten Testament und dann auch im Gottessohn des Neuen Testaments das 'Mythische' entdeckte. Vielerlei Impulse hat dann in Deutschland Hermann Usener aufgegriffen und in entscheidender Weise weiter vermittelt. Mit der Übersetzung eines der Werke

---

6 Auf eine rituelle Entsprechung zum Perseus-Mythos hat kürzlich erst M. Jameson auf Grund einer archaischen Inschrift aufmerksam gemacht: Perseus the Hero of Mykenai, in: R. Hägg - G. C. Nordquist (Hgg.), *Celebrations of Death and Divinity in the Bronze Age Argolid*, Stockholm 1990, 213–223.

7 Horstmann (1979), Burkert (1980), Detienne (1981), Versnel (1990), Graf (1991).

von Max Müller ins Französische scheint die Beschäftigung mit Mythos im Französischen recht eigentlich zu beginnen.[8] Im englischen Bereich, wo Max Müller seine Wirkungsstätte gefunden hatte, bringt der Umgang mit den Kolonialvölkern eine markante Verstärkung des Interesses am Mythenvergleich. Auf diesem Hintergrund entste-*[11]*hen J. G. Frazers monumentale Sammelwerke; 1922 ist man bei *Mythology of All Races* angelangt.[9] Mit Jane Harrison, die ihrerseits sehr offen für die deutsche wie für die französische Tradition war, war bereits 1890 das Programm von *myth and ritual* formuliert worden.[10] In Deutschland brachte dann die 'neuromantische' Bewegung zu Jahrhundertanfang im Zeichen von Nietzsche und Bachofen die neue, intensive Hinwendung zum Mythos. Für den griechischen Mythos erwuchs daraus schließlich das Werk W. F. Ottos und Karl Kerényis. In gleichem Grund wurzelt die Verbindung der Mythologie mit der Psychoanalyse erst Freudscher, dann Jungscher Observanz. Politische Aktualisierungen im Ruf nach einem "neuen Mythos" fehlten nicht.[11] Zugleich hat sich im ethnologischen Bereich vor allem außerhalb Deutschlands die direkte Feldforschung mit dem Mythosbegriff ins Benehmen gesetzt: 1916 erschien *Tsimshian Mythology* von Franz Boas, 1926 publizierte Bronislaw Malinowski seinen wegweisenden Essay *Myth in Primitive Psychology*. *Myth and ritual* erfuhr einen zusätzlichen Impuls vom Altorientalischen her. Die Rückwirkung auf die Klassische Philologie setzt erst 1950 ein.[12] Der originellste neuere Ansatz kam dann ohne Zweifel von Claude Lévi-Strauss, dessen Aufsatz "The Structural Study of Myth" bereits 1955 im *Journal of American Folklore* erschien; die Breitenwirkung kam dann mit den seit 1964 erscheinenden *Mythologiques*; die Diskussion um den Strukturalismus beherrscht die Siebziger Jahre. Einen ganz anderen Begriff von Mythos hatte

---

[8]   M. Müller, *Nouvelles leçons sur la science du langage* (trad. G. Harris - G. Perrot), Paris 1868, ³1876, wiederholt zitiert von Detienne und Vernant (F. M. Müller, *Lectures on the Science of Language*, London 1861/63).

[9]   J. A. MacCullock - L. H. Gray, *Mythology of All Races*, 13 Bde., New York 1922.

[10]   Zu Harrison jetzt S.J. Peacock, *Jane Ellen Harrison. The Mask and the Self*, New Haven 1988 (cf. W.M. Calder, *Gnomon* 63 [1991] 10–13); R. Schlesier, "Prolegomena zu Jane Harrisons Deutung der antiken griechischen Religion", in: H. G. Kippenberg - B. Luchesi (Hgg.), *Religionswissenschaft und Kulturkritik*, Marburg 1991, 193–235; Calder (1991); Ackerman (1991).

[11]   Vgl. Marchal in diesem Band (*["Mythus im 20. Jahrhundert. Der Wille zum Mythus oder die Versuchung des 'neuen Mythus' in einer säkularisierten Welt"*,] 204–229); zu Barthes siehe Anm. 13.

[12]   1950 erschienen Th. H. Gaster, *Thespis*, und F. M. Cornford, "A Ritual Basis for Hesiod's Theogony", in: *The Unwritten Philosophy and Other Essays*, Cambridge 1950, 95–116. Das Interesse für Initiationsrituale wurde akzentuiert von A. Brelich, *Le iniziazioni*, Rom 1961 (später: *Paides e parthenoi*, Rom 1969), vgl. W. Burkert, "Kekropidensage und Arrhephoria", *Hermes* 94 (1966) 1–25 *[= Kleine Schriften V no. 10]*.

das einflußreiche Buch von Roland Barthes eingeführt,[13] Mythos als Ideologie, als ein deformierendes Zeichensystem; mit dem aus Geschichte und Ethnologie bekannten Mythosbegriff ist dies nicht leicht zu vereinbaren, doch sorgt die Spannung für immer neues Interesse und immer neue Mißverständnisse.

Geblieben sind drei praktikable, auch immer wieder praktizierte Zugänge zum Mythos, der ritualistische, der psychoanalytische und der struktural-semiotische. Sie schließen sich m. E. nicht aus, entsprechen vielmehr den Möglichkeiten einer eher soziologisch-funktionalen, einer verstehend-phänomenologischen und einer logisch analysierenden Anthropologie. Dementsprechend sucht man entweder Mythos mit Kulturelementen außerhalb seiner selbst zu korrelieren oder Menschlich-Sinnhaftes hermeneutisch zu explizieren oder aber formale Terme und Pro-[12]zesse zu fixieren. Daß sich dabei angloamerikanischer Behaviorismus, deutscher Sinn und französischer *esprit* konkurrenzieren, mag man eher im Scherz formulieren, zumal italienische Beiträge nicht zu übersehen sind. Der psychologische Weg, der aus dem philologisch-historischen Bereich herausführen muß, sei hier nicht weiter verfolgt; es scheint, daß praktizierende Psychologen – je nach Bildungsgrad von Patienten und Therapeuten – Mythen mit Erfolg einsetzen können, so gut wie auch Kindermärchen, doch ist der Beitrag der Psychologie zur Erklärung gegebener Mythen, z. B. griechischer Mythen, begrenzt geblieben. Die Ritualtheorie hat eben ihren 100. Geburtstag begangen;[14] sie wirkt etwas in die Jahre gekommen, hat sich aber immerhin auf ethnologischem Gebiet bewährt, was man mit Zitaten von Boas über Malinowski bis Leach belegen kann;[15] besonders im Bereich der Knaben- und Mädchen-Initiationen fasziniert das Ineinander von Mythos und Ritual die Forscher auch klassisch-philologischer Observanz stets von neuem.[16] Der Strukturalismus seinerseits ist auch nicht mehr ganz morgenfrisch, der Enthusiasmus ist abgeflaut. Wenn es darum ging, hinter den "narrativen Sequenzen" des Mythos ein "System semantischer Kategorien zu finden, die sich in binären

---

[13] Barthes (1957/1964).

[14] Dazu Ackerman (1991); Calder (1991).

[15] F. Boas (Hrsg.), *General Anthropology*, Boston 1938, 617: "...that the ritual itself is the stimulus for the formulation of the myth"; E. R. Leach, in: J. S. La Fontaine, *The Interpretation of Ritual*, London 1972, 239–272: "Myth a charter for ritual performance".

[16] Zu Arrhephoria and Brauronia etwa neuerdings P. Brulé, *La fille d'Athènes*, Paris 1987; C. Sourvinou Inwood, *Studies in Girls' Transitions*, Athen 1988; K. Dowden, *Death and the Maiden*, London 1989; auch Calame (1990) ist in diesem Zusammenhang zu nennen, trotz der prinzipiell anderen, struktural-semiotischen Grundhaltung.

Oppositionen artikulieren",[17] so kann man offensichtlich mit vielerlei Texten und auch mit anderen kulturellen Manifestationen entsprechende Verfahren durchführen; die Oppositionen sind überall, man muß sie nur zu finden wissen. Doch bleibt die Frage nach Status, Funktion und Sinn dessen, was damit zum Vorschein kommt. Man kann einen traditionellen und einen offenbar parodierend erfundenen 'Mythos' mit gleichem Erfolg strukturalistisch behandeln, wie Luc Brisson am Beispiel Teiresias gezeigt hat.[18] Im Prinzip sollten sich der ritualistische und der strukturalistische Ansatz vereinigen lassen im Sinn einer allgemeinen 'Semiologie', insofern auch Rituale Zeichen sind.[19] Doch gibt es vorläufig mindestens ebensoviel Divergenz wie Konvergenz.

Das letzte Jahrzehnt hat mit der sogenannten Postmoderne auch einen Post-Strukturalismus gebracht und anderes Nach-Zeitliche; in der Literaturwissenschaft *[13]* macht der Dekonstruktivismus von sich reden. Allgemein scheint in den Geisteswissenschaften eine gewisse Verunsicherung oder Entleerung in immer raffinierterer Selbstbezogenheit und Selbstkritik ihren Ausdruck zu finden. Objektive Gegebenheiten werden kaum mehr anerkannt oder zumindest methodisch ausgeklammert, übrig bleibt allenfalls "das andere" als Projektion der immer eigenen projektiven Interpretationen. So hat man auch das Phänomen des Mythos weiter problematisiert: Man kann die Existenz des sogenannten Mythos überhaupt in Frage stellen, man kann die Verallgemeinerung des Begriffs übers Griechische hinaus anfechten, man kann die Begriffsbildung im Griechischen kritisch auflösen. Es begann im Jahr 1980 mit einer Artikelserie in der Zeitschrift *Le temps de la réflexion*, wobei Jean-Pierre Vernant im wegweisenden ersten Aufsatz, "Le mythe au réfléchi", den allgemeinen Begriff des Mythos für abhanden gekommen erklärte.[20] Marcel Detienne, der in seinen Studien zu Adonis und zu Orpheus gelungene Anwendungen strukturalistischer Methoden auf mythische Komplexe im Griechischen vorgestellt hatte, publizierte im Jahr 1981 *L'invention de la mythologie*: nicht Mythos als Gegebenes, sondern als Gegenbegriff und 'Skandal', Mythologie als 'Erfindung' der Mythologen. Soeben hat Claude Calame erneut die Kategorien von Mythos und insbesondere von Mythos versus Ritus im Griechischen in Frage gestellt, mit vorläu-

[17] Calame (1990) 30: "l'idée fondamentale, que le récit mythique est là pour autre chose, que l'enchaînement des séquences narratives qui les constituent est une manière d'exprimer un système dans lequel des catégories d'ordre sémantique s'articulent en une série d'oppositions binaires…"

[18] L. Brisson, *Le mythe de Tirésias*, Leiden 1976.

[19] Vgl. Calame (1990).

[20] Vernant (1980).

fig kaum zulänglicher Dokumentation, doch aussagekräftigen Titeln: "Illusions de la mythologie"; "Mythe et rite en Grèce: des catégories indigènes?".[21] Es sei nicht bestritten, daß selbstkritische Reflexionen dieser Art heilsam sein können, daß sie nicht nur hohes intellektuelles Niveau erreichen, sondern auch Interessantes zutage fördern. Trotzdem scheint der postmoderne Mensch, der auf Bildschirm-Projektionen mit selbstgeschaffenen Programmen spielt, kein hinreichendes Modell für die Wirklichkeiten von Leben und Kultur zu sein, Wirklichkeiten, die uns noch durchaus im Nakken sitzen.

Mit einem gewissen naiven Realismus sei also festgehalten, daß wir, was die griechische Kultur betrifft, immerhin über mindestens fünf literarische Corpora verfügen, die uns maßgebliche Gruppen von griechischen Mythen vor Augen führen und so eine denotative, deiktische Definition des Phänomens "griechischer Mythos" ermöglichen: das *Corpus Hesiodeum* – *Theogonie* samt Katalogen –, die sogenannten *Homerischen Hymnen*, die Dichtung des Stesichoros – diese freilich ist erst neuerdings und recht fragmentiert wieder zugänglich geworden –, die *Tragodumena*, d. h. den Inhalt der attischen Tragödien, und schließlich die *Bibliotheke* Apollodors. Gewiß kommt dann noch Wichtiges dazu, vor allem was bei Plutarch und Pausanias steht. Dagegen gehen die großen Dichtungen Homers eben als 'große Dichtung' über das spezifisch Mythische in vielerlei Hin-*[14]*sicht hinaus, wie ja auch Gilgamesh nicht einfach *ein* Mythos ist.[22] Was dagegen in den genannten fünf Corpora gemeinsam enthalten ist, gerade insofern sie sich überschneiden und so den gleichen Gehalt in verschiedenen Brechungen bieten, das sind – beispielshalber – griechische Mythen. Es ist damit schon gesagt, was doch immer wieder als Problem empfunden wird, daß ein Mythos nicht mit einem bestimmten Text identisch ist, nicht einmal einer bestimmten Textklasse zugehört. Vorzugsweise geht es um Erzählungen über Götter und Heroen,[23] wobei diese Götter und Heroen zu einem Teil eben durch die Erzählung konstituiert sind, zu einem Teil aber auch jenseits der Erzählung Realitäten repräsentieren, geographische, genealogische, soziale und insbesondere kultische Realitäten. Dieses 'teils–teils' führt freilich eben auf die Grundprobleme von Sinn und Realitätsbezug des Mythos.

Deutlich ist im übrigen auch, daß es ähnliche, durchaus vergleichbare Texte und Textcorpora, besonders Hymnen und Epen, im Alten Orient gibt, im Sumerisch-Akkadischen, Hethitischen, Ugaritischen, Ägyptischen, in gewissem Maß auch in Israel. Auch waren jene Forscher, die in anderen

---

[21] Calame (1991[a]) und Calame (1991[b]).

[22] Vgl. auch Burkert (1991).

[23] Vgl. Anm. 5.

Kulturen Entsprechendes fanden, doch wohl nicht ganz fehlgeleitet, bis hin zu *Tsimshian Mythology*. Ebenso bekannt ist, daß genau Entsprechendes in der römischen Kultur, in den älteren Stufen der lateinischen Literatur nur schwer zu finden ist; bei den für die späteren Epochen so wirkungsvollen Gestaltungen, *Aeneis* und *Metamorphosen*, ist die griechische Vorprägung unübersehbar.

So bleibt der griechische Mythos immer wieder paradigmatisch. Zunächst in bezug auf diesen sei festgehalten, daß Mythos primär im sprachlichen Bereich gegeben ist, und zwar als 'Erzählung' oder 'Geschichte', als "narrative Sequenz". Es gibt allerdings immer wieder Versuche, diese Festlegung zu übersteigen oder zu hinterfragen und insbesondere der Ikonographie einen gleichberechtigten Status zu sichern; das Sprachliche muß dann transzendiert werden im Sinn einer allgemeineren 'symbolischen' Funktion: Erzählung und Bilddarstellung seien gleichwertige 'symbolische' Formen.[24] So definiert Ada Neschke den Mythos als "représentation des personnages traditionnels au moyen de formes symboliques, qui sont ou bien des symboles figurés ou bien linguistiques voire narratives";[25] Claude Calame stellt Ritus, Mythos und Bild als parallele "manifestations" eines "processus symbolique" vor.[26] Im Griechischen sind allerdings die Mythenbilder eindeutig sekundär gegenüber der Erzählung epischen Stils – es gibt bekanntlich *[15]* keine mythischen Darstellungen vor dem Ende des 8. Jahrhunderts[27], ihr Auftreten fällt kaum zufällig mit der Entdeckung der Schriftlichkeit zusammen: Man fängt an, Bilder zu 'lesen'. Vor allem aber ist schwer einzusehen, wie es "personnages traditionnels" ohne Namen, d. h. ohne sprachliche Fixierung geben könnte; es ist auch kaum der Versuch gemacht worden, traditionelle ikonographische Schemata, die sich in der Tat über Jahrhunderte, wenn nicht gar Jahrtausende zurückverfolgen lassen – den Schlangenwürger etwa und andere Formen von Herrn und Herrin der Tiere, oder das Schema "Adler und Schlange" – im Ernst als 'Mythos' zu interpretieren. Nicht jede Art von Symbolik, auch komplexer Symbolik ist schon Mythos, auch nicht die fernöstliche "Yin und Yang"-Figur, auch nicht ein Mandala oder eine bloße Zeichnung eines Labyrinths.

Gewiß, es kann als reizvoll erscheinen, mit einem Begriff der 'Symbolisierung' den Mythos in seinem Wesen zu fassen: Mythos als symbolische

---

[24] Vgl. Casadio (1990) 166f.: "non sempre i miti assumono la forma di racconti ... un mito è essenzialmente un'espressione simbolica che veicola un significato esemplare."

[25] Neschke (1987) 52.

[26] Calame (1990), bes. 49–53.

[27] K. Fittschen, *Untersuchungen zum Beginn der Sagendarstellungen bei den Griechen*, Berlin 1969.

Erzählung oder allgemeiner als symbolische Darstellung. Dies vermeidet jenes Problem des anderen Zugangs, der Mythos von vornherein als "traditionelle Erzählung" faßt[28] und dann mit der Abgrenzung zu Märchen, Sage, Legende seine bekannten Probleme hat. Neschke und Calame verankern dementsprechend ihr Mythos-Verständnis in einer Theorie von symbolisierenden Geistesakten. Ada Neschke faßt Mythen als "Darstellungen wichtiger Lebensbereiche..., denen die kollektive Vorstellung dieser Bereiche als transzendenter Subjekte zugrunde liegt", wobei ein sehr spezieller, genauer Begriff von 'Darstellung' gemeint ist und mit dem Ausdruck "transzendente Subjekte" die sogenannte 'Personifikation' im Mythos angesprochen ist.[29] Calame statuiert, daß unser begriffliches Vermögen ("notre capacité conceptionelle") anläßlich eines äußeren Stimulus – z. B. der naturgesetzlich eintretenden Pubertät – eine These ("proposition") entwickelt, die dann in konkreter Weise ihre Darstellung ("énonciation") findet, in einem Ritus, einem Text oder einem Bild, Formen prinzipiell vergleichbarer "manifestations". Nun ist es bekanntermaßen schwierig, sich auf einen Begriff von 'Symbol' oder 'Symbolisierung' zu einigen.[30] In beiden genannten Theorien werden Funktionen des menschlichen Geistes konstatiert, sei es eher scholastisch oder auch kantianisch, aus denen das Zustandekommen mythischer Aussagen abgeleitet wird. Es handelt sich damit um Aussagen über den Ursprung des Mythos, Ursprung aus einer Phänomenologie des Geistes. Ausgerechnet der strukturell-semiotische Zugang wird so zu einer Ursprungstheorie, mit der alten Frage: Wie kommen Mythen zustande? Der Skeptiker mag geneigt sein, von einer neuen Mythologie des Geistes zu sprechen.*[16]*

Der empirische Zugang geht davon aus, daß Mythen in der archaischen Welt gegeben sind, daß man an ihnen 'arbeitet', sie 'anwendet', gewiß auch ausnützt und entsprechend manipuliert; aber das Wesentliche ist nicht die Erfindung, sonder die Wirkung im Prozeß der Tradition. Also doch: Mythen sind traditionelle Erzählungen.[31] Sogar nachweislich erfundene Mythen pflegen sorgsam den älteren Vorzeichnungen zu folgen.[32] Auch die symbolischen Beziehungen sind im kulturellen Kontext erlernt, werden kopiert oder gegebenenfalls variiert. Die scheinbar banale These von den Mythen

---

[28] Kirk (1970); Burkert (1979) 1f.

[29] Neschke (1983) 131, erweitert für 'hochkulturelle Mythen' 133.

[30] Vgl. die Polemik von Calame (1990) 39f. gegen D. Sperber, *Le symbolisme en général*, Paris 1974; vgl. auch Liszka (1989).

[31] Vgl. schon Arist. *Poet.* 1453b22: τοὺς παρειλημμένους μύθους.

[32] Vgl. E. Krummen, *Pyrsos Hymnon. Festliche Gegenwart und mythisch-rituelle Tradition bei Pindar*, Berlin 1990, zu Pindar *Ol.* 1 und *Ol.* 13.

als "traditionellen Erzählungen" erweist sich damit freilich als keineswegs simpel, sondern durchaus vertrackt, ist doch die Frage, wie eigentlich Tradition sich gestaltet und erhält, ein Grundproblem aller Kulturwissenschaften.

Hierzu doch noch die Andeutung eines prinzipielleren Ansatzes: Formal bestimmend für Erzählung ist das Nacheinander, die Kette, die Sequenz. Dies spiegelt die Linearität der Sprache, darüber hinaus entspricht es der Linearität von Programmen überhaupt. Dies gilt sogar und insbesondere auf der Ebene des Computers, der im Prinzip jedes Programm auf eine Sequenz von 0 und 1 zurückführt; es gilt auch auf der Ebene von realen Steuerungsprozessen. Man kann demgemäß Erzählungen als Programme verstehen und begreift damit zugleich ihre Rolle als 'Programmierung' von seelischem Erleben, von Verhalten und Wirklichkeitserfahrung lebender Wesen. Allerdings sind Erzählungen weit entfernt von der abstrakten Sequenz von 0 und 1, sie verlaufen im Bereich sinnvoller Sprache in komplexen Mustern, die von unseren eigenen anthropomorphen Mustererkennungs-Programmen aufgenommen und identifiziert werden.

Erzählungen, einschließlich Mythen, sind also sprachlich codierte, sprachlich übertragbare Programme. Der Weg vom sprachlich codierten Programm zum Verhalten führt über den Imperativ, der sich meist als eine Primitivform der Sprache darstellt. Damit besteht bereits auf dieser Ebene eine Parallele zum Ritual, insofern Rituale ihrerseits nicht-sprachliche Verhaltensprogramme sind, die sowohl imitativ als auch durch sprachliche Vorschrift übertragen werden können. Wir kommen damit zurück zu jener Frage der Kulturwissenschaft, welche Muster denn nun vorzugsweise übertragen, gespeichert und aktualisiert werden, eine Frage, die von biologisch fundierter Psychologie einerseits, soziokulturellen Faktoren, um nicht zu sagen Zwängen andererseits her ihre Antwort finden muß, wobei eine Freiheit des Spiels, *l'arbitraire du signe*, nie auszuschließen ist.

Damit bleibt aber eben die Frage nach der Sonderstellung des Mythos innerhalb von strukturierter, traditioneller Erzählung überhaupt. Fritz Graf spricht in bezug auf den griechischen Mythos vom Anspruch auf Verbindlichkeit, der Bindung an *[17]* feste, rituelle Anlässe, der stilisierten Sprache und Form.[33] Ich habe seinerzeit den Begriff der 'Anwendung' eingeführt, Mythos als "tale applied"; wahrscheinlich ist dies zu allgemein.[34] Ich halte es aber nach wie vor für sinnvoll, eine konnotative und eine denotative

---

[33] Graf (1991), Kap. 1.

[34] Burkert (1979) 22–26. Neschke (1987) 44–51 setzt sich nicht mit dieser Theorie auseinander, sondern nimmt willkürlich herausgegriffene, eher beiläufige Bemerkungen zum Anlaß für kritische Bemerkungen.

Dimension des Mythos zu unterscheiden und interpretierend hervorzuheben, d. h. die Dynamik der fortlaufenden Erzählung einerseits, die wir meist intuitiv 'verstehen', die Beziehung zur außersprachlichen, gemeinsamen, objektiven Wirklichkeit andererseits, die wir historisch rekonstruieren müssen; es handelt sich dabei um eine 'wilde' Zuordnung, unreflektiert, konkret, oft aber doch schon wieder konventionell und eingespielt; hier liegt die Problematik des 'Symbolischen'.[35] Die strengen Semiologen freilich möchten nach Möglichkeit von der denotativen Dimension der Zeichensysteme absehen. Wenn aber etwa formuliert wird, daß die Erzählung mit ihrer schlichten Bedeutung, als *signifié*, ihrerseits zum *signifiant* wird und ihre Bedeutung sucht[36], ist m. E. ganz Ähnliches gemeint. Ich möchte also dabei bleiben: Mythen sind traditionelle Erzählungen mit besonderer 'Bedeutsamkeit'. Äußerlich zeigt sich dies in der besonderen Rolle der Eigennamen, die den erzählenden Text, sofern es sich um einen Mythos handelt, charakterisieren; dies in markantem Unterschied zum Märchen. Vielleicht wäre zu fragen, inwieweit es darüber hinaus zu einer Verschränkung von innersprachlichen Bedeutungen und außersprachlichen Strukturen und Prozessen kommt, so daß die innersprachliche Erzählkette modifiziert, verbogen, vielleicht vergewaltigt wird durch Rücksicht auf jenes andere Gemeinte, Außersprachliche, das angesprochen wird: Die 'angewandte Erzählung' nimmt Elemente der Anwendung in sich auf und bringt so sekundäre Kristallisationen eigentümlicher Art zustande. Solche Verbiegungen, Störungen des Normalverlaufs müßten dann in der Erzählung nachzuweisen sein. Dazu gehören ja wohl schon jene semantisch eigentlich nicht vorgesehenen Verbindungen von Substantiven und Verben, die man 'Personifizierung' nennt. Und doch ist solche 'Störung' nur ein mögliches, nicht ein notwendiges Ergebnis jener Verschränkung, die durchaus auch unproblematisch verlaufen kann. Zudem kommt schon die normale Sprache ohne analoge Kunstgriffe kaum aus: Die Metapher ist eine allenthalben geläufige Praxis; Mythos und Metapher sind gewiß miteinander verwandt, wenn auch der genaue Verwandtschaftsgrad nicht einfach zu bestimmen ist.[37] *[18]*

Genug des Theoretisierens. Nehmen wir Mythen als traditionelle, bedeutsame Erzählungen, als anthropomorph-adäquate, speicherbare und abrufbare Programme; sie sind mit Namen versehen, die eben die Abrufbarkeit

---

[35] Vgl. auch Stolz (1988) 86.

[36] J. Rudhardt, "Un approche de la pensée mythologique: Le mythe considéré comme un langage", *Studia philosophica* 26 (1966) 208–237 = *Du mythe, de la religion grecque et de la compréhension d'autrui*, Genf 1981, 105–129; vgl. auch Calame (1990) 50f.; der Begriff des "sekundären semiologischen Systems" stammt von Barthes (1972) 221.

[37] Vgl. Burkert (1979) 27 f.

erleichtern, aber auch mit echten, denotativen Eigennamen; sie sind der Tendenz nach überindividuell und im Rahmen einer Kultur traditionell, oft vorbildlich-exemplarisch; sie werden eingesetzt, 'angewandt' im Rahmen der vielerlei Interessen, die Gruppen und Individuen nun einmal verfolgen, wobei sie die gegenseitige Verständigung bei Interaktionen ermöglichen und so das Verhalten kanalisieren.

Fraglich bleibt allenfalls, wie weit das narrative Element reduziert sein kann, so daß doch noch von 'Mythos' die Rede bleibt: Ist z. B. eine Familienstruktur in einem Pantheon schon als 'mythisch' zu nehmen, weil sie sich umsetzen läßt in Erzählung: "A hat B begattet, B hat C geboren"? Wie steht es mit "Drimios dem Sohn des Zeus" neben Zeus und Hera im mykenischen Pylos: Beweist dies die Existenz eines mykenischen Göttermythos? Die Frage ist doch wohl zu bejahen.[38] Wie steht es dann mit *Fortuna Iovis puer* in Praeneste[39], oder mit Juppiter Juno Minerva im kapitolinischen Tempel? Oder mit Diespiter als 'Vater'? An sich kann eine sequentielle Auflistung allein noch nicht als 'mythisch' gelten. Ein Beispiel vom Anfang des babylonischen Atrahasis-Textes: "Anu war König, Enlil ihr Ratgeber, Ninurta ihr Minister, Enki ihr Deichgraf": diese Nomenklatura des Pantheons wäre für sich noch nicht 'mythisch', so wenig wie irgendeine orientalische Götterliste; entscheidend wird der nächste Satz: "Sie faßten die Losflasche, warfen das Los: Die Götter teilten";[40] und mit dem Aufstand der unteren Götter gegen die oberen setzt dann erst recht die eigentliche Handlung ein. Zum Mythos gehört Aktion, wie überhaupt zum Leben.

Ohne systematischen Anspruch, doch nicht ohne Bezug auf die folgenden Untersuchungen seien somit einige charakteristische Funktionen von Mythos umrissen, mit dem griechischen Mythos im Blick, doch offenen Auges für Parallelen auch anderwärts. Da gibt es zum einen die genealogischen Mythen, 'Geschichten' also, die Familien auszeichnen und ihr Selbstbewußtsein bestimmen, etwa die Herakliden von Sparta und in ihrem Gefolge gerade die Para-Griechen, die Lyder und die makedonischen Argeaden als Herakliden, die Molosser von Epirus als Achilleus-Nachkommen; dem entsprechen dann die Julier von Rom als Aeneaden. Allgemeiner gehören in solchen Bereich die von Malinowski so benannten "Charter-Mythen", die die Legitimation für Rang, Besitz, Ressourcen aus einem in der Erzählung festgehaltenen Ereignis der Vorzeit ableiten. Wir haben das Recht, diese Quelle vorzugsweise zu nutzen, weil unser Ahn hier eine Schlange *[19]* er-

---

38   Vgl. Burkert (1991) 528f.
39   Vgl. Koch (1937) 26.49.
40   W G. Lambert – A. R. Millard, *Atra-hasis. The Babylonian Story of the Flood*, Oxford 1969, 42f.; W v. Soden, *Zeitschr. Assyr.* 68 (1978) 54f.

schlagen hat – so erzählt man in Anogeia, Kreta, noch im Jahr 1988.[41] Wir bringen Frauen und Kinder nach Troizen, wie Pittheus einst dem Theseus-Kind und seiner Mutter Gastfreundschaft erwies – so das Themistokles-Dekret von 480.[42] Eng damit verbunden wiederum sind die rituellen Mythen, die Kultmythen, die *Aitia*: Wir opfern regelmäßig in dieser Form, denn – beispielshalber – auf Delos ist Apollon geboren, in Rom, umweit der Ara Maxima, hat Herakles Cacus überwältigt.[43] Gerade rituelle Mythen können aber auch zweckgerichteten, die Zukunft erzwingenden, 'magischen' Charakter haben: Wir erreichen mit dieser Handlung den Erfolg, denn – beispielshalber – Wotan hat mit solchem Spruch einst Balders Fohlen geheilt, oder ein solches Festritual hat seinerzeit Demeter in ihrem Zorn versöhnt;[44] in diesem Sinn die Droh-Inschrift auf einem Stein aus dem 3. Jahrhundert v. Chr.: *Fortuna Servios perit*.[45] In all diesen Fällen liefert der Mythos als Programm eine Vorprägung der Realität. Es kann dann der Mythos auch ausgeweitet werden als ordnende Beschreibung, als Prägung der Welt überhaupt. Dies ist der weiteste Rahmen, in dem die Besitzrechte, die kultischen Vergewisserungen, die magischen Handlungen ihren Ort und ihre Wirkung haben. Bei alledem können die Gestalten des Mythos die Aura des Vorbildlichen, Exemplarischen annehmen, indem die Betroffenen ihren Ansprüchen zu entsprechen haben. In jedem Fall steht der Mythos, indem er begründet und erklärt, seinerseits außer Frage: Mythos ist *explanans*, nicht *explanandum*; mit der Kehre, daß der Mythos seinerseits zum Problem wird, kommen seine Funktionen ins Stocken.

Wenn von hier aus der Blick schließlich auf Rom fällt mit der Frage: "Können solche Funktionen in einer archaischen Gesellschaft einfach ausfallen, oder was tritt an ihre Stelle?", so sei die Antwort nicht vorweggenommen. Wohl aber mögen einige Thesen geeignet sein, auch in der Diskussion über Römisches vorschneller Resignation oder Kritik vorzubauen, insofern gewisse Alternativen, die beim Umgang mit römischen Mythen öfters in destruktiver Weise angewandt wurden, ihrerseits zu problematisieren sind.

---

[41] Mündlicher Bericht von Nanno Marinates.

[42] R. Meiggs – D. Lewis, *A Selection of Greek Historical Inscriptions to the End of the Fifth Century B. C.*, Oxford 1969, Nr. 23; der Text ist kaum voll authentisch, aber auch eine antike 'Rekonstruktion' will einleuchten.

[43] Vgl. Burkert (1979) 86.

[44] Zum zweiten Merseburger Zauberspruch vgl. M. Wehrli, *Geschichte der deutschen Literatur*, Stuttgart 1980, 23f.; Hom. *Hymn. Dem.* 205.273f.

[45] A. Degrassi, *Inscriptiones Latinae Liberae Reipublicae*, Florenz ²1965, Nr. 1070; M. Guarducci, *Rend. Accad. Lincei* 26 (1972) 183–189; anders R. Wachter, *Altlateinische Inschriften*, Bern 1987, 469 f.

1. These: Es kommt bei 'Mythos' nicht auf den Ursprung an, sondern auf die Rezeption und Wirkung. Man hatte seit der Romantik mit dem Sinn von Mythos *[20]* den Begriff des Ursprünglichen und mit dem Ursprünglichen den Begriff des Echten, Authentischen verbunden; man suchte dementsprechend alles Abgeleitete, Imitierte, Importierte als sekundär und unwesentlich auszuscheiden, um das 'Eigentliche' herauszudestillieren, so das Germanische im Kontrast zum Antikisierend-Römischen, das echt Römische gegen das Etruskische und das Griechische. Demgegenüber ist festzustellen, daß den Mythos diese Sorge nicht eigentlich betrifft, daß auch sekundäre, später 'gefundene' Mythen durchaus die mythischen Funktionen erfüllen und historisch zu voller Wirkung kommen können. Selbst die im Mittelalter von Herrscherhäusern beanspruchten Troja-Abstammungen sind insofern noch ernst zu nehmen, zumal sie auch das Verhältnis zu Byzanz mitbestimmen konnten. Im übrigen können wir kaum abschätzen, wie alt die bekannten griechischen Mythen tatsächlich sind;[46] vielleicht sind einige der bekanntesten relativ kurz vor unserer Dokumentation 'erfunden'.[47] Soll man demgegenüber Castores und Apollo im Ernst vom 'Römischen' ausschliessen? *Ecastor* und *edepol* bleibt jedenfalls typisch Latein.

2. These: Ein Mythos mag erfunden sein, doch kein Gesetz der Wahrscheinlichkeit und kein Prinzip methodischer Vorsicht spricht dafür, daß ein Mythos normalerweise kurz vor der ersten uns faßbaren Bezeugung oder gar von dem ersten Autor, der davon spricht, erfunden sei.[48] Im Griechischen haben archaische Bilder gelegentlich die Bezeugung um Jahrhunderte zurückverlegt, ähnliche Überraschungen haben die Hesiodfragmente auf Papyrus gebracht.[49] Es gibt kaum Kriterien, die Stabilität kultureller Tradition abzuschätzen. Frühdatierungen und Spätdatierungen sind gleich hypothetisch; die Spätdatierung ist nicht von vornherein wissenschaftlicher, so wenig wie die Frühdatierung an sich schon tiefgründiger heißen darf. Oft werden wir uns mit unserem Nichtwissen begnügen müssen.

---

[46]   Vgl. Burkert (1991).

[47]   Vgl. W. Burkert, *Die orientalisierende Epoche in der griechischen Religion und Literatur*. Sitzungsber. Heidelberg 1984:1, 99–106 zu den "Sieben gegen Theben".

[48]   So etwa H. Strasburger, *Zur Sage von der Gründung Roms*. Sitzungsber. Heidelberg 1968:5; D. Fehling, "Erysichthon oder das Märchen von der mündlichen Ueberlieferung", *Rhein. Mus.* 115 (1972) 173–196.

[49]   Z. B. Hes. frg. 135 zu Andromeda ("zuerst bei Pherekydes" Wernicke, *RE* 1 [1894] 2155 s. v. Andromeda), frg. 177 zu den Heroen von Samothrake ("Hellanikos" oder "nachepische Dichtung" Tümpel, *RE* 5 [1905] 1977 s. v. Eetion). Zu den Molione als siamesischen Zwillingen (als altertümlich anerkannt von Wilamowitz und Weinreich, *RE* 16:1 [1933] 4f.) auf geometrischen Darstellungen vgl. Burkert (1979) 176.

3. These: Ein Mythos muß nicht für die erste nachweisbare 'Anwendung' erfunden sein. Forscher haben wiederholt gemeint, wo man die Absicht merke, fasse man auch schon die 'Erfindung' des Mythos. Ein groteskes, aber doch nachdenkenswertes Gegenbeispiel: Ohne Zweifel ist in den Südstaaten der USA im *[21]* 19. Jahrhundert der Fluch Noahs auf Ham oder Kanaan, der "ein Knecht sein" soll,[50] als Rechtfertigung für die Sklaverei der Hamiten = Neger angewandt worden; der methodische Schluß, Genesis 9 sei in den USA im 19. Jahrhundert 'erfunden', ist trotzdem unsinnig; dies gibt umgekehrt aber auch keinen Anlaß zu einer Frühdatierung des *Book of Mormon*. Auch der Aeneas-Mythos wurde nicht erfunden, als die Stadt Ilion unter Berufung darauf mit Rom Politik zu machen suchte.

Dies bedeutet, mit anderen Worten: ein "römischer Mythos" muß nicht mindestens so alt sein wie die Gründung Roms – von der wir so wenig wissen –; es können aber auch durchaus Traditionen da sein, die älter sind, als wir beweisen können. Daß allerdings manipuliert und geschwindelt wird, gehört nicht minder zum menschlichen Wesen. Jedenfalls, und zu unserem Glück, ist die Wissenschaft vom Mythos eine kulturwissenschaftlich-hermeneutische Aufgabe und nicht eine Wissenschaft vom Ursprung – sofern wir nicht selbst der Versuchung erliegen, mythisch sprechen zu wollen. Heikel bleibt das Problem des Verhältnisses von Mythos und Ideologie: Es wird schwierig bleiben, ideologiefreie Lösungen zu finden.

Literatur (insbesondere seit 1980)

Ackerman (1991	R. Ackerman, *The Myth and Ritual School*, New York.
Alvar (1990)	M. Alvar, *Simbolos y Mitos*, Madrid.
Barthes (1957/1964)	R. Barthes, *Mythologies*, Paris (1972²) (*Mythen des Alltags*, Frankfurt a. M. 1964).
Behnken (1988)	H. Behnken, *Die Kraft des Mythos*, Loccum.
Bermejo Barrera (1988)	J. C. Bermejo Barrera, *El mito griego y sus interpretaciones*, Madrid.
Beyer (1990)	O. Beyer (Hrsg.), *Mythos und Religion. Interdisziplinäre Aspekte*, Stuttgart.

---

[50] *Genesis* 9,25–27.

Binder – Effe (1990)   G. Binder – B. Effe (Hgg.), *Mythos. Erzählende Welt-deutung im Spannungsfeld von Ritual, Geschichte und Rationalität*, Trier.

Binder (1990)   G. Binder, *Vom Mythos zur Ideologie. Rom und seine Geschichte vor und bei Vergil*, in: Binder – Effe (1990) 137–161.

Blumenberg (1979)   H. Blumenberg, *Arbeit am Mythos*, Frankfurt a. M.

Bohrer (1983)   K. H. Bohrer (Hrsg.), *Mythos und Moderne*, Frankfurt a. M.

Bolle (1987)   K. W. Bolle, "Myth. An Overview", in: *Encyclopedia of Religion* 10, New York, 261–273.

Bremmer (1988)   J. Bremmer, *Interpretations of Greek Mythology*, London, 2. Aufl. (1987).

Brisson – Jamme (1991)   L. Brisson und Chr. Jamme, *Einführung in die Philo-sophie des Mythos*, 2 Bde., Darmstadt.*[22]*

Buchler (1986)   I. Buckler, "Myth", in: *Encyclopedic Dictionary of Semiotics* 1, Berlin, 587–590.

Burkert (1979)   W. Burkert, *Structure and History in Greek Mythology and Ritual*. Sather Classical Lectures 47. Berkeley/Los Angeles/London.

Burkert (1980)   Ders., "Griechische Mythologie und die Geistesge-schichte der Moderne", in: *Les études classiques aux XIXe et XXe siècles*. Entretiens sur l'antiquité classique 26. Genf/Vandœuvres, 159–199 *[= in diesem Band Nr. 3]*.

Burkert (1991)   Ders., Typen griechischer Mythen auf dem Hinter-grund mykenischer und orientalischer Tradition, in: D. Musti et all. (Hgg.), *La Transizione dal Miceneo all' Alto Arcaismo. Dal Palazzo alla Città*, Rom, 527–536 *[= Kleine Schriften I, 1–12]*

Calame (1982)   C. Calame, "Le discours mythique", in: J.-L. Coquet (Hrsg.), *Sémiotique. L'école de Paris*, Paris, 85–102.

Calame (1983a)   Ders., *Le processus symbolique*. Documents de Tra-vail. Centro Internazionale di Semiotica e di Linguis-tica di Urbino 128–129. Urbino, 1–34.

Calame (1983b)   Ders., "L'espace dans le mythe, l'espace dans le rite: Un exemple grec", *Degrés* 35/36, 1–16.

Calame (1986)   Ders., *Le récit en Grèce ancienne. Enonciations et re-présentations de poètes*. Paris.

Calame (1988)   Ders. (Hrsg.), *Métamorphoses du mythe en Grèce an-tique*, Genf.

Calame (1990)	Ders., *Thésée et l'imaginaire Athénien. Légende et culte en Grèce antique*, Lausanne.
Calame (1991a)	Ders., *Illusions de la mythologie*. Nouveaux actes sémiotiques. Limoges.
Calame (1991b)	Ders., "'Mythe' et 'rite' en Grèce: Des catégories indigènes?", *Kernos* 4, 179–204.
Calder (1991)	W. M. Calder III (Hrsg.), *The Cambridge Ritualists Reconsidered*, Urbana.
Casadio (1990)	G. Casadio, "A proposito di un recente volume su problemi di storia della religione greca", *Quaderni Urbinati di Cultura Classica* 36, 163–174 [Rez. Bremmer 1988].
Detienne (1981)	M. Detienne, *L' invention de la mythologie*, Paris
Edmunds (1990)	L. Edmunds (Hrsg.), *Approaches to Greek Myth*, Baltimore.
Gordon (1982)	R. Gordon (Hrsg.), *Myth, Religion and Society. Structuralist Essays by M. Detienne, L. Gernet, J. P. Vernant and P. Vidal-Naquet*, Cambridge/Paris
Gladigow (1986)	B. Gladigow, "Mythologie und Theologie", in: H. von Stietencron (Hrsg.), *Theologen und Theologien in verschiedenen Kulturkreisen*, Düsseldorf, 70–88.
Graf (1991)	F. Graf, *Griechische Mythologie*, Zürich 3. Aufl. (1. Aufl. 1985).
Honko (1970)	L. Honko, "Der Mythos in der Religionswissenschaft", *Temenos* 6, 36–67.
Horstmann (1979)	A. Horstmann, "Der Mythosbegriff vom frühen Christentum bis zur Gegenwart", *Archiv für Begriffsgeschichte* 23, 7–54, 197–245.
Horstmann (1984)	Ders., "Mythos, Mythologie", in: J. Ritter – K. Gründer, *Historisches Wörterbuch der Philosophie* 6, Basel/Stuttgart, 281–318.
Hübner (1985)	K. Hübner, *Die Wahrheit des Mythos*, München.
Jouan – Deforge (1988)	F. Jouan – B. Deforge (Hgg.), *Peuples et pays mythiques*, Paris.
Kirk (1970)	G. S. Kirk, *Myth. Its Meaning and Functions in Ancient and Other Cultures*. Sather Classical Lectures 40. Berkeley/Los Angeles/ London.*[23]*
Kirk (1974a)	Ders., *The Nature of Greek Myths*, Harmondsworth.
Kirk (1974b)	Ders., "On Defining Myths", in: E. A. Lee, A. P. D. Mourelatos, R.M. Rorty (Hgg.), *Exegesis and Argument. Studies in Greek Philosophy Presented to Gregory Vlastos*, Assen, 61–69.

Kolakowski (1989)	L. Kolakowski, *The Presence of Myth* (transl. by Adam Czerniawski), Chicago.
Lambert (1974)	W. G. Lambert, "Der Mythos im Alten Mesopotamien. Sein Werden und Vergehen", *Zeitschrift für Religion und* Geistesgeschichte 26, 1–16.
Lévi-Strauss (1958/1973)	C. Lévi-Strauss, *Anthropologie structurale*, Paris 1958; *Anthropologie structurale deux*, Paris 1973 (*Strukturale Anthropologie*, Frankfurt a. M. 1967; *Strukturale Anthropologie* II, Frankfurt a. M. 1975).
Lévi-Strauss (1964–71)	Ders., *Mythologiques* I–IV, Paris 1964–1971 (*Mythologica* I–IV, Frankfurt a. M. 1971/75).
Lévi-Strauss – Vernant (1984)	C. Lévi-Strauss, J. P. Vernant u.a., *Mythos ohne Illusion*, Frankfurt a. M.
Limet – Ries (1983)	H. Limet und J. Ries (Hgg.), *Le mythe, son langage et son message. Actes du Colloque de Liège et Louvain-la-Neuve*. Louvain-la-Neuve.
Liszka (1989)	J.J. Liszka, *The Semiotic of Myth. A Critical Study of the Symbol*, Bloomington (Ind.).
Müller (1973)	H.-P. Müller, *Mythos – Tradition – Revolution. Phänomenologische Untersuchungen zum Alten Testament*, Neukirchen-Vluyn.
Mythos (1987)	*Mythos. Deutung und Bedeutung. Vorträge...* Innsbrucker Beiträge zur Kulturwissenschaft. Dies Philologici Aenipontani 5, Innsbruck.
Neschke (1978)	A. Neschke-Hentschke, "Griechischer Mythos und strukturale Anthropologie", *Poetica* 10, 135–153.
Neschke (1983)	Dies., "Griechischer Mythos. Versuch einer idealtypischen Beschreibung", *Zeitschrift für philosophische Forschung* 37, 119–138.
Neschke (1987)	Dies., "Mythe et traitement littéraire du mythe en Grèce ancienne", *Studi Classici e Orientali* 37, 29–60.
Paul (1988)	G. Paul, *Mythos, Philosophie und Rationalität*, Frankfurt a. M.
Petersen (1982)	C. Petersen, *Mythos im Alten Testament*, Berlin/New York.
Poser (1979)	H. Poser (Hrsg.), *Philosophie und Mythos. Ein Kolloquium*, Berlin.
Pozzi – Wickersham (1991)	D. C. Pozzi und J. M. Wickersham, *Myth and the Polis*, Ithaca (N.Y.).
Reynolds – Tracy (1990)	F. Reynolds und D. Tracy (Hgg.), *Myth and Philosophy*, Albany (N.Y.).

Rubin – Sale (1983)   N. F. Rubin und W. M. Sale, "Meleager and Odysseus. A Structural and Cultural Study of the Greek Hunting-maturation Myth", *Arethusa* 16, 137–171.

Sabbatucci (1978)   D. Sabbatucci, *Il Mito, il Rito e la Storia*, Roma.

Schlesier (1985)   R. Schlesier (Hrsg.), *Faszination des Mythos. Studien zu antiken und modernen Interpretationen*, Frankfurt a. M.

Schmid (1988)   H. H. Schmid (Hrsg.), *Mythos und Rationalität*, Gütersloh.

Schrödter (1991)   H. Schrödter (Hrsg.), *Die neomythische Kehre. Aktuelle Zugänge zum Mythischen in Wissenschaft und Kunst*, Würzburg.

Segal (1980)   R. A. Segal, "In Defense of Mythology: The History of Modern Theories of Myth", *Annals of Scholarship* 1, 3–49.

Segal (1986)   Ch. Segal, "Greek Myth as a Semiotic and Structural System and the Problem of Tragedy:, in: *Interpreting Greek Tragedy*, Ithaca (N.Y.), 48–109 (= *Arethusa* 16 [1983] 173–198).

Silver (1991)   M. Silver (Hrsg.), *Ancient Economy in Mythology: East and West*, Savage (Md.).*[24]*

Smith (1980)   P. Smith, "Positions du mythe", *Le temps de la réflexion* 1, 161–181.

Stolz (1988)   F. Stolz, "Der mythische Umgang mit der Rationalität und der rationale Umgang mit dem Mythos", in: Schmid (1988) 81–107.

Strenski (1987)   I. Strenski, *Four Theories of Myth in Twentieth Century History*, Iowa City 1987.

Thomas (1976)   E. Thomas, *Mythos und Geschichte. Untersuchungen zum historischen Gehalt griechischer Mythendarstellungen*, Köln (Rez. T. Hölscher, *Gnomon* 51 [1980] 358–362).

Vernant (1965/1985)   J.-P. Vernant, *Mythe et pensée chez les Grecs*, Paris 1965 (^{2}1985).

Vernant (1974)   Ders., *Mythe et société en Grèce ancienne*, Paris.

Vernant (1980)   Ders., "Le mythe au réfléchi", *Le temps de la réflexion* 1, 21–25.

Vernant – Vidal-Naquet   J.-P. Vernant und P. Vidal-Naquet, *Mythe et tragédie* (1972 /86)   *en Grèce ancienne*, I/II, Paris 1972/86.

Versnel (1984/1990) H. S. Versnel, "Gelijke monniken, gelijke kappen. Myth and Ritual, oud en nieuw", *Lampas* 17 (1984) 194–246 = "What's Sauce for the Goose is Sauce for the Gander. Myth and Ritual, Old and New", in: Edmunds (1990) 23–90 *[repr. in H. S. Versnel, Inconsistencies in Greek and Roman Religon 2: Transition and Reversal in Myth and Ritual (1993), 15-88].*

Veyne (1983) P. Veyne, *Les Grecs ont-ils cru à leurs mythes?*, Paris.

Wende (1988) *Wende zum Mythos: Wieviel Mythos braucht der Mensch?* (Tagung 1987), Karlsruhe.

Erschienen in: W. Siegmund ed., Antiker Mythos in unseren Märchen, Kassel 1984, 113–125, 196f.

5. Vom Nachtigallenmythos zum "Machandelboom"

Ob das Märchen "Von dem Machandelboom"[1] mehr berühmt oder mehr berüchtigt heißen soll, mag man bezweifeln; eindrucksvoll jedenfalls ist diese Schauergeschichte, so leicht zu merken und dann unvergeßlich in der prägnanten Zusammenfassung, die das Lied des Vogels gibt:

> Mein Mutter der mich schlacht – Mein Vater der mich aß –
> Mein Schwester der Marleenichen – Sucht alle meine Beenichen –
> und bind't'si in ein seiden tuch. Legts unter den Machandelboom.
> Kywitt! Kywitt! ach watt ein schoin fugel bin ik.[2]

Das Märchen wurde 1806 durch Philipp Otto Runge aufgezeichnet, 1808 durch Achim von Arnim veröffentlicht. Bereits in der Erstveröffentlichung ist darauf hingewiesen, daß das Lied auch in Goethes *Faust* vorkommt, in der Kerkerszene, mit der bezeichnenden Anpassung: "Meine Mutter, die Hur ...". Der Text steht, was man 1808 nicht wußte, bereits im *Urfaust* von 1774, und ein Brief Goethes aus dem gleichen Jahr beweist, daß er nicht nur das Lied, sondern auch die Fortsetzung der Geschichte kannte bis hin zum "Mühlstein der vom Himmel fiel".[3] Clemens von Brentano, geb. 1778, und Joseph von Eichendorff, geb. 1788, haben behauptet, Märchen und Lied bereits aus der eigenen Kindheit zu kennen, auch wenn der Runge-Grimmsche Text Anlaß war, sich dessen wieder zu erinnern. Sicher älter als Runges Aufzeichnung sind Zeugnisse aus Schottland mit dem Lied der "milch-

---

[1] *KHM* 47. AT 720. *BP* I, 412–423. Lutz Röhrich, "Die Grausamkeit im deutschen Märchen", *Rheinisches Jahrbuch für Volkskunde* 6, 1955, 176–224. Ders.: *Märchen und Wirklichkeit*. Wiesbaden 1974, 123–158. Charlotte Oberfeld, "'Der Wachollerbeem', ein Mythenmärchen?", *Hessische Blätter für Volkskunde* 51/2, 1960, 218–223. Michael Belgrader, *Das Märchen von dem Machandelboom*, Frankfurt 1980.

[2] Erstveröffentlichung: *Zeitung für Einsiedler* 29, vom 9. 7. 1808, 232. Wiederholt Belgrader, 15.

[3] Belgrader, 18.

weißen Taube".[4] Weder der *Faust*-Text noch Runges Aufzeichnung kommen also als einzige Quelle der Tradition in Frage; es ist verhältnismäßig früh eine mehrsträngige Überlieferung dokumentiert, was auf mündliche Verbreitung weist.

Die Rungeschen Texte wurden von vornherein als Muster volkstümlicher Märchen begrüßt; auch der "Machandelboom" wurde im vorigen Jahrhundert zuweilen Märchensammlern als beispielhaft mit auf den Weg gegeben. Als Ergebnis der Sammeltätigkeit konnte Michael Belgrader jetzt 435 Varianten vorlegen. Jedoch hat die perverse Grausamkeit des Machandelboom-Märchens auch Scheu und Widerstand erregt. Man solle "dieses Blutrunst-Stück aus der deutschen Grand-Guignol-Mottenkiste ... doch endlich einmal den Kindern ersparen", schrieb jüngst Rudolf Schenda (*Fabula* 21, 1980, 353). Meine Mutter hat sich strikt geweigert, mir dieses Märchen zu erzählen, das in dem plattdeutschen Text des Grimm-Märchenbuches mir unverständlich blieb und dar-*[114]*um die Neugier besonders reizte. Unsere Hausgehilfin allerdings kannte wenigstens den Reim mit dem Schwesterchen Marleenichen.

Eben die Kristallisation im Lied ist eine Eigentümlichkeit dieses Textes, die sich praktisch in allen Varianten hält. Es hat die Funktion eines Merkverses und wirkt damit als stabilisierender Faktor in der Vielfalt der mündlichen Verbreitung. Manche der aufgezeichneten Varianten bestehen nur aus dem Lied. Belgrader betrachtet dies als Relikt, das "übrigbleibt"; doch läßt sich aus dem Lied das Märchen wieder generieren, denn das Lied faßt die wesentlichen Stationen der Handlung zusammen. Was außerhalb liegt, variiert denn auch erheblich, so die Einleitung, die Motivierung und Durchführung des Mordes (Belgrader, 32) und die Fortsetzung, die Art der Geschenke und die Bestrafung.[5] Eine Rückverwandlung des gemordeten Knaben kommt nur in einer kleinen Minderheit der Fassungen vor; die Erzählung kann sogar mit der Vogelverwandlung enden, wie auch für Gretchen mit dem "fliege fort": "ein Märlein endet so". Und doch ist der Heische-Flug des Vogels eines der festesten Elemente: der Vogel erhält verschiedene Gaben für sein Lied, die er dann lohnend und strafend weitergibt. In der Tat ist das Lied ja stets in die erste Person gesetzt: "Ich bin ein Vogel". Dies setzt einen entsprechenden Kontext für das Lied voraus, der in der Erzählung als zweiter Teil erscheint.

---

[4] A. Höfer, *Blätter für literarische Unterhaltung*, 1844 II, 794: Pippety pew / My mammy me slew; / My daddy me ate; / My sister Kate / Gathered a' my banes / and laid them between twa milk-white stanes, / And a bird I grew, / And awa' I flew, / Singing pippety pew, pippety pew.

[5] Motiv vom Mühlstein, der über der Tür aufs Haupt fällt (Mot. Q412) in der *Edda*: BP I, 423.

Im Sinne von Propp und Dundes[6] sehe ich in einer Sequenz von "Funktionen", in einer Kette von "Motivemen" die charakteristische Grundstruktur einer Erzählung. Im Lied des Vogels sind vier solcher "Motiveme" festgehalten: (1) die Mutter schlachtet den Sohn, (2) der Vater ißt unwissentlich die zubereitete Speise, (3) die Schwester sammelt die Knochen und bestattet sie, (4) ein Vogel entsteht. Belgrader hat in seinem "Episodenschema" (39–42) je zwei dieser "Motiveme" zusammengezogen und die Vorgeschichte einerseits, die Fortsetzung andererseits als (I) bzw. (IV) hinzugefügt. Dies allerdings sind eben die variablen Elemente. Nicht auf ihnen, sondern auf den genannten vier "Motivemen" beruht die Identität der vorliegenden Erzählung; daß das Opfer ein Junge ist, wird durch den Kontrast zur Schwester impliziert. Variierende Umkehrungen sind freilich möglich; doch würde ich die Varianten, in denen das Opfer ein Mädchen ist (Belgrader, 147–167), als sekundär betrachten und insbesondere jene litauischen Varianten, in denen eine hexenhafte Mutter nach Kinderfleisch verlangt und den widerstrebenden Vater zum Schlachten zwingt (Belgrader, 183–187, 256), vom eigentlichen Typ abtrennen.

Die Sequenz der vier "Motiveme" ist nun allerdings ganz andersartig als die von Propp herausgestellte Struktur des Zaubermärchens. Während die Propp-*[115]*sche Sequenz ein Abenteuer, ein "Gewinnen" ist, geht es hier um Schlachten, Essen, Knochen-Sammeln und neue Existenz, eine Abfolge, die ich die Opfer-Sequenz nenne und allerdings für sehr alt halte; sie entspricht vor allem der Praxis antiker Opferrituale.[7] Im Corpus der neuzeitlichen europäischen Volksmärchen scheint sie eher ein Fremdkörper zu sein. Die an sich schlichtreale Abfolge ist in unserem Märchen durch eine besondere, paradoxe "Kristallisation" ausgezeichnet: das Opfer ist ein Menschenkind; die Mutter ist es, die tötet und zerstückelt, der eigene Vater ißt. Im Lied heißt es fast immer klar und unmißverständlich: "Meine Mutter", wie auch "mein Vater" und "meine Schwester". Nur eine Minderheit der Versionen freilich wagt es, dies in Erzählung umzusetzen. Meist tritt als Milderung das beliebte Stiefmuttermotiv ein, so auch im Runge-Grimmschen Text. Doch in Gretchens Kerkerlied ist der Mord durch die eigene Mutter tragendes Motiv.

Nun hat man immer gesehen, daß gerade die perverse Grausamkeit dieses untypischen Märchens ihr Gegenstück in klassischen Mythen der

---

6 Vladimir Propp, *Morphologie des Märchens*, München 1975; Alan Dundes, *The Morphology of North American Indian Folktales*, Helsinki 1964; Walter Burkert, *Structure and History in Greek Mythology and Ritual*, Berkeley 1979, 5–10, zu "Kristallisation" 18–22. Zum Unterschied von Motiv und "Motivem" Max Lüthi, in: *Elemente der Literatur*, Stuttgart 1980, 11–24.

7 Walter Burkert, *Homo Necans. Interpretationen altgriechischer Opferriten und Mythen*, Berlin 1972.

Griechen hat. Auch Belgrader spricht bald vom Thyestes-, bald vom Atreus-Mahl, stellt jedoch eine direkte Verbindung in Abrede. Die antike Bezeichnung ist "Thyestes-Mahl", denn Thyestes ist der Esser, Atreus der Schlächter der Kinder. Dies ist freilich nur eine aus einer eng verbundenen Gruppe peloponnesischer Mythen:[8] Lykaon von Arkadien und Tantalos/Pelops von Olympia gehören dazu, das Stichwort "Pelops und die Haselhexe" ist unter Volkskundlern geläufig geworden. Ganz eng verwandt, doch historiert ist die Harpagos-Geschichte bei Herodot (1,119), wohl die kunstvollste Fassung der Greuel-Erzählung in klassischer Literatur. Von Herodot sind unzweifelhaft Anregungen in die europäische Volkserzählung eingegangen.[9] Doch was den "Machandelboom" betrifft, sind wir hier auf falscher Spur. Wenn in dieser Gruppe von Erzählungen auch stets der Vater zum Kannibalen wird und den eigenen Sohn verspeist, von der Mutter ist dabei nicht die Rede. Anders ist das in einer zweiten Gruppe griechischer Mythen, die ich die Agrionien-Mythen nenne.[10] Sie gehören ins Kraftfeld des Dionysischen. Hier ist es die bakchantisch rasende Mutter, die das eigene Kind zerreißt. Die *Bakchai* des Euripides bieten das berühmteste Beispiel aus dem Bereich der Tragödie hohen Stils: Pentheus stirbt durch seine Mutter Agaue. Daneben stehen Mythen aus Orchomenos wie aus der Argolis; ein Fest der Ausnahmen und Umkehrungen, "Agrionia", mit rituellen Antithesen zur Ordnung des Normalen, ist als Hintergrund kenntlich. In dieser Gruppe aber gibt es nur einen Mythos, in dem nach dem Kindermord zusätzlich der Vater zum unwissenden Esser wird; und dies ist zugleich derjenige, der in die bekannteste Vogel-Aitiologie der griechischen *[116]* Mythologie ausläuft, der Nachtigallen-Mythos. Er liegt in drei Hauptvarianten vor; in der *Enzyklopädie des Märchens* (I, 125–127) sind zwei davon unter dem Stichwort "Aedon" behandelt worden, nicht jedoch die attische Fassung, die in der antiken Literatur die herrschende ist.[11] Sophokles hat sie in einer verlorenen Tragödie *Tereus* auf die Bühne gebracht; uns blieb die Parodie in den *Vögeln* des Aristophanes. An früheren und späteren Anspielungen in der klassischen Literatur fehlt es nicht; dazu kommen Bildwerke und schließlich die Zusammenfassungen bei den späteren Mythographen. Die ausführlichste literarische Gestaltung ist in den *Metamorphosen* des Ovid zu finden.

---

[8]   Ebd. 98–125; Leopold Schmidt, "Pelops und die Haselhexe," *Laos* 1, 1951, 67–78; ders.: *Die Volkserzählung*, Berlin 1963, 145–155.

[9]   Der "Meisterdieb" geht über den "Dolopathos" (12. Jh.) auf "Rhampsinit" (Herodot 2, 121) zurück: Detlev Fehling, *Amor und Psyche*, Mainz 1977, 9. 89–97.

[10] Wie 7.189–207.

[11] Wie 7. 201–207. Hans Herter, "Schwalbe, Nachtigall und Wiedehopf. Zu Ovids 'Metamorphosen' 6, 424–674", *Würzburger Jahrbücher* NF 6, 1980, 161–171.

Wie oft in griechischen Mythen wird als Vorgeschichte von einem Sexualverbrechen berichtet: König Tereus von Daulis hat Philomela, die Schwester seiner Frau Prokne und wie diese Prinzessin aus Athen, in seine Gewalt gebracht, geschändet und, damit sie nichts verraten kann, ihr die Zunge ausgeschnitten. Doch durch die Bilder eines Gewebes, das sie herstellt, teilt Philomela der Schwester das Verbrechen mit, und beide nehmen nun gemeinsam Rache: Prokne schlachtet den eigenen Sohn Itys und setzt ihn dem Vater zum Mahl vor. Als Tereus zu spät erfährt, was ihm widerfuhr, zieht er sein Schwert und verfolgt die grausamen Schwestern; hier blendet die Erzählung über in den Vogelbereich: Tereus wird zum Wiedehopf, Prokne zur Nachtigall, die unaufhörlich und herzzerreißend um Itys klagt, Philomela aber zur stammelnden Schwalbe. Die Lateiner haben dies verwechselt und den wohltönenderen Namen Philomela der Nachtigall gegeben, was in der abendländischen gelehrten Dichtung sich gehalten hat; so konnte noch Morgenstern Philomele auf die "fliegende Makrele" reimen.

Nicht das Thyestes-Mahl also, sondern der Nachtigallenmythos steht unter allen antiken Mythen dem "Machandelboom" am nächsten. Es ist ein merkwürdiges Zeichen der Verdrängung antiker Tradition in der deutschen Volkskunde, daß diese Beziehung nicht einmal in der an sich so gründlichen Dissertation von Belgrader Erwähnung findet. Im Nachtigallenmythos sind drei der vier in jenem Lied des Vogels zusammengefaßten "Motiveme" vorgegeben, in ihrer notwendigen Reihenfolge und in ihrer spezifischen Kristallisation: die eigene Mutter schlachtet den Knaben, der Vater ißt unwissend, und dann die Verwandlung in den singenden Vogel. Dabei ist der Nachtigallenmythos nicht etwa, was das Dogma von der seit je vorhandenen und unbeeinflußbaren Volkserzählung suggerieren könnte, seinerseits ein Ableger des uralten Märchens; jedenfalls ist es nicht richtig, einfach von einem "Tiermär-[117]chen" zu sprechen (Roscher, I 185). Es handelt sich um einen griechischen Mythos im vollen Sinn, eingebunden in die Realitäten der Familien- und Lokaltraditionen: der Vater von Prokne und Philomela, Pandion, ist König von Athen, zugleich in seinem Namen offenbar Exponent eines uns unzulänglich bekannten athenischen Festes "Pandia"; Tereus in Daulis ist zugleich Vertreter der Thraker, was dem Mythos im 5. Jahrhundert eine besondere, für uns nicht ganz durchschaubare Aktualität verlieh; in allgemeinerer Weise erscheint der Mythos bezogen auf den dionysischen Hintergrund der Agrionien-Feste und -Mythen, mit dem Aufruhr der rasenden Frauen bis hin zum äußersten Gegenpol der normalen weiblichen Rolle. Darum macht auch hier die Schwester mit der Mutter gemeinsame Sache, Philomela mit Prokne wie Autonoe mit Agaue.

Denn diejenigen Motive fehlen allerdings im Tereus-Mythos, die im Märchen vom "Machandelboom" mit der Faszination des offenbar Uralten seit langem besondere Aufmerksamkeit auf sich gezogen haben: die Rolle der Schwester, das Sammeln der Knochen, die Baumbestattung. Die beiden letztgenannten Motive sind zentral in dem Werk von Karl Meuli, dessen bahnbrechende Studien verdiente Beachtung gefunden haben. Meuli wurde früh auch schon auf das Märchen vom "Machandelboom" aufmerksam, "dessen Primitivität geradezu unheimlich anmutet". Alle drei Motive sind rituell fundiert und seit ältesten Zeiten bezeugt. Was das Sammeln der Knochen nach dem Opfer betrifft, genüge der Verweis auf Karl Meulis große Abhandlung *Griechische Opferbräuche*[12] und mein ihm folgendes Buch *Homo Necans* (21–4, 63, 114–7). Knochen-Sammeln und Wiederbelebung spielen ihre Rolle bei primitiven Jägern, in der Antike, in der Edda, in der Volkssage: an die Wildgeistersagen, "Pelops und die Haselhexe", sei nochmals erinnert. Allerdings zielt dieses Motiv auf Wiederherstellung, nicht auf Verwandlung; die Vogelmetamorphose im "Machandelboom" ist von hier aus gesehen untypisch. Daß die Schwester sich des toten Bruders annimmt, ihn sucht, die Reste sammelt, findet sich in altmesopotamischen, sumerischen Mythen von Dumuzi und Geštinanna so gut wie in altägyptischen um Isis und Osiris; Ugaritisches läßt sich vergleichen. Im Griechischen stellt sich vor allem die Zerreißung des Dionysos dazu, wobei die Schwester Athena das Herz rettet oder aber Rhea, die Großmutter, die Reste zur Wiederbelebung zusammenfügt.[13] Aber auch die Tat der Antigone bei Sophokles ist nicht zu vergessen, auch nicht Elektra mit der Urne, die angeblich die Gebeine des Bruders birgt, im Elektra-Drama des Sophokles. Ritueller Hintergrund ist die Rolle, die der Brauch den Frauen bei der Bestattung zuweist, Waschen und Salben des Toten und dann die Spenden am Grab. So treten die Frauen am Grab denn auch in den Evangelien auf. Der Baumbestattung *[118]* schließlich galten Meulis Bemühungen in seinen letzten Lebensjahren; auch wenn nur ein Torso zustandekam (*Ges.Schr.* II 1083–1118), ist die Fülle des Materials doch überaus eindrucksvoll.

Solche bedeutsamen kulturgeschichtlichen Perspektiven dürfen indessen nicht darüber hinwegtäuschen, daß es sich hier um Motive handelt, die prinzipiell variabel und austauschbar sind, und nur in geringem Maß um tragende Elemente, "Motiveme". In der Sequenz der vier "Motiveme" geht es hier um den Übergang vom zweiten zum vierten. Sammeln der Reste und

---

[12] Karl Meuli, *Gesammelte Schriften*, 2 Bde. Basel 1975, 907–1018; Christine Uhsadel-Gülke, *Knochen und Kessel*, Meisenheim 1962.

[13] Zu den immer noch bruchstückhaften und schwierigen sumerischen Texten Thorkild Jacobsen, *The Treasures of Darkness. A History of Mesopotamian Religion*, New Haven 1976, 60–68. In ugaritischen Mythen nimmt Anat Rache für ihren Bruder Baal, Paghat für ihren Bruder Aqhat: James Pritchard (Hrsg.), *Ancient Near Eastern Texts*, Princeton 1955, 140, 155. Auf Isis-Osiris verwies Oberfeld (wie in 1) 223. Zu Dionysos-Athena: Otto Kern (Hrsg.): *Orphicorum Fragmenta*, Berlin 1922, 210 und 214 *[= OF 314-316 Bernabé]*. Zu Dionysos-Rhea: wie 7, 257.

Bestattung ist ein naheliegender Abschluß der Greuelmahlzeit, wie ihn zum Beispiel auch die Harpagos-Geschichte bei Herodot gestaltet; wesentlich, doch gleichsam vorgezeichnet durch die Struktur der Kernfamilie, ist die Intervention der Schwester. Ein ganz freies Element aber ist die so besonders auffallende Rolle der Baumbestattung, überhaupt die Rolle des titelgebenden Baumes. In einem Großteil der Varianten fehlt der Baum vollständig, so etwa im Schottischen und Englischen, wo vielmehr die Bestattung zwischen zwei Steinen erfolgt, entsprechend dem Reim *bones / stones*. Wenn also Belgrader zu dem Ergebnis kommt, das Märchen müsse dem finnisch-estnischen Raum entstammen, weil dort "seine altertümlichen Glaubensinhalte 'Wiederbelebung aus den Knochen', 'Baumbestattung', 'Bettelumzüge' und anthropomorphe Verwandlungen sowohl in früher als auch in jüngster Zeit geglaubt und praktiziert wurden", so verfällt er demselben Fehler, den er zuvor getadelt hatte, nämlich von den Motiven auszugehen statt von der Gesamtstruktur. Dabei ist nicht nur damit zu rechnen, daß Motive modernisiert werden, sondern auch daß Archaisches wieder aufbricht und zwingende Gestalt annimmt.

Die Sequenz der 'Motiveme' mit ihrer spezifischen Kristallisation führt also vielmehr zu der vorläufigen Feststellung: das Märchen, soweit es im Lied des Vogels rekapituliert ist, entsteht aus dem Nachtigallenmythos durch Einfügung der an sich altehrwürdigen Schwester-Rolle mit dem Sammeln der Knochen. Eine weitere wesentliche Verschiebung ist allerdings damit verbunden: während in den erhaltenen griechischen Versionen das Opfer Itys, einmal verspeist, aus dem Bereich des Seienden verschwunden ist, wird seine Verwandlung und Wiederkehr im Märchen zum zentralen Ereignis.

Doch sehen wir genauer zu. Wenn überhaupt ein Zusammenhang zwischen dem griechischen Nachtigallenmythos und dem europäischen Volksmärchen zu vermuten ist, sind dessen literarische Spuren am ehesten in der Tradition lateinischer Texte zu suchen. Denn während das Griechische weithin versank, blieb das Latein und damit ein Grundbestand lateinischer Literatur in der *[119]* abendländischen Schultradition allgegenwärtig, zumindest etwa tausend Jahre lang, von 800 bis 1800. Von Ovids *Metamorphosen* war bereits die Rede. Sie haben den Namen Philomela in die Dichtung des Abendlandes getragen; man könnte für möglich halten, daß auch das 'Vogelmärchen' letztlich aus diesem Text hervorgegangen ist. Die *Metamorphosen*, zumal dann in illustrierten Bearbeitungen, als *Ovide moralisé*, waren überaus populär.

Doch wichtiger noch, überragender an Autorität war stets Vergil. Nun evoziert auch Vergil den Tereus-Prokne-Mythos in kurzer, doch eindrücklicher Weise in der 6. Ekloge, in der Reihe der Themen, von denen der Silen zu singen weiß (78–81):

aut ut mutatos Terei narraverit artus,
quas illi Philomela dapes, quae dona pararit,
quo cursu deserta petiverit et quibus ante
infelix sua tecta super volitaverit alis.

Oder wie er von den verwandelten Gliedern des Tereus erzählte, welche Mahlzeit ihm, welche Gabe Philomela bereitet hat, mit welch stürmischem Lauf er in die Einsamkeit eilte, mit welchen Flügeln der Unselige über das Haus, das zuvor das seine war, hinwegflog.

Solche Verse bedürfen des Kommentars, für Lehrer wie für Schüler; Vergil war ja immer Schulautor *kat' exochen*. Schon die mittelalterlichen Handschriften sind oft mit Kommentaren versehen, die als 'Scholien' am Seitenrand um den Text herumgeschrieben werden; die Drucke haben dies noch lange imitiert, bis sich durchsetzte, den Kommentar nur unter dem Textblock zu drucken; die Verbindung von Klassikertext und Kommentar ist bis heute geblieben. Zu den *Bucolica*, um die es hier geht, gibt es aus der Spätantike vor allem zwei Kommentare, einen ausführlichen und hochgelehrten, Servius, und einen knappen und elementaren, den sogenannten Philargyrius. Beide liegen wiederum in verschiedenen Rezensionen vor[14], was hier nicht im einzelnen zu diskutieren ist. Die Drucke seit dem 16. Jahrhundert haben oft verschiedene Kommentare aneinandergereiht und erweitert, doch bildet Servius in der Regel den Grundstock. Blickt man nun zu der fraglichen Stelle in den Servius-Kommentar, so findet man, wie zu erwarten, die notwendige Kurzfassung des Tereus-Prokne-Philomela-Mythos, als erstaunliches Plus aber gegenüber allen erhaltenen griechischen Versionen die Angabe, daß auch Itys, das Opfer, als Vogel weiterlebt, und zwar als *phassa*, Taube; daneben, wie stets, Wiedehopf, Nachtigall und Schwalbe. Da *phassa* ein griechisches Wort ist, das im Lateinischen nur ganz selten belegt ist, muß Servius wohl doch aus einer verlorenen griechischen Vorlage schöpfen. Das seltene Wort ist dann aber durch das geläufigere *phasianus*, Fasan, ersetzt *[120]* worden, so bereits in den sogenannten *Vatikanischen Mythographen* (anspruchslose mythologische Handbücher karolingischer Zeit, die ihr Material weithin aus Servius beziehen), dann im Erstdruck des Servius-Kommentars von 1532 und in vielen der folgenden Drucke; gelehrte Standardausgaben haben seit 1600 dann wieder *fassa*, die Taube, gebracht[15]. Überraschend ist, daß eine kommentierte Ausgabe vielmehr *carduelis*, den Distelfink, nennt[16].

---

[14] *Servii Grammatici qui ferunter in Vergilii Bucolica et Georgica Commentarii* rec. G. Thilo. Leipzig 1887. Appendix Serviana rec. H. Hagen. Leipzig 1902 (1–189: Philargyrius).

[15] *Phasianus*: *Myth. Vat.* 1,4; 2,217; *fassa*: *Vergilius* ed. P. Danielis, Paris 1600, p. 35.

[16] *Pomponius Sabinus* in den Vergilausgaben Basel 1589 Sp.78, 1613 p. 81.

Nicht nur mythologische Namen, auch Vögel sind leicht zu verwechseln. Ein unanfechtbarer Kontinuitätsbeweis läßt sich aus Vogelnamen darum kaum führen. Immerhin: sofern der Vogel des 'Machandelboom'-Märchens überhaupt identifiziert wird, dominieren nach Belgraders Zusammenstellung drei species: der Kuckuck, die Schwalbe und die Taube. Die Taube, "the milkwhite dove", dominiert in den altbezeugten schottischen Fassungen mit ihrem lautmalenden "pippety pew": entspricht sie der *phassa* des Servius? Von der Verwurzelung der Schwalbe im Brauchtum wird gleich zu sprechen sein; sie spielt aber auch im Tereus-Mythos immer eine wichtige Rolle. In ganz Osteuropa herrscht der Kuckuck in den Varianten unseres Märchens vor, sie sind meist explizite Kuckuck-Aitiologien. Gerade der Kuckuck aber tritt in der Vergilerklärung, sei es durch Mißverständnis, sei es als pädagogische Vereinfachung, für den weniger bekannten Wiedehopf, *upupa*, ein, und zwar in dem ältesten deutschen Vergilkommentar, Halle 1722[17]. In Estland schließlich, das als Ursprungsland des Märchens in Anspruch genommen worden ist, kommt auch die Nachtigall vor, einmal auch "Schwalbe und Kuckuck" (Belgrader 247, 255); hier dürfte der Zufall aufhören: die ganze Vogelschar, die hier ihr Wesen treibt, scheint aus den Vergilkommentaren zur sechsten Ekloge aufzuflattern. Ich möchte nicht darauf bestehen, aber der schöne Vogel in Runges Text sieht doch ganz wie ein Fasan aus: *un he had so recht rode un groine feddern, un um der Hals was dat as luter Gold*. Am wichtigsten ist, daß der Servius-Kommentar mit der Verwandlung des Itys in einen Vogel eines jener Verbindungsstücke liefert, die zwischen dem griechischen Mythos und unserem Märchen noch vermißt wurden. Ungezählte Lehrer und Schüler lasen davon in ihrem Vergilkommentar.

Blicken wir schließlich noch in den kurzen, den Philargyrius-Kommentar[14], so präsentiert eine Fassung zu *Ecloga* 6,78 ein Zitat aus Orosius. Dies ist alles andere als ein entlegener Text: die christliche Weltgeschichte dieses Augustinschülers hat das historische Bewußtsein lange bestimmt, es gibt etwa zweihundert mittelalterliche Handschriften und fünfundzwanzig Drucke vor 1700. Orosius also bringt in seiner Einleitung die obligate christliche Polemik gegen *[121]* die heidnische Mythologie, ihren Unsinn und ihre Greuel, darunter als besonders abschreckendes Beispiel auch den Tereus-Mythos, der lapidar abgeschlossen wird mit: *filium parvulum mater occidit, pater comedit*: Mutter schlachtete, Vater aß (Orosius, *Historia adversus paganos* 1,11). Dies also konnten Schüler finden zur Erklärung des vergilischen Bildes, wie der Unglückliche, Verwandelte als Vogel über seinem früheren Hause schwebt.

---

[17] *P. Vergilii Maronis Bucolica Georgica et Aeneidos Libri XII, mit teutschen Anmerckungen.* Halle 1722, 55: "Tereus der König in Thracien wird in einen Guckuck verwandelt".

Wir fassen damit, was die Beziehung von Nachtigallenmythos und 'Machandelboom' betrifft, nicht nur die Übereinstimmung in drei von vier 'Motivemen', nicht nur die gleiche Auswahl von Vögeln fürs 'Vogelmärchen', wobei insbesondere Taube und Fasan neben Nachtigall, Schwalbe und Kuckuck in die Märchenversionen hineinzuwirken scheinen, wir finden sogar eine nahezu wörtliche Entsprechung zum Anfang des Vogelliedes. Dabei handelt es sich, um zu wiederholen, nicht um entlegene Quellen, sondern um den wichtigsten Klassiker, den alle Lateinschüler im Abendland zu studieren hatten; da die unveränderliche Reihenfolge der Ausgaben *Bucolica – Georgica – Aeneis* war und ist, dürften ziemlich alle Magister und Schüler wenigstens bis zu den *Bucolica* gekommen sein. Wie Schüler die *Bucolica* auswendig gelernt haben, zeigt hübsch ein lateinisches Gedicht von 1551 aus der Zürcher Lateinschule, das Heinz Schmitz veröffentlicht hat: beim Schulausflug wird aus den *Eklogen* rezitiert[18]. Zwar kann ich vorläufig keine Vergilausgabe nachweisen, in der die hier herausgehobenen Elemente aus Servius und Philargyrius direkt zusammenstehen. Aber daß sie über Jahrhunderte hin den Schulbuben nahegebracht worden sind, steht fest. Zwar hat man seit dem 19. Jahrhundert festgestellt, daß der Gymnasialunterricht kaum Spuren im Volksgut hinterläßt; doch ist die altersspezifische Empfänglichkeit zu bedenken. Die äsopischen Fabeln sind aus der Schultradition zu Volkserzählungen geworden – sie gehörten zum Elementarunterricht. Vor der Errichtung des Humboldtschen Gymnasiums aber war der Elementarunterricht weithin Lateinunterricht, der freilich in Kinderköpfen wohl oft wunderliche Verwirrungen zeitigte. In solchen Bereichen ist, wenn nicht der Ursprung, so doch die maßgebende, vorzeichnende Anregung zum Heischelied des Vogels und damit zum Märchen vom Machandelboom zu suchen.

Was jenes Lied so eindrücklich macht, ist seine Ich-Form. Sie gehört, wie bereits festgestellt, zu seiner Funktion als Heischelied: der Märchentext weist hier zurück auf einen brauchtümlichen Komplex, der an sich wohlbekannt und ungemein verbreitet ist, die Bettel-, Heische-, Maskenumzüge, wie sie vor allem Kinder und Jugendliche zu bestimmten Zeiten des Jahres zu veranstalten *[122]* pflegen. Bekanntlich gibt es schon altgriechische Heischelieder, die den modernen erstaunlich ähnlich sind. Wegweisend war ein Aufsatz von Karl Meuli von 1927, der allerdings auf das Uralte, Heidnische zielte: die Heischenden seien eigentlich die in Masken wiederkehrenden Ahnen. Diese Maskentheorie ist neuerdings kritisiert worden und dürfte kaum generell zu halten sein. Doch bleibt die brillante Analyse der Formen

---

[18] Heinz Schmitz, *Arkadischer Uetliberg. Theodori Collini De Itinere ad Montem Utliacum* (1551), Zürich 1978.

und Funktionen von Heischebräuchen. Ihr praktischer Aspekt darf dabei nie übersehen werden: die zu gewinnenden Eßwaren bedeuteten, zumal in weniger satten Zeiten, von selbst einen festlichen Höhepunkt des Jahres. Oft ließen Gemeinden auch ihre Pfarrer Heische-Umzüge veranstalten, desgleichen die Lehrer mit ihren Schulkindern.

Eine Merkwürdigkeit, die bereits in altgriechischen Texten auftritt, dann aber weitum auch im neueren Europa, in Deutschland und Frankreich, England und Irland, ist die besondere Rolle, die einem Vogel bei solchen Umzügen zugewiesen wird. Im Altgriechischen gibt es ein Schwalben- und ein Krähenlied, und Iohannes Chrysostomos bezeugt, daß die Heischenden tatsächlich Schwalben "herumtrugen", wie es noch heute griechische Kinder tun[19]. Aus England, Irland und vor allem von der Isle of Man ist die Jagd auf den Zaunkönig (*wren*) bekannt. Die Knaben ziehen mit der kleinen Beute dann durchs Dorf, und jeder Spender erhält ein Federchen. In einem der zugehörigen Lieder soll vom "Kochen und Essen" des Vogels die Rede sein[20]; doch gibt es auch christliche Aitiologien.

Daß christliche Schulmeister die oft derben Heischelieder durch gesittetere Texte zu ersetzen suchten, ist naheliegend und auch sonst bezeugt; nicht selten hatten sie ja solche Umzüge überhaupt zu organisieren. Aber auch Lateinschüler, zumal arme Lateinschüler, haben Heische-Umzüge mitgemacht. Meist haben die Forscher wegen ihrer heidnisch-germanischen Vorlieben darauf weniger geachtet. Ein lebhaftes Bild vom "Chorsingen" auf kalten Plätzen, in Erwartung freundlicher Bewirtung, in Hannover um 1770 enthält der autobiographische Roman *Anton Reiser* von Karl Philipp Moritz (Berlin 1785–90, II 89–91). In einem in Dithmarschen aufgezeichneten Lied, bei dem ein Knabe als "Blaufink" kostümiert den Zug anführt, stellen sich die Bittenden als "arme Scholers von Köllen" vor, also offenbar von der erzbischöflichen Lateinschule. Auch sie konnten nicht darum herumkommen, Vergil zu lesen, zu erklären und zu memorieren.

Um zusammenzufassen: wir finden im Brauchtum den Vogel-Heischezug, sei es, daß ein totes Exemplar, eine Figur oder ein Maskierter mitgeführt wird; wir finden in der Vergil-Erklärung zu *Bucolica* 6,78 die Mutter, die schlachtete, *[123]* den Vater, der aß, und die Vogelverwandlung. In der Lateinschule mußte beides, Umzug und mythologisches Relikt, zusammenkommen. Ob dies in Deutschland, in Schottland oder im Baltikum zuerst geschah, ob im 18. Jahrhundert oder schon früher, läßt sich vorläufig

---

[19] Iohannes Chrysostomos, *Patrologia Graeca* 57, 409. Otto Schönberger, *Griechische Heischelieder*, Meisenheim 1980. Im heutigen Griechenland tragen die Kinder aus Holz geschnitzte Schwalben, die sich bewegen müssen; dazu Walter Puchner, *Brauchtumserscheinungen im griechischen Jahreslauf*, Wien 1977, 94–96.

[20] James Frazer, *The Golden Bough*, London 1911–36, VIII. 319–322.

kaum erraten; den Vogelnamen nach zu schließen müßte es mehrfache Infiltrationen aus dem klassischen Bildungsgut gegeben haben. Die Voraussetzungen dafür waren fast überall und immer wieder gegeben: deutlich ist die Situation, der Kontext, in dem das Vogellied zustande kam, um dann gleichsam zum internationalen Erfolg zu werden. Es handelt sich dabei kaum um einen realen Heische-Text, das Lied ist mehr abschreckend als werbend. Eher könnte man von einer Art Parodie sprechen. Was das Lied aussagt, ist der äußerste Kontrast zu dem, was betuliche Pädagogik über elterliche Liebe und kindliche Dankbarkeit auszuführen pflegt. Man bedenke nochmals, daß das Lied ja in der Regel nicht von der Stiefmutter spricht, nein: "meine Mutter", "mein Vater", Mörder und Fresser, Verbrecher! Dafür ist das Opfer, der Sänger, denn nun auch vogelfrei, und er wird demnächst mit großen Steinen werfen. Wird damit das Märchenlied unstatthafterweise zu einem Mythos über die Zürcher Jugend 1980/1 gemacht? Auch die Empfindungen von Lateinschülern aus früherer Zeit, armen Internatsschülern, aus dem Elternhaus gerissen, oder "Stipendiaten", von Freitischen kärglich ernährt, könnten wohl in solchen Formen ihren Ausdruck finden. Also ein früher Protest-Song? Manche Versionen des Märchens schwelgen geradezu in dem, was man "schwarze Pädagogik" nennen kann, unsinnige Forderungen und unmenschliche Strenge der sog. Erziehungsberechtigten. In der Tat, dies ist nicht unbedingt ein Märchen, das Eltern gerne ihren Kindern erzählen.

Ein Hinweis noch zum "Schwesterchen Marleenichen". Der Name taucht in Runges Text merkwürdig unvermittelt auf, während doch die Kernfamilie des Märchens im übrigen namenlos ist: "der Vater", "die Mutter", "der Bruder". Gewiß, der Name ist gestützt durch den Reim auf "Beenichen", wie denn in der schottisch-englischen Fassung die "sister Kate" mit "my daddy me ate" sich reimen muß und der Knabe einfach Johnny heißt. Geht man indessen dem Namen Marlene nach, so kommt man auf Maria Magdalena, eine höchst populäre Heilige. Ihr hatte der Herr sieben Teufel ausgetrieben, man setzte sie auch mit der "großen Sünderin" gleich, eine Heilige mit Vergangenheit also; sie war es aber auch, die mit den anderen Marien die Salben kaufte, um Jesu Leichnam zu salben, und der der Auferstandene erschien. Darum spielte Maria Magdalena mit bußfertiger Klage in allen Karfreitags- und Osterspielen eine prominente Rolle, ja drängte die anderen beiden Marien in den Hintergrund. Zugleich wurde Maria Magdalena auch mit Maria von Bethanien identifiziert, und diese *[124]* ist die Schwester des Lazarus, der im Garten ins Grab gelegt wurde und wieder auferstand. Auch dies wurde im Spiel dargestellt; eine spätmittelalterliche Posse stellt gar einen Erbstreit der Schwester mit dem unerwartet wieder Auferstandenen dar. Fragt man nach den Akteuren geistlicher Spiele, stehen wiederum in erster Linie die Schüler geistlicher

Schulen zur Verfügung. Maria Magdalena, Spezialistin für Begräbnis, Totenklage und Auferstehung, könnte also aus geistlicher Schultradition
letztlich Vorbild sein für das Schwesterchen Marleenichen, das weint und
weint, bis es wundersam getröstet wird. Doch liegt nicht viel an dieser
Vermutung, die zudem nur für wenige Fassungen von Bedeutung ist.

Es mag enttäuschen, wenn das "uralte Märchen" sich in einen Zwitter
aus Schultradition und Volksbrauch aufzulösen scheint. Zweierlei ist dabei
zu bedenken: zum einen ist Volkserzählung, einschließlich Mythos und
Märchen, nicht unveränderlich und gleichsam archetypisch seit je vorgegeben und vorhanden, sondern sie besteht als ein Prozeß sprachlicher Tradie-
rung im Erzählen, Hören und Wiedererzählen, als sich wiederholender
Lernprozeß. Um- und Neugestaltung, Aufnahme neuer Elemente ist damit
immer möglich. Zum anderen handelt es sich bei diesem Prozeß nie um
mechanische Übernahme, wie man ein Tonband auf ein anderes überspielt;
es gilt auch keineswegs, daß eine Urform sich in fortgesetzten Kopien nur
immer verschlechtert, im Gegenteil, es gibt 'Zielformen'[21] und 'Bestfor-
men', die nicht von den 'Quellen' her zu erklären sind. Darum ist es auch,
möglich, daß uralte Motive wieder aufgenommen und durchaus richtig
eingesetzt und verwendet werden, wie in unserem Fall die Schwesterrolle
und das Sammeln der Knochen, in einem Teil der Versionen auch die
Baumbestattung. Der griechische Mythos hatte sein Leben im Kontext der
religiösen Feste mit ihren Ritualen und in der Beziehung auf Familien- und
Ortstradition; in der Schultradition wurde er dann gleichsam selbst skelet-
tiert und aufs Ärmlichste reduziert; doch bleibt eine Struktur, die neues Leben gewinnen kann. So überrascht das parodistische Heischelied mit einer
Unmittelbarkeit, die den Hörer gleichsam anspringt: "meine Mutter". Das
Märchen wiederum erwächst daraus nicht automatisch; vorausgesetzt ist
vielmehr die besondere Erzähl- und Stilform des Volksmärchens, wie sie
besonders Max Lüthi beschrieben hat, jener Stil, der gestattet, das Grausa-
me wie das Groteske und schlechthin Unmögliche als Selbstverständlichkeit
zu nehmen, bis hin zum Mühlstein, den ein Vogel wirft.

Geht es demnach um wiederholte schöpferische Neugestaltung in den
Geleisen der Tradition, so möchte ich doch nicht gerne mit Lévi-Strauss von
brico-[125]lage[22] sprechen, von 'Bastelei', als ob der kreative 'Bastler' irgendwelche vorgegebenen Stücke ohne Rücksicht auf ihre frühere Funktion
sich zunutze mache. Erkennbar ist doch in allen Phasen der Überlieferung
eine Identität der 'Geschichte' in ihrer paradoxen Kristallisation, selbst noch

---

[21] Zum Begriff der 'Zielform' Max Lüthi, *Märchen*, Stuttgart 1979, 85.
[22] Claude Lévi-Strauss, *La pensée sauvage*, Paris 1962; Geoffrey Kirk, *Myth. Its Meaning and Functions in Ancient and Other Cultures*, Berkeley 1970, 81.

in der reduziertesten, kümmerlichsten Fassung: *mater occidit, pater comedit, in aves mutati sunt*. Es ist die Perversion der menschlichen Kernfamilie, die im Phantasieflug überwunden wird. Griechen haben dies in dionysischen Festen ausgespielt, Kurrende-Sänger mögen dies als Protest-Song in die Nacht geschrien haben, Ammen, Konkurrenten der leiblichen Eltern, raunten es Kindern zu. Es kumulieren sich hier in Mythos, Lied oder Märchen zwei Urängste, die Angst vor dem Gefressen-Werden und die Angst, von den Eltern verlassen und verstoßen zu werden. Dies ist der psychologisch-anthropologische Hintergrund, die 'biomorphe' Grundstruktur. Von dieser Dynamik lebt die Erzähltradition, nicht in Gestalt statischer Archetypen oder unsterblicher griechischer Mythologie, auch nicht als kollektive Schöpfung germanischen oder finnisch-ugrischen Volkstums, auch nicht als direkter Abkömmling der klassischen Bildung, sondern als eine Art Geschiebe, ein Konglomerat, das vielen Einflüssen und allen Zufälligkeiten unterworfen ist und doch seine eigenen Sinngestalten mit sich führt, die immer wieder in wechselnden Adaptationen gewonnen werden können. Daß dabei, wie das Christentum, so auch die Lateinschule durchaus zu den Bereichen des Volkstümlichen in Beziehung steht, wird auch der Volkskundler zur Kenntnis zu nehmen haben.

Erschienen: Glotta 39 (1960/61), 208–213

6. Elysion*

Sprachwissenschaftler und Religionswissenschaftler scheinen übereinge-
kommen zu sein, das Wort Ἠλύσιον (πεδίον) für "unerklärt, ohne Zweifel
vorgriechisch" zu halten.[1] Die wiederholt vorgeschlagene, schon von antiken Grammatikern vollzogene direkte Ableitung vom Stamm von ἐλεύσομαι[2] ist inhaltlich und formal gleich unbefriedigend : "Land der Hingegan-
genen" (Erwin Rohde) oder "Flur der Hinkunft" (Paul Capelle) unterstellt
dem Stamm von ἐλεύσομαι eine nicht zu belegende gefühlsbetont-erbau-
liche Bedeutung – nie wird dieser wie als Äquivalent für 'sterben' verwendet, noch weniger enthält er schon die Beziehung auf ein positives, erstreb-
tes Ziel, kann man doch auch im gewöhnlichen Hades (*Il.* 22, 483) oder gar
im Tartaros 'ankommen' – vor allem aber hat Jacob Wackernagel dieser
Etymologie einen Riegel vorgeschoben mit der Feststellung, daß die dabei
anzunehmende Anlautdehnung den griechischen Lautgesetzen zuwider-
läuft.[3] Zudem haben besonders Ludolf Malten und Martin *[209]* P. Nils-

---

* Aus: *Strena Erlangensis, Herrn Professor Dr. Berve zum 65. Geburtstag am 22. 1. 1961.*

[1] H. Frisk, *Griech. etym. Wb.* 7. Lief., Heidelberg 1958, s. v. Ἠλύσιον; J. B. Hofmann, *Etym.
Wb. d. Griech.*, München 1950, s. v.; J. Kroll, *Elysium*, Köln 1953 (Arbeitsgem. f. Forsch. d.
Ld. Nordrhein-Westfalen H. 2), 14: "ein undeutbares Adjektiv" (U. v. Wilamowitz-Moellendorff, *Glaube der Hellenen* II, Berlin 1932, 15,1 vermutete als Bedeutung 'geheiligt' oder
'unzugänglich') ; H. J. Rose, *Griech. Mythologie*, München 1955, 74, 2: "daß Ἠλύσιον kein
griechisches Wort ist ... ist jetzt wohl allgemein anerkannt." M. P. Nilsson, *Gesch. d. griech.
Rel.* I², München 1955, 325ff. arbeitet das Vorgriechische an der Vorstellung heraus, ohne auf
die Etymologie einzugehen. F. Dirlmeier Rhein. Mus. 98, 1955, 27 erwägt eine Ableitung vom
semitischen, El = Gott. Kuriosität ist die 'pelasgische' Ableitung bei A. Carnoy, *Dict. étym. de
la mythologie Gréco-Romaine*, Louvain 1957, 50.

[2] *Et. M.* p. 428, 36 Ἠλύσιον πεδίον . . . ἢ παρὰ τὴν ἔλευσιν, ἔνθα οἱ εὐσεβεῖς παραγίνονται; so E.
Rohde, Psyche I⁹, ¹⁰, Tübingen 1925, 76, 1; P. Capelle, "Elysium und Inseln der Seligen",
ARW 25, 1927, 245–264; 26, 1928, 17–40; Boisacq, *Dict. étymol. grecque* s. v., zweifelnd:
"plaine de l'arrivée". – O. Gruppe und F. Pfister in Roschers *Myth. Lex.* VI 89 setzen eine
Bedeutung 'sprießen, gedeihen' des Verbums ἐλεύθω an und verbinden damit auch Eleusis.

[3] *Das Dehnungsgesetz der griechischen Komposita* (1889) 5 = *Kl. Schr.* II, 901. Hierauf stützt
Frisk seine Ablehnung einer griechischen Etymologie und außerdem auf H. Güntert, *Kalypso*,
Halle 1919, 38, 3, der seinerseits auf Malten (s. folgende Anm.) aufbaut.

son[4] Verbindungslinien von der Elysion-Vorstellung zum minoischen Kreta gezogen; man erwägt Zusammenhänge mit den ebensowenig gedeuteten Namen Eileithyia und Eleusis, der vorgriechische Charakter von Wort und Sache gilt jedenfalls als gesichert. Und doch gibt es eine verhältnismäßig einfache und in jeder Hinsicht befriedigende griechische Ableitung, bei der freilich eine sprachliche und eine religionsgeschichtliche Entwicklung ineinanderlaufen. Das Wesentliche hat J.J.G. Vürtheim[5] ausgesprochen; doch da seine Studie das Sprachliche zu kurz abtat, dafür mit anfechtbaren religionswissenschaftlichen Hypothesen belastet und obendrein holländisch geschrieben war, scheint sie kaum Beachtung und keine Zustimmung gefunden zu haben.

'Ενηλύσιος heißt "vom Blitz getroffen", das substantivierte Neutrum τὸ ἐνηλύσιον bezeichnet die vom Blitz getroffene Stelle, das 'Blitzmal'; Adjektiv und Substantivierung verhalten sich wie ἱερός und τὸ ἱερόν. Das Adjektiv findet sich in einem leider korrupt überlieferten Aischylos-Fragment, in dem von den ἐνηλύσια ἄρθρα des vom Blitz erschlagenen Kapaneus die Rede ist[6], das Substantiv wird durch Polemon von Ilion (1. Hälfte des 2. Jahrhunderts v.Chr.) als in Athen gebräuchlich bezeugt, im übrigen taucht es nur in Lexika auf.[7] Nun kann an Bedeutung und Ableitung dieser Wortbildung kaum ein Zweifel bestehen: ἐνηλύσιος ist etwas, in das der Blitz 'hineingefahren' ist, ἐνηλύσιον die 'Einschlag'-Stelle, εἰς ἃ κεραυνὸς εἰς-βέβηκεν.[8] Denn es gibt eine ganze Reihe genau entsprechender *[210]* De-

---

[4] L. Malten, "Elysion und Rhadamanthys", *Arch. Jahrb.* 28, 1913, 35–51 (Verbindung mit Eileithyia und Eleusis); M. P. Nilsson, *The Minoan-Mycenaean Religion*, Lund 1950², 620ff.; *Gesch. d. griech. Rel.* a. O.

[5] "Rhadamanthys, Ilithyia, Elysion", *Mededeel.d.kon.Ak.v.Wet., Afd. Letterk.* 59 A 1, Amsterdam 1925, 4ff; ablehnend erwähnt bei Nilsson I, 325, 3.

[6] Fr. 17 N² = Fr. 263 Mette *[= Fr. 17 TrGF]*, *Et. M.* p. 341, 5ff. = *Et. genuin.* p. 112, 6 Miller; in Mettes Textgestaltung: Καπανέως μοι καταλείπεται †λοιποῖς† ἃ κεραυνὸς ἄρθρων (ἀρόρων bzw. ἀρούρων Codd.) ἐνηλυσίων (ἐπηλυσίων Codd., doch Lemma ἐνηλύσια) ἀπέλιπεν; ferner Hesych s. v. ἐνηλύσιος· ἐμβρόντητος, κεραυνόβλητος.

[7] Polemon Fr. 5 Tresp (*Die Fragmente der griech. Kultschriftsteller*, Gießen 1914, 89) bei Hesych, Photios, *Et. M.*, Suda s. v. Ἠλύσιον:...Πολέμων δὲ Ἀθηναίους φησὶ (sc.ἐνηλύσιον καλεῖν) τὸ κατασκηφθὲν χωρίον; ferner Pollux 9, 41: τὰ μέντοι ἐνηλύσια, οὕτως ὠνομάζετο εἰς ἃ κατασκήψειε βέλος ἐξ οὐρανοῦ· ὃ καὶ ἐνσκῆψαι καὶ ἐγκατασκῆψαι καὶ κατελθεῖν ἔλεγον, καὶ τὸν Δία τὸν ἐπ' αὐτῷ καταιβάτην. περιειρχθέντα δὲ τὰ ἐνηλύσια ἄψαυστα ἀνεῖτο; Hesych s.v.ἐνηλύσια.

[8] *Et. M.* p. 341, 9; Vürtheim 7: „war de bliksem in- of neergekomen is". Die einzige scheinbare Schwierigkeit ist, daß nur εἰσέρχεσθαι, nie *ἐνέρχεσθαι belegt ist; demgegenüber ist weniger darauf zu verweisen, daß ἐν und εἰς ja erst sekundär differenziert worden sind (vgl. E. Schwyzer, *Griech. Grammatik* I, München 1939, 82 ; 619 zu Formen wie ἐνῶπα), als vielmehr darauf, daß fürs Ergebnis des „Einschlagens" ἐν-, nicht εἰσ- angemessen ist : die Kraft des Zeus ist jetzt 'in' dem Gegenstand 'drinnen'. So ist das Verbum εἰσελαύνειν geläufig, ἐνελαύνειν ganz selten, ein 'hineingetriebener' Pflock (Fuß der Bettstatt u.ä.) aber heißt ἐνήλατον, nie *εἰσήλατον.

verbativa vom Stamm von ἐλεύσομαι, von denen man ἐνηλύσιος nicht trennen kann: τὸ εἰσηλύσιον, 'Eintritt', 'Eintrittsgeld',[9] ferner ἡ ἐπηλυσία, εἰσηλυσία, κατηλυσία, ὁμηλυσία, συνηλυσία, sekundär auch ἠλυσία. Die Anlautdehnung in der Wortfuge ist sprachgesetzlich einwandfrei; Wackernagels Widerspruch gegen die direkte Verbindung ἐλεύσομαι – Ἠλύσιον gilt nicht für ἐλεύσομαι – ἐνηλύσιον.[10] Merkwürdig ist der Lautwandel θι – σι, ohne daß doch ein Zweifel möglich wäre an der gemeinsamen Ableitung der angeführten Wortgruppe vom Stamm ἐλευθ-. Bei den Substantivbildungen auf -σία könnte man an Analogiewirkung denken;[11] bei ἐνηλύσιος, -ον wie εἰσηλύσιον ist dies weniger wahrscheinlich. Vielmehr gibt es die Assibilation von θι ja im Attischen: Προβαλίσιος zu Προβάλινθος, Τρικορύσιος zu Τρικόρυνθος, Ἀμαρύσιος zu Ἀμ άρυνθος,[12] und das gleiche ist jetzt im Mykenischen belegt: ko-ri-si-jo, ko-ri-si-ja zu Korinthos, za-ku-si-jo zu Zakynthos, e-pi-ko-ru-si-jo zu κόρυς, -θος.[13]. Nimmt man dazu, daß ἐπηλυσία eine besondere magische Bedeutung hat – der schädliche Zauber, der einen Menschen oder ein Land 'überkommt', insbesondere ein Unwetter mit Blitz- und Hagelschlage,[14] daß εἰσηλύσιον zum kultisch gebundenen Vereinswesen gehört, daß ἐνλύσιον laut Polemon athenisch ist, so ist zu *[211]* schließen, daß hier in Stamm und Wortbildung eine sehr alte, in mykenischer Zeit wurzelnde Sprachschicht weiterlebt.

Nun ist aber ἐνηλύσιος, -ον mit dem 'Elysion' nicht nur durch den lautlichen Gleichklang verbunden, sondern durch eine ganz enge, wenn auch unserem Denken zunächst absurd erscheinende sachliche Beziehung: die vom Blitz getroffene Stelle ist fortan geheiligt, für Menschen unbetretbar (ἄβατον), dem im Blitz geoffenbarten Ζεὺς καταιβάτης geweiht; ebenso ist auch der vom Blitz getroffene Mensch tabu, vom Gott ausgezeichnet, dem normalen Menschendasein entrückt: ἱερόν ist die Leiche des Kapaneus, Διὸς

---

[9] IG II/III² 1368, 37; *Ath. Mitt.* 32, 1907, 294 (Pergamon, Hadrian-Zeit); *Corp. Gloss. Lat.* II, 287, 4, vgl. εἰσελούσιον II, 91, 3; εἰσηλούσιον Hesych; vgl. zur Wortbildung ἐνηλάσιον in einer Inschrift aus Chios, 4. Jh. v. Chr. (C. Michel, *Recueil d'inscriptions grecques*, Brüssel 1900, Nr. 1359).

[10] Darum hatte P. Capelle, *ARW* 26, 1928, 32f. (vgl. Anm. 2) als ursprüngliche Form ἐνηλύσιον, εἰσηλύσιον, ἐπηλύσιον oder προσηλύσιον postuliert, doch warum die Vorsilbe wegfiel, bleibt unerklärt, und er übersah, daß das Wort ἐνηλύσιον ja belegt ist.

[11] Vgl. Schwyzer I, 469 zu Bildungen wie γυμνασία, θερμασία.

[12] Bei Schwyzer I, 272 als regelwidrige Analogiebildungen erklärt.

[13] Diesen Hinweis verdanke ich Prof. Alfred Heuheck; ko-ri-si-jo PY An 207, 15; 209, 1; -ja PY Eb 347, 1; En 74, 18; 24; Eo 247, 3; Ep 212, 4 (ko-ri-to Ad 921); za-ku-si-jo PY An 610, 12; MY Oe 122; -ja PY Sa 751; 787, 2; e-pi-ko-ru-si-jo KN V 789; wohl auch o-ru-ma-si-ja-jo PY An 519, 12 zu o-ru-ma-to PY Cri 3 (Erymanthos). Vgl. M. Ventris-J. Chadwick, *Documents in Mycenaean Greek* (Cambridge 1956), 190; 374; O. Landau, *Mykenisch-griechische Personennamen*, Göteborg 1958, 163, 1.

[14] Hom. *Hymn. Merc.* 37, dazu *Geopop.* 1, 14, 8/9 (Vürtheim 4); Hom. *Hymn. Cer.* 228.

θησαυρός heißt sein Scheiterhaufen;[15] wechselnde Bestattungssitten heben die Sonderstellung des ἐνηλύσιος hervor. Mythisch ausgedrückt aber besagt dies: der vom Blitz Erschlagene ist nicht tot wie die anderen Toten, eine besondere Kraft ist in ihn eingegangen, er ist in ein höheres Dasein entrückt. So bedeutet der Blitztod geradezu die Apotheose; man versteht so den Tod der Semele,[16] des Asklepios;[17] Blitze schlagen in den Scheiterhaufen des Herakles (Diod. 4, 38); das gleiche bedeutet, wenn ins Grab von Lykurg oder Euripides der Blitz einschlug.[18] Der 'Lügenprophet' Alexander von Abonuteichos prophezeite, er werde vom Blitz erschlagen sterben.[19] Es erübrigt sich, das weitere längst gesammelte Material anzuführen;[20] der Zusammenhang ist klar: der Mensch, in den ein Blitz 'hineinfuhr', ist zu einem neuen Leben verwandelt; der ἐνηλύσιος ist 'im Elysion'.[21]

Schon antike Lexikographen haben Ἠλύσιον (πεδίον) mit den ἐνηλύσια verbunden, indem sie jenes als κατασκηφθὲν χωρίον ἢ [212] πεδίον umschrieben;[22] dies scheint auf einfache Gleichsetzung von Ἠλύσιον und ἐνηλύσιον hinauszulaufen, und darin sind Cook und Vürtheim gefolgt: jedes Blitzmal, umhegt und unbetretbar, sei zunächst ein "elysisches Feld" gewesen, später sei dann daraus die Vorstellung von dem einen, allen Seligen gemeinsamen, jenseitigen Elysion entstanden.[23] Dagegen ist jedoch zu betonen, daß nur ἐνηλύιος und τὸ ἐνηλύσιον durch Aischylos und Polemon im Blitz-Zusammenhang als alt bezeugt sind, daß beides nie als "Gefilde der Seligen" erklärt wird, daß wortbildungsmäßig die Zusammensetzung eindeutig primär ist, daß umgekehrt in Jenseitsmythen eben immer vom Ἠλύσιον (πεδίον), nie von ἐνηλύσια die Rede ist. So erscheint die von dem anti-

---

[15] Eur. Hik. 935; 981; 1010.

[16] Die Naxier nach Diod. 5, 52, 2.

[17] Daß der Blitztod des Asklepios zugleich als Strafe des Zeus verstanden wird, ist keine Widerlegung: der Blitztod ist ambivalent, Vernichtung und Begnadung in einem; auch der erschlagene Frevler Kapaneus ist 'heilig'.

[18] Plut. Lyk. 31, zu Euripides bes. Anth. Pal. 7, 48/49.

[19] Lukian, Alex. 59.

[20] Vgl. bes. A. B. Cook, Zeus (Cambridge 1925) II, 13ff., bes. 22ff.; Nilsson I, 71ff.

[21] Umgekehrt leitet Frisk a.O. ἐνηλύσιον aus dem "unerklärten" Wort Ἠλύσιον ab; ähnlich Cook 22 (der im folgenden eine Ableitung für Ἠλύσιον von ἠλυσίη "Weg des Zeus" erwägt, 36ff.); doch warum heißt dann der vom Blitz getroffene Ort ἐνηλύσιον, offenbar auch dann, wenn dort kein Mensch erschlagen wurde? Das 'Blitzmal' ist doch nicht 'im Elysion'; und dann bleibt der evidente Zusammenhang mit den gleichartigen Ableitungen vom Stamm ἐλευθ- außer acht.

[22] Hesych s. v. Ἠλύσιον: ...ἄλλοι κεκεραυνωμένον χωρίον ἢ πεδίον·... καλεῖται δὲ κὶ ἐνηλύσια; nahezu völlig gleichlautend Photios, Suda, Et. M. s.v. Ἠλύσιον. Es ist also eine einzige Quelle, die in vierfacher Brechung erscheint.

[23] Dazu gehört die Angabe bei Hesych, Photios, Suda s. v. μακάρων νήσοισιν· ἡ ἀκρόπολις τῶν ἐν Βοιωτίᾳ Θηβῶν τὸ παλαιόν – gemeint ist ohne Zweifel die Stelle, wo der Blitz des Zeus Semele getroffen hatte, also ein ἐνηλύσιον (vgl. Paus. 9, 12, 3; Eur. Bacch. 10; Vürtheim 6).

ken Etymologen vollzogene Gleichsetzung kurzschlüssig. Nicht durch einen unerklärlichen Wegfall der Vorsilbe ist Ἠλύσιον aus ἐνηλύσιον entstanden, sondern als Rückbildung kraft sprachlicher Umdeutung : aus ἐνηλύσιος hört man ἐν Ἠλυσίῳ heraus, das Hinterglied der Zusammensetzung wird zu einem neuen Wort verselbständigt, wie ἠνορέη aus εὐηνορέα, φρονεῖν aus εὐφρονεῖν, oder, noch weit abenteuerlicher, στήτη 'Frau' aus διαστήτην (*Il.* 1,6) entstanden ist; Manu Leumann hat viel einschlägiges Material gesammelt.[24] Das Wort Ἠλύσιον (πεδίον) ist durch ein "Leumannsches Mißverständnis" aus ἐνηλύσιον πεδίον gebildet; denn dies darf man den zitierten Lexikographen entnehmen: ein kleines, vom Blitz gezeichnetes Stück Land, nicht nur eine große 'Ebene', kann wie χωρίον so πεδίον heißen, wie auch Euripides die Stelle, wo Semele vom Blitz getroffen wurde, ἄβατον πεδίον nennt (*Bacch.* 10); der stehende Ausdruck Ἠλύσιον πεδίον läßt sich noch vom Blitzmal her verstehen.

Man mag einwenden, daß solche Umdeutungen doch nur in formelhafter epischer Sprache wahrscheinlich sind. Indessen haben wir keine Möglichkeit abzuschätzen, wie oft das Wort in der alten Epik außer *Od.* 4, 563 vorkam. Religiöse Überlieferung vollzog sich durchs Wort der Dichter, und (ἐν)ηλύσιον πεδίον paßt ausgezeich-*[213]*net in den Hexameter. Angenommen, irgendwo existierte ein Vers wie

*τῷ δ' ἄρ' ΕΝΗΛΥΣΙΩΙ βιοτὴ πέλει ἄφθιτος αἰεί

oder

*ζώει ΕΝΗΛΥΣΙΩΙ πεδίῳ τιμῇσι φέριστος,[25]

so war das Mißverständnis geradezu unausbleiblich.

Doch hinter dem sprachlichen Zufall wirkt eine religionsgeschichtliche Entwicklung. Die vorgriechisch-mittelmeerischen Zusammenhänge um die "Insel der Seligen", wie sie Nilsson herausgearbeitet hat, bleiben bestehen; der Gewittergott Zeus aber ist zweifellos indogermanisches Erbe der Griechen. So darf man vermuten: als die mykenischen Griechen mit dem mittelmeerischen Kulturraum in Berührung kamen, vollzog sich auch im Bereich des Jenseitsglaubens ein Ausgleich. Man verband Analoges, übersetzte damit das Fremde in die eigene Sprache: auserwählte Lieblinge der Götter, vernahm man, können dem Tod entgehen und auf einer geheimnisvollen Insel im fernen Westen ein Leben ewiger Seligkeit führen; vom ἐνηλύσιος glaubte man, er sei zu einem höheren Dasein von den Göttern entrückt: also lebt der ἐνηλύσιος weiter auf der "Insel der Seligen". Indem dann diese die Phantasie anregende Vorstellung vom fernen Wunderland in den Vordergrund trat und wichtiger wurde als der alte Blitzkult, hörte man aus ἐνηλύσιος einen Namen heraus, den Namen fürs Gefilde der Seligen: Ἠλύσιον.

---

[24] *Homerische Wörter*, Basel 1950, 109f.; 122ff.
[25] Ein lokativer Dativ πεδίῳ *Il.* 5, 82.

Name und Vorstellung stehen so in einem gewissen Spannungsverhält-
nis; die Etymologie sagt nichts aus über den Gehalt des in historischer Zeit
damit verbundenen Jenseitsglaubens. Mag der Religionswissenschaftler dies
bedauern, so läßt der sprachliche Befund doch kaum eine andere Deutung
zu. Ἐνηλὑιος läßt sich, sprachlich und sachlich, vom Stamm ἐλευθ- ebensowenig trennen wie, sprachlich und sachlich, Ἠλύσιον (πεδίον) von
ἐνηλύσιος. Rein zufälliger Gleichklang eines fremden Eigennamens Ἠλύσι-
ov mit dem griechischen ἐνηλύσιον ist unwahrscheinlich: *hypotheses prae-
ter necessitatem non esse multiplicandas.*

Erschienen in: H. von Haehling, Hg., Griechische Mythologie und frühes Christentum, Darmstadt 2005, 173–194.

7. Kritiken, Rettungen und unterschwellige Lebendigkeit griechischer Mythen zur Zeit des frühen Christentums

Man kann kompliziert und lange über den Begriff des "Mythos" diskutieren,[1] in nostalgischer oder in aufgeklärt-kritischer Haltung. Offenbar handelt es sich ja um etwas Nicht-Rationales, ungeprüft Vorgegebenes und Übernommenes, mit Begründungen, Synthesen, Brücken der Verständigung, die hartem Zugriff kaum standhalten. Dabei geht es auch um eine Kunst des Erzählens, aber um eine, wie ich's zu formulieren versuchte, "angewandte Erzählung", Erzählung, die auf Wirklichkeiten zielt. Eine oft aufgegriffene, auf die Neuplatoniker zurückgehende Funktionsbestimmung des Mythos besagt, dass der Mythos zeitlich auseinander legt, was als Einheit oder Ganzheit zu denken sei.[2] Ich möchte solch theoretische Diskussion hier nicht führen, sondern mich zurückziehen auf die evidente Tatsache, dass "Mythos" vorzüglich einen Komplex griechischer Texte umfasst, von dem Wort und Begriff auch ausgegangen sind; und das sind Homer und Hesiod, vor allem Hesiod mit seiner *Theogonie* und seinen *Katalogen*, dann der Inhalt der griechischen Tragödien, und schließlich Sammlungen, wie sie am vollständigsten in der so genannten *Bibliotheke* des Apollodoros, dem späten, spärlichen Sachbuch vorliegen; daneben natürlich, poetisch aufbereitet für ein genießerisch-gebildetes Publikum, Ovids *Metamorphosen*. *[174]*

---

[1] Die Literatur ist unübersehbar. Verwiesen sei auf A. u. J. Assmann, Art. Mythos, *Handbuch religionswissenschaftlicher Grundbegriffe* 4 (1998) 179-200; ferner F. Graf, *Griechische Mythologie* (München/Zürich ³1991); R. Buxton, *Imaginary Greece. The Contexts of Mythology* (Cambridge 1994); L. Brisson, *Einführung in die Philosophie des Mythos* 1 (Darmstadt 1996); A. Moreau, *Mythes grecs: Origines* (Montpellier 1999); C. Calame, *Poétique des mythes dans la Grèce antique* (Paris 2000); M. Detienne, T*he Writing of Orpheus. Greek Myth in Cultural Contact* (Baltimore 2003); eigene Versuche: W. Burkert, *Structure and History in Greek Mythology and Ritual* (Berkeley 1979); ders., "Mythos – Begriff, Struktur, Funktionen", in: F. Graf (Hg.), *Mythen in mythenloser Gesellschaft* (Stuttgart 1993), 9–24 *[in diesem Band Nr. 4]*; ders., "Antiker Mythos – Begriff und Funktion", in: H. Hofmann (Hg.), *Antike Mythen in der europäischen Tradition* (Tübingen 1999), 11–26.

[2] Vgl. z. B. Prokl. *In remp.* 1,77,13–27.

In der deutschen Geistigkeit begeistert man sich für Mythos und diskutiert über Mythos seit der Frühromantik.[3] Es steht seither auch die Idee eines "mythischen Zeitalters" im Raum, das dem Zeitalter der Ratio vorausgegangen sei, die These auch, dass es besonders im Griechischen in paradigmatischer Weise einen Fortschritt "vom Mythos zum Logos" gegeben habe – so der bekannte Titel von Wilhelm Nestle,[4] der viel wichtiger geworden ist als das so bezeichnete langatmige Buch. Fast durchweg übersehen hat man bei allen historischen Rekonstruktionen oder Konstruktionen von "mythischem Denken" und "mythischem Zeitalter", dass es nahöstliche Mythentexte gibt, die ein- bis zweitausend Jahre älter als Homer und Hesiod sind und doch durchaus der gleichen Familie angehören. Wann also wäre ein Zeitalter des mythischen Denkens, ein "mythisches Zeitalter" anzusetzen, wie weit wäre es auszudehnen? Doch auch dies sei hier nicht erörtert.

Vielmehr gehen die folgenden Überlegungen davon aus, dass bei den Griechen die "Arbeit am Mythos" von Anfang an im Feuer der Kritik steht. Sie ist in Folge davon weithin der Versuch, über die Kritik am Mythos wieder hinauszukommen, Versuch also zur "Rettung" der traditionellen Mythen oder allenfalls zur Schaffung eines besseren Mythos. Denn das ist das eigentliche Paradox: Inmitten aller Kritik sind die Mythen nicht totzukriegen, offenbar weil wir in Gesamtbildern rezipieren und kommunizieren und die Form der Erzählung uns besonders eingeht und merkwürdig ist. So werden die Mythen immer wieder in Erinnerung gerufen und in Erinnerung behalten. Kritik – Rettung – Restitution oder Substitution sollen also im Folgenden die Gesichtspunkte im Überblick über griechische Mythologie sein.

Die Mythenkritik äußert sich prononciert bereits im Proömium der *Theogonie* des Hesiod. Hesiod lässt die Musen sagen (27f.):

Wir wissen viele Lügen zu erzählen, die dem Wahren ähnlich sind,
wir wissen aber auch, wenn wir wollen, Wahres zur Sprache zu bringen.
ἴδμεν ψεύδεα πολλὰ λέγειν ἐτύμοισιν ὁμοῖα,
ἴδμεν δ' εὖτ' ἐθέλωμεν ἀληθέα γηρύσασθαι.[175]

Wir glauben gern, dass Hesiod die eigene Dichtung als "Wahres" den Phantasien traditioneller Epik entgegenstellen möchte[5]. Von Belang ist aber doch

---

3   W. Burkert, "Griechische Mythologie und die Geistesgeschichte der Moderne", in: W. den Boer (Hg.), *Les études classiques au XIXe et XXe siècles* (Entretiens sur l'antiquité classique 26) (Vandoeuvres/Genève 1980), 159–199 *[in diesem Band Nr.3]*; Graf 1991 (wie Anm. 1).

4   W. Nestle, *Vom Mythos zum Logos* (Stuttgart ²1942): vgl. zum Thema R. Buxton (Hg.), *From Myth to Reason? Studies in the Development of Greek Thought* (Oxford 1999).

5   Darüber gibt es eine ausführliche Diskussion; genannt sei K. von Fritz, "Das Proömium der Hesiodeischen Theogonie", in: E. Heitsch (Hg.), *Hesiod* (Darmstadt 1966), 295–315, hier 302–304; W. Stroh, "Hesiods lügende Musen", in: H. Görgemanns und E.-A. Schmid (Hgg.), *Studien zum antiken Epos* (Meisenheim 1976), 85–112; H. Neitzel, "Hesiod und die lügenden Musen", *Hermes* 108 (1980), 387–401; W. Rösler, "Die Entdeckung der Fiktionalität in der Antike", *Poetica* 12 (1980), 283–319, bes. 295–297; G. Arrighetti, "Hésiode et les Muses: Le

vor allem das Negative: ψεύδεα πολλά. Die Musen können lügen, und sie reden das Wahre nur, wenn sie wollen. Hesiods Formulierung geht deutlich aus von dem, was der Odysseedichter über jene Lügengeschichten des O-dysseus sagt, die Penelope zu Tränen bewegen, im 19. Gesang der *Odyssee* (19,203): ἴσκε ψεύδεα πολλὰ λέγων ἐτύμοισι ὁμοῖα "er fingierte, viele Lü-gen zusammenbringend, dem Wahren ähnlich"; ἴσκε, zum Stamm ϝικ-, "gleichmachen", ist eine Form, die die Griechen selbst nicht mehr sicher verstanden; λέγων aber hat hier noch die alte Bedeutung "sammeln".[6] Wir haben hier ein Selbstlob des erfindenden Dichters, des αὐτοδίδακτος (Hom. *Od.* 22,347) und seiner Fiktion. Er weiß ja, dass Odysseus hier "lügt", die Hörer wissen es auch, und man bewundert den Fintenreichtum. Weniger selbstbewusst drückt sich der Dichter des Schiffskatalogs aus: Ihr Musen "wisst alles", wir Sänger aber „hören nur die Kunde und wissen nichts". Wer alle Details des Schiffskatalogs samt Datierung auf der Karte eintragen möchte, sollte das überdenken.[7] Hesiod jedenfalls modernisiert sprachlich, ἴδμεν ... λέγειν, "wir wissen zu sagen", er macht aber das Ganze inhaltlich vertrackt: Die Musen tun, was sie wollen, und es scheint für die Menschen kein Kriterium zu geben, Wahres und Falsches zu unterscheiden. Die Kon-sequenz liegt auf der Hand. "Vieles lügen die Dichter", heißt es schon bei Solon (Frg. 29 West); göttlicher Beistand ist hier nicht im Blick. *[176]*

Ganz energisch wird die Verdammung dann bei Xenophanes, noch in der zweiten Hälfte des 6. Jahrhunderts. Xenophanes nennt ausdrücklich "Homer und Hesiod" und fügt zum erkenntniskritischen das moralische Kriterium: "Alles haben Homer und Hesiod den Göttern aufgeladen, was bei den Menschen Vorwurf und Tadel ist: Stehlen, Ehebruch treiben und einander zu betrügen" (*VS* 21 B 11 Diels/Kranz). Die prominenten Beispiele sind in *Ilias* und *Odyssee* leicht zu finden. Dazu wird in der symposiasti-schen Elegie des Xenophanes nochmals Hesiod ausgegrenzt: Wollen wir doch "nicht Schlachten von Titanen oder Giganten durchnehmen, oder von Kentauren – Erfindungen der Früheren" (B 1,21f.), πλάσματα τῶν προτέ-ρων; die sind "unnütz" noch dazu.

Im 5. Jahrhundert, bei Pindar, tritt dann bereits λόγος als Gegenbegriff zu μῦθος auf, besonders in der maßgebenden ersten *Olympischen Ode* (476

---

don de la vérité et la conquête de la parole", in: F. Blaise u. a. (Hgg.), *Le métier du mythe. Lec-tures d'Hésiode* (Lille 1996), 53–70.

[6] Th. Horowitz, *Vom Logos zur Analogie* (Zürich 1978), 49–51; dies wird fast immer übersehen (darum kann M.L. West, *Hesiod. Theogony* [Oxford 1966], 163 für die Priorität Hesiods eintreten); in der Antike strittig in *Od.* 22,31; vgl. die Scholien zu beiden Odyssee-Stellen und A. Heubeck – J. Russo, *A Commentary on Homer's Odyssey* 3 (Oxford 1992), 225f.

[7] Zum Schiffskatalog E. Visser, *Homers Katalog der Schiffe* (Stuttgart 1997) und jetzt J. Latacz (Hg.), *Homers Ilias. Gesamtkommentar II. Zweiter Gesang* (München 2003).

v. Chr.): "Freilich manchmal auch trugt der Sterblichen Reden über den wahren Bericht (λόγος) hinaus, ausgestaltet mit bunten Lügen, die Mythen" (*Ol.* 1,28f.), καί πού τι καὶ βροτῶν φάτις ὑπὲρ τὸν ἀλαθῆ λόγον δεδαιδαλμένοι ψεύδεσι ποικίλοις ἐξαπατῶντι μῦθοι. Mythen sind schmuck, aber unwahr. Pindar geht es hier um den Pelops-Mythos samt Götter-Kannibalismus; er ersetzt ihn kühn durch einen anderen Mythos göttlicher Homosexualität, als ob das weniger anstößig wäre.[8]

Schärfer noch, unter dem Gesichtspunkt "beweisbarer" Wahrheit, wird das Verdikt gegen die μῦθοι einige Jahrzehnte später in Euripides' *Hippolytos* (428 v. Chr.) formuliert: Wir sind verliebt in den problematischen Glanz des Diesseits, "weil wir keine Erfahrung haben von einem anderen Leben und Nicht-Beweis für das, was unter der Erde ist: Von Mythen lassen wir uns zwecklos-sinnlos treiben", δι' ἀπειροσύνην ἄλλου βιότου κοὐκ ἀπόδειξιν τῶν ὑπὸ γαίας, μύθοις δ' ἄλλως φερόμεσθα.[9] Mangelnde Erfahrung und Nicht-Beweis – in solchem Bereich tummeln sich die Mythen. Freilich, für Probleme des Jenseits kommen wir mit rationaler Erfahrung und "Beweis" auch heute nicht viel weiter.

Platon führt neue Kriterien einer philosophischen Ethik ein: Götter können nicht Böses tun, und Götter können nicht täuschen und lügen; so wird man Homer schließlich aus dem Idealstaat ausweisen.[10] Andere *[177]* meinen, Dichtern sei es nun einmal gegeben und erlaubt zu phantasieren; man dürfe das nur nicht ernst nehmen, sonst müsste man noch nach dem Schuster suchen, der den Windschlauch des Aiolos gefertigt habe.[11] Andererseits lässt sich die philosophische Kritik, gepaart mit Philologie, auch aus epikureischer Sicht durchführen, also zur Bestreitung der ganzen traditionellen Götterwelt. Muster ist für uns das erste Buch von Ciceros *De deorum natura*. Da ist alles Widersprüchliche aus den Traditionen zusammengestellt, Unsinn, der sich gegenseitig aufheben muss.

Jedenfalls: Die Kritik ist immer präsent, von Hesiod bis Cicero und weiterhin. Sie lässt sich über Solon und Xenophanes hinaus im Grunde nicht wesentlich steigern. Wahrheit und Moral der Mythen sind dem gleichen Urteil verfallen.

---

[8]   E. Krummen, *Pyrsos Hymnon: Festliche Gegenwart und mythisch-rituelle Tradition als Voraussetzung einer Pindarinterpretation* (Berlin 1990), 155-216.

[9]   Eur. *Hipp.* 195–197; dazu E.R. Dodds, *The Ancient Concept of Progress and Other Essays on Greek Literature and Belief* (Oxford 1973), 78–91, hier 86f.

[10]   Aus der enormen Literatur zu Platons Mythenkritik seien genannt: K. Moor, *Platonic Myth. An Introductory Study* (Washington 1982); L. Brisson, *Platon. Les mots et les mythes* (Paris ²1994); M. Janka – C. Schäfer (Hgg.), *Platon als Mythologe* (Darmstadt 2002).

[11]   Eratosthenes bei Strab. 1,2,3 p. 17; 1,2,15 p. 24.

Und doch sind längst die Rettungsversuche auf dem Plan. Es gibt im wesentlichen zwei Wege, die πλάσματα τῶν προτέρων als dennoch zutreffend,
als "wahr" und damit als akzeptabel zu erweisen: die historische Methode,
die das Wunderbare auf Plausibles reduziert und so angeblich "echte" Geschichte gewinnt, und die allegorische, die den Worten einen anderen Sinn
unterstellt, eine ὑπόνοια, und so eine andere, ggf. "höhere" Wirklichkeit im
Mythos entdeckt.[12] Die erste Methode verwandelt die Heroensage in Frühgeschichte, zusätzlich auch noch die Göttermythen in Heroensage; die zweite kann auf die Natur, dann aber auch auf eine "metaphysische" Übernatur
zielen und so den Göttern zu Hilfe kommen.

   Die historische Methode setzt bereits beim frühesten Schriftsteller ein,
den wir als Historiker führen, bei Hekataios von Milet, um 500 v. Chr. Er
findet die Erzählungen der Griechen – er gebraucht das Wort λόγος – "lächerlich" (*FGrH* 1 F 1), und er reduziert kühnlich wunderbare Einzelheiten
auf handliche, glaubhafte Werte. Nicht mit 50 Töchtern kam Danaos nach
Argos, sondern nicht einmal mit 20 (F 19); der "Hadeshund" Kerberos, den
Herakles zu Eurystheus schleppte, war eine Schlange mit tödlichem Biss,
darum "Höllenhund" genannt (F 27). Die Späteren sind auf gleicher Bahn
weitergegangen. Gerade im Bereich von Herakles und Perseus gab es so
viele stadt- und völkerverbindende Traditionen,[13] dass man auf sie um des
Zusammenhangs und der Ordnung willen auf keinen Fall verzichten konnte;
Herakles war Ahnherr *[178]* der Herrscher;[14] und wenn die Lyderkönige
verschwanden und die Herakliden von Sparta in Bedeutungslosigkeit ver-
sanken, waren doch auch die Makedonenkönige bis auf Alexander Herakliden. Griechische Literaten haben auch den römischen Familien dann gern
ihre mythischen Ahnen geliefert. So hat man denn um die Wette glaubhafte
Geschichte aus den Geschichten deduziert. Solche Geschichte liegt uns,
nicht ohne Varianten, z. B. in der Weltgeschichte des Diodor aus der Zeit
des Augustus vor.

   Nicht viel Erdbeben löste danach der hellenistische Entwurf aus, der mit
dem Namen des Euhemeros verknüpft ist: Auch die Götter seien samt und
sonders Menschen gewesen, frühe Könige mit guten und schlechten Herr-
schertaten, die den eigenen Kult dann zu organisieren wussten. Man konnte

---

[12] ὑπόνοιαι: Xen. *Symp.* 3,6; Plat. *Rep.* 378d.

[13] Vgl. den Beitrag "Der Perseus-Mythos im Prestigedenken kaiserzeitlicher städtischer Eliten
      Kilikiens" von Ruprecht Ziegler in diesem Band [Anm. des Hg.].*[=R. von Haehling (Hg.),
      Griechische Mythologie und frühes Christentum (Darmstadt 2005), 85–105.]*

[14] W. Burkert, "Héraclès et les animaux. Perspectives préhistoriques et pressions historiques", in:
      C. Bonnet, C. Jourdain-Annequin, V. Pirenne-Delforge (Hgg.), *Le béstiaire d'Héraclès* (Liège
      1998), 11–26.

Euhemeros gottlos schelten.[15] Doch nachdem Alexander der Große den Herrscherkult erfunden hatte, mochte dergleichen vielen recht plausibel erscheinen. Die Vergangenheit von Familie, Stamm, Volk und Kultur, die man fortsetzen möchte, liegt unter einem Schleier von μῦθοι, von dem man sich aufgeklärt leicht distanzieren kann und den man doch gerne weiter benützt.

Raffinierter ist die Allegorese, die hinter dem wörtlichen, aber unglaubhaften oder inakzeptablen Text einen anderen, einen akzeptablen Sinn erschließen will. Auch damit spielt bereits Euripides in den *Bakchai*, was die Schenkelgeburt des Dionysos anlangt (Bacch. 286–297). Die ausführlichsten alten Beispiele liefert jetzt der Derveni-Papyrus, das verbrannte Buch des 4. Jahrhunderts v. Chr.[16] Der Verfasser findet "Rätsel" in dem alten Orpheus-Gedicht, das offenbar über Hesiod hinausgehende Spekulation mit grellen "mythischen" Aktionen verband. Er weiß die "Rätsel" zu lösen und damit zu beseitigen. Was in Orpheus' Gedicht von einem abgetrennten und verschluckten Phallos gesagt ist, sei zu verstehen als die Sonne inmitten der göttlichen Luft, der Luft, die "Zeus" genannt wird; Zeus habe nicht mit "der eigenen Mutter" sich sexuell vereinigt, es gab Interaktionen mit der "guten" Mutter, der Erde. Es sind nur unverständige Menschen, die meinen, dass Zeus "geboren" wurde, wo er doch "immer war". Mythische Geschichten werden transformiert in kosmogonische Prozesse der "seienden" Dinge. Wie Cicero *[179]* später formuliert: *Physica ratio non inelegans inclusa est in impias fabulas* (Cic. *Nat. deor.* 2,64).

Die Natur-Allegorie wird dann aufgegriffen und ausgebaut von der Stoa. Die Verteidigung des Mythos ist zugleich eine Verteidigung Homers, und der allbekannte Homer wird dadurch seinerseits zur Stütze stoischer Philosophie. Ein besonders groteskes Stück Mythos bei Homer ist die Auspeitschung der Hera durch den eigenen Gatten (*Il.* 15,17–24), aufgehängt in der Höhe mit goldener Fessel, Ambosse an den Füßen, schauerlich brutal – aber nein, Hera ist AER, die Luft, und wird die Luft nicht in der Tat von Blitzen durchpeitscht?[17] Man kann noch tiefer gehen, zu platonischen Begriffen; dann wird Hera die Materie, die vom Geist wie mit goldenen Fesseln "gebunden" ist.[18] Der Anthropomorphismus wird zurückgedrängt, es bleibt

---

[15] M. Winiarczyk, *Euhemeros von Messene* (München 2002).

[16] R. Janko, "The Derveni Papyrus: An Interim Text", *ZPE* 141 (2002), 1-62; F. Jourdan, *Le Papyrus de Derveni, traduit et présenté* (Paris 2003). *[Th. Kouremenos, G. M. Parássoglou, K. Tsantsanoglou (Hrsgg.), The Derveni Papyrus, Edited with Introduction and Commentary (Florenz 2006).]*

[17] *SVF* II nr. 1075 = Cic. *Nat. deor.* 2,66; vgl. Heracl. *All.* 40; Schol. D (A,B) zu Hom. *Il.* 15,18–21. Zum Ganzen J. Pépin, *Mythe et allégorie* (Paris 1958).

[18] Kelsos bei Orig. *C.Cels.* 7,42.

ein emphatisch zu bejahender Kosmos, wobei neuere Physik mit dem alten Homer Hand in Hand geht.

Nun ist natürlich längst von Platon zu reden, Platon, der die moralische Kritik an den Göttermythen weiterführt und Homer aus dem Idealstaat ausweist, Platon, der von den ὑπόνοιαι, den allegorischen Deutungen, nichts hält,[19] Platon, der aber zugleich seinerseits Mythen schafft kraft seiner eigenen schriftstellerischen Kunst. Platon hat damit das dritte Stadium inauguriert, die Restitution des Mythos in neuen Formen.

Platon tut dies in mannigfach schillernder Weise. Er lässt den Protagoras in dem nach diesem betitelten Frühdialog einen Mythos über die anthropologische Evolution erzählen: Mythos sei doch "charmanter" (χαριέστερον: *Prot.* 320c), wenn auch des Betrugs verdächtig (*Prot.* 323a). Hat Platon die mythische Verkleidung ironisierend geschaffen für die durchaus ernst zu nehmende Theorie von der Überlebensfähigkeit des Mängelwesens Mensch?[20] Platon hat dann, in Gorgias, Phaidon und Staat, die großen Jenseitsmythen ausgeführt, wobei er Sokrates, den Ironiker, behaupten lässt, dieser Mythos sei ein Logos, denn er sei als wahr zu nehmen (*Gorg.* 523a). Ganz vertrackt wird es dann im *Timaios*, wo der an sich moderne wissenschaftliche Entwurf, "wahrscheinlich", doch mit vielen Unbeweisbarkeiten belastet, ebenso gut εἰκὼς λόγος wie εἰκὼς μῦθος heißen kann:[21] Er ist nicht im Detail zu behaften und *[180]* lässt kühne Konstruktionen zu, ist aber doch prinzipiell richtig. Ob die so vorgetragene Weltschöpfung, Weltentstehung wörtlich gemeint sei, darüber stritten Platons unmittelbare Schüler; die raffiniertere Interpretation war, es handle sich nur um ein Gedankenspiel, eine ἐπίνοια.[22] Denn dies sei die Eigenheit des Mythos, dass er zeitlich auseinander legt, was als Ganzheit zu denken sei.

Im *Timaios* gibt es nun, inmitten des dialektischen Spiels mit Mythos und Logos, auch einen Einbruch anthropomorpher Mythologie: Der Weltschöpfer ist ein "Vater": "Den Erschaffer und Vater dieses Alls zu finden ist eine Leistung, und wenn man ihn gefunden hat, dies allen gegenüber zu sagen, ist unmöglich" (*Tim.* 28c). Neben dem "Vater" gibt es eine "Amme"

---

[19] Vgl. Anm. 12. Doch spielt Platon mit dem αἰνίττεσθαι der Dichter, *Charm.* 162a; *Lys.* 214d; *Phaid.* 69c; *Rep.* 332b; *Tht.* 144c und 152a; *Alk.* 2,147b–e.

[20] Dazu C. Utzinger, *Periphrades Aner* (Göttingen 2003), 118–136.

[21] Zu "Mythos" im *Timaios*, Brisson (wie Anm. 10) 161–163.

[22] Aristot. *Cael.* 279b32 = Speusipp Frg. 61 (Taran)/Frg. 94 (Isnardi Parente); Xenokrates Frg. 153 (Isnardi Parente) (διδασκαλίας χάριν), vgl. Frg. 155-158 (Isnardi Parente); "Pythagoras", Aet. 2,4,1: κατ'ἐπίνοιαν, Sextus Emp. *Math.* 10,255: πρὸς ἐπίνοιαν, vgl. Aet. 1,22,9 (χρόνος, κατ'ἐπίνοιαν); W. Burkert, *Lore and Science in Ancient Pythagoreanism* (Cambridge, Mass. 1972), 71.

des Werdens, τιθήνη (*Tim.* 49a) – der komplizierten Theorie der platonischen "Materie" ist hier nicht nachzugehen. Nur daran ist zu erinnern, dass Götter, die geboren werden, immer auch ihre "Ammen" haben, sei es Zeus in Kreta, sei es Dionysos in Nysa. Die höchsten Prinzipien des platonischen Denkens erscheinen so in mythischer Bildhaftigkeit. Im *Staat* gibt es auch einen "Sprössling", einen Sohn, ἔκγονος: Die Sonne heißt ἔκγονος τοῦ ἀγαθοῦ (*Rep.* 506e, 508b).

Wir geraten von hier zur so genannten platonischen Prinzipienlehre, die einer entsprechenden Mythisierung unterliegt. Da gibt es ein Paar, das gemeinsam "zeugt" oder "erzeugt", griechisch: γεννᾶι. Logische Ableitung wird zumindest sprachlich in eins gesetzt mit genealogischem Denken. Dies ist ein Bereich von Kontroversen, die seit bald 50 Jahren um die "Tübinger Schule" gehen.[23] Doch genügt hier das Zeugnis über Xenokrates, den Schüler und Nachfolger Platons in der Athener Akademie:[24]

Götter seien die Einheit und die Zweiheit, die eine als männlich, die Stellung eines Vaters einnehmend, im Himmel herrschend; er nennt sie auch Zeus, Ungerade Zahl, und Geist (Nous), der für ihn der erste Gott ist; die andere als weiblich, nach Art der Mutter der Götter, die erloste Herrschaft unterhalb des Himmels ausübend; sie ist die Seele des Alls.

*[181]*Also Vater, Mutter und Nachkommenschaft. Dazu gebe es göttliche Mächte, die die materiellen Elemente durchdringen; die eine wirkt durch die Luft hindurch, die "unsichtbare": Hades – ἀειδής; sodann "die durchs Wasser hindurch: Poseidon; die durch die Erde hindurch: Demeter, die Pflanzen Säende."[25] Da hat man das Götterpaar qua Prinzipien am Anfang, man hat eine gestaltete Welt, und unversehens sind wir von der neuen Mythologie wieder ganz bei der alten angelangt: Zeus und Göttermutter, Hades, Poseidon, Demeter, sogar die mythische Aktion der "Verlosung", von der Homer erzählt (*Il.* 15,187–195), hat im Begriff des "erlosten Bereichs", λῆξις, ihre Spur hinterlassen. Man hat so in der Arbeit am Mythos die große Vereinigung auf höchster Ebene gefunden. Man braucht Homer nicht mehr auszutreiben, ja man kann "dem alten Brauch mit dem Logos zu Hilfe kom-

---

[23] H.J. Krämer, *Arete bei Platon und Aristoteles* (Heidelberg 1959); ders., *Der Ursprung der Geistesmetaphysik* (Amsterdam 1965); K. Gaiser, *Platons ungeschriebene Lehre* (Stuttgart 1963); Th.A. Szlezák, *Platon lesen* (Stuttgart 1993).

[24] Aet. 1,7,30 = Xenokrates Frg. 213 (Isnardi Parente). Vgl. H.J. Krämer, *Der Ursprung der Geistesmetaphysik* (Amsterdam 1965), der bei der Behandlung der Gnosis (223–264) die Nag-Hammadi-Texte noch nicht kennt.

[25] Vgl. *SVF* II nr. 1021 = Diog. Laert. 7,147; Cic. *Nat. deor.* 2,71: *per terras Ceres, per maria Neptunus.*

men" – auch dies eine Formulierung Platons.[26] Eine metaphysische Deutung krauser Mythologie hat später vor allem Plutarch virtuos durchgeführt, in seiner Schrift über Isis und Osiris, indem er ägyptische Götterkämpfe auf einen philosophischen Dualismus hinauslaufen lässt.[27] Die umfassendste Verteidigung Homers, gegen Platons Verdikt, liefert schließlich der Neuplatoniker Proklos.[28]

Die mythische Überlieferung bleibt nicht nur im Bildungsbewusstsein, weil alle Homer lesen; sie reizt auch erlesene Philosophie. Es bleibt ihr aber auch eine eher verdächtige Lebendigkeit in der Öffentlichkeit: Im populären Mimos werden gern mythische, vorzugsweise pikante Szenen dargestellt; sie sind bekannt genug, um selbst ohne Worte im Pantomimus zu wirken. Was noch die spätere Kaiserin Theodora als *mima*, laut Prokop,[29] auf der Bühne mit Gänsen machte, scheint noch immer Leda mit dem Schwan nachzuspielen. Vollends entgleist der Mythos in den theatralisch ausgestalteten, zumVolksfest pervertierten Hinrichtungen. *[182]* Da wird ein Mann als Herakles, eine Frau als Medeas Rivalin verbrannt oder als Dirke zu Tode geschleift ... [30]

Damit sind wir schon jenseits der Anfänge des Christentums. Ich möchte jetzt nicht auf die zentrale Botschaft des Christentums eingehen, mit der sich Theologie seit 2000 Jahren beschäftigt, mit der sich Rudolf Bultmann in seinem Lebenswerk mit dem Ziel einer "Entmythologisierung" auseinandergesetzt hat. Das Evangelium vom Gottes-Sohn ist zweifellos ein Mythologem, verschieden von der jüdischen Tradition und auch für den Islam durchaus nicht akzeptabel. Wir freuen uns trotzdem auf Weihnachten und lieben das Fest, wie auch die ganze daran anknüpfende Kunst. Nicht sprechen möchte ich auch über den Anfang des Johannes-Evangeliums, der offensichtlich den Typ des metaphysischen Mythos vom "Ursprung" auf dem Hintergrund stoischer Logos-Lehren aufgreift.

---

[26] Plat. *Leg.* 890d: τῶι παλαιῶι νόμωι ἐπίκουρον γίγνεσθαι λόγωι im Zusammenhang der Gestirnverehrung; so auch Aristot. *Metaph.* 1074b: ἐν μύθου σχήματι. In Plat. *Tim.* 22cd geht μύθου σχῆμα, konfrontiert mit τὸ δ'ἀληθές, auf die Weltzerstörungen.

[27] Vgl. W. Burkert, "Plutarco: Religiosità personale e teologia filosofica", in: I. Gallo (Hg.), *Plutarco e la Religione* (Napoli 1996), 11-28.

[28] Z. B. Prokl. *In remp.* 1,78f.; 83; 181; R.D. Lamberton, *Homer the Theologian: Neoplatonist Allegorical Reading and the Growth of the Epic Tradition* (Berkeley 1986).

[29] Prokop. *Anecd.* [*Historia Arcana*] 9,21f.

[30] L. Friedlaender, *Darstellungen aus der Sittengeschichte Roms* 2 (Leipzig [10]1922) 91f.; Mart. *Spect.* 5,4 (an Titus): *quidquid fama canit, praebet harena tibi*, vgl. 7,8,21; Plut. *De sera* 554B (Medea); 1 Clem. 6,2; Suet. *Nero* 12,2; Tert. *Apol.* 15,5. Vgl. auch Prud. *Perist.* 11,83-122: Ein Hippolytus nach Art des Hippolytos von Pferden zerrissen.

Kurz sei vielmehr hingewiesen auf die explizite Auseinandersetzung der Christen mit dem "Mythos", den sie in ihrer griechisch geprägten Welt zwischen hellenisiertem Judentum und der Weltmacht Rom, im aramäischen Milieu von Palästina und Syrien mit fernerer iranischer Präsenz von Parthern und Persern nicht übersehen konnten.

Das Wort "Mythos" erscheint ein paarmal in den Pastoralbriefen mit dem Aufruf zu kritischer Distanz. Da ist der zweite Petrusbrief (1,16): "Wir sind nicht ausgeklügelten Mythen gefolgt, da wir euch kundgetan haben die Kraft ... unseres Herrn Jesus Christus, sondern wir haben gesehen ... ", οὐ γὰρ σεσοφισμένοις μύθοις ἐξακολουθήσαντες ἐγνωρίσαμεν ὑμῖν τὴν ... Χριστοῦ δύναμιν καὶ παρουσίαν, ἀλλ᾿ ἐπόπται γενηθέντες: Gegen die Mythen steht die Autopsie. Mythen können raffiniert sein, sind aber unbezeugt, sind keine greifbare Wahrheit. Im Folgenden steht dann die dringende Warnung vor "falschen Propheten" (ψευδοπροφῆται 2,1), verderblichen "Häresien" (αἱρέσεις ἀπωλείας 2,1), Leuten, die in ihrer Geldgier als "Handlungsreisende mit erfundenen Geschichten" tätig sind (ἐν πλεονεξίᾳ πλαστοῖς λόγοις ὑμᾶς ἐμπορεύσονται 2,3); obendrein predigen sie noch die "Freiheit" von aller Moral (ἐλευθερίαν ... ἐπαγγελόμενοι 2,19).[31] Die Polemik hat übrigens ihren [183] Bildungshintergrund: Der Ausdruck "Handlungsreisender in Sachen λόγοι" stammt aus dem Philosophen-Slang, geht direkt auf einen Komödienvers über Platons Schüler Hermodoros zurück.[32]

Neben dem Petrusbrief warnt auch der erste und der zweite Timotheos-Brief (2 Tim 4,3f.) vor den "Mythen". Im zweiten Brief klingt es wie eine Unheils-Prophetie: "Es wird eine Zeit sein, da sie die gesunde Lehre nicht ertragen werden; nach ihren eigenen Lüsten .,. werden sie sich den Mythen zukehren", ἔσται γὰρ καιρὸς ὅτε τῆς ὑγιαινούσης διδασκαλίας οὐκ ἀνέξονται ... κατὰ τὰς ἰδίας ἐπιθυμίας ..., ἐπὶ δὲ τοὺς μύθους ἐκτραπήσονται. Mythen also im Kontrast zu "gesunder" Lehre, wobei sie in ihrer "ungesunden" Art auch noch den "Lüsten" dienen.

Etwas genauer ist der erste Timotheos-Brief: Man möge doch in Ephesos "nicht Anderes lehren und nicht achten auf Mythen und endlose Genealogien, die mehr Herumsuchen vorstellen als das rechte Walten Gottes", μὴ ἑτεροδιδασκαλεῖν μηδὲ προσέχειν μύθοις καὶ γενεαλογίαις ἀπεράντοις, αἵτινες ἐκζητήσεις παρέχουσι μᾶλλον ἢ οἰκονομίαν θεοῦ; später heißt es

---

[31] Im Blick ist ein philosophisches Weltbild, mit einer θεία φύσις gegen den Kosmos (2 Petr 1,4; Weltbrand 2 Petr 3,10ff.).

[32] Hermodoros Frg. 1-3 (Isnardi Parente) = *Poetae Comici Graeci: Adespota* Frg. 937 (Kassel–Austin): λόγοισιν Ἑρμόδωρος ἐμπορεύεται, Zenob. Ath. 1,9; Cic. *Att.* 13,21,4 u. a. m. Die Anspielung scheint den Kommentaren entgangen zu sein: Evangelisch-Katholischer Kommentar zum Neuen Testament XXII: A. Vögl, *Der Judasbrief / Der 2. Petrusbrief* (Neukirchen-Vluyn 1994), 185 (zu 2,3; cf. 165f. zu 1,16).

kurz: "Die unheiligen Altweiber-Mythen aber verbitte dir!", τοὺς δὲ βεβή-
λους καὶ γραώδεις μύθους παραιτοῦ.³³ Der seit Platon nachweisbare Spott
auf Mythen als Altweiber-Geschichten³⁴ ist auch in Ephesos aktuell.
Insofern diese Briefe Pseudepigraphen sind, lassen sie sich nicht genau
datieren. Deutlich ist, dass die Verfasser in griechischer Tradition stehen.
Und das Stichwort der "unendlichen Genealogien" bei Timotheos, neben
dem Hinweis auf πλαστοὶ λόγοι und auf Sittenverfall dank angeblicher
"Freiheit" bei Petrus, lässt keinen Zweifel: Hier geht es bereits um die Auseinandersetzung mit der christlichen Gnosis, die durch "neu erfundene" Mythen metaphysischer Genealogien und durch Konfrontation mit der traditionellen Sittlichkeit gekennzeichnet ist. Dass sie sich dabei in ihrer Weise
Elemente griechischer Mythologie inkorporiert, ist zu zeigen.

Doch zunächst die andere Seite, die christliche Kritik am Mythos: Christen
können die aufgeklärte Kritik zumal der Philosophen als Waffe *[184]* gegen
den Polytheismus ohne weiteres übernehmen. So haben es schon die Juden
gehalten, vor allem Iosephus in seiner Kampfschrift gegen den Antisemiten
Apion, Rhetor und Literat in Alexandrien: "Wer von denen, die bei den
Griechen ob ihrer Weisheit bewundert werden, hat nicht seinen Tadel ausgesprochen gegen die glänzendsten Dichter und die vertrauenswürdigsten
Gesetzgeber?"³⁵ – und dann kommen die bekannten Geschichten von gefes-
selten, verwundeten oder auch Frauen verführenden Göttern. Die jüdische
Sapientia Salomonis konstruiert einen euhemeristischen Ursprung des heidnischen Kultes aus einem kannibalistischen Verbrechen und der Trauer des
Vaters um seinen Sohn – der Mythos um den Tod des Dionysos wird hier
resümiert und umgemodelt; der Christ Firmicus Maternus weiß das später
noch genauer.³⁶
Unter den Apologeten ist es der früheste, Aristeides, noch unter An-
toninus Pius, der am ausführlichsten gegen die Götter des Polytheismus
wettert:³⁷ Die Griechen selbst stellten ihre Götter dar "als Ehebrecher und
Mörder, zornig, eifersüchtig, erregbar, Vatermörder und Brudermörder,
Diebe und Räuber, lahm und behindert, und Zauberer, und Verrückte" (8,2),
μοιχοὺς εἶναι καὶ φονεῖς, ὀργίλους καὶ ζηλωτὰς καὶ θυμαντικούς, πατρο-
κτόνους καὶ ἀδελφοκτόνους, κλέπτας καὶ ἅρπαγας χωλοὺς καὶ κυλλοὺς καὶ

---

³³ 1 Tim 1,4; 4,7.

³⁴ Plat. *Gorg.* 527a; *Rep.* 350e, 574b; *Tht.* 176b; vgl. Chrysipp *SVF* II 255; Strab. 1,2,3 p. 16f.

³⁵ Ios. *C. Ap.* 2,236–249, bes. 239. Vgl. etwa Cic. *Nat. deor.* 2,70.

³⁶ *Sap.* 14,15 vgl. Firm. *Err.* 6,1-5; M.L. West, *The Orphic Poems* (Oxford 1983), 172f.

³⁷ Zur komplizierten syrisch-griechischen Überlieferung J. Geffcken, *Zwei griechische Apologeten* (Leipzig 1907); hier Kap. 8–11, p. 10–17 (Geffcken).

φαρμακοὺς καὶ μαινομένους ... Wie "lächerlich, dumm, und gottlos" (8,4), γελοῖα καὶ μωρὰ καὶ ἀσεβῆ! Aristeides nimmt die Götter dann einzeln her (Kap. 9; 10), und da kommen natürlich wieder Ares und Aphrodite, aus *Odyssee* Buch 8, und der rasende Herakles, der seine Kinder erschlägt, aus Euripides. Neues, etwa gegenüber Iosephus, findet sich kaum. Man ist im Negativen einig. Wir haben dann, nach dem griechisch-syrischen Anfang, auf Lateinisch Tertullian, von *Ad nationes* zu den Fassungen seines *Apologeticum*.[38] Tertullian ist ausgezeichnet durch Originalität und Temperament, und er kann aus Varro vieles über die Römer und gegen die Römer verwenden. Zahmer ist Minucius Felix, der sich vor allem aus Cicero, *De deorum natura* bedient. Euhemeros wird von ihm gern rezipiert; und Platon erhält sein Lob, weil er Homer aus seinem Staat verbannt hat. Minucius schreibt mit pädagogischem Engagement (23): *[185]*

Mit diesen und derartigen Erfindungen und Lügen der süßeren Art wird der Geist der Knaben verdorben; mit eben diesen Fabeln, die ihnen anhängen, wachsen sie heran bis zur Kraft des vollkommenen Jugendalters; in den gleichen Meinungen werden sie alt, die armen Kerle – wo doch die Wahrheit vor uns liegt, freilich nur für die, die sie suchen."

His atque huiusmodi figmentis et mendaciis dulcioribus corrumpuntur ingenia puerorum et isdem fabulis inhaerentibus adusque summae aetatis robur adolescunt et in isdem opinionibus miseri consenescunt, cum sit veritas obvia, sed requirentibus.

Raffinierter ist Clemens von Alexandrien, der in seinem *Protreptikos* die heidnischen Riten kritisiert und dabei die Mythen transformiert. "Ach die Dramen, und die dionysischen Dichter, vollkommen bereits vom Wein umnebelt – wollen wir sie doch, vielleicht mit Efeu umwunden," – das stammt aus Platons *Staat* – "dieweil sie über die Maßen der Verstand verloren haben durch Bakchische Weihe, samt Satyrn und dem rasenden Thiasos, dazu auch noch mit dem ganzen anderen Chor der Dämonen auf Helikon und Kithairon einsperren, diesen Bergen, die greisenhaft alt geworden sind ...". Da ist die dichterische Kraft von Euripides' *Bakchai* durchaus empfunden, der Klang von "Kithairon Kithairon" (*Bacch.* 1177); und dies wird mit elegantem Schwung gegen die Heiden und ihre Dichter gewendet: "Auch wenn das Mythos ist, ertrage ich es nicht".[39] Die Wahrheit mit strahlend klarem Denken kommt von Zion. Und doch wirkt selbst das Neue Lied mit homerischem Zauber: νηπενθές τ'ἄσχολόν τε, κακῶν ἐπιληθὲς ἁπάντων, so wird aus der *Odyssee* zitiert.[40]

---

[38] Vgl. die Einführung von C. Becker, *Tertullian Apologeticum* (München ²1961).

[39] Clem. *Prot.* 2,2; 2,1; vgl. Ch. Riedweg, *Mysterienterminologie bei Platon, Philon und Klemens von Alexandrien* (Berlin 1987), 116–123.

[40] Clem. *Prot.* 2,4, aus Hom. *Od.* 4,221.

Dieser Clemens, um 200, ist ein erstaunliches Beispiel, wie ein Christ in der griechischen Bildung leben kann, die alexandrinische Bibliothek, notabene, neben sich. Im Folgenden aber sei mehr der untergründigen Lebendigkeit der griechischen Mythen nachgegangen, in dem Bereich, der schon zu nennen war und auch von Clemens nicht zu trennen ist, in der "Gnosis".[41] Ich halte die Gnosis, gegen Bultmann und die so ge-*[186]*nannte religionswissenschaftliche Schule, für eine im Wesentlichen christliche Erscheinung. Dreierlei sei vorgestellt, Simon Magus, das *Apokryphon* des Johannes, und das Perlenlied der Thomas-Akten.

Wir glauben nicht an Magie, und wir brauchen der Überlieferung über den Magier Simon überhaupt nichts zu glauben: "Einen Zugang zur historischen Person bieten diese Quellen nicht" (Holzhausen).[42] Auch ich glaube nicht an seinen Flug in Rom, samt Absturz, wie er in den Petrus-Akten so eindrücklich beschrieben und noch in den Mosaiken von Monreale abgeschildert ist. Die römischen Aktivitäten des Simon scheinen sowieso an einem epigraphischen Missverständnis zu hängen, der Entdeckung einer Inschrift für den alten Gott Semo Sancus in Rom – der mit diesem Simon nichts zu tun hatte; aber der Irrtum steht bereits bei Iustin.[43] Weiteres findet sich bei Irenaeus, dessen griechischer Text seinerseits über Hippolytos und Epiphanios zugänglich ist.[44] Auch Tertullian (*Apol.* 13,9) weiß von Simon, so gut wie Clemens (*Strom.* 2,52,2) und Origenes (*C. Cels.* 1,57). Eine Hauptgestalt ist Simon schließlich im späteren Clemens-Roman.[45] Am ältesten ist gewiss der Bericht der Apostelgeschichte (8,9–25), wonach Simon in Samaria Wunder tat und "die Kraft Gottes, die die Große heißt" genannt

---

[41] Die Gnosisforschung ist durch den Fund der Nag-Hammadi-Bibliothek auf eine neue Grundlage gestellt, doch nicht einfacher gemacht worden. Ausgabe: J.M. Robinson (Hg.), *The Coptic Gnostic Library* (Leiden 2000); dazu J.M. Robinson, *The Nag Hammadi Library in English* (Leiden [4]1996); H.M. Schenke u. a. (Hgg.), *Nag Hammadi Deutsch* I/II (Berlin 2001/2). Allgemeine Einführung: K. Rudolph, *Die Gnosis. Wesen und Geschichte einer spätantiken Religion* (Göttingen [4]1990); R. Förster (Hg.), *Die Gnosis* I–III (Zürich 1969-1980).

[42] A.D. Nock, "Paul and the Magus", in: ders., *Essays on Religion and the Ancient World* (Cambridge, Mass. 1972), 308–330; J. Frickel, *Die "Apophasis Megale" in Hippolyt's Refutatio* (VI 9–18) (Rom 1968); E. Lüdemann, *Untersuchungen zur simonianischen Gnosis* (Göttingen 1974); K. Beyschlag, *Simon Magus und die christliche Gnosis* (Tübingen 1974); G. Luttikhuizen, "Simon Magus as a Narrative Figure", in: J.N. Bremmer (Hg.), *The Apocryphal Acts of Peter* (Leuven 1998), 39–51; T. Adamik, "The Image of Simon Magus in the Christian tradition", ibid. 52–64; J.N. Bremmer, "La confrontation entre l'apôtre Pierre et Simon le Magicien", in: A. Moreau (Hg.), *La magie* I (Montpellier 2000), 219-231; J. Holzhausen, Art. "Simon Magus", *DNP* 11 (2001), 572f.

[43] Iustin. *Apol.* 1,26; vgl. Rudolph (wie Anm. 41) 317.

[44] Iren. *Haer.* 1,23,1–4, p. 190-195 (Harvey); Hipp. *Haer.* 6,7–19; Epiph. *Anac.* 21,3,2f.

[45] *Hom. Clem.* 2,22,2ff.; Clem. *Recogn.* 2,1ff.

wurde; er ließ sich taufen, wurde Mitglied der Christengemeinde, geriet dann aber in Konflikt mit Petrus, dem er die Gabe, den Heiligen Geist zu verleihen, abkaufen wollte. Hippolytos gibt Auszüge aus der *Apophasis Megale* des Simon – wir brauchen sie nicht für authentisch zu halten.[46] Aber die anderen An-*[187]*gaben fügen sich doch zu einem sehr originellen Bild. Und wenn wir bedenken, was noch vor wenig mehr als 20 Jahren ein Baghwan von Poona von Indien bis Amerika zustande brachte, unter Mitwirkung einer organisatorisch begabten Partnerin, sollten wir offener sein für das, was im Syrien des 1. Jahrhunderts n. Chr. möglich war.

Der Magier Simon jedenfalls trat auf mit einer Frau, die er Helena nannte. Er machte kein Geheimnis daraus, dass er sie als Prostituierte aus einem Bordell in Tyrus freigekauft hatte, im Gegenteil. Diese Frau war für ihn das weibliche Prinzip überhaupt. Helena sei die Mutter aller Engel und Archonten; sie sei aber von eben diesen gefangen genommen und in weibliche Körper gezwungen worden, in denen sie alle Schmach und Schande erleiden musste, zuletzt als Prostituierte in der Hafenstadt. Und doch hat sie auch das Potenzial der unsterblichen Erlösung. Sie heißt auch die Mondgöttin, Selene – *Helene-Selene* ist ein altes griechisches Wortspiel[47] –; sie heißt auch *Prouneikos*, was offenbar so etwas wie "Lastträger" heißt, ein vulgäres Wort. Vor allem aber sei sie in ihrem Wesen *Ennoia* oder *Epinoia*, "Bewusstsein" überhaupt, das dem Vater, dem Einen, gegenüber trat.[48] Das weibliche Prinzip also als geistige Erhellung, woraus alles entstanden ist, in diese unsere Welt verbannt und geschändet, doch in Wahrheit unbefleckt und aus der Welt erlöst. Und hier nun wurde Simon offenbar vollends mythisch: Diese seine Helena aus Tyros sei identisch mit der Helena des troianischen Kriegs – Seelenwanderung wird so beiläufig vorausgesetzt –; Simon beruft sich dabei nicht nur auf Homer, sondern insbesondere auf Stesichoros und seine "Palinodien". Laut Stesichoros ist nur ein *eidolon*, ein Trugbild der Helena nach Troia gelangt und wurde dort umkämpft, während die wahre Helena entrückt in Ägypten bei König Proteus war. Wir kennen das vor allem aus Euripides' *Helena*,[49] und es ist kaum zu bezweifeln, dass auch Simon diesen Text kannte. Der Helena-Mythos in stesichoreischer Gestalt gibt der Heroine eine Doppelexistenz, als Person und als Abbild; das *eidolon* liegt in Troia im Bett des Paris, die reine Person bleibt unbefleckt und kehrt schließlich in die Heimat zurück. Das Verhältnis der beiden Hele-

---

[46]   Hipp. *Haer.* 6,9,3–6,17,7; vgl. Frickel (wie Anm. 42); Rudolph (wie Anm. 41) 315–319.

[47]   *Roschers Mythologisches Lexikon* I, Sp. 1977.

[48]   ἐπίνοια: Hipp. *Haer* 6,18,6; 6,19,2 vgl. 6,12,2; siehe Anm. 22.

[49]   Stesichoros Frg. 187–193 (Page–Davies); vgl. auch R. Kannicht, *Euripides Helena* I (Heidelberg 1969).

nen erscheint bei Simon anders als bei Stesichoros, das "Trugbild" ist unsere greifbare Wirklichkeit, der reale, jedoch wegwerfbare Körper, dem die "wahre" überirdische Person entgegensteht. Die Quasi-Philosophie der *Apophasis Megale*, die im Auszug des Hippolytos einigermaßen wirr erscheint, wollen wir nicht *[188]* weiter zu erhellen versuchen. Nur dies sei behauptet, dass diese Helena-Geschichte so einzigartig und so individuell ist, dass sie eigentlich nicht aus metaphysischen Spekulationen oder Sekteninteressen abgeleitet sein kann. Es bleibt, sie als Reflex von einem Guru und seiner Partnerin zu nehmen.

Was in unserem Zusammenhang festzuhalten ist: Hier wird in verrückter und doch irgendwie eindrucksvoller Weise ein griechischer Mythos zu einer Deutung menschlich-göttlicher Existenz, er wird geradezu greifbar ernst genommen, eine geahnte Wahrheit, nicht eine "Lüge der Dichter". Simon muss über eine ungewöhnliche literarische Bildung verfügt haben.[50] Er weiß mehr über Stesichoros, als Platons Hinweis auf die *Palinodia* im vielgelesenen Dialog *Phaidros* (243ab) hergibt. Ja, es gibt einen philologischen Leckerbissen: Simon spricht von *Palinodiai* im Plural, und ein Papyrusfund hat gezeigt, dass es tatsächlich zwei *Palinodiai* von Stesichoros gegeben hat.[51] Eine weitere Einzelheit: Die "Fackel der Helena", von der Simon sprach, zielt offenbar auf Helenas Rolle bei der Eroberung Troias, als sie den Eroberern ein Feuersignal gab.[52] Da nach der alten *Iliou Persis* die Eroberung bei Mondenschein stattfand (*Kleine Ilias* Frg. 12), könnte wiederum mit Helena und dem Mond gespielt sein. Im Übrigen hat Simon sich und seine Helena auch als Zeus und Athena präsentiert (Hipp. *Haer.* 6,20, 2). Kurzum: Der Simon-Kreis ist zu Hause in der griechischen Bildungs-Mythologie und nimmt offenbar keinen Anstoß. Dazu nun noch der Name *Epinoia* als Mutter der Engel und Archonten: Hier taucht ein Stück hellenistischer Philosophie-Diskussion auf. Es ging um die Frage, ob es eine "Entstehung der Welt" gegeben habe oder überhaupt geben könne; *pièce de résistance* war Platons *Timaios*; die raffiniertere Art der Auslegung war die These, dies sei nur ein didaktisches Gedankenspiel, κατ'ἐπίνοιαν, οὐ κατὰ χρόνον.[53] Ein halbmythisches Missverständnis hat das weibliche "Denken" personifiziert: *Epinoia* hat die Welt geschaffen. Inwieweit das christlich sei, ist eine andere, eine dogmatische Frage. Die christliche Häresiologie hat seit Irenaeus behauptet, die ganze Bewegung der "Gnosis" sei von Simon aus-

---

[50] So Clem. *Recogn.* 2,7,1.

[51] Hipp. *Haer.* 6,19,3 – POxy. 2506, Stesichoros Frg. 193 (Page-Davies).

[52] Hipp. *Haer.* 6,19,1 – Verg. *Aen.* 6,518; Hygin. *Fab.* 249.

[53] Siehe Anm. 22.

gegangen. Die Orthodoxie hat sich jedenfalls anders strukturiert, fern der heidnischen Mythen und Bildungsstücke. *[189]*

Ein Hauptwerk der eigentlichen Gnosis ist zweifellos das *Apokryphon des Iohannes*, das nur in koptischer Übersetzung erhalten ist, doch vierfach in verschiedenen Varianten; da Irenaeus in Lyon um 180 n. Chr. offenbar eine Version dieses Werks oder jedenfalls etwas ganz Ähnliches gekannt hat, ist das Werk spätestens in die Mitte des 2. Jahrhunderts zu datieren.[54] Erzählt wird, wie dem Jünger Iohannes nach Jesu Himmelfahrt von einer Lichterscheinung auf dem Berg die höchsten Geheimnisse offenbart werden. Diese laufen, um den Ausdruck des Timotheos-Briefs zu gebrauchen, auf "Genealogien" hinaus. Da ist als Höchstes – gut platonisch – die "Einheit", *Monas*,[55] als "Vater" und "Licht", doch im Übrigen weder erkennbar noch beschreibbar. Aus seiner Selbst-Reflexion im Licht aber erscheint eine weiblich benannte Gestalt; sie ist "Gedanke"; sie heißt später auch *Pronoia*, vor allem aber ΒΑΡΒΗΛΩ [56] – ein offenbar aramäischer Name, der aber mehrere und damit eben keine sichere Deutung zulässt. *Barbelo* erbittet sich und erhält "Erkenntnis", "Unvergänglichkeit", "Ewiges Leben" und Weiteres; die Genealogien werden kompliziert. Jedenfalls ist dann Sophia da, die Weisheit – ein Begriff, der auch in der hebräischen Tradition sehr wichtig ist.[57] Diese Sophia nun "wollte ihr Abbild aus sich in Erscheinung bringen, obwohl der Geist nicht zugestimmt hatte ... ihr Werk kam hervor, ohne vollkommen zu sein, fremd in seiner Erscheinung, da sie es ohne ihren Gatten gemacht hatte ... das Gesicht einer Schlange und das Gesicht eines Löwen... ".[58] Und "sie warf es weg von sich, aus diesen Orten heraus, dass keiner der Unsterblichen es sehen möge ... Sie gab ihm den Namen Ialdabaoth"[59] – wieder ein mehrdeutiges hebräisch-aramäisches Wortspiel im Namen. Dieser *Ialdabaoth* nun schafft sich seine Welt mit Dämonen und Engeln, und er spricht:"Ich bin ein eifersüchtiger Gott,*[190]* und es gibt

---

[54] *NHC* II 1; III 1; IV 1; M. Waldstein – F. Wisse (Hgg.), *The Apocryphon of John. Synopsis* (Leiden 1995), wieder abgedruckt in: *The Coptic Gnostic Library* II (wie Anm. 41), im Folgenden als *Syn.* zitiert; Schenke (wie Anm. 41) 95-150.

[55] *Syn.* 5, p. 20f. (Robinson); Schenke (wie Anm. 41) 104.

[56] *Syn.* 11, p. 32f. (Robinson); Schenke (wie Anm. 41) 107. Barbelo kann als *bar(at) bel* oder *b-arb-el* verstanden werden, "Tochter Baals" oder "In der Vierheit ist Gott". *Ennoia* Iren. *Haer.* I p. 222, 226 (Harvey).

[57] Hebräisch *hakmah*, in gnostischen Schriften als *Ahamoth* transkribiert, z. B. Iren. haer. 1,1,7.

[58] *Syn.* 24f., p. 58-62 (Robinson); Schenke (wie Anm. 41) 114f. (Übersetzung oben im Wesentlichen nach Codex Berolinensis). Ähnlich Hypost. *Arch.* p. 94, Schenke (wie Anm. 41) 231.

[59] ΙΑΛΔΗΒΑΩΘ, Schenke (wie Anm. 41) 115f.; auch *Hypost. Arch.* p. 94, Schenke (wie Anm. 41) 231f., und *NHC* III 2, Schenke (wie Anm. 41) 310; *NHC* XIII 1, Schenke (wie Anm. 41) 820; vgl. Iren. *Haer.* 1,27,2.

keinen anderen Gott außer mir".[60] In einer Version erschallt dazu eine Stimme von oben: "Du irrst Dich, Saklas – das heißt Dummkopf."[61] So weit das Drama vom Ursprung unserer Welt. *Ialdabaoth* schafft dann den Menschen, wie es die Bibel beschreibt; nur der Lichtfunke, der dann im Menschen ist, stammt nicht von ihm; er hat das nie begriffen.

Die existenzielle Grundidee der Gnosis – wir leben in einer schlechten, verrückten Welt, die von einem bösen, verrückten Schöpfer geschaffen ist – brauchen wir hier nicht weiter zu explizieren. Das zentrale Drama aber, die missglückte Geburt ohne Partner ist evidentermaßen ein griechischer Mythos, und zwar eine Mixtur aus Homer und Hesiod. Hera ist es, die aus Trotz gegen Zeus ein Kind ohne Mann gebären will, und siehe, da kommt der lahme Hephaistos heraus; wütend wirft sie ihn aus dem Olymp. Die Geburt ohne männliche Zeugung steht in Hesiods *Theogonie* (927-929), mit einer vom Stoiker Chrysipp benutzten Variante.[62] Der Sturz nach dem Willen der bösen Mutter, die den lahmen Sohn loswerden möchte, steht sogar in der *Ilias*. "Sie wollte mich verbergen", erzählt Hephaistos;[63] "dass keiner der Unsterblichen es sehen möge", heißt es im *Apokryphon*. Die homerischen Göttersturz-Szenen gehörten zum Standardrepertoire der Mythenkritik, aber auch die Philosophen – siehe Chrysipp – haben sich mit den Texten beschäftigt.[64] In der gnostischen Mythologie aber ist das plötzlich die entscheidende Phase in der Trennung der unvollkommenen von der vollkommenen Welt mit der Entstehung des Schöpfergottes, ein für die menschliche Existenz fundamentales Ereignis.

Seine eigentliche Pointe freilich erhält das Homerisch-Hesiodeische Mythologem erst durch zwei Ergänzungen der Deutung: Hephaistos schmiedet den Schild des Achilleus – Homer verwendet darauf einen halben Gesang – und dieser Schild wiederum wurde von den Allegorikern als das Weltall, als Kosmos gedeutet.[65] Hephaistos die Missgeburt ist also der Schöpfer der Welt. Verstärkt wird dies dadurch, dass Hephaistos mit dem ägyptischen Ptah von Memphis gleichgesetzt wird; *[191]* dies schon seit Herodot;[66] Ptah

---

[60] Syn. 34, p. 78f. (Robinson), Schenke (wie Anm. 41) 120f., vgl. 118; Iren. haer. 1,27,2.

[61] Hypost. *Arch.* p. 94, Schenke (wie Anm. 41) 231.

[62] Chrysipp *SVF* 11 nr. 908 = Hes. Frg. 343 = Galen, *De plac. Hippocr. et Plat.* 3,8 p. 318 Müller. Vgl. Hom. *Hy. Apoll.* 147.

[63] Hom. *Il.* 18,395f.; vgl. Hom. *Hy. Apoll.* 140; *Il.* 1,590.

[64] Vgl. Prokl. *In remp.* 1,82,10: τὴν ἄνωθεν ἄχρι τῶν τελευταίων ἐν τοῖς αἰσθητοῖς δημιουργημάτων τοῦ θείου πρόοδον...

[65] Heraclit. *All.* 43–51.

[66] Hdt. 3,37; Cic. *Nat. deor.* 3,55; Lyd. *Mens.* 4,86; L. Malten, Art. Hephaistos, *RE* 8,1 (1912), 343–346.

ist seinerseits Welt- und Menschenschöpfer. Statt auf Samaria und Syrien, wie bei Simon Magus, werden wir damit auf Ägypten, doch wohl auf Alexandrien verwiesen. Die Gnostiker sind, möchte man vermuten, entgleiste Hippie-Studenten aus Alexandrien. Indem sie *Genesis* und *Timaios* verbinden, haben sie griechische Dichtung und Mythologie im Schulsack. So wird die angebliche Ergänzung des Evangeliums zu griechisch-ägyptischer Spekulation der literarisch-philosophischen Art. So gewinnt man den Hintergrund für den verworfenen Schöpfer-Gott und seine materielle Schöpfung, über die der gnostische "Geist" hinauszukommen glaubt.

Ganz anderer Art ist das so genannte *Perlenlied*, schlichter und eben darum eindrücklicher. Es ist eingeschoben in die *Thomas-Akten*, Geschichten um den Apostel Thomas. Diese sind syrisch und griechisch überliefert, die Originalsprache war wahrscheinlich syrisch. Griechisch gibt es eine einzige Handschrift.[67] "Als ich ein kleines Kind war, das noch nicht reden konnte, im Königspalast meines Vaters, und ruhte im Reichtum und im Überfluss der Ernährer, da sandten die Eltern mich aus von der Heimat, vom Osten aus ..." fängt der Text an. Man erkennt den Märchenanfang: Es war einmal ein Königssohn... Der Auftrag aber ist: "Wenn du nach Ägypten hinabgehst und von dort die eine Perle bringst, die dort bei der verschlingenden Schlange ist, wirst du ... Erbe werden in unserem Königreich." Die eine Perle stammt aus dem Evangelium (*Mt* 13,45f.), auch das "Erbe" ist christlich. Doch mit dem Drachen, der den Schatz bewacht, sind wir in einer Mythen- oder Märchenwelt. Wir haben die typische Erzählstruktur, wie sie Vladimir Propp erarbeitet hat, den "quest":[68] Da ist der Auszug, die Aufgabe, der Antagonist, das Ziel. Freilich ist von Anfang an klar, dass dies eine Allegorie ist, dass das Schicksal des Menschen in der Welt abseits vom himmlischen Heimatland dargestellt wird. Trotzdem scheint die allegorische Umsetzung nicht einmal ganz aufzugehen; was die Perle, was die Schlange ist, wird gar nicht expliziert. Die Spannung der Erzählung kommt von einer eigentümlichen Krise: Der Königsohn in der Fremde, inmitten neuer Gesellschaft, vergisst seinen Auftrag ganz und gar. Zum Glück greift da ein *[192]* Helfer ein, ein Adler kommt mit einem Brief von zu Hause, er erinnert den Königssohn an seine Heimat und an seine Aufgabe; und so kann er dann, als der Drache schläft, die Perle gewinnen und die Heimreise antreten. Der Erzäh-

---

[67] *Acta apostolorum Apocrypha* ed. Lipsius – Bonnet II 2 (Leipzig 1903), 219–224; R. Merkelbach, *Roman und Mysterium in der Antike* (München 1962), 299-320; Förster I (wie Anm. 41) 455–459; A. Adam, *Die Psalmen des Thomas und das Perlenlied als Zeugnisse vorchristlicher Gnosis* (Berlin 1959).

[68] V. Propp, *Morphologie des Märchens* (München ²1975; russisch 1928); dazu Burkert, *Structure and History* (wie Anm. 1).

lungsstrang geht dann einigermaßen unter im Hymnisch-Ornamentalen. Doch mag uns unter dem Stichwort "Märchen" beispielshalber das Grimmsche Märchen von den "Sechsen" einfallen:[69] Da soll ein ganz Schneller im Wettlauf Wasser holen, er wird aber müde und schläft ein und muss durch einen anderen Spezialisten mit einem Meisterschuss geweckt werden. Damit soll weiter nichts gesagt sein über die verschlungenen Wege der Märchen-Motive. Die "Erinnerung" wird man natürlich mit der platonischen Ἀνά-μνησις verbinden – es gibt mannigfache Deutungsebenen.

Die eigentliche funktionale Parallele zu einer solchen Erzählung, einer Quasi-Allegorie auf Märchen-Hintergrund, finden wir – praktisch gleichzeitig mit den *Thomas-Akten* – bei Apuleius in jenem Text, der seit je als Mustertext für "das Märchen der antiken Literatur" überhaupt genommen wird: Amor und Psyche.[70] "Es waren einmal in einer Stadt ein König und eine Königin", fängt dies an (4,28), und in der vielfältig verschlungenen Handlung kommt es auch dazu, dass Psyche Wasser aus der stygischen Unterwelt (6,13–16) und danach noch eine Creme der Schönheit in einer geheimnisvolle "Büchse" (*pyxis*) von Persephone holen muss (6,16–21); dabei kommt, als sie neugierigerweise die *pyxis* öffnet, ein tödlicher Schlaf über sie, der aus der Büchse aufsteigt; zum Glück kommt als Helfer hier Amor selbst herbeigeflogen, und auch diese Aufgabe wird glücklich erfüllt. Das Styxwasser hatte für sie ein Adler vom Felsabsturz zwischen Drachen (*dracones*) herausgeholt. Die Aufgabe, die Krise, der Helfer, die Rettung – wir sehen die Nähe zum Perlenlied. Die Erzählung des Apuleius ist ein typisches Märchen, kein Zweifel – moderne Märchenforscher haben so etwa 1500 Varianten davon aufgezeichnet –, das Märchen ist aber von Apuleius, dem Rhetor und platonischen Philosophen, ganz offenbar zugleich allegorisch-philosophisch gemeint, mit den klaren Namen, die die Charaktere tragen: Es geht um die schwierige und schließlich doch gelingende Begegnung der "Seele" mit dem "Eros", eine Initiationsgeschichte also im Rahmen der Adoleszenz; das Kind der Verbindung heißt, geradezu platt, *voluptas*. Man kann im Märchen aber auch einen höheren Sinn religiös-mystischer Initiation finden, wie das Reinhold Merkelbach in seinem Buch über Roman und Mysterium herausgearbeitet hat. Apuleius erzählt ein Märchen, aber er erzählt es nicht naiv. Der Apostel singt ein Lied über die *[193]* wahre Heimat der Seele, ihren Irrgang und ihre Rückkehr, aber er tut es im bunten Glanz des Märchens vom Königsohn, vom Drachen und von der Perle.

Ein Wort noch zur Drachen-Mythologie oder zum Drachen-Märchen: Dieses Thema wird im Perlenlied fast nebenbei thematisiert. Viel wichtiger

---

[69] *Kinder- und Hausmärchen*, Nr. 71: „Sechse kommen durch die ganze Welt".
[70] Hierzu Merkelbach (wie Anm. 67), 44–51.

war, vor allem in der Nachwirkung, die Apokalypse des Iohannes, in der Michael mit dem Drachen streitet.[71] "Die alte Schlange" wird dort ausdrücklich als *diabolos* identifiziert. Dieser Bibeltext – und nicht der alte Mythos von Kadmos dem Drachentöter zu Theben – ist Ausgangspunkt für das Wort "Drachen" in den europäischen Sprachen geworden; δράκων steht im Bibeltext, *draco* auch in der Vulgata; δράκων hat auch die griechische Fassung des Perlenlieds. Eine Geschichte von *Bel et Draco* steht auch im griechischen *Daniel*-Anhang; da wird der Drache mit einem unverdaulichen Kloß getötet. Noch eine andere Drachen-Geschichte bringen die *Thomas-Akten* in einem früheren Abschnitt. Das Drachen-Bild fällt offenbar in ein altes Schema hinein, füllt es mit neuem Leben und pflanzt sich so weiter fort. Am populärsten ist dann die Geschichte vom Heiligen Georg mit dem Drachen und der Jungfrau geworden; doch da sind wir jenseits des 3. Jahrhunderts, jenseits des frühen Christentums.

---

[71] *Apoc.* [*Offb*] 12,3–17; 3,2; 4,11; 16,13; 20,2. Vgl. im Übrigen R. Merkelbach, Art. "Drachen", *RAC* 4 (1959), 226–250.

B. Religion

Erschienen in: Theologische Realenzyklopädie XIV, Berlin/New York 1985, 235–253

8. Griechische Religion

1. Eingrenzung, Charakteristik, Epochen

Der Begriff "griechische Religion" umfaßt die religiösen Äußerungen und Institutionen im Bereich griechischer Sprache und Kultur vor und außerhalb von Judentum und Christentum.[1] Geographisch sind damit außer dem eigentlichen Griechenland bis Thessalien und den Inseln seit dem 2. Jahrtausend große Teile von Westkleinasien und Zypern erfaßt, seit dem 8. Jh. Unteritalien und Sizilien sowie die Schwarzmeerküste, seit Alexander die Städte von Syrien-Ägypten mit östlichen Ausläufern über Irak und Iran bis Indien. Griechische Religion wird greifbar mit der mykenischen Kultur und besteht bis zum Verbot heidnischer Kulte 392 n. Chr., in privaten Kreisen bis ins 6. Jh. n. Chr. Sie ist komplex und uneinheitlich, doch die lokalen, sozialen, historischen Differenzierungen sind nicht durchgehend genug, eine Mehrzahl von "griechischen Religionen" zu unterscheiden, Kompatibilität der Systeme, gegenseitige Verständigung, Kontinuität waren gegeben. Prinzipielle und beständige Charakteristika sind: Fundierung im 'Brauch' (νόμος), in Familien- und Lokaltradition ohne Offenbarungsschriften, Religionsstifter, organisiertes Priester- oder Mönchswesen; mythologisch bestimmter Polytheismus, geprägt durch die poetische Tradition; anthropomorphe Götter-Ikonographie, getragen von der hochentwickelten Bildkunst in Verbindung mit der Tempelarchitektur; öffentliche Kultpraxis, konzentriert aufs Tieropfer anläßlich von lokalen kalendarisch geregelten Festen;

---

[1] Wesentlich von jüdischen bzw. jüdisch-christlichen Impulsen beeinflußt sind Gnosis und Hermetik, sie werden hier nicht berücksichtigt.

persönliche Geheimkulte, 'Mysterien'; öffentliche und private Gelübde als Hauptform des Gebets; Beachtung göttlicher Zeichen, 'Mantik'. Die Hauptepochen sind:

1) *Mykenische Kultur*, ca. 1600-1150 v.Chr. Die Schriftzeugnisse in Linear B aus Knossos, Theben, Mykene und Pylos beschränken sich auf Wirtschaftstexte der Palastverwaltung. Dominant ist der Einfluß der nichtgriechischen 'Minoischen' Kultur Kretas, doch gibt es Differenzierungen zwischen minoischer und mykenischer Religion. Im Mykenischen sind die spezifisch griechischen Bezeichnungen für 'Gott' (θεός) und 'heilig' (ἱερός) bereits ausgeprägt, dazu Götternamen wie *Zeus, Hera, Poseidon*, auch *Dionysos*. Die Korrelation von Ausgrabungsbefunden, Ikonographie und Texten bleibt schwierig.

2) *Die Dunklen Jahrhunderte*, 12.–8. Jh., eine schriftlose Periode, an deren Beginn ein Kulturzusammenbruch ('Seevölkersturm'?) und wesentliche Umschichtungen in Griechenland ('Dorische Wanderung'?) stehen. Das Ausmaß der Kontinuität vom Mykenischen her ist schwer abzuschätzen. Im 11. Jahrhundert sind keine kultischen Aktivitäten und keine Heiligtümer nachweisbar, abgesehen von Kreta und Cypern, wo in Paphos der Aphrodite- (eigentlich Wanassa-) Tempel bestehen bleibt. Etwa die Hälfte der mykenischen Götternamen ist später verschollen, andere wie Apollon und Aphrodite treten neu hervor; auch die Verbindung von Altar und Feuer scheint sich geändert zu haben. Der markante Aufschwung im 8. Jahrundert geht zusammen mit Seehandel, kolonialer Expansion und Impulsen der östlichen Hochkulturen; dazu gehört die Übernahme der phönizischen Schrift im 8. Jahrhundert. Vereinzelt seit dem 10., gehäuft im 9. Jh. werden die später bekannten Heiligtümer mit Altären und Votiven, dann auch mit Tempeln faßbar.

3) *Die Epoche der griechischen Polis*, ca. 700–330 v. Chr. Die griechische Kultur gewinnt ihre eigene, bald stark ausstrahlende Form als Stadtkultur mit militärisch ausgerichteter Oberschicht, blühendem Handel, höchst ent-*[236]*wickeltem Handwerk, wachsender Bedeutung der Sklaverei. Geistig bestimmend ist zunächst das heroische Epos mit Götter- und Heroenmythologie. Aus variablen Formen des Hausbaus entwickelt sich gegen Ende des 7. Jh.s die Standardform des griechischen Tempels. Zu überregionalen Heiligtümern steigen Stätten von Orakeln wie Delphi, von Spielen wie Olympia auf. Durch die Perserkriege gewinnt Athen eine zentrale Stellung. Mit sozialen Auseinandersetzungen, die demokratische an Stelle von aristokratischen Ordnungen setzen, geht im 5. Jh. ein geistiger Umbruch Hand in Hand, der zur Institution höherer Bildung und zur Philosophie führt. Dies bedeutet Kritik und Distanzierung gegenüber der mythologisch gefaßten Religion, ohne doch die Kultpraxis stark zu beeinflussen.

4) *Hellenistische Epoche*, ca. 330–30 v. Chr. Das Zerbrechen des persischen Großreichs bringt die enorme Expansion griechischer Städtegründungen; als neue Zentren ragen Alexandreia in Ägypten, Antiocheia in Syrien, Pergamon in Kleinasien heraus. Vielgestaltige und wechselnde Auseinandersetzung mit den orientalischen Hochkulturen setzt ein. Der neuen Institution der hellenistischen Monarchie entspricht der Herrscherkult. Die schrittweise Eingliederung ins Imperium Romanum seit 198 ist meist mit katastrophalem wirtschaftlich-kulturellen Niedergang verbunden.

5) *Die Kaiserzeit*, von Augustus (31 v.–14 n. Chr.) bis Justinian (527–565). Die *pax Romana* bringt eine neue Blüte der griechischen freilich bereits rückwärts gewandten, klassizistischen Kultur; Schwerpunkt der Prosperität ist Kleinasien. Die Städte wetteifern im Kaiserkult. Rege Kommunikation und Mobilität erleichtern die Ausbreitung fremder Kulte. Auf die innen- und außenpolitische Krise folgt der Sieg des Christentums, das schrittweise das Heidentum verschwinden macht, während jenseits der Ostgrenze des Imperium griechische Kultur und Religion durch das Sassanidenreich beeinträchtigt, durch den Islam schließlich ausgelöscht werden.

2. Rituelle Grundlagen

Griechische Religion vollzieht sich vorzugsweise und beharrlich als Handeln (δρώμενον) nach dem Brauch der Väter (κατὰ τὰ πάτρια) bzw. der Stadt (νόμῳ πολέως). 'Heiliges Wirken' (ἱερεύειν) ist in erster Linie das Tieropfer, zeremonielles Schlachten und Essen. Das gewöhnliche Opfertier ist das Schaf, daneben Ziege und Schwein, aufwendiger das Rind, als höchstes der Stier. Opfer ist festliche Veranstaltung der Gemeinschaft. Man beginnt mit einer Prozession (πομπή) zum Altar des Heiligtums, auch das Tier wird geschmückt, es sollte freiwillig mitkommen; zum 'Anfangen' (κατάρχεσθαι) gehört Händewaschen, Werfen von Getreidekörnern, Abschneiden von Stirnhaaren des Opfers. Auf das Gebet folgt als emotioneller Höhepunkt die Schlachtung, markiert vom schrillen Schrei (ὀλολυγή) der Frauen. Während die Knochen, besonders die Schenkelknochen mit Fett auf dem Altar verbrannt werden, kostet man von den rasch gerösteten Eingeweiden (σπλάγχνα). Das folgende Festmahl ist eher profanen Charakters, muß aber oft ausdrücklich im Heiligtum stattfinden. Die Verteilung der Portionen (γέρας) ist Ausdruck der gesellschaftlichen Rangordnung. Es geht um Begründung und Darstellung einer exklusiven Gemeinschaft, "Teilhaben am Heiligen" (ἱερῶν μετέχειν). Daß der Gott das Uneßbare erhält, wird in der Komödie mit Spott kommentiert, hat vorher schon im Trickster-Mythos von Prometheus (Hes. *Theog.* 521–614) seinen Ausdruck gefunden. Sekundär deponiert man auf Tischen neben dem Altar 'heilige' Portionen, die dem Priester zufallen. Eigentliche Götterbewirtung (θεοξένια) ist ein Sonderfall. Das Opfertier ist 'heilig' als Besitz des Gottes, ist mit der jeweiligen Gottheit auch als ikonographisches Emblem eng verbunden, wird aber nicht selbst verehrt oder mit dem Gott explizit gleichgesetzt. Das Erleben des Heiligen kristallisiert sich um die notwendige Antithese von Töten und Lebensgewinn. Gelegentlich wird in einer 'Unschuldkomödie'[2] das Schuld-

---

[2] Fundamental ist Meuli, "Griechische Opferbräuche", in: *Phyllobolia. FS Peter Von der Mühll*, Basel 1946, 185–288 = *Gesammelte Schriften*, ed. Th. Gelzer, Basel 1975, 907–1018.

gefühl des Tiertöters ausgespielt: Beim 'Rindermord' (Βουφόνια) im Rahmen des attischen Festes für den "Zeus der Stadt" (Διπολιεῖα) läßt man das Opfer selbst schuldig werden: der Stier frißt Körner vom heiligen Tisch; dem Schlachten und Essen folgt eine absurde Gerichtsverhandlung, in der, nachdem der 'Stierschläger' entflohen ist, das Messer schuldig gesprochen wird[3]. Gewisse Opfer werden ganz verbrannt (ὁλοκαυ(σ)τόν), in chthonischen Kulten und auch zur Einleitung des eigentlichen Opferfests. Dieses Nebeneinander sowie das Verbrennen von Teilen des Tiers beim Speiseopfer verbindet griechisches mit westsemitischem Ritual.

Das *Gaben-Opfer* findet sich vor allem in Form des Primitialopfers: 'Erstlinge' (ἀπαρχαί) der Feld- und Baumfrüchte werden im Heiligtum deponiert, auf dem Land bei *[237]* lokalen, ländlichen Göttern. Auch von Kriegsbeute nimmt man "den Zehnten heraus für den Gott" (Hdt. 9, 81; 4, 152); entsprechend kann ein Händler oder Handwerker mit seinem Gewinn verfahren. Vor der Mahlzeit verbrennt man kleine Essensportionen für Hestia den Herd, vor dem Trinken gießt man Wein unter Anrufung eines Gottes auf den Boden (σπονδή, Libation). Daneben stehen komplexe Flüssigkeitsopfer (χοαί), vor allem im Kult der Toten und unterweltlichen Götter, dazu Ausgießen von Öl über gewissen Steinen, was nicht verbal erklärt wird und eher den Charakter instinktiver Markierung hat. Verbrennen von Weihrauch im Altarfeuer wird in der archaischen Zeit üblich und gilt später als schlichtester Beitrag dessen, der opfern möchte; kein Opfer ohne Aufwand.

Das *Gebet* (εὐχή) steht im Rahmen des Opfers, zumindest einer Libation. Normalform ist der laute Spruch des Opferherrn vor der Gemeinschaft. Man beginnt mit dem Namensanruf des Gottes, sucht die rechten, wirkungsmächtigen Beinamen zu treffen, ruft den Gott von seinem gewohnten Aufenthalt herbei; man erinnert an frühere Freundschaftserweise, betont die göttliche Macht: "Du kannst". Es folgt die klar formulierte Bitte, meist verbunden mit einem Versprechen für die Zukunft: Gebet ist zugleich Gelübde (beides εὐχή). Gelübde sind die üblichste Form religiöser Zukunftsbewältigung. Versprochen werden Opfer bzw. Stiftungen im Heiligtum: Waffen, Gewänder, eigens angefertigte Kunstwerke; solche Votive sind vor allem Keramik- und Metallfiguren von kleinsten bis stattlichsten Ausmaßen, in älterer Zeit meist Tierfiguren, dann Menschenfiguren, wobei oft unsicher bleibt, ob der Weihende sich selbst dauerhaft im Heiligtum oder die Gottheit zu deren Freude darzustellen im Sinn hat.

Das *Heiligtum* ist ein abgegrenzter Bezirk (τέμενος), markiert oft durch Stein und Baum, meist mit einer Quelle verbunden. Der Altar, auf dem

---

[3] W. Burkert, *Homo Necans*, Berlin 1972, 154–161.

Feuer fürs Opfer entzündet wird, besteht in einfachster Form aus roh ge-
schichteten Steinen, meist aber als dauerhafter, runder oder quaderförmiger
Steinbau. Seit dem Ausgang der *Dunklen Jahrhunderte* errichtet man der
Gottheit ein eigenes 'Haus' (ναός), zuerst vor allem für Göttinnen und für
Apollon; Zeus kann ohne Tempel bleiben. Das Heiligtum, vor allem der
Altar ist 'unverletzlich' (ἄσυλον) und bietet dem Verfolgten 'Asyl'. Zum
Tempel gehört das Kultbild. Archaische Holzschnitzwerke dominieren. Ein
Kultbild wird zeremoniell 'errichtet' (ἱδρύειν, daher selbst ἕδος genannt),
gilt aber in der Regel als Menschenwerk, zumal spätere Schöpfungen wie
die Goldelfenbeinstatuen des Pheidias im Parthenon und im Zeustempel von
Olympia: 'Prunkstücke' (ἀγάλματα), an denen der Gott sich freut. Der Un-
terschied zu den gleichfalls im Heiligtum aufgestellten Votivstatuen der
Götter ist fließend. Einzelne altertümliche Bilder allerdings gelten als "vom
Himmel gefallen", etwa ein 'Palladion', ein kleines Pallas-Athena-Bild, an
dem das Heil der Stadt hängt.

Zur *Ausgestaltung* der Feste dienen Tanzgruppen (χοροί) und Wettkämpfe (ἀγῶνες). 'Chöre' sind nach Altersgruppe und Geschlecht im
Brauch fixiert, ihr Lied aber wird von Dichtern stets neu gestaltet. Auch die
Tragödie ist im Kern ein 'Lied' von Maskenchören für Dionysos. Sportwett-
kämpfe gewinnen panhellenischen Rang, allen voran die Olympischen Spiele, bleiben aber immer im Rahmen des Kultes: "Opfer und Agon" (Thuk.
5,20,2). Auch Lied, Tanz, Theater wird zum Wettkampf, zum "musischen
Agon".

'Priester' (ἱερεύς) bzw. 'Priesterin' (ἱέρεια) bezeichnet nicht einen Stand
mit Ausbildung, Weihe und Hierarchie, sondern lokale Funktionäre des je
besonderen Gottes und Heiligtums. Gewisse Priestertümer sind erblich in
alten Familien; oft bestimmt das Volk; gelegentlich, besonders in Kleinasien, werden Priestertümer versteigert. Der Priester erhält einen Ehren-
anteil vom Opfer und weitere Abgaben, er sorgt für die notwendige Ausstattung und leitet die Zeremonien. Auch Könige, Feldherren, Wahlbeamte
führen von Amts wegen Opfer durch.

Das Geheimnisvoll-Numinose bleibt den Bereichen der Kathartik und
Mantik. Man tritt den Göttern 'rein' gegenüber, Wasserbecken stehen am
Eingang ins Heiligtum. Als unsichtbare 'Befleckung' (μίασμα) gilt Umgang
mit Tod, Geburt, Sexualität; Enthaltungsfristen sind vorgeschrieben, nach
denen man wieder als 'rein' am Kult teilnehmen kann. Bestimmte Prie-
ster(innen) haben überhaupt solche Verunreinigung zu meiden. *[238]* Auch
Krankheit, besonders Wahnsinn, und Blutschuld werden als Befleckung
empfunden; man treibt den Greuel mit dem Mörder über die Grenze (ἄγος
ἐλαύνειν); doch ist 'Reinigung' (κάθαρσις) durch komplizierte Rituale
möglich, die teils von wandernden Charismatikern (καθαρταί, τελεσταί)
vollzogen, teils von Orakeln angeordnet werden. Man reinigt Blut durch

Blut – über dem Haupt des Mörders oder Wahnsinnigen wird ein Ferkel ge-schlachtet –, es gibt 'Abreibungen' (ἀπομάγματα) mit Lehm und Spreu, auch 'Reinigung' durch Feuer, mit Fackeln und Schwefel-Räucherung. Es gibt fließende Übergänge von solchen 'Reinigungen' zu Mysterienweihen.

In Ermangelung von Offenbarung wird das Beobachten aller Art von 'Zeichen' zum direktesten Verkehr mit Göttlichem. Hierfür gibt es den hochangesehenen Spezialisten, den Seher (μάντις). Die Kunst wird in der Familie vererbt. Neben dem Vogelflug erscheinen vor allem Einzelheiten des Opferablaufs bedeutsam, insbesondere aus mesopotamischer Tradition das Studium der Leber (Hepatoskopie). Im Späthellenismus tritt die Astro-logie in den Vordergrund. Keine Schlacht wird ohne genaue Beobachtung der Vorzeichen begonnen, ein Sieg wird dem Seher so gut wie dem Feld-herrn zugeschrieben. Neben den Sehern gewinnen einzelne Heiligtümer Ruhm, wo der Gott regelmäßig Zeichen gibt, 'Orakel' (χρηστήρια, μαν-τεῖα), allen voran Delphi, daneben etwa Dodona, Didyma, Klaros. Hier tre-ten Medien auf, "vom Gott erfüllt" (ἔνθεοι), in Delphi die 'Pythia' auf dem Dreifuß zuhinterst im Tempel. Die Orakel geben weniger Voraussagen als Weisungen, an Staaten über Koloniegründung und Kriegführung, insbeson-dere über Kulte, an Private auch in alltäglichen Problemen. Die Delphischen Orakel werden in Hexameterform gebracht; sie erscheinen oft vieldeutig, die rechte Interpretation zu finden bleibt aufgegeben. Der Erfolg der Orakel dokumentiert sich in reichen Dankesgaben; sprichwörtlich blieb das Gold des Kroisos von Delphi. Seit Ende des 6. Jh.s beginnen schriftliche Orakel-sammlungen.zu zirkulieren, unter den Namen mythischer Seher wie Or-pheus, Musaios, Bakis und besonders dann der Sibylle.

3. Der mythologische Polytheismus

Der Glaube an eine Vielzahl menschengestaltiger Götter bestimmt die Religion in allen alten Hochkulturen; die mykenischen Götternamen zeugen dafür in Griechenland bereits zur Bronzezeit. Dem Griechischen eigen-tümlich ist die überwältigende Macht der altepischen Dichtung, der dann der Aufschwung der bildenden Künste folgt. "Homer und Hesiod sind es, die den Griechen eine Genealogie der Götter geschaffen haben, den Göttern ihre Beinamen gegeben, ihre Ehren und Zuständigkeiten eingeteilt und ihre Gestalt geprägt haben" (Hdt. 2,53). Dies bedeutet volle Vermenschlichung[4]

---

[4]   Die angeblichen "vielen Brüste" der Artemis von Ephesos sind ein Behang der Statue mit Stier-hoden: Gérard Seiterle, *Antike Welt* 10:3, 1979, 3–16, vgl. Robert Fleischer, *Artemis von Ephesos und verwandte Kultstatuen aus Anatolien und Syrien*, Leiden 1973 (EPRO 35).

und personhafte Gestaltung. Die Götternamen sind zu echten Eigennamen geworden, sind etymologisch für die Griechen durchweg undurchschaubar. Götter sind nicht definierbare Begriffe, man kennt sie als Gestalt. Man stellt sich den Gott im Vollzug einer individuellen Geschichte vor, in bestimmten Szenen agierend und sprechend. Götter haben Eltern und Familie. Sie sind dem Menschen weit überlegen an Kraft und Wissen, doch nicht notwendigerweise allmächtig oder allwissend. Sie können vernichten, nicht aber Leben geben. Sie sind auf ihre Ehre bedacht, mißgönnen es dem Menschen, wenn er sich zu hoch erhebt – dies ist der "Neid der Götter" (θεῶν φθόνος) –; sie lieben und hassen, sie sind sexuell aktiv und pflanzen ihr Wesen in menschlichen Kindern fort. Sie selbst sind vor allem unsterblich (ἀθάνατοι) und 'selig' (μάκαρες). Ihr Wirkungsbereich wird in Poesie und Kult durch eine Fülle von Beinamen umschrieben, z. B. Zeus als Regengott ("Ομβριος), Stadtgott (Πολιεύς), Schützer des Hofes (Ερκεῖος), der Fremden (Ξένιος), der Schutzflehenden (Ικέσιος), Gott aller Griechen (Πανελλήνιος), Herrscher und König schlechthin ("Αναξ, Βασιλεύς). Zudem gibt man den Göttern als Begleiter personifizierte Abstrakta bei, so 'Recht' (Δίκη) als Tochter des Zeus, 'Kraft' und 'Gewalt' (Κράτος, Βία) als seine Schergen, 'Sieg' (Νίκη) in der Hand der Athena, 'Liebe' und 'Sehnsucht' ("Ερως, "Ιμερος) im Gefolge der Aphrodite. Die Dichtung spricht ohne Bedenken von der direkten Epiphanie der Götter im Menschenleben, sei es in der Schlacht oder in der Liebe *[239]* (Archilochos Fr. 94 West; Sappho Fr. 1 Lobel-Page); im realen Kult sind die Götter fern: die bleiben in plastischer Distanz.

Die allgemein bekannten panhellenischen, d. h. homerischen Götter, die man sich wie eine Großfamilie auf dem Götterberg Olympos wohnen denkt, sind gering an Zahl. Oft wird eine Zwölfergruppe der Olympischen Götter genannt, doch ist der Bestand nicht ganz fest. Voran steht Zeus, dem Namen nach der indogermanische Himmelsvater, für die Griechen vor allem der blitzeschleudernde Wettergott, der stärkste der Götter. Der Mythos Hesiods malt aus, wie er die alten Götter, seinen Vater Kronos und die Titanen, gestürzt und im Tartaros gefesselt hat (Hes. *Theog.* 617–720); auch nachträgliche Aufstände erdgeborener Wesen, Typhon und Giganten, sind gescheitert. So repräsentiert Zeus die sieghafte patriarchalische Ordnung. Adels- und Königsfamilien partizipieren daran, indem sie ihren Ahn als Sohn des Zeus bezeichnen. Zeus steht über den Parteien, hat niemand über sich, respektiert aber die Verteilung der Welt, in der besonders auch der Tod des Menschen 'Teil' ist (Μοῖρα). Philosophisch-naturwissenschaftliche Spekulation ließ später das Verhältnis von Zeus und Schicksal (Μοῖρα) bzw. Notwendigkeit (Εἱμαρμένη) zum Problem werden. Zeus ist der einzige Gott, der spekulativ zum Allgott erhoben werden konnte, bereits beim Tragiker Aischylos: "Zeus ist Aither, Zeus ist Erde, Zeus ist Himmel, Zeus ist das All und was noch höher ist als dieses".[5] Die Philosophie der Stoa ist dem gefolgt.

Hera ist im homerischen Mythos die eifersüchtige und zänkische Gattin des Zeus, im Kult aber eine hochverehrte große Göttin, mütterlich schützend, über den Opferfesten waltend, im Vollzug der Ehe menschlich-zivile Ordnung überhaupt garantierend.

Poseidon, Herr der Wassertiefe, Bruder des Zeus, Hauptgott im mykenischen Pylos, ist später vor allem der Gott des Meeres, der Fischer und Schiffer, aber auch des Erdbebens, zudem Zeuger des Pferdes und Patron der Reiterei (῞Ιππιος).

Athena, Burggöttin von Athen, aus dem Haupt des Zeus entsprungen und ihm besonders nahestehend, ist als bewaffnete Jungfrau Schützerin ihrer Stadt und mächtige Helferin im Kampf, zugleich aber auch Patronin der Frauenarbeit, besonders der Webkunst, ja des Handwerks überhaupt, stets im Sinne der zugreifenden Klugheit.

Apollon, der strahlendste Sohn des Zeus, vorgestellt in blühender Jugend, in der Hand den Bogen führend wie die Leier, gilt als Inbegriff des Griechischen überhaupt. Er ist einer der meistverehrten Götter, gestützt auf die panhellenischen Heiligtümer von Delos und Delphi. Er ist der Gott des heilenden Lieds (*Paian*), damit Vertreiber von Krankheit und Ungeziefer und Schutzgott überhaupt, aber auch der Gott der Seher und Orakel, nicht als Magier sondern als der Wissende, der überlegene Weisung gibt für Reinheit, Selbstbescheidung, einigende Ordnung. So gehört sein Kult zu Markt und Rathaus. Der Name weist vielleicht auf die Jahresversammlung der Dorier, ἀπέλλα. Als Sonnengott wird Apollon seit dem 5. Jh. v. Chr. gedeutet.

Artemis, Apollons Zwillingsschwester, vor ihm von Leto auf Delos geboren, ist eine Göttin des 'Draußen', Herrin der Tiere, jungfräuliche Jägerin im Gefolge ihrer Nymphen, aber auch Herrin der Mädchen-Initiationen, huldvoll oder gefährlich in der Krise der Geburt. In Brauron bei Athen stehen Mädchen als 'Bärinnen' (ἄρκτοι) in ihrem Dienst. Beim hochberühmten Kult der Artemis von Ephesos[6] ist kleinasiatischer Hintergrund zu vermuten.

Aphrodite ist die Göttin der seelischen und körperlichen Liebe; ἀφροδίσια heißt der Liebesakt. Eros ist ihr Sohn. Es handelt sich um die griechische Umprägung der Ištar-Astarte-Gestalt, vielleicht auch im Namen, sicher im Beinamen 'die Himmlische' (Οὐρανία) und in der gelegentlichen kriegerischen Funktion. Als ihre Heimat gilt Cypern. Nach dem hesiodeischen Mythos entstand sie im 'Schaum (ἀφρός), als Kronos Himmel und Erde trennte, seinen Vater Uranos kastrierte und das Glied ins Meer warf. Aphrodite ist kosmogonische Potenz, oft mit dem Charakter einer Großen Göttin überhaupt, auch Patronin von Beamtenkollegien, aber auch der Prostituierten, die als Hierodulen einem Aphroditetempel zugeordnet sein können, wie in Korinth. Das orientalische Bild der nackten Göttin wird in der archaischen und klassischen Epoche verdrängt, erst mit Praxiteles, ca. 340 v. Chr., setzen die dann so populären nackten 'Venus'-Statuen ein.

Hermes ist im Epos der Götterbote, im homerischen Hymnos der kulturstiftende Trickster, der Opfer und Musik erfindet, insgesamt ein Gott der Grenzbereiche, Wege

---

[5]   Aischyl. Fr. 105 Mette *[=F 70 TrGF]*.

[6]   Die angeblichen "vielen Brüste" der Artemis von Ephesos sind ein Behang der Statue mit Stierhoden: Gérard Seiterle, *Antike Welt* 10:3, 1979, 3–16, vgl. Robert Fleischer, *Artemis von Ephesos und verwandte Kultstatuen aus Anatolien und Syrien*, Leiden 1973 (EPRO 35).

und Übergänge: Patron der Herolde und Gesandten mit dem Abzeichen des Schlangenstabs, der Hirten und Herden, der Diebe, zudem der Geleiter der Toten ins Jenseits (ψυχοπομπός). Der Name kommt wohl vom Steinhaufen (ἕρμα) als Weg-, Grenz- und Grabmarkierung; in Athen kommt um 530 v. Chr. als Wächterfigur der Wege und Zugänge der Vierkantpfeiler mit bärtigem Gesicht und Phallos auf, 'die Herme'. *[240]*

Hephaistos ist der Gott des Feuers und der Schmiede, Patron der Handwerker. Man denkt ihn sich an den Füßen verkrüppelt, am Amboß arbeitend, doch verheiratet mit Charis 'Anmut' oder selbst mit Aphrodite.

Ares, der personifizierte Krieg, ist ein gewaltiger Gott, den man tunlichst auf seine eigentliche Sphäre beschränkt. Homer läßt sein Ungestüm der Klugheit Athenas unterliegen. Ein alter Kultname, der dann als Beiname erscheint, ist *Enyalios*.

Abgerückt von den übrigen Olympiern durch ihre innige Beziehung zur Fruchtbarkeit der Erde sind *Demeter* und *Dionysos*, Getreidemutter und Weingott. Bei Homer treten beide nur am Rande auf; um so selbstverständlicher ist ihre Verehrung im bäuerlichen Bereich. Zu Demeter gehört ihre Tochter Persephone, das 'Mädchen' (Κόρη), das nach dem bekannten Mythos vom Unterweltsgott geraubt und zur Königin der Toten gemacht wird; zürnend versagt daraufhin Demeter ihre Gaben, bis Kore wenigstens für eine bestimmte Frist des Jahres an die Oberwelt zurückkehren darf, was meist mit dem Aufblühen der Natur im Frühling zusammengesehen wird. Man opfert Demeter vor der Aussaat, beim Sprießen und Blühen des Getreides wie auch nach der Ernte. Nur locker mit Agrarischem verbunden ist indes ihr verbreitetstes Fest, *Thesmophoria*, das Demeter als "Bringerin der Satzung" (θεσμός) ehrt. Es ist das wichtigste Fest der Frauen im Jahr; sie feiern in strenger Abgeschiedenheit von den Männern.

Dionysos galt als Eindringling in die griechische Religion, bis Linear-B-Texte ihn in der mykenischen Epoche nachwiesen. Er ist der Gott des Weins und der Ekstase, selbst 'rasend', umgeben vom Schwarm der 'rasenden' Frauen (Μαινάδες, Θυιάδες) und der halbtierischen, phallischen Satyrn. Sohn der Semele, die von Zeus als Blitz begattet und getötet wurde, ist er vom Vater im Schenkel ausgetragen und ein zweites Mal geboren worden – Initiationsmotive, die auf Dionysos-Mysterien weisen; ein apokrypher Mythos läßt ihn als Sohn der Persephone von Titanen zerrissen und von Semele wiedergeboren werden; aus den vom Blitz verbrannten Titanen entstehen die Menschen. Bezeichnend für Dionysos-Feste sind die Prozession mit Bock und Riesen-Phallos (*Dionysia*), die heilige Hochzeit mit der 'Königin' anläßlich der Öffnung der Weinfässer (Anthesteria), aber auch nächtliche Raserei (*Agrionia*) mit Zerreißung von Opfertieren, was der Mythos zum Menschenopfer steigert. Dionysische Embleme sind Thyrsosstab, Efeu, Masken. Seit dem 5. Jh. v. Chr. ist die Antithese von Dionysos und Apollon formuliert, die doch als Brüder verbunden bleiben.

Zum engeren Zirkel der Olympischen Götter gehört die Göttin *Hestia* 'Herd', unverrück-
barer Mittelpunkt des Hauses mit dem Anspruch auf Primitialopfer; sie wird auch statt
Dionysos zu den 'Zwölfen' gerechnet. Mehr am Rand stehen Götter wie Prometheus,
Trickster, Feuerdieb und Menschenschöpfer, Patron der Töpfer zumal in Athen, ferner
die nächtliche Hekate, Anführerin von Gespenstern und Hexen, die aber eng an Artemis
angeglichen wird, dann als Meeresgöttinnen Thetis und Leukothea, schließlich auch der
bocksbeinige Pan aus dem Hirtenland Arkadien, dessen Name doch sekundär zu Spekulationen über einen 'Allgott' führt.

4. Toten- und Heroenkult

Zeremonielle Ausgestaltung der Bestattung und Grabbeigaben sind seit je
selbstverständlich. Ein Bruch zwischen mykenischer und griechischer Epoche zeigt sich darin, daß Einzelbestattung an Stelle von Familiengräbern
tritt und daß Brandbestattung üblich wird, ohne je ausschließlich zu gelten.
Mit der Entwicklung der Städte wird strikte Trennung von Siedlungs- und
Gräberbezirk obligatorisch; dieser entwickelt sich demgemäß vor dem Tor
entlang der Ausfallstraße. Zur Aufbahrung gehört wilde Totenklage und
'Sich beflecken' der Betroffenen, zum 'Hinaustragen' Opfer am Grab und
Leichenmahl, bei vornehmen Familien der archaischen Zeit auch Leichen-
spiele. Das Grab wird markiert mit einem Tongefäß oder einer steinernen
Stele, die seit dem 7. Jh. mit Inschrift versehen wird. Die Familien pflegen
die Gräber mit regelmäßigem Kult, wobei die Stelen gewaschen, mit Binden
behängt, mit Öl gesalbt werden; es gibt auch Tieropfer am Grab, die Toten
"mit Blut zu sättigen" (αἱμακουρία). Aus dem Ritual auf Glaubensvor-
stellun-*[241]*gen zu schließen, ist im übrigen nur mit höchster Vorsicht
möglich. Daß der Übergang zur Brandbestattung eine geminderte Macht des
Toten signalisiere, wird durch kein Indiz gestützt. Die homerische Jenseits-
mythologie läßt die Totenseelen (ψυχαί) ein leeres undohnmächtiges, ja be-
wußtloses Dasein im unterirdischen "Haus des Hades" führen; dies geht zusammen mit der altorientalischen Literatur. Der König dieses Bereichs ist
Hades-Pluton, Bruder des Zeus, Gatte der Persephone. Grenze ist der Fluß
oder See Acheron, verbunden mit weiteren Flüssen, deren Namen die Sphäre der Bestattung evozieren, Kokytos 'Klage', Pyriphlegethon 'Feuerbrand',
Styx 'Abscheu'. Nachhomerisch wird der Totenfährmann Charon genannt.
Bereits bei Homer ist die Vorstellung von den machtund bewußtlosen Toten
durchkreuzt von der Idee der Jenseitsstrafen: ist es zunächst der Fluch, ver-
körpert in den 'Erinyen', der besonders den Meineidigen über den Tod hinaus verfolgt, so ist bald allgemeiner von Strafen für Übeltäter die Rede
(Hom. *h. Dem.* 367–369). Sie werden in apokrypher Literatur besonders des
'Orpheus' weiter ausgemalt. Gegenpol ist die Hoffnung auf ein seliges Da-

sein jenseits des Todes. Die *Odyssee* spricht von der Entrückung des Mene-
laos ins "Elysische Feld", Hesiod vom Fortleben der Heroen auf den "Inseln
der Seligen" (Hom. *Od.* 4,563 –569; Hes. *Erga* 167–173). Beides ver-
schmilzt dann in Schilderungen vom überaus angenehmen, lichten, milden,
fruchtbaren "Ort der Frommen". Doch läßt sich das homerische Bild nicht
verdrängen.

Einzigartig ist die Entwicklung einer Klasse von *Heroen* in Glauben und
Kult der Griechen. Einzelne Gräber werden durch besondere Ausstattung
und regelmäßigen, privaten wie öffentlichen Kult mit Gaben, Libationen,
Opfermahlzeiten ausgezeichnet, weil eine besondere numinose Macht von
ihnen auszugehen scheint: der Zorn der 'Stärkeren' (κρείττονες) kann
Krankheit, Mißwuchs, alles sonstige Unheil bringen, man muß sie darum
"heiter stimmen" (ἱλάσκεσθαι). Der Mythos stellt Namen für solch mächtige
Tote bereit; es kann, muß sich aber nicht um Göttersöhne handeln. Seit dem
8. Jh. sind Kulte von Agamemnon, Menelaos, den Sieben gegen Theben
nachweisbar. Doch auch bekannte historische Personen kommen zu heroischen Ehren, so regelmäßig der Gründer einer Stadt (οἰκιστής). Manch ein
'Heros' bleibt auch namenlos. Die frühere These, daß im Heroenkult der
Totenkult der mykenischen Epoche fortbestehe, hat sich nicht bestätigt.
Selbst wo der Heroenkult an mykenische Kuppelgräber anknüpft, setzt er
neu ein im 8. Jh. Dies geht zusammen mit der Entwicklung der Polis, die
den Familienkult des Adels beschneidet. Zuweilen dürften hinter den Hero-
en abgesunkene Götter stehen: Das Pelops-Heiligtum in Olympia war kein
wirkliches Grab. Entscheidend ist die erfahrene Macht. Während die Gruppe der Götter als abgeschlossen gilt, können sich immer wieder neue Hero-
en manifestieren. Heroen sind populär, näher als die Götter, dafür in ihrem
Einfluß lokal begrenzt. Um so eher kann die Polis erwarten, daß sie im
Krieg zu Hilfe kommen. Insgesamt läßt sich religiöse Pflicht für Griechen
definieren als "Ehrung der Götter und Heroen" (Drakons Gesetz bei Porph.
Abst. 4,22). Von der hellenistischen Zeit an freilich wird es möglich, praktisch jeden lieben Toten mit entsprechendem Aufwand zu 'heroisieren' (ἀφ-
ηρωίζειν).

Im Ritual für Götter und Heroen setzt sich, bei aller Parallelität, eine
strikte Antithese von *olympisch* und *chthonisch* durch: Hier Bekränzung,
heiliges Schweigen, erhöhter Altar, Hochheben des Opfertiers, Festmahl-
zeit, das ganze am hellen Tag, dort Nachtzeit, eingetiefte Opfergrube (βόθ-
ρος), in die das Blut fließt, 'Hineinschneiden' (ἐντέμνειν) ins Feuer, nicht
selten Holokaust, auch Totenklage. Mythisch ausgedrückt besagt dies, daß
Götter dem Tod nicht nahekommen, am wenigsten Apollon und Artemis.
Dies ist nicht im Sinn einer historischen Abfolge von einer älteren, chthonischen zu einer jüngeren, olympischen Religion zu interpretieren, es geht um

eine dem Ritual implizite Antithese: dem Gott ist ein Heros zugeordnet, das nächtliche Heroenopfer geht dem Götteropfer des Tages voran. Einige Zeussöhne überspielen die chthonisch-olympische Antithese, erhalten sowohl heroische wie göttliche Ehren: Herakles und die Dioskuren. Herakles, eine populäre Helfergestalt, Abwehrer alles Bösen (ἀλεξίκακος), Inbegriff des "schönen Siegs" (καλλί-*[242]*νικος), ist im Mythos Knecht des Königs Eurystheus, für den er 12 fast unmögliche 'Arbeiten' mit Glanz besteht; viele haben mit Tieren zu tun, sei es daß er Pferde, Rinder, Wildschwein, Hirschkuh herbeischafft, sei es daß er Löwe und vielköpfige Hydra tötet. Schließlich bändigt er Kerberos, den Hund der Unterwelt, gewinnt die Äpfel der Hesperiden im Göttergarten des fernen Westens und geht, indem er sich selbst am Oeta-Gebirge auf dem Scheiterhaufen verbrennt, in den Olymp ein. Hierzu gehört ein Feuerfest mit Agon; im übrigen sind vielerlei Herakles-Kulte fast überall verbreitet, oft von einzelnen Kultgenossenschaften mit reichlicher Opfermahlzeit begangen, weshalb im Mythos Herakles selbst als gewaltiger Fresser gemalt wird. Königshäuser rühmen sich, den siegreichen Zeussohn zum Ahnherrn zu haben, vor allem Sparta und Makedonien.

Die Jünglinge des Zeus, Διόσκουροι, Kastor und Polydeukes, Söhne der Leda, Brüder der Helena, sind aus indogermanischem Erbe Repräsentanten der pferdebändigenden Jungmannschaft, im Mythos Schützer ihrer Schwester und Mädchenräuber zugleich, was Kastor das Leben kostet; Zeus versetzt sie in einen Zwischenzustand, daß sie halb der Unter-, halb der Oberwelt angehören. Die besondere Form ihrer Verehrung ist die 'Götterbewirtung' (θεοξένια), wobei ihnen der Tisch gedeckt, Speisepolster bereitgestellt werden. Die weißen Reiter erscheinen in der Not als Kampfhelfer, besonders aber auch als Retter auf See: das St. Elms-Feuer im Gewitter gilt als ihre Epiphanie.

5. Polis-Religion

Die *soziale Funktion* der griechischen Religion ist so offensichtlich, daß eher die eigentlich religiöse Dimension in Frage gestellt erscheint. Gemeinschaft ist stets als Teilnahme an einem Kult definiert, "Ausschluß vom Heiligen" (ἱερῶν εἴργεσθαι) bedeutet politische, zivilrechtliche, wirtschaftliche Ächtung. Bereits die Familie ist durch ihren Herd, Hestia, und den Zeus des Hofs, Herkeios, bestimmt. Familienverbände, Phratrien, treffen sich zum Fest der Apaturia. Städtebünde haben je ihr Bundesheiligtum, z. B. die Ionier das Poseidon und Apollon geweihte Panionion bei Mykale und später Delos, das auch Zentrum der antipersischen Allianz wird. Auch Handelsniederlassungen konstituieren sich als Heiligtum. Vor allem ist die Polis

Kultgemeinschaft, die sogar das religiöse Monopol in Anspruch nimmt: Privatkulte werden öffentlich, Einführung neuer Götter wird verboten. Kennzeichen der Stadtzentren, vor allem der Burg und des Marktes, sind nicht Paläste und Ratshäuser, sondern Tempel, die auch als Archiv und Tresor dienen. Der Stadtrat ehrt die "gemeinsame Hestia", das Staatsfeuer am Markt. Volksversammlung und Gerichte tagen an 'reinen', durch Schweineopfer jeweils 'gereinigten' Orten. Vollzug wichtiger Kulte ist eine Hauptaufgabe auch der Wahlbeamten. In Athen sind die alten Blutgerichtshöfe mit eigenartigen Kulten verbunden, voran der Areopag mit dem Kult der 'Ehrwürdigen' Göttinnen, die Aischylos Eumeniden nennt. Erst recht ist der Krieg rituell umrahmt, von gewissen Opfern vor dem Auszug, Opfern beim Überschreiten der Grenzen und Flüsse, Opfern mit mantischer Funktion vor der Schlacht bis zur Errichtung des Siegesmals (τρόπαιον), das "Bild des Zeus" genannt werden kann, und den Siegesfeiern und Weihgaben von der Beute. In Athen wurden die Siege von Marathon, Salamis, Plataiai jahrhundertelang als staatliche Götterfeste begangen. Überhaupt ist der Militärdienst der jugendlichen 'Epheben' weithin eine Einführung in die Kulte der Stadt. Auch innenpolitische Wandlungen finden rituellen Ausdruck, etwa der Sturz der Tyrannis im Heroenkult der Tyrannenmörder in Athen, im Kult von "Zeus dem Befreier" (Ἐλευθέριος) in Syrakus. Die in Athen von Kleisthenes künstlich geschaffenen zehn Stammesverbände, 'Phylen', sind nach je einem von Delphi ausgewählten Heros benannt; ihr Kult gewinnt durchaus Leben und Bestand. Man hat auch das 'Volk', Demos, und die Demokratia mit Altären bedacht. In der Blütezeit des attischen Seereichs sind die Bündnerstädte verpflichtet, für die Prozession an den athenischen Hauptfesten, Panathenäen und Dionysien, einen Beitrag zu leisten und nach Eleusis Erstlingsopfer zu spenden: Ehrung gemeinsamer Götter ist obligatorisch als Ausdruck politischer Identität.

Zeitlich geregelt sind die Kulte durch einen *Festkalender*, der jeder Stadt eigentümlich *[243]* ist Die Namen der Mondmonate sind meist von Festen genommen; freilich werden die namengebenden Feste nicht selten durch jüngere Stiftungen in den Schatten gestellt. Am genauesten sind wieder die athenischen Verhältnisse bekannt. Dort war der Opferkalender, 410/400 v. Chr. in Stein gehauen, die größte öffentliche Inschrift. Der Festzyklus ist ein komplexes System; innere Beziehungen und äußerliche Überlagerungen sind gleichermaßen wirksam. Für die Begehungen verantwortlich sind teils die von alten Familien gestellten Priester, weithin der jährlich gewählte 'König' (βασιλεύς), für die neueren und glänzendsten Feste der dem König vorgeordnete 'Archon'. Als Neujahrsfest, nach Abschluß der Ernte im Sommer, werden die Panathenäen gefeiert, jedes vierte Jahr als 'Große' Panathenäen mit besonderen Wettspielen. Die Opfer-Prozession ist im berühmten Parthenonfries gestaltet, Selbstdarstellung der Polis mit Männern und Frauen, Alt und Jung angesichts der Götter und Heroen. Man überreicht Athena der Stadtgöttin (Πολιάς) ein neues Gewand (πέπλος); Preis im Agon ist Olivenöl von den Zeus und Athena unterstellten Bäumen. Voraus geht ein Monat des Abschlusses und der Auflösung: zwei Mädchen, die für Athena auf der Akropolis Dienst tun und mit am Peplos weben, ἀρρηφόροι, werden in nächtlicher Zeremonie entlassen; dann verlassen am Fest Skira Athenapriesterin und Erechtheuspriester die Akropolis, wo kurz darauf der seltsame 'Ochsenmord' (Βουφόνια) stattfindet. Unter den Festen der folgenden Monate ragen die Mysterien im 3., die Thesmophorien im 4. Monat heraus, Demeterfeste, die der Aussaat vorausgehen. Im Winter beginnt der Zyklus der Dionysischen Feste, vom 6. bis zum 9. Monat: 'Ländliche' Dionysien mit Bocks- und Phallosprozession, Lenäen, Anthesterien, Große Dionysien. Viele Einzelheiten sind vom dreitägigen, populären Weinfest Anthesteria bekannt, mit einem Wett-Trinken am "Tag der Befleckung", an dem Geister oder Masken umgehen, mit einer "Heiligen Hochzeit" des Dionysos mit der 'Königin', der Gattin des 'Basileus', mit Totengedenken und einem Schaukelfest für Kinder. Die Großen Dionysien sind im 6. Jh. eingeführt und musikalisch-literarisch besonders ausgestaltet worden durch aufwendige Chöre, 'Dithyrambos' und 'Tragödie'; im 5. Jh. kamen die Komödien dazu, die dann auch an den Lenäen einen Platz fanden. Besonders auffällig ist schließlich im 11. Monat, am Fest der Getreideerstlinge, Thargelia, ein Reinigungsritus, bei dem zwei Männer, auf Grund besonderer Widerwärtigkeit ausgewählt, als φαρμακοί ausgetrieben werden, eine 'Sündenbock'-Zeremonie; andernorts, heißt es, wurden φαρμακοί mit Steinwürfen verfolgt, von Felsen gestürzt oder gar verbrannt; die Glaubwürdigkeit der Zeugnisse ist sehr umstritten.[7]

Die Feste zu feiern ist unabdingbare Notwendigkeit. Die Spartaner haben wiederholt Feldzüge verschoben oder abgebrochen, um zu Hause das Fest Karneia zu begehen. Als 480 v. Chr. die persische Besetzung Attikas die Feier der Mysterien unmöglich machte, soll man beobachtet haben, wie in wunderbar-dämonischer Weise das Fest sich selbst vollzog (Hdt. 8,65).

Daß Religion ein Mittel sei, Herrschaft aufrechtzuerhalten, haben antike Autoren seit dem 5. Jh. wie eine Selbstverständlichkeit ausgesprochen. Die herrschende Stellung ist stets zugleich eine priesterliche. Auch Tyrannen haben mit Vorliebe Tempel erbaut. Das Ritual dramatisiert und bekräftigt den Status. Doch ist es nicht nur der Fall, daß das feste geheiligte Programm Herrschern wie Beherrschten ein Gefühl der Sicherheit vermittelt. Die Vielgestalt der Kulte hält Rollen für alle bereit, hoch und niedrig, männlich und weiblich, alt und jung. Daß nicht selten Freie zu niedrigen Diensten ver-

---

[7]   L. Deubner, *Attische Feste*, Berlin 1932, 181–188; Nilsson, *Geschichte* 1³,107–109.

pflichtet sind beim Reinigen, Schlachten, Braten, weist auf eine Zeit, in der die kommerzialisierte Sklaverei noch unbedeutend war. Wichtig sind auch Feste der rituellen Antithesen, Ausnahmezeiten, gespielter Umsturz der Ordnung mit Frauenherrschaft, Überlegenheit der Sklaven. Sie münden freilich mit abermaliger Umkehr in die Bestätigung des Bestehenden. Insgesamt bietet die realitätsträchtige Vielfalt des Polytheismus mannigfache Chancen, eine individuelle Persönlichkeit zu entfalten, auch unterdrückte Wünsche als fromme Pflicht zu manifestieren, und stabilisiert dabei doch die 'eingeteilte' Gesellschaft. *[244]*

Wichtigste Intervention der Religion in die Alltagspraxis ist der *Eid*. Er wurzelt in schriftloser Kultur, ist aber durch die Schriftlichkeit kaum zurückgedrängt worden. Es geht um den Anruf außermenschlicher Zeugen, mit Selbstverfluchung für den Fall des Eidbruchs, als Garantie absolut verbindlicher Aussagen. Dazu gehören Rituale, die den Charakter des Unwiederbringlichen und oft des prägenden Schreckens haben. Es gibt Tieropfer mit Zerstückelung, Treten auf die abgeschnittenen Genitalien; Friedensschlüsse vollziehen sich als Libation, σπονδαί. Was moderne Interpretation 'prädeistisch' genannt hat, ist für die antiken Menschen der Aufsicht der Götter unterstellt. Wichtigster Eidwächter ist Zeus Ὅρκιος; Meineid bringt Auslöschung der Familie, überdies verfolgen die Erinyen den Eidesbrecher über den Tod hinaus. Eide begleiten jede zivil- und staatsrechtliche Transaktion, auch jedes Gerichtsverfahren, ja jeden Miet- und Kaufabschluß. Sich der Götter und ihrer Heiligtümer zu bedienen, ist darum unverzichtbare praktische Notwendigkeit; Gottlosigkeit wäre Zusammenbruch aller Ordnung.

Dies ist zu bedenken beim komplexen Verhältnis der Götter zur Moral. Der Mythos scheut sich nicht, die Götter als sexuell ungehemmt, als Sender von Bösem, von Trug und Vernichtung zu zeichnen; daß Zeus den eigenen Vater stürzte, schien am bedenklichsten. Die Kritik an solchen 'Dichterlügen' hat bereits gegen Ende des 6. Jh.s durch Xenophanes schärfsten Ausdruck gefunden; christliche Polemik hatte hier leichtes Spiel. Doch seit dem 5. Jh. wird auch behauptet, die Götter seien eigens als Wächter der Moral erfunden worden.[8] Daß amoralische Götter Recht und Moral begründen, ist ein Paradox, das nicht ganz aufgelöst wird. Zum einen erscheinen die Götter, jenseits der Kluft des Todes, nicht nur als bloße Steigerung sondern als Gegenbild des Menschlichen, Inbegriff einer Souveränität, die Ordnung begründet, indem sie über dieser steht. Zum anderen trägt der Polytheismus vielerlei Antithesen in sich, Jungfräulichkeit und Sexualität, kriegerische Wildheit und Ordnung des Rechts, entsprechend einer komplexen Wirk-

---

[8] Kritias, *Tragicorum Graecorum Fragmenta*, ed. Bruno Snell, Göttingen, I 1971, 43 F 19.

lichkeit, in der mit einsträngigen Regeln nicht durchzukommen ist. Für die soziale Praxis waren Alternativen nicht in Sicht; die theoretischen Diskussionen blieben ohne verbindliches Ergebnis und ohne Folgen.

6. Mysterien

Gegenstück zum öffentlichen Kult sind *Mysterien* als Geheimkulte, die nur durch eine persönliche Weihe (μύησις) zugänglich und daher nur dem Eingeweihten (μύσται) im Detail bekannt sind; 'Initiation' ist die lateinische Wiedergabe von μύησις. Aus einer größeren Gruppe von Gentil- und Stammesmysterien ragen als maßgebend die Mysterien von Eleusis heraus, über 1000 Jahre hin der bestbezeugte griechische Kult. Er liegt in Händen von zwei lokalen Priesterfamilien, Eumolpiden und Keryken, wird direkt kontrolliert vom athenischen Basileus. Das eleusinische Fest zog jährlich Tausende von Teilnehmern an, doch wurde das Geheimnis ostentativ gewahrt. Bekannt ist das Versprechen für die Mysten auf ein 'anderes', besseres Los nach dem Tod, wobei die Einzelheiten freilich vage bleiben. Der Mythos läßt Persephone in Eleusis aus der Unterwelt zurückkehren und verlegt auch die Stiftung des Getreides durch Demeter an diesen Ort. Es gibt verschiedene Andeutungen von Einzelheiten der persönlichen Weihe:. einleitendes Ferkelopfer, verhülltes Sitzen auf einem Schemel, der mit einem Widderfell bedeckt ist, Hantieren mit Gegenständen, die aus einem verdeckten Korb (κίστη, *cista mystica*) genommen werden – wohl Zerstossen von Getreide im Mörser.[9] Die Weihe vollendet sich in einem großen gemeinsamen Fest im Herbst, den eigentlichen Mysteria. Nach tagelangen Vorbereitungen bewegt sich ein großer Zug von Athen auf der heiligen Straße nach Eleusis, wo zur Nachtzeit im großen Weihesaal (*Telesterion*) der Hierophant "das Heilige zeigt". Die Rede ist vom Erscheinen der Kore, von der Geburt eines Kindes, vom Vorzeigen einer abgeschnittenen Ähre; Eindruck macht der Wechsel von Dunkel und Licht, das "große Feuer". Tänze im Freien scheinen sich anzuschließen. Oft wiederholt wird der Preis der Mysten: "Selig, wer dies *[245]* geschaut hat" (zuerst Hom. *H. Dem.* 480). Die Mysterien standen noch im 4. Jh. n. Chr. in hohem Ansehen und gaben ihre Tradition an die heidnische Akademie weiter.

Seit Ende des 6. Jh. v. Chr. werden *Dionysische, 'Bakchische' Mysterien* faßbar, die sich allenthalben ausbreiten. Hier zielt die Weihe auf Ekstase (βακχεύειν), womit der Gott "den Menschen ergreift" (Hdt. 4,79). Daß schon im 5. Jh. v. Chr. hiermit Jenseitshoffnungen verbunden waren, be-

---

[9]   Burkert, *Homo Necans* 301; Theophrast bei Porph. *Abst.* 2,6,

weist das Goldblättchen aus einem Grab von Hipponion: "Mysten und Bakchen" ziehen nach dem Tod auf der "Heiligen Straße" zur Seligkeit. Gleichzeitig sind in Olbia am Schwarzen Meer auch 'Orphiker' bezeugt[10], wie
denn überhaupt der mythische Sänger Orpheus als Prophet bakchischer
Mysterien erscheint. Dionysische Grabsymbolik ist besonders auffällig in
Unteritalien im 4. Jh. v. Chr. In Rom führen griechisch-etruskische Baccha-
nalia 186 v. Chr. zu einem Skandal; unter der Anklage sexueller Aus-
schweifung kommt es zu Hinrichtungen und zum Verbot. Eine neue Form
dionysischer Mysterien tritt seit der Caesar-Zeit wieder hervor, dokumentiert im Fries der *Villa dei Misteri* bei Pompei und verwandten Monumenten.[11] Ein zentraler Akt ist die Enthüllung eines Phallos in einer Getreide-
schwinge (λίκνον), umrahmt nach wie vor von Weingenuß und ekstatischen
Tänzen. Dionysische Mysterienikonographie findet sich auf vielen spätantiken Sarkophagen und Mosaiken, doch fehlt es an erklärenden Texten.
    Internationale Ausstrahlung gewinnen auch die Mysterien der Grossen
Götter von Samothrake, zumal in hellenistischer Zeit. Hier soll die Weihe
vor allem den sicheren Schutz vor dem Ertrinken bringen; vom Jenseits ist
nicht die Rede. In Samothrake sind selbst die Namen der Mysteriengötter
geheim – ein Autor nennt ein Paar Axieros und Axiokersos mit einer Tochter Axiokersa und einem Hermesartigen Diener Kadmilos (Mnaseas, in
Schol. *Apoll. Rhod.* 1,916b); Nichtgriechisches ist offenbar im Spiel. Oft
werden die Götter von Samothrake auch als 'Kabiren' bezeichnet, doch
Wohlunterrichtete widersprachen. Mysterien der Kabiren gab es bei Theben
und auf Lemnos[12]. Auch Kulte fremder Götter werden als Mysterien bezeichnet oder entwickeln in Griechenland Mysterienformen: Die Große
Mutter, Sabazios, Isis, Mithras.
    Mysterien vermitteln erlebnishafte Begegnung mit dem Heiligen, mit un-
mittelbar 'nahen' Göttern, schaffen einen neuen Status der Heilsgewißheit;
doch entwickeln sie kaum Lebensregeln, keine Theologie, begründen keine
Gemeinde. Ansätze zu Sektenbildung gibt es allenfalls im Bereich der 'Orphiker', für die 'reines' vegetarisches Leben und damit Ablehnung der Tieropfer bezeichnend ist, und mehr noch im Kreis der Pythagoreer, wo eine

---

[10] G. Foti, G. Pugliese Carratelli, *Parola del Passato* 29,1974, 91–126; A. S. Rusajeva, *Vestnik
      Drevnej Istorii* 1978, 1, 87–104, vgl. Martin L. West, *ZPE* 45, 1982, 17–29. *[Die Texte jetzt in
      OF 474 Bernabé = no. 1 Graf–Johnston und OF 463–465 Bernabé = S. 185–187 Graf–
      Johnston.]*

[11] M. P. Nilsson, *The Dionysiac Mysteries in the Hellenistic and Roman Age*, Lund 1957; Fried-
      rich Matz, *Dionysiake Telete*. Abh. Mainz 1963; Robert Turcan, *Les sarcophages romains à
      représentations dionysiaques*, Paris 1967.

[12] Der Zusammenhang des Namens mit semitisch *kabir* 'groß' ist ganz unsicher, vgl. B. Hemberg,
      Die Kabiren, Uppsala 1950.

besondere Seelenlehre auftritt, die Theorie der Seelenwanderung; dies bleibt marginal, ja wird gewaltsam unterdrückt.

7. Philosophische Kritik und philosophische Religion

Der Aufstieg der Philosophie, zunächst in den Schriften der sog. Vorsokratiker, bedeutet eine neue Art des Argumentierens und der Wirklichkeitserfassung im Wort, die auf Mathematik und Naturwissenschaft hinführt. 'Seiendes' wird sachlichgegenständlich bezeichnet; dies führt zum Begriff einer für sich bestehenden 'Natur' (φύσις), die unveränderbar und ihr eigener Maßstab ist; nach ihrem 'Anfang' (ἀρχή) ist zu fragen Das personale Erzählen des Mythos ist damit schlagartig beseitigt, vom Anthropomorphismus der Götter kann nie mehr die Rede sein. Um so mehr wird 'das Göttliche' zum Gegenstand und Problem der Rede, die durchaus fromm bleiben möchte. Als göttlich wird der 'Anfang' bezeichnet, die alles leitenden Prinzipien, die Bestandteile des Kosmos, das Seiende überhaupt. Damit lassen sich neue theologische Postulate durchführen: Das Göttliche als unveränderlich, nicht nur unvergänglich sondern auch ungeworden, unerschöpflich, alles lenkend, bedürfnislos. Freilich wird ein solcher Gott sich weder "um Menschen kümmern" noch durch Opfer und Gelübde beeinflussen lassen.

In der Epoche der Sophisten, der wandernden Weisheitslehrer, die den Aufstieg durch Bildung jenseits des Herkommens versprechen, wird die Krise offenbar und in Diskussionen entfaltet. Pro-*[246]*tagoras behauptet das grundsätzliche Nichtwissen hinsichtlich der Götter, "ob sie sind oder ob sie nicht sind, oder welcher Gestalt" (*Die Fragmente der Vorsokratiker* 80 B 4). Als dezidierter Atheist wird Diagoras von Melos genannt. Theorien treten auf, zu erklären, was der Ausgangspunkt für den Glauben der Menschen an Götter gewesen sei, der damit als gegenstandslos vorausgesetzt ist: Himmel und Himmelserscheinungen – Demokrit –, menschliche Kulturbringer – Prodikos –, Erfindung eines schlauen Politikers – Kritias –. Der Einfluß der Theorien auf die Kultpraxis bleibt gering. Immerhin sieht die Polis Anlaß, Prozesse wegen Verletzung der Frömmigkeit (ἀσέβεια) anzustrengen, so gegen Diagoras und Protagoras. Die entfaltete Philosophie sieht sich aufgerufen, die Religion neu zu begründen; Atheismus bleibt Sache ganz weniger Außenseiter. Den mächtigsten Einfluß gewinnt *Plato*. Er entwickelt aus der Erkenntnistheorie Beweise für die Unsterblichkeit der menschlichen Seele: ἀθάνατος, distinktives Prädikat der Götter, wird damit der menschlichen Person zugesprochen; verbürgt ist damit zugleich die Existenz einer jenseitigen, geistigen Welt. Neue Formen der Innerlichkeit, der Jenseitszugewandtheit werden jetzt erst möglich. Ziel des Menschen ist "Angleichung an Gott nach Möglichkeit", ὁμοίωσις θεῷ κατὰ τὸ δυνατόν (Plat. *Tht.* 176 b), Philosophie bewirkt den Aufstieg, der in Metaphern einer Mysterienweihe geschildert wird. Gott ist 'das Gute' jenseits des Seienden, doch auch selber Geist (Νοῦς). Weiter geht der Versuch, in Synthese mit der Naturwissenschaft das Göttliche im Kosmos zu verankern. Die mathematische Vollkommenheit der Gestirnbahnen gilt als ewig und geistig, was die Priorität des Geistigen vor dem Materiellen erweisen soll; die Welt ist von einer 'Weltseele' durchwirkt, die Gestirne sind "sichtbare Götter". Von da an kann der 'Himmel', philosophisch wie populär, in neuem Sinn als Ort Gottes, als Heimat und Ziel der Seele erscheinen. Platos Schüler Xenokrates fügt die Lehre hinzu, daß Zwischenwesen, 'Dämonen' (δαίμονες)[13] zwischen Göttlichem und Menschlichem vermitteln, die zum Teil auch blutgierig, lüstern und böse sind, womit auch Kult und Mythos wieder als sinnvoll erscheinen.

Aristoteles hat in origineller Weise aus der Himmelsbewegung die Existenz des einen höchsten, geistigen Gottes deduziert, des 'unbewegten Bewegers', Ziel allen Strebens, ‚Denken des Denkens' und seligste Existenz. Die einflußreiche Schule der Stoa, 301 v. Chr. von Zenon begründet, streicht die von Plato und Aristoteles eingeführte Transzendenz und sucht materielle Natur und Geistiges zusammenzusehen: Gott ist ein feinster, feuriger Hauch (πνεῦμα), der alles durchdringt und lenkt, ja alles aus sich selbst geschaffen hat; er sieht und bestimmt alles voraus, ist 'Vorsehung' (πρόνοια), 'Schicksal' (εἱμαρμένη) und Naturnotwendigkeit (ἀνάγκη) zugleich. Aufgabe des Menschen ist, den Geist (λόγος) in sich mit dem universalen Geist in Übereinstimmung zu bringen. Systematische Allegorese vereinnahmt die mythische Tradition: 'Zeus' ist eben jenes weltumfassende Pneuma, 'Hera' die Luft, 'Apollon' die Sonne, 'Athena' die Vernunft. Da kraft des πνεῦμα alles mit allem in Wirkungskontakt steht (συμπάθεια), ist sogar die Mantik gerechtfertigt.

Die Philosophie Epikurs, die auf individuelle Glückseligkeit zielt, erscheint Kritikern als Atheismus; denn sie erklärt die Welt als Spiel des Zufalls im Treiben der Atome. Doch wird eben der Anthropomorphismus 'gerettet': die Götter existieren außerhalb unseres Kosmos als vollkommene, selige, unvergängliche Gestalten, die sich freilich nicht mit Menschlichem Kummer machen; doch ist es Glück, wenn ihre Bilder die Menschenseele erreichen.

Platons Akademie nimmt in hellenistischer Zeit eine Wendung zur Skepsis in Konfrontation mit der Stoa: sie bestreitet den kosmischen Gott, die Vorsehung, die Mantik. Da indessen Atheismus ein nicht weniger verwerflicher Dogmatismus wäre, ist eben darum an Sitte und Brauch nichts zu ändern.

Insgesamt kommen die Richtungen der Philosophie überein, einige Postulate der 'reineren' Gottesvorstellung im Sinn der Ethisierung und Verinnerlichung zu vertreten, den anthropomorphen Mythos zu verwerfen, die bestehende Praxis aber zu verteidigen. Man unterscheidet die "Theologie der Dichter", die belanglos ist, die "Theologie der Polis", die Befolgung erheischt, und die "natürliche Theologie", die Wahrheitsanspruch erhebt, ohne daß sich jedoch Einigung erzielen ließe.

---

[13] Im vorplatonischen Sprachgebrauch bezeichnetδαίμων eher eine besondere Wirkungsweise als eine eigene Klasse des Göttlichen.

8. Frömmigkeit

Bezeichnenderweise ist das alte Wort 'gottesfürchtig' (θεουδής) nach Homer außer Gebrauch gekommen und die Neubildung δεισιδαίμων zu peiorativer Verwendung gelangt, 'Aberglaube': Gewiß bedeutet auch das übliche Wort 'verehren' (σέβεσθαι) eigentlich 'zurückschrecken', doch 'Frömmigkeit' (εὐ-σέβεια) ist einem Maß des 'Guten' unterstellt. Maßstab ist der Brauch: "Eusebeia ist es, nichts zu ändern von dem, was die Vorfahren hinterlassen haben" (*Isokr.* 7,30). Dies ist ein 'Sorge Tragen' (ἐπιμέλεια, θεραπεία), doch kein 'Dienst', der Demut heischt; der Begriff des 'Gottesdienstes' (λατρεία) entwickelt sich erst sekundär. Homerische Helden geben das Vorbild für Trotz und Schelten gegen Götter; der Kluge läßt lieber 'Vorsicht' (εὐλαβεία) walten in allem, was Götter *[247]* betrifft; die Forderung, beim sakralen Akt 'Gutes zu sprechen' (εὐφημία), wird *de facto* zum Schweigen.

Konkret zeigt sich εὐσέβεια, indem man opfert und sich der Mantik bedient, bzw. im "Opfern, Beten, Schwören" (Xen. *Mem.* 1,1,2; M. Aur. 6,44,4). Gegenüber dem Problem, daß gerade beim Opfern der Reiche und Mächtige dem Armen den Rang abzulaufen scheint, wird seit früher Zeit betont, daß die Götter nur "nach Vermögen" Gaben erwarten (Hes. *Erg.* 336). Die Frage nach dem 'Frömmsten' wird gern mit der Anekdote beantwortet, daß der Gott von Delphi nicht einen Reichen, der Hekatomben schlachtet, so bezeichnet habe, sondern einen schlichten Bauern, der eine Handvoll Gerstenkörner in die Flamme streut. Auch so grenzt sich εὐσέβεια vom Übertriebenen ab. Es gibt auch durchaus frommen Zweifel daran, ob überhaupt die Götter blutige Opfer verlangen (Theophrast, *Über Frömmigkeit*).

Ähnlich verinnerlicht wird, nicht zuletzt im Bund mit der Philosophie, der Begriff der 'Reinheit': "Rein sein heißt, Frommes denken", verkündet eine oft zitierte Inschrift am Tempel von Epidauros (Theophrast bei Porph. *Abst.* 2,19; Clem. Al. *Strom.* 4,142,1; 5,13,3). Die Forderung des "reinen Herzens" setzt freilich das Ritual der äußeren Reinigung nicht außer Kraft, Außen und Innen gehen hier bruchlos zusammen.

Der Bereich des 'Heiligen' wird griechisch durch drei verschiedene Wortfamilien angesprochen, ἱερός, ὅσιος, ἁγνός/ἅγιος, wovon die ersten beiden in Opposition treten können. Ἱερός ist, was dem Gott in verbindlicher Weise zugeordnet ist, Tempel Opfer, Ritual, Weihegaben, Tempelsklaven, auch ein Priester, nicht aber einfach ein gottgefälliger Mensch. Ἱερός schließt ungezwungenen Umgang, unbedenkliche Verwendung aus, bezeichnet eine Schranke, ist aber eben darum nicht universal: außerhalb bleibt, was auch dem Frommen erlaubt ist, ὅσιον; wer religiöse Pflichten absolviert hat, ist damit selbst ὅσιος. Ἁγνός, 'heilig-rein', kontrastiert mit μιαρός, 'befleckt': es ist ein nicht selbstverständlicher, gleichsam jungfräulicher Status, der unbedenklichen Umgang mit Heiligem ermöglicht.

Was Menschen Göttern bieten, ist in erster Linie 'Ehre', τιμή. In diesem Sinn läßt sich auch die Opfermahlzeit, die keine Gabe ist, verstehen. Man sucht die 'Heiterkeit' der 'Stärkeren' zu gewinnen (ἱλάσκεσθαι); so entsteht ein Kontakt der Freundlichkeit, χάρις, die nicht nur 'Gnade', sondern gleichsam ein gegenseitiges Lächeln bedeutet. Man kann den Gott als 'Freund' (φιλός) anreden und erfahren; und doch "wäre es absurd, wenn einer sagen wollte, er liebe Zeus" (Aristot. *Mag. mor.* 1208 b 30). Fern liegt dem Griechen der Anruf "mein Gott": Götter sind nicht verfügbar.

Verweigerung der εὐσέβεια, ἀσέβεια, droht den Götterzorn auf den Frevler und die ganze Gemeinschaft zu ziehen. Vom Staat zu ahndende ἀσέβεια liegt freilich zunächst nur bei aktiven Vergehen gegen Heiligtum, Priester und Kulte vor, Tempelraub, Eidbruch, Asylverletzung. Als freilich zur Zeit der Sophistik die Existenz der Götter in Frage gezogen wird, erscheint Atheismus als neue Form der Asebie. Die tatsächlich durchgeführten Prozesse, meist politisch motiviert, waren gering an Zahl; die systematische Verfolgung der Gottesleugner, die Plato in den *Gesetzen* entwirft, blieb vorderhand Theorie.

9. Herrscherkult

Die spektakulärste Neuerung, die mit dem Hellenismus in der griechischen Religion auftritt, ist nicht eine 'orientalische' Übernahme, sondern eine spezifisch griechische Entwicklung. Verschiedene Voraussetzungen für den Kult herausragender Menschen waren gegeben: der Heroenkult, der auch bekannten historischen Persönlichkeiten zukommen konnte; der Mythos von Göttersöhnen, der sich im 5. Jh. v. Chr. sogar an Spitzensportler heftete;[14] der Sonderstatus charismatischer Heiler wie Empedokles, der sich als Gott vorstellt. Vor allem läßt das Ritual, zumal die griechische Form des Opfers als bloße 'Ehre' einen Leerraum, der mit dem Zusammenbruch der anthropomorphen Göttervorstellung erst recht fühlbar wurde. Man erlebt die Götter in ihrer *[248]* Wirkung, vor allem seit je im 'Sieg', in der außen- oder innenpolitischen 'Rettung' der Gemeinschaft. So kann fast ohne weiteres ein realer Sieger sich in der Rolle des Gotte offenbaren; im äußeren Verlauf des Festes macht es keinen Unterschied, wer da mit Opfern, Gelübden, Wettspielen 'geehrt' wird. Vereinzelt findet sich göttliche bzw. heroische Ehrung eines lebenden Siegers schon vor Alexander: Lysandros in Samos, weil er die athenische Zwingherrschaft stürzte, Dion in Syrakus, weil er den Tyrannen vertrieb (Duris, *FGH* 76 F 71; Diod. 16,20). Bei Alexander dem Großen verband sich dann die einzigartige Siegeslaufbahn mit dem individuellen Vaterproblem: er wollte Sohn des Zeus und nicht König Philipps

---

[14] Burkert, *MusHelv* 22 (1965), 169f. *[= Kleine Schriften VII 177f.].*

sein und forderte schließlich von allen Griechen göttliche Verehrung, die mehr oder weniger willig gewährt wurde. Die Diadochen haben solch allgemeine Forderung zunächst nicht erhoben, doch kamen ihnen die griechischen Städte jetzt immer wieder selbst mit der Errichtung von Königskulten entgegen, ja zuvor; man errichtet Tempel und Altäre, führt neue Feste und Monatsnamen ein.

Inwieweit religiöses Erleben und nicht nur Berechnung im Hintergrund dieser Kulte stand, ist schwer abzuschätzen. Das berüchtigte Kultlied der Athener auf Demetrios Poliorketes 291 v. Chr.: "Die anderen Götter sind weit weg, oder sie haben keine Ohren, oder es gibt sie nicht, oder sie achten nicht auf uns: Dich aber sehen wir gegenwärtig, nicht aus Holz, nicht aus Stein, sondern wahrhaftig: also beten wir zu Dir" (Duris, *FGH* 76 1 13) war ein 'Ithyphallikos' im dionysisch-ausgelassenen Kontext, kein Credo. Die Gebildeten, vor allem die philosophisch Gebildeten haben das Ganze tunlichst ignoriert. Private Weihungen an Herrscher sind ganz selten. Doch gewiß schlug einem 'Advent' (παρουσία) des Herrschers nicht weniger echte Begeisterung entgegen als im 20. Jahrhundert.

Mit dem Vordringen der Römer fällt der Kult der neuen Macht zu, sei es der "Göttin Roma", sei es einem Proconsul. Die Kaiser Augustus und Tiberius verhielten sich zögernd, lösten jedoch eben damit einen Wettlauf insbesondere der Griechenstädte Kleinasiens aus, im Kaiserkult die ersten zu sein; stolz setzen die Städte fortan den Titel des 'Tempelpflegers' (νεωκόρος) auf ihre Münzen. Die ganze politische Organisation Kleinasiens kreist um den Kaiserkult. Es fällt dem Modernen schwer, nicht von einer Verfallserscheinung der Religion zu sprechen. Doch ist sie mit einer gewissen Konsequenz aus den sozialen Funktionen der Polis-Religion erwachsen und beherrscht etwa 600 Jahre lang das äußere Bild des griechischen Kultus schlechthin.[15]

10. Orientalische Kulte und Synkretismus

Polytheismus ist ein offenes System. Einzelne Götter können versinken, andere in den Vordergrund treten. Nur die literarische Tradition bewahrt die feste Gruppe der homerischen Götter, so daß alle später hinzutretenden als nicht ganz assimiliert erscheinen. Die Alltagsnot führt über die Praxis der Gelübde leicht auf neue Götter, die sich zu bewähren scheinen. So ist im 5./4. Jh. der Heilgott Asklepios von seinem Zentrum Epidauros aus zu einem der wichtigsten Götter geworden. Wachsende Mobilität im Hel-

---

[15] Zu den Einzelheiten s. Herrscherkult.

lenismus bringt verstärkten Kontakt mit hochentwickelten orientalischen Kulturen und ihren Göttern; Einwanderer tragen ihre Götter in den griechischen Raum, wo sie Aufmerksamkeit erregen und Verehrer anziehen. Nicht selten übernimmt dann die Polis den Kult und organisiert ein öffentliches Heiligtum. Manche Kulte haben wandernde Propagandisten, andere ein wohl funktionierendes Priestersystem. Eine geschlossene, sich abkapselnde und selbst reproduzierende Gemeinde bildet jedoch einzig das Judentum aus; dies sprengt das System des Polytheismus.

Der Kult der phrygischen Muttergöttin Kybele breitet sich seit dem 7. Jh. v.Chr. aus, getragen von wandernden Bettelpriestern (μητραγύρται), findet seinen Niederschlag in privaten Weihungen, dann auch in Polis-Heiligtümern. Im Hintergrund bleibt lange die Organisation der Eunuchen priester von Pessinus (γάλλοι) mit dem zugehörigen Attis-Mythos. Prominent wird beides durch die Überführung des Kultes nach Rom 206 v.Chr., von wo aus er dann das ganze Imperium erreicht. Charakteristisch sind die Bettelumzüge mit wilden Tänzen, Selbstverwundung, Stieropfer. In der *[249]* Kaiserzeit wird das spektakuläre 'Taurobolium' zelebriert: über dem in einer Grube kauernden initianden wird ein Stier geschlachtet; dies garantiert auf 20 Jahre speziellen Segen. Gleichfalls bereits in archaischer Zeit ist der Kult des Adonis im Gefolge Aphrodites bei den Griechen im schwang, die Klage der Frauen um den sterbenden Gott; hinter dem semitischen 'Herrn' (*adon*) steht der Dumuzi-Tammuz-Kult.

Der phrygische Gott Sabazios, dem Dionysos ähnlich und auch der Großen Mutter nahestehend, findet im 5. Jh. v.Chr. Verehrung in Athen; Mysterien des Sabazios bestanden bis in die Kaiserzeit. Ein merkwürdiges Attribut, Kultgegenstand oder Votiv, ist die segnende Hand, die, mit Symbolen überladen, aus Bronze dargestellt wird. Der Anklang an 'Sabbath' führt zur Assoziation mit dem Gott der Juden Jahwe.

Weitaus am erfolgreichsten sind die ägyptischen Götter, vor allem Isis, in ihrem Gefolge Osiris, Sarapis, Harpokrates, Anubis. Die Faszination der fremdartigen, uralten Kultur verwandelt sich ins Numinose. Oft ging der Kult, wie auf Delos, von ausgewanderten Ägyptern aus; den Kern bilden ägyptische Priester mit sehr effektiver Organisation. Die Propaganda beruft sich vor allem auf Heilungswunder, oft in Verbindung mit Traumdeutung. In einer eindrucksvollen Textgruppe, den 'Isisaretalogien', stellt sich Isis vor als einzigartig mächtige Göttin, Stifterin von Kultur, Religion und Heil für die ganze Welt.[16] In der Kaiserzeit besteht ein Haupttempel in Rom. Auch Mysterien der Isis und des Osiris werden organisiert. Im griechischen Bereich sind die ägyptischen Götter fast allgegenwärtig.

Anders steht es mit dem persischen Gott Mithras, für den seit dem 2. Jh. n. Chr. eigentümliche Mysterien geheimer Gesellschaften gefeiert werden:

---

[16] Der früheste, zuletzt gefundene Text: Yves Grandjean, *Une nouvelle arétalogie d'Isis à Maronée*, Leiden 1975 (EPRO 49).

Sie haben den griechischen und griechisch-kleinasiatischen Raum praktisch ausgespart. Sie sind insofern, obgleich die Basis der Kultsprache griechisch ist, nicht eigentlich zur griechischen Religion zu rechnen (s. Mysterienreligionen).

Die wachsende Vielfalt nebeneinander bestehender Kulte verlangt nach Vereinfachung. Man spricht von Synkretismus.[17] Dieser erscheint in verschiedenen Stadien: Alt ist die Auffassung, daß alle Menschen im Grund die gleichen Götter haben und sie nur verschieden benennen; dann sind Götternamen übersetzbar: Schon für Herodot ist Isis Demeter, Osiris Dionysos. Weiter geht seit dem Hellenismus der Brauch, auch im Kult, in Gebet und Weihinschrift verschiedene Namen nebeneinanderzustellen, etwa "Isis die Große Göttermutter", "Apollon Mithras Helios Hermes" (Nilsson, *Geschichte* II, 512,2; *OGIS* 383,54), und entsprechend in der Ikonographie die Attribute zu addieren. Vor allem setzt die Isispropaganda hier ein: Isis "mit den unendlich vielen Namen" (μυριώνυμος) heißt andernorts Athena, Aphrodite, Artemis, Persephone, Demeter, Hera oder Hekate (Apul. *Met.* 11,5; *Pap. Oxy.* 1380). In der Kaiserzeit kommt es dann zu ausdrücklichen theologischen Aussagen: "Einer ist Zeus, einer Hades, einer Helios, einer Dionysos" (*Orphicorum Fragmenta* 239, ed. Otto Kern, Berlin 1922 *[= OF 543 Bernabé]*), "einer (ist) Zeus (und) Sarapis", eine auch in der Magie beliebte Formel. Philosophische Spekulation greift ein mit Naturallegorie und dann auch mit dem von Platon und Aristoteles angelegten metaphysischen Monotheismus: Viele Götter, auch Apollon und Dionysos, können als Manifestation der Sonne erscheinen, weibliche wie Hera und Isis als 'Natur' (Φύσις), darüber ein zeugender Urgrund als 'Vater'. Da freilich eine zentrale Autorität sich nicht durchsetzen kann, bleibt der Polytheismus de facto in seiner ganzen Buntheit bestehen.

11. Die heidnische Reaktion

Es ist üblich, von einer religiösen Krise des 'Heidentums' in der Kaiserzeit zu sprechen. Dies ist nicht einfach zu verifizieren. Die äußeren Katastrophen zeichnen sich in der Geschichte der Kulte ab, so die Errichtung der Römerherrschaft und dann die Krise des Reichs, die besonders für ca. 260–284 n. Chr. die Zeugnisse praktisch versiegen läßt. Mit der Restauration aber geht immer auch die Wiederherstellung der religiösen Traditionen

---

[17] Συγκρητισμός ist eigentlich der "Zusammenschluß der Kreter" gegen einen äußeren Feind; die religionswissenschaftliche Verwendung des Terminus ist von der Assoziation mit σύγκρασις 'Vermischung' beeinflußt.

Hand in Hand. Bestand in den alten Städten meist wenig Anlaß, neue Tempel zu bauen, so wurden doch die notwendigen Unterhaltsarbeiten durchgeführt. Kleinasien, das im 1./2. Jh. n. Chr. zu höchster Blüte gelangt, brilliert im Kaiserkult. In Athen kommen *[250]* gleichzeitig die Mysterien zu neuer Blüte, zumal Kaiser sich weihen lassen; eleusinische Hierophanten erscheinen als hochangesehene geistliche Berater. Man feiert die Panathenäen, es gibt auch wieder Epheben, die sich der kalendarischen Feste annehmen. Noch die Studenten des 4. Jh. nehmen daran teil. Manches sieht jetzt nach Touristik und Folklore aus, auch die Geißelung der spartanischen Knaben am Altar der Orthia in Sparta. Die wieder florierenden Olympischen Spiele sind vielleicht weniger als früher ein religiöses Ereignis; doch die Christen sahen sich später veranlaßt, vor allem den Altar des Zeus restlos zu beseitigen. Das Delphische Orakel hat nie mehr die alte Bedeutung erlangt, zumal die kleinasiatischen Orakel Didyma und Klaros jetzt im belebteren Raume lagen, doch alle bestanden bis ins 4. Jahrhundert.

E. R. Dodds hat das 2./3. Jh. als ein "Zeitalter der Angst" geschildert.[18] Wir finden unter den Literaten der Zeit und in ihren Schilderungen vermehrt neurotische Persönlichkeiten. Dies dürfte zusammenhängen mit der Lockerung der Familienverbände durch zunehmende Freizügigkeit. Gerade bei den Gebildeten gab es heftige Konkurrenz und damit viel persönliche Unsicherheit. Doch hat die rhetorische Bildungstradition den Erfolgreichen auch eine große Selbstsicherheit mitgegeben. Die Redner des 4. Jh.s haben nicht das Bewußtsein, am Ende zu sein.

In der Philosophie allerdings verschwinden mit dem Ausgang des 2. Jh.s n. Chr. die hellenistischen Schulen, Stoa, Epikureismus, Skepsis; herrschend wird ein neuer, jenseitsgewandter, mystischer Platonismus, der in Plotin seinen Archegeten findet (s. Neuplatonismus). Weltflucht und Ablehnung der eigenen Körperlichkeit treten hier mit ungeahnter Intensität hervor.

Es ist nicht ganz deutlich, ab wann die Konkurrenz zum Christentum bestimmend wird, das seit dem 2. Jh. fest organisiert, im 3. Jh. bereits eine unübersehbare Macht ist. Die griechischen Gebildeten suchen dies zu ignorieren, mit Ausnahme von Kelsos, der noch im 2. Jh. eine eingehende Auseinandersetzung unternimmt. Die Biographie des Wundermanns Apollonios von Tyana durch Philostrat, um 210, ließ sich zumindest gegen Ende des Jahrhunderts gegen Christus ausspielen. Für Plotin sind die christlichen Gnostiker abirrende Platoniker. Erst sein Schüler Porphyrios nimmt den direkten Kampf auf. Ihn führt Iamblichos mehr indirekt weiter: Intensiver als je zuvor wird versucht, die traditionelle Religion in ihren Einzelheiten philosophisch zu rechtfertigen, einschließlich der so lang schon umstrittenen Züge, Götterbild und blutiges Opfer. In der Verteidigung verstummt alle

---

[18] E. R. Dodds, *Pagan and Christian in an Age of Anxiety*, Cambridge 1968, 3f.

Kritik, die vielmehr das Christentum sich zunutze macht. Da indes die religiöse Praxis in ihrem unmittelbaren Sinn sich der Theorie entzog, mußte sie instrumental gedeutet werden: Ritual erscheint jetzt als Magie. Alles Philosophieren zielt auf Gott als das transszendente Eine, das aber doch in mannigfachen Stufen und Brechungen in die Welt sich entfaltet, so daß auch das Letzte davon durchwirkt und auf den Ursprung zurückbezogen ist. Darum ist es prinzipiell möglich, daß scheinbare Äußerlichkeiten wie Worte, Symbole, Handlungen die göttlichen Kräfte in Bewegung bringen, auch Götternamen oder Schlachten eines Tiers. Hierum weiß uralte Tradition, zumal bei ägyptischen Priestern; daneben gewinnen die *Chaldäischen Orakel*, um 180 n.Chr. von einem Magier Iulianos verfaßt, Offenbarungscharakter. Auch direkt bedient man sich in den Philosophenschulen magischer Praktiken.[19] Wenn die Vereinigung mit Gott, 'Theokrasie', gesucht wird, empfiehlt sich der Versuch einer "Wirkung auf Gott", Theurgie. In diesem Zusammenhang kann auch der Mythos neu gerechtfertigt werden, der die in die Vielheit entfalteten Prinzipien in einer zeitlichen Geschichte symbolisch auseinanderlegt: "Dies ist niemals geschehen, ist aber immer: der Geist sieht alles zugleich, die Erzählung bringt das eine zuerst, das andere danach" (Sallustios, *Περὶ θεῶν καὶ κόσμου* p. 8,14 ed. Nock).

Dabei steht das 'Heidentum' seit Konstantin d. Gr. einem übermächtigen Staatsapparat gegenüber, der durch wechselnde Dekrete[20] und nicht selten auch durch Militäreinsatz Kulte und Heiligtümer zu zerstören unternimmt; in der zweiten Jahrhunderthälfte kommt der Vandalismus organisierter Mönchsgruppen dazu. Der Restaurationsversuch Iulians, der als Schüler des Iamblichos gilt, bleibt ephemer; er macht Anstalten, durch *[251]* organisiertes Priestertum das Christentum zu kopieren; die Reaktion auf die wieder eingeführten blutigen Opfer ist besonders ambivalent: Göttliche Freude oder abstoßende schlächterei? Nach Iulians Tod bemühen sich einflußreiche Aristokraten in Ost und West mit fast verbissener Anstrengung, die alte Religion am Leben zu erhalten. Dem macht das endgültige Verbot heidnischer Kulte durch Theodosius I. d. Gr. 392 ein Ende; dies gilt auch für Eleusis und Olympia. Als verinnerlichte Religion, ohne Ritual, besteht das Bekenntnis zur Tradition der Väter bei den Gebildeten indes noch immer fort, vor allem in der neu gestifteten Athenischen Akademie, die erst 529 konfisziert wird. Es geht vom jüdischen Sprachgebrauch aus, ist aber doch bezeichnend, daß das griechische Wort für 'Heiden' eben das Wort 'Griechen' blieb, Ἕλληνες.

---

[19] Nicht zufällig gehören die in Ägypten gefundenen Zauberbücher großenteils eben dem 4. Jh. an: *Papyri Graecae Magicae*, hg. V. Karl Preisendanz, I/II, Leipzig 1928/31, ²1973/4.

[20] *Codex Theodosianus* 16,10, bes. §§ 10–12 (391/2 n. Chr.).

Quellen

Die Götter- und Heroenmythologie, die die griechische Poesie beherrscht, ist aufgearbeitet in den einschlägigen Artikeln von *ALGM* und *RECA* sowie Preller-Robert; zu den Bildquellen jetzt *Lexicon Iconographicum Mythologiae Classicae* I, Zürich 1981. Über Lokalkulte am reichhaltigsten Pausanias, *Graeciae Descriptio*, ed. M. H. Rocha Pereira, Leipzig 1973/81, ferner die Fragmente der Lokalhistoriker in *FGH* III. Inschriftlich erhaltene Kultsatzungen und Sakralkalender: Johannes von Prott, Ludwig Ziehen, *Leges Graecorum sacrae e titulis collectae* I/II, Leipzig 1896 /1906. – Franciszek Sokolowski, *Lois sacrées de l'Asie Mineure*, Paris 1955. – Ders., *Lois sacrées des cités grecques, Supplément*, Paris 1962. – Ders., *Lois sacrées des citées grecques*, Paris 1969. – Alois Tresp, *Die Fragmente der griechischen Kultschriftsteller*, 1914 (RVV 15,1).

Literatur

Arthur W. H. Adkins, "Greek Religion", in: *Historia Religionum*, hg. v. C. Jouco Bleeker und Geo Widengren, Leiden, I 1969,377–441. – Pierre Amandry, *La mantique apollinienne à Delphes*, Paris 1950. – Manolis Andronikos, *Totenkult*, Göttingen 1968 (Archaeologia Homerica W). – Daniel Babut, *La religion des philosophes grecs*, Paris 1974. – Birgitta Bergquist, *The Archaic Greek Temenos*, Lund 1967. – Ugo Bianchi, *La religione Greca*, Turin 1975. – Ders., *The Greek Mysterie*s, Leiden 1976 (Iconography of Religions 17,3). – Joseph Bidez/Franz Cumont, *Les mages hellénisés. Zoroastre Ostanès et Hystaspe d'après la tradition grecque*, Paris 1938. – Auguste Bouché-Leclerq, *Histoire de la divination dans l'antiquité*, 4 Bde., Paris 1879–82. – Alice Champdor Brumfield, *The Attic Festivals of Demeter and Their Relation to the Agricultural Year*, New York 1981. – Angelo Brelich, *Gli eroi greci*, Rom 1958 = 1978. – Ders., *Paides e Parthenoi*, Rom 1969 = 1981 (Incunabula Graeca 36). – Walter Burkert, *Homo Necans. Interpretationen zu altgriechischen Opferriten und Mythen*, Berlin 1972 (RVV 32). – Ders., *Griech. Religion der archaischen und klassischen Epoch*e, 1977 (RM 15). – Ders., *Structure and History in Greek Mythology and Ritual*, Berkeley 1979 (Sather Classical Lectures 47). – Claude Calame, *Les choeurs de jeunes filles en Grèce archaïque*, Rom 1977. – Jean Casabona, *Recherches sur le vocabulaire des sacrifices*, Aix-en-Provence 1966. – Lucien Cerfaux/J. Tondriau, *[252] Un concurrent du christianisme. Le culte des souverains dans la civilisation gréco-romaine*, Paris 1957 (BT 3,5). – Jean Charbonneaux/A. J. Festugière/Martin P. Nilsson, *La Crète et Mycènes*. La Grèce: Histoire générale des religions, Paris, II 1944, 1–289. – Arthur Bernard Cook, *Zeus*, Cambridge 1914– 1940. – Roland Crahay, *La religion des grecs*, Paris 1966. – Franz Cumont, *Les religions orientales dans l'empire romain*, Paris 1906 ⁴1928; dt.: *Die orientalischen Religionen im röm. Heidentum*, ³Leipzig 1930 = Darmstadt ⁴1959. – Ders., *Lux Perpetu*a, Paris 1949. – Marcel Detienne, *Les jardins d'Adonis*, Paris 1972. – Ders., *Dionysos mis à mor*t, Paris 1977. – Ders., Jean-Pierre Vernant, *La cuisine du sacrifice en pays gre*c, Paris 1979. – Ludwig Deubner, *Attische Feste*, Berlin 1932. – B. C. Dietrich, *Origins of Greek Religion*, Berlin 1974. – E. R. Dodds, *The Greeks and the Irrational*, Berkeley 1951 (Sather Classical Lectures 25). – Ders., *Pagan and Christian in an Age of Anxiet*y, Cambridge 1968. – A. B. Drachmann, *Atheism in Pagan Antiquity*, Kopenhagen 1922. – Françoise Dunand, *Le culte d'Isis dans le bassin oriental de la Méditerranée*, 1973 (EPRO 26). – Emma J. Edelstein und Ludwig Edelstein, *Asclepius*, Baltimore 1945. – Samson Eitrem, *Opferritus und Voropfer der Griechen und Römer*, Kristiania 1915. – Lewis Richard Farnell, *The Cults of the Greek States*, 5 Bde., Oxford 1896–1909. – Ders., *Greek Hero Cults and Ideas of Immortalit*y, Oxford 1921. – Eugen Fehrle, *Die kultische Keuschheit im Altertum*, Gießen 1910 (RVV 6). – A. J. Festugière, *Personal Religion Among the Greeks*, Berkeley 1954 (Sather Classical Lectures 26). – Robert Fleischer, *Artemis von Ephesos und verwandte Kultstatuen aus Anatolien und Syrien*, 1973 (EPRO 35). – Joseph Fontenrose, *Python. A Study of Delphic Myth and its Origin*s, Berkeley 1959. – Ders., *The Delphic Oracle*, Berkeley 1978. – Paul Foucart, *Les mystères d'Eleusi*s, Paris 1914. – James George Frazer, *The Golden Bough*, 13 Bde., London ³1911–1936. – William D. Furley, *Studies in the Use of Fire in Ancient Greek Religion*, New York 1981. – Johannes Geffcken, *Der Ausgang des griechisch-römischen Heidentums*, 1920 (RWB 6) =

Darmstadt 1963. – Monique Gérard-Rousseau, *Les mentions religieuses dans les tablettes mycéniennes*, Rom 1968. – Louis Gernet /André Boulanger, *Le génie grec dans la religion*, Paris 1932 ²1970. – Fritz Graf, *Eleusis und die orphische Dichtung Athens in vorhellenistischer Zeit*, Berlin 1974 (RVV 33). – Gottfried Gruben, *Die Tempel der Griechen*, München 1966, ²1976. – Otto Gruppe, *Griechische Mythologie und Religionsgeschichte*, 1906 (HKAW). – W K. C. Guthrie, *Orpheus and Greek Religion*, Cambridge 1935, ²1952. – Ders., *The Greeks and Their Gods*, Boston 1950. – Christian Habicht, *Gottmenschentum und griechische Städte*, 1956, ²1970 (Zet. 14). – W R. Halliday, *Greek Divination*, London 1913. – Friedrich Wilhelm Hamdorf, *Griechische Kultpersonifikationen der vorhellenistischen Zeit*, Mainz 1964. – Jane E. Harrison, *Prolegomena to the Study of Greek Religion*, Cambridge 1903, ³1922. – Dies., *Themis. A Study of the Social Origins of Greek Religion*, Cambridge 1912, ²1927. – Bengt Hemberg, *Die Kabiren*, Uppsala 1950. – Hugo Hepding, *Attis*, Gießen 1903 (RVV 1). – Werner Jaeger, *The Theology of the Early Greek Philosophers*, Oxford 1947; dt.: *Die Theologie der frühen griechischen Denker*, Stuttgart 1953. – Henri Jeanmaire, *Couroi et Courètes*, Lille 1939. – Ders., *Dionysos*, Paris 1951. – Karl Kerényi, *Die antike Religion*, Amsterdam 1940, (rev.) *Antike Religion*, München 1971. – Ders., *Die Mysterien von Eleusis*, Zürich 1962. – Ders., *Zeus und Hera*, Leiden 1972. – Ders., *Dionysos. Urbild des unzerstörbaren Lebens*, München 1976. – Otto Kern, *Die Religion der Griechen*, 3 Bde., Berlin 1926–38. – Uta Kron, *Die zehn attischen Phylenheroen*, Berlin 1976 (MDAI.A Beih. 5). – Donna C. Kurtz, John Boardman, *Greek Burial Customs*, London 1971. – Pierre de Labriolle, *La réaction paienne*, Paris 1934. – Kurt Latte, *De saltationibus Graecorum capita quinque*, Gießen 1913 ²1967 (RVV 13,3). – Ders., *Heiliges Recht. Unters. zur Gesch. der sakralen Rechtsformen in Griechenland*, Tübingen 1920. – Hans Lewy, *Chaldaean Oracles and Theurgy*, Kairo 1956, (rev.) Paris 1978. – Hugh Lloyd-Jones, *The Justice of Zeus*, Berkeley 1971 (Sather Classical Lectures 41). – Friedrich Matz, *Dionysiake Telete*, 1963 (AAWLM.G 1963.15). – Reinhold Merkelbach, *Mithras*, Königstein 1984. – Karl Meuli, "Griechische Opferbräuche", in: *Phyllobolia. FS Peter Von der Mühll*, Basel 1946, 185–288 *[= Gesammelte Schriften, Basel 1975, 907-1012]*. – Ders., *Gesammelte Schriften*, 2 Bde., Basel 1975. – Jon D. Mikalson, *Athenian Popular Religion*, Chapel Hill 1983. – Louis Moulinier, *Le pur et l'impur dans la pensée et la sensibilité des grecs*, Paris 1952. – Gilbert Murray, *Five Stages of Greek Religion*, Oxford 1925, ³1952. – George E. Mylonas, *Eleusis and the Eleusinian Mysteries*, Princeton 1961. – Martin P. Nilsson, *Griechische Feste von religiöser Bedeutung mit Ausschluß der attischen*, Berlin 1906. – Ders., *The Minoan-Mycenaean Religion and its survival in Greek Religion*, Lund 1927. ²1950 (SHVL 9). – Ders., *Geschischte der griechischen Religion*, 2 Bde., München 1940–50, I³ 1967, II² 1961 (HAW) (Lit.). – Ders., *Greek Piety*, Oxford 1948; dt.: *Griechischer Glaube*, Bern 1951. – Ders., *Cults, Myths, Oracles and Politics in Ancient Greece*, Lund 1951. – Ders., *The Dionysiac Mysteries of the Hellenistic and Roman Age*, Lund 1957. – Ders., *Opuscula selecta ad historiam religionis Graecae*, 3 Bde., Lund 1951–1960. – Arthur Darby Nock, *Conversion. The Old and the New in Religion from Alexander the Great to Augustine of Hippo*, Oxford 1933. – Ders., *Essays on Religion and the Ancient World*, 2 Bde., Cambridge/Mass. 1972. – Alfonso M. di Nola, "Grecia, religione della," in: *Enciclopedia delle Religioni* 3 (1971) 514–668. – *La notion du divin depuis Homère jusqu'à Platon*, Vandoeuvres-Génève 1952 (Entretiens sur l'antiquité classique 1). – Walter Otto, *Priester und Tempel im hellenistischen Ägypten*, 2 Bde., Leipzig *[253]* 1905–1908. – Walter F. Otto, *Die Götter Griechenlands*, Bonn 1929 = ⁴1956. – Ders., *Dionysos. Mythos und Kultus*, Frankfurt 1933 = ³1960. – Ders., *Die Manen oder von den Urformen des Totenglaubens*, Bonn 1923, ²1958. – Ders., *Die Musen und der göttliche Ursprung des Singens und Sagens*, Düsseldorf 1954, ²1956. – Ders., *Das Wort der Antike*, Stuttgart 1962. – H. W Parke, *The Oracles of Zeus*, Cambridge/Mass. 1967. – Ders., *Festivals of the Athenians*, London 1977. – Ders. und D. E. W. Wormell, *The Delphic Oracle*, 2 Bde., Oxford 1956. – Robert Parker, *Miasma. Pollution and Purification in Early Greek Religion*, Oxford 1983. – Raffaele Pettazzoni, *La religione nella Grecia Antica fino ad Alessandro*, Bologna 1921, ²1953. –Friedrich Pfister, *Der Reliquienkult im Altertum*, Gießen 1907/12 (RVV 5). – Ders., *Die Religion der Griechen und Römer mit einer Einf. in die vergleichende Religionswiss.*, Leipzig 1930. – Ernst Pfuhl, *De Atheniensium pompis sacris*, Berlin 1900. – Arthur Pickard Cambridge, *Dithyramb, Tragedy, and Comedy*, Oxford 1927, ²1962. – Ders., *The Dramatic Festivals of Athens*, Oxford 1953, ²1968. – Harald Popp, *Die Einwirkung von Vorzeichen, Opfern und Festen auf die Kriegführung der Griechen im 5. und 4. Jh. v. Chr.*, Diss. Erlangen 1957. – Edouard des Places, *La religion grecque*, Paris 1969. – Ludwig Preller, *Griechische Mythologie*, Berlin 1854, 4. Aufl. v. Carl Robert, Berlin 1894–1926. – W. Kendrick

Pritchett, *The Greek State at War.* III: *Religion,* Berkeley 1979. – Karl Prümm, "Die Religion der Griechen," in: *CRE* 2 (1951, ²1956), 3–140. – Olivier Reverdin, *La religion de la cité platonicienne,* Paris 1945. – Richard Reitzenstein, *Die hellenistischen Mysterienrel.,* Leipzig 1910, ³1927. – Sergio Ribichini, *Adonis. Aspetti 'orientali' di un mito greco,* Rom 1981. – Erwin Rohde, *Psyche. Seelencult und Unsterblichkeitsglaube der Griechen,* Freiburg 1894, ²1898 = ⁹/¹⁰1925. – William Henry Durham Rouse, *Greek Votive Offerings,* Cambridge 1902. – Georges Roux, *Delphi. Orakel und Kultstätten,* München 1971. – Jean Rudhardt, *Notions fondamentales de la pensée religieuse et actes constitutifs du culte dans la grèce classique,* Genf 1958. – Bogdan Rutkowski, *Cult-places in the Aegean World,* Wroclaw 1972. – Ders., *Frühgriechische Kultdarstellungen,* Berlin 1979 (MDAI.A Beih. 8). – Ders., *Frühgriech. Kultdarst.,* Berlin 1981. – Wilhelm Schubart, *Die religiöse Haltung des frühen Hellenismus,* 1937 (AO 35/2). – Louis Séchan und Pierre Lévêque, *Les grandes divinités de la Grèce,* Paris 1966. – Erika Simon, *Die Götter der Griechen,* München 1969 ²1980. – Ernst Sittig, *De Graecorum nominibus theophoris,* Diss. Halle 1911. – Friedrich Solmsen, *Isis Among the Greeks and Romans,* Cambridge (Mass.) 1979. – Paul Stengel, *Die griechischen Kultusaltertümer,* München 1898 ³1920. – Ders., *Opferbräuche der Griechen,* Leipzig 1910. – Roman Stiglitz, *Die Großen Göttinnen Arkadiens,* Wien 1967. – *Les syncrétismes dans les religions grecque et romaine.* Colloque de Strasbourg 9–11 juin 1971, Paris 1973. – Fritz Taeger, *Charisma. Studien zur Geschichte des antiken Herrscherkultes,* Stuttgart 1957. – R. A. Tomlinson, *Greek Sanctuaries,* London 1976. – Robert Turcan, *Les sarcophages romains à représentations dionysiaques,* Paris 1967. – Hermann Usener, *Götternamen,* Bonn 1895, ³1948. – Ders., *Kleine Schriften.* IV: *Arbeiten zur Religionsgeschichte,* Berlin 1913. – Emily Townsend Vermeule, *Götterkult,* Göttingen 1974 (Archaeologia Homerica V). – Jean-Pierre Vernant, *Mythe et société en grèce ancienne,* Paris 1974. – H. S. Versnel (ed.), *Faith, Hope and Worship. Aspects of Religious Mentality in the Ancient World,* Leiden 1981. – François Vian, "Les religions de la Crète minoenne et de la Grèce achéenne. La religion grecque à l'époque archaique et classique", in: *Histoire des religions,* Paris, 1 1970, 462–577 (Encyclopédie de la Pléiade). – M. W. de Visser, *Die nicht-menschengestaltigen Götter der Griechen,* Leiden 1903. – Theodor Wächter, *Reinheitsvorschriften im griechischen Kult,* Gießen 1910 (RVV 9,1).– Hans Walter, *Griechische Götter,* München 1971. – Otto Weinreich, *Antike Heilungswunder,* Gießen 1909 (RVV 8,1). – Ders., *Religionsgeschichtliche Studien,* Stuttgart 1968. – Martin L. West, *The Orphic Poems,* Oxford 1983. – Sam Wide, *Lakonische Kulte,* Leipzig 1893. – Joseph Wiesner, *Grab und Jenseits,* Berlin 1938 (RVV 26). – Ders., *Olympos. Götter, Mythen und Stätten von Hellas,* Darmstadt 1960. – Ulrich v. Wilamowitz-Moellendorff, *Der Glaube der Hellenen,* Berlin 1931/2. – R. E Willetts, *Cretan Cults and Festivals,* London 1962. – Eduard Williger, *Hagios. Untersuchungen zur Terminologie des Heiligen in den Hellenisch-Hellenistischen Religionen,* Gießen 1922 (RVV 19,1). – C. G. Yavis, *Greek Altars,* Saint Louis 1949. – Royden Keith Yerkes, *Sacrifice in Greek and Roman Religions and Early Judaiam,* New York 1952. – Günther Zuntz, *Persephone. Three Essays on Religion and Thought in Magna Graecia,* Oxford 1971.

[Anm. des Herausgebers: Im Interesse besserer Lesbarkeit wurden einige längere Verweise aus dem Text in die Anmerkungen genommen sowie alle Querverweise auf andere Lexikonartikel getilgt, ausser wo ein solcher Verweis die Kürze von Burkerts Behandlung erklären kann.]

Erschienen in: R.G. Kratz, H. Spieckermann, Hgg., Götterbilder Gottesbilder Weltbilder, Polytheismus und Monotheismus in der Welt der Antike, Tübingen 2009, Bd. 2, 3–20

9. Mythen – Tempel – Götterbilder: Von der Nahöstlichen Koiné zur griechischen Gestaltung

Die griechische Kultur hat Wirkungen entfaltet, die als einzigartig gelten können, die jedenfalls auf dem breiten Band der Tradition bis heute nachwirken. Sie ist die 'klassische' Kultur überhaupt. Dies geht vom Theater mit seinem griechischen Namen bis zur Tempelarchitektur, wie sie noch amerikanische Banken lieben, von Philosophie, Mathematik und Mystik bis zu dem großen Bronzegott vom Artemision im Nationalmuseum Athen[1] – der dann auch zur Hemdenreklame herhalten muß. Die griechische Kultur hat in einer Weise ausgestrahlt, daß sie gerade auch bei Nichtgriechen als maßgebend empfunden wurde; darum hat sie dieses lateinische Wort *classicus* auf sich gezogen.[2]

Nun ist die griechische Kultur und Religion allerdings nicht gleichsam in fertiger Gestalt aus dem Haupt des Zeus entsprungen, auch nicht still für sich aus einer besonderen Begabung, einem Volksgeist oder vorgegebenen Kulturwillen erwachsen. Sie hat ihre Vorgeschichte und ihren Kontext im weiteren Rahmen dessen, was ich gerne als Nahöstlich-Mediterrane *Koiné* bezeichne. Koiné heißt zunächst 'Gemein-Sprache', bezeichnet dann aber auch einen Grundbestand gemeinsamer Kultur, deren Elemente hin- und hergereicht werden.

Was im besonderen Gottesbilder betrifft, kann man sagen: Die Elemente, aus denen die Griechen bauten, waren eigentlich alle schon da; sie sind in neuer Weise zusammengetreten, sie sind ausgebaut, intensiviert und akzentuiert worden und haben eben damit das 'Klassische' zustandegebracht.

Von Mesopotamien, Syrien, Palästina und Ägypten war im hier gegebenen Rahmen schon die Rede; auf die Rolle der Hethiter im bronzezeitlichen

---

[1] Simon, E., *Götter der Griechen*, München 1980² (1998⁴), 86f., Abb. 83f.

[2] Diese Verwendung des Wortes *classicus*, das sich zunächst auf die Militär- und Steuer-'Klassen' bezieht, geht bekanntlich von der einen Stelle bei Gellius, *Noctes Atticae* 19,8,15 aus, ist aber in der Neuzeit zu einem weithin akzeptierten Leitbegriff geworden; vgl. Allemann, B., Art. "(das) Klassische", in: *Historisches Wörterbuch der Philosophie* IV, Basel 1976, 854–856.

Anatolien ist noch besonders hinzuweisen. Jedenfalls ist im 2. Jahr-*[4]*tausend sehr vieles früh und reich bezeugt. Iran mit Zarathustra und Ahuramazda liegt etwas abseits, samt dem Datierungsproblem, ist aber dann mindestens seit dem 6. Jahrhundert ein wichtiger und bald dominierender Partner in dieser fortbestehenden Koiné. Auch die bronzezeitlich-griechische, die kretisch-mykenische Welt ist Partner dieser Koiné, mit ihren Palästen und ihrer Palastbürokratie, mit ihren Königen und Göttern; sie ist allerdings von der schriftlichen Überlieferung her sehr viel schlechter gestellt.

Im Bereich der Religion ist diese Koiné charakterisiert als eine Hochkultur mit Schriftgebrauch, mit der Herrschaft von Königen und mit einer zentral verwalteten Tempelwirtschaft; dies geht zusammen mit einem Götterkult, der aufs engste mit den politischen und wirtschaftlichen Strukturen vernetzt ist. Dies bedeutet fest organisierten Opferkult als Ressourcen-Verteilung und -tausch, eine Art elementares Steuersystem, wobei die Schlacht-Tiere ihre besondere Rolle spielen. Dazu gehören Praktiken der Divination im großen und im kleinen Rahmen; sie binden Alltagsentscheidungen an göttliche Zeichen und erfordern Spezialisten für den Umgang mit Göttlichem. Dazu gehört dementsprechend ein etabliertes Priestertum für die Durchführung von Opfer und Divination – in der Regel sind das ganze Familien, die vom Tempel leben. Dazu gehört das Königtum: Der König ist gottgesetzter Träger der Macht und Ordnung, ist damit immer auch Verwalter der offiziellen Religion. Der König sorgt für das Recht, er hat die Strafmacht, er führt die Kriege, diese allerdings wieder durchaus nach dem Willen und den Zeichen der Götter; etwaige Kriegsbeute kommt den Tempeln zugute. Zum ganzen gehört damit auch eine besondere Architektur, die Errichtung von Tempeln. Durchgesetzt hat sich weithin der sumerische Terminus *E-GAL*, "Großes Haus", Fremdwort auch außerhalb der Keilschrift, so im Hebräischen. Bei den Assyrern allerdings scheint dann die Palastarchitektur die Tempelarchitektur qua Großarchitektur hinter sich zu lassen. Aber nach dem Untergang des assyrischen Ninive (612 v.Chr.) hat Nebukadnezar den Tempelturm von Babylon restauriert, der *E-temen-an-ki* heißt, "Haus der Begründung von Himmel und Erde".

Ganz selbstverständlich ist in dieser Koiné von Tempeln, Priestern und Königen der Polytheismus. Die Götter, die Verehrung und Opfer fordern, sind viele, mit lokalen und familiären Verwurzelungen, mit funktionalen Differenzierungen. Es gibt männliche und weibliche Gottheiten, Eltern und Nachwuchs, Paare, Vater und Tochter, Mütter und starke Söhne, und weiteres; vor allem gibt es eine 'Götterversammlung' und im Rahmen dieser durchaus auch Götterpolitik. Die literarische Erscheinungsform des Polytheismus ist die Göttermythologie. Neben Hymnen an einzelne Götter stehen Erzählungen und dann auch größere Kompositionen; diese können auf den Kult bezogen sein, wie vor allem *Enuma elish*, der Kulttext zum baby-

*[5]*Ionischen Neujahrsfest, der die Inauguration des Gottes Marduk mit der Besitznahme seines Haupttempels feiert. Es gibt aber auch sozusagen freie Entfaltung von Literatur, gipfelnd in 'Menschheitsgedichten' wie *Atrahasis* und *Gilgamesh*.³

Es gibt innerhalb dieser Koiné Besonderheiten, etwa den überbordenden Grabkult in Ägypten, aber auch Fehlstellen: keine Tempel, soweit man sieht, im Minoisch-Mykenischen, bis auf merkwürdig vielgestaltige Entwürfe ganz am Ende des Mykenischen.⁴ Doch wollen wir die Bronzezeit verlassen und auch den merkwürdigen Kultureinbruch um 1200 v.Chr. übergehen, als Großarchitektur, Paläste, Schriftsysteme weithin verschwanden und offenbar auch Völkergruppen sich verschoben. So tauchen die Philister in dem nach ihnen benannten Palästina auf; wir werden nie wissen, ob sie vielleicht Griechen waren.⁵ Die vom Späteren her bekannten Griechen finden sich in Griechenland, in Kleinasien, Kreta und Cypern, bald auch in Unteritalien und Sizilien. Ihre Kulturentwicklung wird angestoßen durch allgemeine Bewegungen vom Osten her. Zwei solcher Impulse sind vor allem zu fassen: der phönikische Mittelmeerhandel, in den sich die Griechen einklinken, und die Assyrische Eroberung, die von Osten her seit dem 9. Jahrhundert das Mittelmeer erreicht; sie hat wahrscheinlich Flüchtlinge vor sich hergetrieben und Söldner angelockt.

Ein paar Bemerkungen zu den Phönikern⁶ – eine an sich unverbindliche griechische Bezeichnung für Leute aus den Städten Syriens. Es ging vorzugsweise um Metallhandel; am wichtigsten war offenbar Tyros. Phöniker kamen nach Cypern, gründeten dort Kition (Larnaka) um 900, sie kamen nach Kreta, Sizilien und Sardinien, sie gründeten die 'Neustadt' Karthago im heutigen Tunis 814 v.Chr., sie gewannen Südspanien, sie trieben Handel mit den Etruskern in Italien.

Früh begannen Griechen sich zu beteiligen, hinter und mit den Phönikern, in Konkurrenz mit ihnen; Griechen hatten Niederlassungen in Syrien seit dem 9. Jahrhundert,⁷ sie fuhren in den Westen, nach Süditalien und Sizilien und setzten sich dort seit dem 8. Jahrhundert dauerhaft fest. Auf Cypern saßen Griechen schon seit langem; ein wichtiges Zentrum zwi-

---

³ Die ältere, meist gebrauchte Sammlung der nahöstlichen Texte ist *ANET*; neuerdings *TUAT*; dort *Atrahasis*, 622–667; für Gilgamesh jetzt George, A. R., *The Babylonian Gilgamesh Epic*, Oxford 2003.

⁴ Siehe Marinatos, N., *Minoan Religion*, Columbus S.C. 1993; Burkert, W., *La religione greca di epoca arcaica e classica*, 2.ed. a cura di G. Arrigoni, Milano 2003, 106–108.

⁵ Verwiesen sei auf Dothan, T., *The Philistines and Their Material Culture*, London 1982; Stager, L. E., *Ashkelon Discovered*, Washington 1991.

⁶ Verwiesen sei auf Markoe, G., *Die Phoenizier*, Stuttgart 2003.

⁷ Details und Belege zum folgenden: Burkert, W., *Die Griechen und der Orient*, München 2003.

*[6]*schen Ost und West wurde vom 10. bis zum 8. Jahrhundert Euboia; eine euböische Niederlassung bestand auf Pithekussa (Ischia), zusammen mit Phönikern, von wo die griechische 'Neustadt' Neapolis noch im 8. Jahrhundert gegründet wurde; auf Sizilien setzten sich erst Euböer fest, ihre Städte waren Naxos (bei Taormina) und Katane (Catania); dann drängte Korinth an die Spitze, Syrakus in Sizilien ist die dominierende korinthische Gründung im 8. Jahrhundert. Mit den phönikischen Kontakten geht die Übernahme der semitischen Schrift durch die Griechen zusammen, wahrscheinlich um 800 v.Chr.

Die Assyrer ihrerseits hatten inzwischen das erste Weltreich der Alten Geschichte zustande gebracht, indem sie mit einer überlegenen Armee Jahr für Jahr die Nachbarn angriffen, Stämme, Fürstentümer oder Städte; diese wurden ausgeplündert, zu Tributzahlungen gezwungen. Die Stoßrichtung ging mehr und mehr nach Westen; Assurnasirpal erreichte das Mittelmeer im 9. Jahrhundert. Der Höhepunkt der Expansion und Macht fällt ins 8./7. Jahrhundert: Damaskus wurde um 800 erobert, Israel 722, Cypern um 700, Sidon wurde 670 gründlich zerstört, Ägypten kam von 671 bis 655 unter assyrische Herrschaft. Erst 612 haben Iraner und Babylonier dem Schrecken ein Ende gemacht und Ninive zerstört.

Die Griechen waren die östlichsten der Westlichen, und dies war ihr Glück: Sie konnten von allen kulturellen Anregungen profitieren, ohne selbst empfindlich geschädigt oder zerstört zu werden, im Kontrast beispielshalber zu Sidon. So ist die Assyrerzeit gleichzeitig als "orientalisierende Epoche" die eigentliche Aufstiegszeit der griechischen Kultur. So formte sich auch die besondere Art griechischer Religion und griechischer Gottesbilder. Wie gesagt: Eigentlich war alles schon da – doch Griechen bringen das, was sie von Barbaren übernehmen, eben "schöner heraus", wie ein vielzitierter Satz aus der platonischen *Epinomis* es ausdrückt.[8]

Von einem dreifachen Großerfolg ist zu berichten: griechische Göttermythologie, griechische Götterbilder im konkreten, handwerklichen Sinn, und griechische Tempel.

1.

Die Göttermythologie erscheint im Rahmen der griechischen Epik, der Großepen des sogenannten Homer, also *Ilias* und *Odyssee*, wozu die *Theogonie* und die *Kataloge* des Hesiod kommen; auch die sogenannten homerischen Hymnen gehören zu Stil und *performance* dieser Art. Die Vorstellung

---

[8] Platon (bzw. Philippos von Opus), *Epinomis* 987d.

der Griechen selbst waren im folgenden maßgeblich von Homer *[7]* und
Hesiod geprägt. Es gibt keine eigensprachlichen alt-sakralen Texte im Grie-
chischen, wie Veda oder Gathas, Thora, oder auch Arval- und Salierlied in
Latein. Die Epik ist eine in der Mündlichkeit begründete Kunstform, mit
dem speziellen Versmaß des Hexameters, eine traditionelle und zugleich
ständig improvisierende, sehr effektvolle Erzähl- und Vortragsform, von
Spezialisten zur Perfektion ausgebildet, in ganz Griechenland verstanden.
Seit dem 8. Jahrhundert ist Schriftlichkeit möglich; ob die uns vorliegenden
Texte im 8. Jahrhundert oder, wie ich annehme,[9] erst um 660 verfaßt sind,
tut nichts zu Sache.

In dieser Epik also spielen die Götter eine hervorragende Rolle; die
traditionellen stehenden Beiwörter der Hexameterdichtung zeigen, wie sehr
Götterrollen, Göttergeschichten, Göttercharakteristika in dieser Tradition
verwurzelt sind. Versucht man eine Art Typologie, so werden als traditions-
verhaftet und urtümlich zunächst Geschichten von Götterkämpfen auffallen,
samt dem sogenannten 'Sukzessionsmythos', dem System, wonach der re-
gierende Gott, der Wettergott, über eine eigentümliche Zwischengestalt
vom Himmelsgott hergeleitet ist – das ist Zeus für die Griechen. Wie dann
zusätzlich dieser herrschende Gott noch einmal von einem erschrecklichen
Gegner herausgefordert wird, den er mit einiger Mühe doch besiegt und
damit seine Souveränität bestätigt, dies erzählt Hesiod in der Geschichte
von Zeus und Typhon, dies erzählen die Hethiter in mindestens zwei
Versionen, mit der Schlange Illuyanka und mit Ullikummi. Hier sind die
orientalischen Parallelen also besonders eng, ja sie werden lokal fixiert: Im
hethitischen *Lied von Ullikummi* erblicken die Götter den bedrohlichen
Bergriesen Ullikummi vom "Berg Hazzi" aus; beim griechischen Apollodor
verfolgt Zeus das Monster Typhon bis zum *Kasion oros*, was mit "Berg
Hazzi" offensichtlich identisch ist. Dies ist ein Berg zwischen Antiocheia
und Ugarit, von Ugarit aus der "Berg des Nordens", "Berg Zaphon". Dort
war ein Bergheiligtum des Wettergottes, "Zeus Kasios", dem noch Hadrian,
ja Iulian geopfert haben.[10] Hier hat man nicht nur Mythos in Verbindung
mit lokalem Kult, wir haben sozusagen unsere Koiné *in nuce*.

Die eigentlich homerische Göttermythologie ist freilich anderer Art.
Götterkämpfe sind nur ein ferner Hintergrund, auf den gelegentlich ange-

---

[9]   Diskussion und Bibliographie um Homer sind grenzenlos. Übersichten z.B. Latacz, J. (Hg.),
Zweihundert Jahre Homer-Forschung, Stuttgart 1991; Morris, F./Powell, B. (eds.), *A New
Companion to Homer*, Leiden 1997; Montanari, F., (ed.), *Omero tre mila anni dopo*, Rom
2002. Vgl. auch Burkert, W., *Kleine Schriften I: Homerica*, Göttingen 2001; dort 59–71 ein
Argument zur Datierung ins 7. Jahrhundert.

[10] Burkert, W., *Kleine Schriften. II: Orientalia*, Göttingen 2003, 40; Hesiod, *Theog.* 820–889;
Illyanka *TUAT* 808–811; Ullikummi *TUAT* 830–844.

spielt wird. Auch Mythen von der Kosmogonie, wie wir sie im Ägypti-*[8]*
schen und im Akkadischen kennen, sind im 'homerischen' Stil zurückgedrängt. Die *Ilias* spielt auf den Sukzessionsmythos an, Zeus ist der 'Kro-
nide', und einmal ist vom Ursprung der Welt aus Wasser-Gottheiten die
Rede, was direkt aus dem babylonischen *Enuma elish* stammen könnte.[11]
Aber kein griechischer Gott 'erschafft' die Welt. Großes Aufsehen hat erregt, als ein besonders krasses Stück kosmogonischer Phantasie im hethitischen Epos auftauchte, die Entmannung des Himmelsgottes, der griechisch
Uranos heißt; inzwischen wissen wir, daß sogar in einer dem Hethitischen
noch näher stehenden Weise 'Orpheus' davon erzählt hat.[12]

Die meisten homerischen Göttergeschichten aber lassen dergleichen im
Hintergrund; die Götter scheinen sich auf der festgefügten Bühne unserer
normalen Welt zu bewegen. Natürlich gibt es da einen Götterberg, Olympos, wo die Götter insgesamt ihre Wohnungen haben. Sie treten auf wie individuelle Personen, nicht nur mit ihrem je besonderen Namen, sondern
auch mit einer gewissen 'Persönlichkeit'. Auch bei Homer ist die 'Götterversammlung' ein fester Begriff. Da redet man miteinander, da gibt es
Spannungen und kleine Intrigen. Man kann es ausnützen, wenn ein wichtiger Gott gerade abwesend ist, um einen Antrag durchzubringen, wie Athena
gegen Poseidon am Anfang der *Odyssee*. Letztlich verträgt man sich: Ein
einzelner Gott kann nicht gegen den vereinigten Willen der anderen Götter
streiten, sagt Athena (*Od.* 1,78 f.). Zeus könnte dies vielleicht; aber wenn er
im Begriff ist sich selbstherrlich über die Ordnung hinwegzusetzen, genügt
ein Hinweis Athenas: "wir anderen Götter loben dies nicht" (*Ilias* 16,443
vgl. 4,29; 22,181), um ihn davon abzubringen.

Über die Koiné geht Homer dabei in mindestens doppelter Weise hinaus:
Zum einen ist diese Göttergesellschaft auf dem Olymp unter sich in ex-
tremem Maße menschlich-allzumenschlich, zum anderen ist sie unlösbar
mit der eigentlichen Menschenwelt verschränkt, weil die Hauptgestalten der
Troia-Mythologie alle irgendwie von Göttern abstammen, und das ragt in
die Wirklichkeit hinein, bis weit in die historische Epoche: Die spartanischen Könige sind Herakliden, und Herakles ist Sohn des Zeus; aber auch
die Familie des Perikles konnte sich von Nestor und damit von Poseidon
herleiten.[13] Göttermythologie ist bei Homer und Hesiod zugleich Heroenmythologie. Diese Art einer Vielfalt von "Zeus-entsprossenen Königen" fin-

---

[11] Burkert, *Orient*, 36-38.
[12] *TUAT* 828-830; Hesiod, *Theog.* 154-210; Janko, R., "The Derveni Papyrus: An Interim Text",
      Zeitschrift für Papyrologie und Epigraphik 141 (2002) 1-62; Burkert, *Orient*, 96-106.
      *[Kritische Edition: Th. Kuremenos, G. M. Parássoglou, K. Tsantsanoglou, Hgg., The Derveni
      Papyrus Edited with Introduction and Commentary, Florenz 2006.]*
[13] Toepffer, J., *Attische Genealogie*, Berlin 1889, 225–244.

det sich nicht in den orientalischen Texten. Es gibt einen kurzen Passus im Buch *Genesis* der Bibel (6,1–4), wonach sich Engel mit Menschen *[9]* paarten und ein Geschlecht von Heroen zeugten – das ist ein echte Parallele zu Hesiod, aber doch nur ein kurzes Streiflicht in der Thora.

Der Iliasdichter dagegen hat aus der Götter- und Heroenmythologie eine durchgehende Doppelhandlung gemacht, er besetzt eine doppelte Bühne. Neben den Heroen agieren immer auch die Götter. Sie sind im Troianischen Krieg selbst auf die beiden Seiten aufgeteilt, Griechenfreunde und Troerfreunde, und Zeus, der höchste, ist beiden Seiten in besonderer Weise zugetan. Der 'Götterapparat' gilt seither als Charakteristikum des heroischen Epos, Philologen haben verlernt sich darüber zu verwundern, müssen aber doch festhalten, daß hier eine Besonderheit gerade gegenüber der nahöstlichen Koiné vorliegt. Man mache sich klar: Die Iliashandlung vom Zorn des Achilleus bis zum Tod des Hektor ließe sich ohne weiteres auch ohne Götter erzählen. Aber in unserem Text stehen die Götter am Anfang und am Ende und gleichsam an jeder Ecke, sie beschließen und greifen ein, und "der Beschluß des Zeus geht in Erfüllung" (*Ilias* 1,5). Die Besonderheit der *Ilias* zeigt sich auch darin, daß es die *Odyssee* anders macht. Da stehen Götterversammlungen am Anfang und am Ende, ganz kurz auch einmal in der Mitte (*Od.* 13,125–159), dazwischen aber ist es nur Athena, die ihren Schützling Odysseus begleitet.

Auch über jene andere Besonderheit der homerischen Göttermythologie haben wir aufgehört uns zu verwundern, die extreme Vermenschlichung. Man kennt sie, diese Olympier, wie sie da agieren, männlich oder weiblich, jung oder erwachsen, unverwechselbare Individuen, auch innerlich 'menschlich'; und doch wird man dann wieder überrascht davon, wie drastisch die Texte sind, ohne Rücksicht auf Erbaulichkeit oder Erhabenheit. Zeus und Hera das problematische Elternpaar, Poseidon der Onkel, Demeter die Tante, beide leicht beleidigt, Apollon und Artemis als erfreuliche, wenn auch außereheliche Kinder, schwieriger Athena und Hephaistos, dazu Ares der tolle, den man treiben läßt. Es gibt die üblichen Familienprobleme, Spott und Zank der Geschwister, Ehekrach, Prügel für die Kinder. Hera hält die Stieftochter Artemis an den Händen fest und haut ihr den Köcher um die Ohren, daß die Pfeile herausfallen; heulend läuft Artemis weg, sucht Trost beim Vater Zeus, der dazu noch von Herzen lacht – eine Vorgabe für die Reaktion der Zuhörer; der Artemis-Mutter Leto verbleibt es, die Pfeile wieder aufzusammeln (*Ilias* 21,480–513). Das ist mit Gusto erzählt, mit Sinn für die Pointen, ohne Rücksicht auf Kult oder Theologie. Und was soll man davon halten, daß Hesiod ausgerechnet Zeus als Vorbild dafür anführt, daß Liebeseide nicht ernst zu nehmen sind (Hesiod Fr. 124)?

Freilich darf man nicht, auf solche Szenen fixiert, das ganze für eine Karikatur nehmen. Die Götter Homers sind, den Menschen nah, auch überaus human. Sie erleben wie Menschen, sie lieben und hassen, sie können zürnen oder triumphieren, sie können auch leiden, ja mit-leiden. Blutige *[10]*Tränen vergießt Zeus, als sein Sohn Sarpedon sterben wird, der Anführer der Lykier im Kampf gegen Patroklos (*Ilias* 16,459 f.). Dies ergreift doch mehr als der Homerkritiker (Platon, *Resp.* 388cd) wahrhaben wollte. Und in polarer Spannung zeigt sich in solchen Szenen auch wieder die einzigartige Erhabenheit der Götter: Ihr Handeln ist inkommensurabel, nicht verrechenbar. Sie sind auf die Menschen nicht angewiesen und bleiben die Fernen. "Um der Sterblichen willen" – in Apollons Mund klingt das ausgesprochen distanzierend, ja geringschätzig (*Ilias* 21,380; 463); eben damit garantiert der Dichter einen Blick des Menschen auf göttliche Erhabenheit.

Denn das ist die unverrückbare Grenze, die Götter und Menschen trennt: Die Götter sind die 'Unsterblichen', die Menschen aber die 'Sterblichen'. Beide Bezeichnungen, *athanatoi* und *thnetoi*, sind ganz fest im Formelsystem der epischen Sprache verwurzelt. Ein doppelter Hintergrund scheint sich da aufzutun. Es gibt ein indogermanisches Wort für 'unsterblich', *n̥-mr̥t-*, griechisch *ambrotos*; welche Funktion dieses Wort bei hypothetischen 'Indogermanen' gehabt hat, ist hier nicht zu diskutieren; auf homerischem Niveau versteht man das Wort nur noch halb, auch Ambrosia als Götterspeise ist nicht speziell 'Unsterblichkeit'; dafür hat man das neue Wort *a-thanatos* gebildet, das nun die Götter im Kontrast zu den Menschen eindeutig charakterisiert. Dabei scheint aber zugleich wieder ein Stückchen nahöstlicher Koiné durch: Zumindest im Gilgamesh-Epos, das den erwartbaren Tod zum zentralen Thema gemacht hat, steht der unaufhebbaren Sterblichkeit des Menschen die Unsterblichkeit der Götter gegenüber. "Götter wohnen mit der Sonne auf Dauer; die Menschheit – gezählt sind ihre Tage".[14] So spricht die Schenkin zu Gilgamesh: "Das Leben, das du suchst, findest du nicht. Als die Götter die Menschheit schufen, haben sie Tod für die Menschheit gesetzt, das Leben haben sie in die eigenen Hände genommen."[15] Unsterbliche Götter – sterbliche Menschen. Freilich, qua Menschenschöpfer waren die Götter für die gesetzte Ordnung verantwortlich – bei Homer sind sie demgegenüber entlastet. Übrigens haben die semitischen Sprachen kein vorgegebenes Wort für 'unsterblich', und die Charakteristik der Götter durch diesen Begriff scheint gar nicht fest zu sein: Es gibt Götter, die sterben, ja geschlachtet werden; ein Fest kann "Tag des Begräbnisses der Gottheit" heißen;[16] Tammuz-Adonis wird beweint, wie auch Osiris.

---

[14]   George, *Gilgamesh* I 200 f. (Altbab. Fassung III iv,140 ff.).

[15]   George, *Gilgamesh* I 278 f.

[16]   Inschrift von Pyrgi, Donner, H./Röllig, W., *Kanaanäische und aramäische Inschriften*, Wiesbaden 1969² (1966), Nr. 277.

Hier haben sich die Griechen inmitten der scheinbar naiven Göttermythologie mit einer theologischen Begriffsbildung vom Koiné-*[11]*Hintergrund emanzipiert. Freilich drohen die so gefaßten Götter den Menschen dann endgültig allein zu lassen.

2.

Auch was Götterbilder im engeren Sinn, Götterikonographie betrifft, ist zunächst vom Bereich der Koiné auszugehen: Bilder von Göttern aufzustellen und zu verehren war offenbar fast überall üblich – Israel fiel dann aus der Reihe. Freilich ist gerade aus Anatolien, Syrien, Ägpyten so gut wie nichts erhalten und vorzeigbar; rohe Stein-Idole gab es auch daneben. Die vielgestaltigen Befunde der Spätbronzezeit in Creta und Cypern müssen hier beiseite bleiben, obgleich wir den "gehörnten Gott" von Enkomi auf Cypern[17] gern als Kultbild anerkennen möchten.

Die griechische Tradition scheint sich dann seit der geometrischen Zeit nach östlichen Vorbildern zu entwickeln. Wichtig waren als Anregungen die relativ kleinen Bronzestatuetten des "Kriegergotts", auch "Smiting God" genannt, die aus Anatolien, Syrien, Phönikien kamen und die dann später zu Bildern von Zeus, Poseidon, Apollon weiterentwickelt wurden[18]; daneben stand eine Zeitlang die "nackte Göttin" aus Syrien, die aber im 7. Jahrhundert wieder radikal aufgegeben wird.[19] Dafür tritt die doch wohl vom Sport herkommende männliche Nacktheit auch für die jugendlichen Götter ein – erfunden ist das nicht für die Götter: Die großen alten 'Kuroi' der griechischen Marmorplastik sind sicher keine Götter, sondern Weih- und Grabstatuen; die älteren Vasenbilder zeigen auch Hermes, Apollon, Dionysos durchaus als bekleidete bärtige Gestalten. Aber wenn um 700 der Seher Mantiklos vom Zehnten seiner Einkünfte – der Seherberuf rentierte – dem "Gott mit dem Silberbogen" eine nur mit einem Gürtel bekleidete Statuette widmet, stellt sie offenbar eben diesen Gott dar;[20] für uns ist das, nach den hammergeschmiedeten Bronzen von Dreros auf Kreta[21] eine der frühesten sicheren Götterdarstellungen.

Es drängt sich auf, von solchen mehr gelegentlichen Weihungen eigentliche Kultbilder abzuheben, wie sie in den nun aufkommenden Tempeln

---

[17] Buchholz, H.G./Karageorghis, V., *Altägäis und Altkypros*, Tübingen 1971, Nr. 1740.

[18] Burkert, *Orientalia* 17–36.

[19] Marinatos, N., *The Goddess and the Warrior*, London 2000; Burkert, *Orientalia* 21f.; 36.

[20] *LIMC* s.v. Apollon nr. 40; Simon, *Götter*, 124, Abb. 117f.

[21] Simon, *Götter*, 125, Abb. 119.

vorauszusetzen sind. Man möchte Dreros gleich als Beispiel nehmen, doch bleibt es zunächst isoliert. Die Schwierigkeit ist, daß die Götterbilder of-*[12]*fenbar weithin aus Holz bestanden und damit keine Chance der Erhaltung hatten. Von einem der ältesten Tempel, dem der Hera auf Samos, heißt es ausserdem, das Bild der Göttin sei zuerst eine "ungeschnitzte Holzplanke" gewesen.[22] Holzbilder wurden sicher mit echten, realen Gewändern bekleidet Auch das berühmt-berüchtigte Bild der scheinbar vielbrüstigen Artemis von Ephesos ist auf diese Weise zustande gekommen.[23] Wichtiger aber ist wohl sich klarzumachen, daß die Unterscheidung von 'Kultbild' und zusätzlichen gestifteten Bildern (*anathemata*) in den Quellen meist gar nicht wichtig genommen ist. Es gibt ein Wort für das 'eingesetzte' Bild, *hedos*, es gibt Riten der Weihung, *hidryein*, von denen wir wenig wissen; doch scheint das *hedos* nicht die Aufmerksamkeit zu monopolisieren. Man mag an eine katholische Kirche denken, wo oft nicht der Hauptaltar in der Apsis, sondern irgendein Bild in einer Nebenkapelle die Verehrung auf sich zieht, was die dort brennenden Kerzen anzeigen. Gravierende Mißverständnisse sind nicht ausgeschlossen: Stammt der übergroße Marmorkopf aus dem Bereich des Hera-Tempels von Olympia vom 'Kultbild' der Göttin oder vielmehr von einer Sphinx?[24]

Seit dem Ende des 7. Jahrhunderts gibt es dann den großen Fortschritt handwerklichen Könnens in der Marmorbearbeitung, und in der Mitte des 6. Jahrhunderts schafft die Erfindung des Bronzehohlgusses eine ganz neue Möglichkeit, wertvolle Bilder lebensgroß und überlebensgroß im Goldglanz vor Augen zu stellen. Wenige Meisterwerke dieser Art sind erhalten, so der Zeus oder Poseidon, der seit langem im Zentrum des Athener Nationalmuseums steht, oder die weniger bekannten Statuen im Piräus-Museum, Apollon, Athena, Artemis, die wahrscheinlich aus Delos abtransportiert worden waren.[25] In der Antike galten als Höhepunkte die Goldelfenbeinbilder des Pheidias: die Athena Parthenos im Parthenon zu Athen, der Zeus im Haupttempel von Olympia.

Bezeichnend ist, daß wir hier wie in anderen Fällen den Künstler kennen; Pheidias konnte offenbar wie ein Star auftreten. Die Kultbilder der Tempel sind damit ganz in den Bereich der bildenden Kunst integriert, der Tempel droht zum Museum zu werden: Man weiß und rühmt, welcher

---

[22] Kallimachos Fr. 100 Pfeiffer. Vgl. im allgemeinen Donohue, A. A., *Xoana and the Origins of Greek Sculpture*, Atlanta 1988.

[23] Fleischer, R., *Artemis von Ephesos und verwandte Kultstatuen*, Leiden 1973; Seiterle, G., "Artemis – die große Göttin von Ephesos," *Antike Welt* 10/3 (1979), 3–16.

[24] Simon, *Götter* 56 Abb. 50; Diskussion in *LIMC* IV s.v. Hera nr. 98.

[25] Stewart, A., *Greek Sculpture* II, New Haven 1990, Nr. 168–169; 511;569–570. Zu 'Poseidon' (?) siehe Anm. 1.

Künstler das Bild gefertigt hat. Es gibt ältere Relikte, etwa das Bild der *[13]* Hera von Tiryns aus Birnbaumholz,[26] aber das fällt nur dem auf, der danach sucht. Gewiß, im Rahmen der Troia-Mythologie gibt es das Palladion, das Athena-Bild, an dem das Schicksal von Troia hing; nur indem Diomedes und Odysseus es raubten, wurde Troia sturmreif.[27] Aber es ist auffällig, daß man zwar an verschiedenen Orten behauptete, eben dieses Palladion zu besitzen, in Athen, in Argos oder anderswo, aber diese angeblichen Originale spielen gar keine besondere Rolle mehr; sie sind in ein paar Kulte eingebaut, aber nicht 'Glaubenszentrum'. Sonst schaut man auf die Qualität und Pracht, auf die 'Prunkstücke' (*agalmata*), nicht auf den 'Fetisch'. Das Bild der Athena Polias hat man im Krieg 480 evakuiert; das Palladion wohl auch, aber davon ist gar nicht die Rede.

Es ist nicht ganz leicht zu sagen, was die besondere Faszination der eigentlich griechischen Götterbilder ausmacht, wie sie besonders von den wenigen erhaltenen Bronzen ausgeht. Sie sind voll anthropomorph, absolut menschlich, und doch überlegen kraft einer eigentümlichen Vollkommenheit. Die in ihrer Weise auch großartigen Bronzen von Riace im Museum von Reggio di Calabria sind keine Götter[28] sondern Athleten, imponierend-prahlerisch. Jedenfalls geht die Ausstrahlung der Götterstatuen über die problematische Familiarität der homerischen Götter weit hinaus; und doch soll gerade Pheidias gesagt haben, sein Zeus gebe den Zeus der *Ilias* wieder, als der da mit dem Nicken seines Hauptes den großen Olymp erschüttert.[29]

Nur kurz ist darauf zu verweisen, daß neben den plastischen Götterstatuen eine allgemeinere Götter-Ikonographie einhergeht, für uns vor allem durch die reiche Entfaltung der Vasenbilder vertreten.[30] Jedenfalls hat die Leistung der griechischen Kunst das Bild der Götter in der ganzen Mittelmeerwelt für die folgenden Jahrhunderte bestimmt, qua Statuen und qua Bilder überhaupt; die attische Vasenmalerei war auch ein Exporterfolg. Vor allem die Etrusker und die Römer haben von Anfang an mitgemacht. Die Perser haben den Apollon von Didyma gleich in corpore mitgenommen,[31] obgleich sie für sich weder Tempel noch Götterbilder hatten. Bezeichnend ist übrigens doch wohl, daß später dann eher die spätere Klassik die Vorbilder für die römischen Kopien lieferte, wobei, neben dem Apoll *[14]* vom

---

[26] Pausanias, 2,17,5. Burkert, W., *Homo Necans. Interpretationen altgriechischer Opferriten und Mythen*, Berlin 1997², 189.

[27] Vgl. *Der Neue Pauly* IX 192f.

[28] Datierung umstritten, Ridgway, B., *Hellenistic Scupture* III, Madison 2002, 199–202.

[29] *Ilias* 1,528–530; Strabo 8,3,30.

[30] Das ganze Material jetzt zugänglich in *LIMC*; zudem sei auf Simon, *Götter* verwiesen.

[31] Pausanias 1,16,3;8,46,3; durch Seleukos zurückgebracht.

Belvedere, die nackte Aphrodite, erstmals von Praxiteles riskiert und danach mehrfach variiert, obenaus schwang.[32]

Als Höhepunkt des Anthropomorphismus, ja als Überschießen ins Absurde mag man es betrachten, daß auch abstrakte Mächte als vollmenschliche Figuren dargestellt werden; da Abstrakta im Indogermanisch-Griechischen in der Regel Feminina sind, kommen so ungezählte weibliche Gewandfiguren zustande, eher langweilig, gerade weil sie bedeutsam sind. Berühmt wurde z.B. die Eirene aus dem 4. Jahrhundert, 'Friede', als Frau, die den 'Reichtum', Plutos, als Kind im Arm trägt.[33] Bemerkenswert ist allenfalls, daß im Bilde, qua Statue oder Relief, eine solche Abstraktion von einer traditionellen Göttin wie Hera oder Demeter eigentlich gar nicht zu unterscheiden ist. Man denkt die 'Abstrakta' gern den Göttern untergeordnet, als ihr Gefolge, und doch wirken sie auf diese zurück: Auch bei den Göttern mag die anthropomorphe Gestalt dann bald einmal nur noch als konventionelle Maske nicht-menschlicher Mächtigkeit erscheinen.

3.

Endlich das dritte, vom Götterbild kaum abtrennbare Element, der Tempel als Haus des Gottes: Es war schon davon die Rede, wie das "Große Haus" in der östlichen Koiné verankert ist; gerade im Kretisch-Mykenischen allerdings hat es keinen festen Platz, und auch später blieb es eine diskutable, wenn nicht entbehrliche Einrichtung – grundsätzliche Diskussion darüber gab es auch in Israel –. Zeus erhielt in Olympia seinen großen Tempel erst im 5. Jahrhundert, nachdem der Kult so an die 500 Jahre bereits im Gange war. Der früheste Bau im griechischen Bereich, den man 'Tempel' nennen kann, dürfte eine Anlage in Kommos im Süden Kretas sein, um 800 v.Chr.[34] – aber das ist gerade ein Hafen, in dem Phöniker und Griechen sich regelmäßig trafen; Zentrum des Heiligen ist ein Drei-Stelen-Gebilde östlicher Art.

Faßbar sind griechische Tempel dann seit dem 8. Jahrhundert, etwa in Samos; es scheinen zunächst ganz verschiedene Arten von 'Häusern' zu

---

[32] *LIMC* II, 1984, 46–63.
[33] *LIMC* III, 1986, s.v. Eirene nr. 8.
[34] Shaw, J.W. & M.C., *Kommos* IV/1, Princeton 2000, 8–36 ('Tempel B').

sein, die 'groß' gebaut werden.[35] Der Rechteckbau mit Eingang an der *[15]* Schmalseite setzt sich durch. Dazu kommt der Säulen-Umgang, die *Peristasis*; sie kommt von Holzsäulen beim Holzbau her, wie auch die später so strenge Triglyphen-Metopen-Ordnung auf den Holzbau zurückverweist; aber das ist nun eben 'Schmuck' nach eigenem Gesetz. Entscheidend war dann die Erfindung der tönernen Dachziegel in der Mitte des 7. Jahrhunderts, was die so bezeichnende flache Steigung des griechischen Giebels mit sich brachte. Maßgebend war zunächst, so weit man sieht, der Tempel des Poseidon am Isthmos, vom Ende des 7. Jahrhunderts.[36] Aus dem 6. Jahrhundert stammen dann die Standardtempel, von denen eindrucksvolle Reste auch für den Touristen noch zu finden sind, in Korinth, in Selinus auf Sizilien, und besonders in Paestum. Der Höhepunkt der Baukunst kam im 5. Jahrhundert, vor allem mit dem großen Zeustempel von Olympia und dem Marmor-Parthenon von Athen. Was sonst zu nennen wäre, Hephaisteion in Athen, Bassai in Arkadien, Syrakus und Agrigent in Sizilien, ist touristisch bekannt. Bis zum Ende des 4. Jahrhunderts war Griechenland mit Tempeln in einer Weise ausgestattet, daß es bis zum Ende der griechischen Geschichte kaum der Erweiterungen bedurfte.

Mit der Vielgestaltigkeit in den Anfängen des Tempelbaus gingen auch vielerlei Funktionen einher; der Tempel war auch Versammlungsort und Opfermahl-Haus. In der klassischen Gestaltung wird der Tempel entleert von diesen Funktionen; er ist offiziell Wohnung der Gottheit. Doch wird das im Kult kaum ausgespielt: Die großen Opfer mit den Gebeten und Gelübden finden vor der Fassade statt, wo denn auch in der Regel der große Altar errichtet ist. Mit dem Opfer ist auch die Hauptform der Divination verbunden; teils offiziell, teils inoffiziell sind immer auch Seher zugegen. Zu privatem Gebet und Gelübe konnte man in den Tempel gehen – kontrolliert vom Tempelpersonal; aber für die festlichen Begehungen liefert der Tempel eigentlich nur den Hintergrund, die Kulisse.

Daß der Tempelbau mit der Polis-Kultur zusammengeht, ist eine fast schon triviale Feststellung; die Akropolis über Athen ist das allgegenwärtige Exemplum. Die Stadt finanziert, unterhält und kontrolliert die Tempel. Das Gemeinschaftsbewußtsein der Stadt konzentriert sich in ihnen; die

---

[35] Coldstream, J.N., "Greek Temples: Why and Where?", in: Easterling, P.E./Muir, J.V. (Hg.), *Greek Religion and Society*, Cambridge 1985, 67–97; Burkert, W., "The Meaning and Function of the Temple in Classical Greece", in: Fox, M.V. (Hg.), *Temple in Society*, Winona Lake 1988, 27–47; Schmitt, R., *Handbuch zu den Tempeln der Griechen*, Bern 1992; Burkert, W., "Greek Temple-builders: Who, Where, and Why?", in: Hägg, R. (Hg.), *The Role of Religion in the Early Greek Polis*, Stockholm 1996, 21–29.

[36] Gebhard, B., "University of Chicago Excavations at Isthmia, 1989. I", *Hesperia* 61, 1992, 1–77, hier 25–51.

Zerstörung der Tempel durch die Perser im Perserkrieg war der ganz unverzeihliche Frevel, mit dem man die 'Barbaren' dauerhaft belasten konnnte.[37] Man muß aber doch darauf verweisen, wie viele Sonderfälle von Heiligtümern mit bemerkenswerten Tempeln 'außerhalb' der Polis zu finden sind, in Olympia, am Isthmos, in Delphi; auch der berühmte Artemistem-*[16]*pel von Ephesos war nicht Teil der Polis Ephesos, sondern galt als autonom. Trotzdem: Nur ganz selten wird ein Tempel zur selbständigen wirtschaftlichen Einheit; es gibt dementsprechend praktisch kein professionelles Priestertum, das vom Tempel lebt. Man "gibt" den Tempel der Gottheit, "läßt ihn frei" für die Gottheit – und kontrolliert dann alles im Detail durch die öffentliche Verwaltung. Delphi mag als Ausnahme gelten, ist aber seinerseits der Kontrolle durch die Amphiktionie unterworfen.

Karl Schefold hat für die griechische Kultur die Bezeichnung 'Tempelkultur' geprägt, und das will besagen: Nicht nur, daß die Architekturformen des Tempels zum dauerhaften Standard wurden, der Tempel war der bedeutendste, zentral die Aufmerksamkeit fesselnde Bau, mit einem Maximum von Kunst und Aufwand errichtet. Dabei blieb der griechische Tempel ein relativ kleiner, überschaubarer Bau, auch finanzierbar – das weitaus teuerste am Akropolis-Ausbau waren die Substruktionen der Propyläen. Ansätze zu Riesentempeln, etwa in Agrigent, blieben stecken. Der Tempel ist in seiner Weise 'menschlich'. In anderen Nachbarkulturen nehmen diese Stelle der repräsentativen Großarchitektur Grabbauten ein, wie die Pyramiden in Ägypten, oder Paläste wie in Assyrien, später Bäder und Zirkus. Dergleichen fehlt in der klassischen griechischen Welt. Erst Kaiser Augustus in Rom hat dann seine Wohnung auf dem Palatin zugleich als Apollotempel gestaltet und damit Bahn gebrochen für die Paläste der Monarchen.

Um zusammenzufassen: Der anthropomorphe Polytheismus hat in Griechenland in Verbindung mit der Polis eine äußerlich überzeugende Form gefunden, mit den vom Mythos vorgezeichneten Göttern, den Statuen und Tempeln. "Alle Menschen brauchen die Götter", heißt es in der Odyssee (*Od.* 3,48), und man braucht sie alle. Wir haben in Athen: Athena auf der Akropolis, in Verbindung mit Nike, dem 'Sieg' für die Polis – ihrerseits als Mädchen dargestellt; Athena ist aber auch die Patronin der Olivenbäume, und auch der Wollarbeit, die in der Herstellung eines Gewandes für die Göttin, eines Peplos gipfelt. Ihr gegenüber, auf der anderen Seite der Agora, wohnt der Feuer- und Schmiedegott Hephaistos, der Handwerkergott; er hat insbesondere auch die Nichtbürger, die Metöken im Gefolge. Direkt auf der Akropolis hat auch Artemis von Brauron ihren Platz, die Göttin, der zudem

---

[37] Herodot 8,143; Lykurgos, *Gegen Leokrates* 80 f.; Plut. *Aristid.* 10,5–6.

ein Fest und ein daher rührender Monatsname von Munichia gilt; sie hat vor allem mit dem schwierigen Übergang vom Mädchen zur Frau zu tun. Zeus hat seinen Altar auf der höchsten Stelle der Akropolis, seinen großen Tempel aber, das Olympieion, außerhalb der Altstadt; es war so groß angelegt, daß erst Kaiser Hadrian den Tempel fertig bauen konnte. Es gibt auch ein Pythion für Apollon, ein Thesmophorion für Demeter und ein Eleusinion, mehrere Dionysos-Heiligtümer, überhaupt Kult-*[17]*plätze noch und noch. Themistokles hat nach seinem Erfolg einen Tempel der Artemis Aristoboule gestiftet, indem er seinen eigenen "besten Plan" im göttlichen Bereich verankerte.[38] Poseidon hat seinen bedeutenden Tempel in Sunion, wo die vom Meer kommenden Schiffe des attischen Landes ansichtig werden. Wie Jacob Burckhardt in seiner Kulturgeschichte sagt: Man konnte leben mit dieser Religion.[39] Man kann auch sagen: Wie man ohne sie leben könnte, war gar nicht einzusehen.

Und doch ist dieser klassische Polytheismus, man möchte sagen: dieser Bilderbuch-Polytheismus nicht unangefochtenes Besitztum oder dauernde Errungenschaft. Dem Religiösen bleibt immer etwas Unfaßbares, Unheimliches, das auch durch perfekte Kunst nicht ganz gebändigt werden kann. Hier wäre nun von den Mysterien zu sprechen, den Geheimkulten mit persönlicher Zulassung durch 'Initiation', *myesis* des Mysten, und dem für Außenstehende vage gehaltenen Versprechen einer besonderen Seligkeit nach dem Tode.[40] Daß die 'Unsterblichen' dem Tod einfach enthoben sind, wie es Homer darstellt, daß sie in ihrer brillanten Unsterblichkeit den Menschen alleinlassen, bedurfte offenbar der Korrektur. Das plastische Götterbild und die Tempelfassade genügen dann nicht. Neben Eleusis, das dauerhaften Erfolg gewann, gibt es vor allem auch dionysische, 'bakchische' Mysterien, über die wir in den letzten Jahrzehnten ganz neue Zeugnisse gewonnen haben.[41] Das Geheimnis freilich umgibt auch sie und macht das Eindringen schwierig; es bleibt die Vermutung, daß das Überzeugende vor allem im Ritual gelegen haben muß, nicht faßbar in Dichtung, Bildkunst und Architektur.

Sehr viel deutlicher, explizit und rational ist ein anderer Impuls, der als scheinbar ganz Neues in der zweiten Hälfte des 6. Jahrhunderts auftritt und die eben skizzierte Ausgestaltung des anthropomorphen Polytheismus radikal unterläuft. Das Stichwort heißt zunächst Xenophanes, Elegiendichter und sogenannter vorsokratischer Philosoph. Keiner dieser Begriffe, weder

---

[38] Plut. *Them.* 22,2–3
[39] Burckhardt, J., *Griechische Kulturgeschichte*, F. Stähelin (Hg.), Basel 1956/1957, 44 f.
[40] Burkert, W., *Antike Mysterien. Funktionen und Gehalt*, München 1990, 1994³.
[41] Burkert, *Orient*, 82–96.

Vorsokratik noch Philosophie, stand damals zur Verfügung. Insofern ist nicht leicht zu beschreiben, was damals passiert ist. Es geht um Autoren, die schreiben – die Geistesgeschichte der Mündlichkeit geht ihrem Ende entgegen; am Ende wird die 'Weisheit' der Dichter ersetzt durch Diskussion der Wissenschaft, durch Naturwissenschaft und Dialektik. Diese Autoren schreiben mit einem neuen Anspruch, Wesentliches über die Welt zu sagen. Nun, es gibt längst eine Tradition von Weisheit und Weisheitsbü-*[18]*chern im Rahmen der genannten Koiné, die sich mit dem rechten Verhalten im Rahmen der Weltordnung befaßten;[42] doch die neuen 'Weisen' wenden sich explizit gegen die Tradition, mit Kritik und Argumentation, auf dem Hintergrund einer triumphierend vorgestellten Individualität. Keiner dieser 'Weisen' hat je eine Autorität wie Konfuzius gewonnen, keiner wird zum Sektenhaupt, mit Ausnahme vielleicht des Pythagoras, der aber historisch kaum zu fassen ist; keiner hat ein bleibendes Grundsatz-Buch geschrieben, mit Ausnahme vielleicht des Parmenides; sie stehen einer gegen den anderen, oder gegen alle anderen, und begründen die griechische literarische Kultur als eine Streitkultur. Für den politisch-historischen Erfolg Griechenlands war dies nicht günstig; aber eine Lebendigkeit ist dadurch in unsere Kultur gekommen, die doch bis heute anhält.

Was in diesem Wettkampf von Ansprüchen neuer Einsichten unter die Räder kommt, ist nun mit der Tradition der Dichter gerade der Polytheismus und insbesondere der Anthropomorphismus. Xenophanes schreibt sehr klare Verse, und die sind sehr bekannt: "Alles haben für die Götter gestiftet Homer und Hesiod, was bei den Menschen Schimpf und Tadel ist: Stehlen, Ehebruch treiben und einander betrügen" (B 17). Die Belege dafür sind in *Ilias* und *Odyssee* leicht zu finden; das Vertrackte ist, daß man Xenophanes nicht leicht widersprechen kann. Seine Kritik erweitert sich noch vom Moralischen ins Grundsätzliche: "Wenn die Ochsen, die Pferde und Löwen Hände hätten, um mit Händen zu zeichnen oder Werke zustandezubringen wie die Menschen, würden die Pferde den Pferden, die Ochsen den Ochsen ähnlich die Gestalten der Götter zeichnen und Körper bilden von der Art, wie sie selbst ihre Gestalt haben" (B 15); stellen sich doch die Neger ihre Götter stumpfnasig und schwarz vor, die Thraker rotblond und blauäugig (B 16). Und ganz überraschend dann die positive Aussage: "ein Gott, unter Göttern und Menschen der größte, weder an Gestalt den Sterblichen ähnlich noch im Denken. Als ganzer sieht er, als ganzer denkt er, als ganzer hört er. Stets bleibt er im gleichen, ohne sich zu bewegen; es ziemt sich nicht für ihn, bald da-, bald dorthin zu gehen. Ohne Anstrengung durch einen Akt des Denkens erschüttert er alles..." (B 23–26). Xenophanes ist der erste scharfe

---

42 Burkert, *Orient*, 55-78.

Kritiker des Polytheismus und des Anthropomorphismus, überhaupt der Mythen im homerischen Stil, und er scheint zugleich etwas wie Monotheismus einzuführen.

Neben Xenophanes steht Heraklit. Er galt schon den Alten, den *native speakers of Greek*, als 'dunkel'; aber dies ist noch in seinen Fragmenten klar: Er hält nichts von Homer, von Hesiod, vom Dichter Archilochos, von Pythagoras, von Xenophanes; er kritisiert sogar direkt die religiöse Praxis: Der Phallos-Umzug für Dionysos ist, für sich betrachtet, ein Gipfel des *[19]* Schamlosen; und wer zu Statuen betet, der handelt, wie wenn er mit einem Haus reden wollte. Demgegenüber steht auch bei Heraklit die Verkündung des 'Einen' (B 32): "Eines ist das Weise, Allein für sich; es will nicht genannt sein und will doch genannt sein mit dem Namen Zeus". Zeus bleibt also, mit Vorbehalt, anerkannt, er ist aber sicherlich etwas ganz anderes als der polternde Familientyrann der *Ilias*.

Solche Art sich zu äußern und der Inhalt solcher Äußerungen kommt als Überraschung im griechischen Bereich. Man ist im allgemeinen geneigt, hier eben das 'griechische Wunder' festzumachen. Die allgemeine Tradition der Weisheitsliteratur ist hier gewiß überschritten. Was man wenig reflektiert hat und was doch fraglos präsent ist, das ist die Ideologie des Perserreichs. Da ist freilich die Quellenlage besonders schwierig.[43] Doch genügen die wenigen keilschrift-persischen Königsinschriften, um klar zu machen, daß für den König ein Gott über alle anderen weit herausragt, Ahura Mazda, der das Königtum verliehen hat; doch werden die vielen anderen, auch lokal festgelegten Götter des Polytheismus im Perserreich nicht angegriffen. Die Göttertempel im Perserreich bestehen fort, ob Marduk-Tempel in Babylon oder Artemis-Tempel in Ephesos, der erst unter persischer Oberhoheit fertig gebaut wird und dessen Oberpriester einen persischen Titel führt, Megabyxos. In Jerusalem wird der Tempel neu wieder erbaut. Dabei gibt es keinen 'reichspersischen' Tempel, das architektonische Zentrum in Persepolis entfaltet sich als Palastanlage. Und doch steht die Frömmigkeit über allem: "Ahura Mazda hat mich zum König gemacht". Was die Götter und kraft ihrer der König garantiert, ist eine 'Ordnung'. Hat Heraklits Insistieren auf dem göttlichen Nomos auch damit etwas zu tun? Was jedenfalls Xenophanes betrifft, so versteht man von hier aus erst recht, daß das monotheistische Verständnis seines Satzes ein Mißverständnis ist. "Ein Gott der größte unter Göttern und Menschen", das ist nicht rhetorische Figur; das will die anderen Götter nicht ausschalten, nur die universale Ordnung fixieren.[44] Überhaupt

---

[43] Burkert, *Orient*, 109–113.

[44] Auch die Theogonie des 'Orpheus' präsentiert Zeus als den, "der der einzige wurde", Burkert, *Orient*, 99–103; Janko, "Derveni" *[oben Anm. 12; das Zitat Pap. Derveni col. XVI 9 ed. T. Kouremenos, G. M. Parássoglou, K. Tsantsanoglou, Florenz 2006.]*

soll Religion nicht abgeschafft, sondern auf geistigem Niveau reformiert
werden; Homer wird übertrumpft durch eine neue Form geistiger Frömmigkeit. Was verloren geht, wenn mit der Menschengestalt auch die Mensch-
lichkeit, das Verstehende und Verstehbare der Gottheit aufgehoben wird,
wäre allerdings zu fragen.

Was immer wieder erstaunen muß: 'Orpheus', Xenophanes, Heraklit –
dies ist um Jahrzehnte früher gesagt worden als der Parthenon oder der
Olympische Zeus geschaffen wurden. Und diese Thesen, diese Kritiken sind
nie widerlegt worden. Dem Bilderbuch-Polytheismus scheinen damit *[20]*
von vornherein die Fundamente abhanden zu kommen. Doch dies ist die
dritte Feststellung: Trotz alledem hat die traditionelle Religion mit ihren
Dichtermythen, ihren Götterbildern und Tempeln fortbestanden, einschließlich Parthenon und Zeus von Olympia. Erst in der Zeit des Proklos, um 470
n.Chr., 1000 Jahre nach Xenophanes, hat der Kaiser das Goldbild des Pheidias aus dem Parthenon nach Konstantinopel schaffen lassen, wo es dann
verschwunden ist. Das Christentum war damals längst als Staatsreligion
etabliert.

Die Griechen hatten auf dem Grund der nahöstlichen Koiné eine besonders anschauliche, griffige Art des Polytheismus in Verbindung mit einer
auf höchstes Niveau gebrachten Kunst entwickelt, mit Götterbild und
Tempel auf dem Hintergrund der epischen Götterdichtung. Und doch hatte
eben diese Ausformung der Religion eine gewisse Tendenz, sich selbst aufzuheben zugunsten einer spekulativeren, vertieften, vergeistigten Gottesauf-
fassung. Bezeichnend ist, daß keiner der alternativen Ansätze sich durchsetzen konnte; weder eine heilige Schrift noch ein Dogma kam zustande,
wie es auch an hauptberuflicher Priesterschaft weiterhin fehlte. Es blieb die
Streitkultur der Intellektuellen, der Philosophenschulen. Man hat später
Prinzipien möglicher 'Theologie' festgemacht, die *theologia mythica, physica* und *civilis* –, 'mythisch' wie Homer, 'physisch' wie die Philosophen,
'staatlich' im Rahmen der Polis;[45] dies sind Bildungsfrüchte, diskutabel und
damit interessant, aber nicht verpflichtend. Es gibt keine Thora, kein Evangelium, keinen Qoran. Man kann Grundsätze üblicher Religion formulieren,
die gemeinhin unerschütterlich bleiben: Es gibt die Götter, und sie kümmern
sich um die Menschen, weshalb die traditionellen Kulte ihre lang erprobte
Berechtigung haben.[46] Fragt man nach den bedeutendsten religiösen Texten
der Griechen, wird man vielleicht bei Aischylos ankommen; und der sagte,
er bringe doch nur Kostproben von der großen Tafel Homers.[47]

---

[45] Varro bei Augustin, *Civ.* 6,5 *[= Varro, Ant. rer. div. frg. 7 Cardauns]*; Aëtius 1,6.

[46] Babut, J., *La religion des philosophes grecs*, Paris 1974.

[47] *Tragicorum Graecorum Fragmenta* III: *Aeschylus [ed. S. Radt, 1985]*, T 112.

Erschienen in: D. Hellholm ed., Apocalypticism in the Mediterranean World and the Near East, Tübingen 1983, 235–254

10. Apokalyptik im frühen Griechentum: Impulse und Transformationen

0. Vorbemerkung

Es ist einfach und naheliegend, das klassische Griechentum als Gegenposition zu jeglicher Apokalyptik aufzubauen. Wenn Apokalyptik überweltliche Botschaft an die Menschheit über die Gesamtheit der Welt und insbesondere ihre Zukunft bedeutet, wozu in der Regel das Motiv des auf außerordentliche Weise erwählten Zeugen gehört, so mag man dem die beiläufige Bemerkung eines Herodot entgegenhalten, übers Göttliche wüßten doch "alle Menschen gleichviel", d. h. so gut wie nichts (2,3,2), oder den Hohn des hippokratischen Autors *Von der Heiligen Krankheit* gegen die Scharlatane, die da vorgeben "ein Mehr an Wissen zu besitzen" (VI 354 L.), wo doch alles gleichermaßen menschlich und göttlich zugleich sei. Die Sicht der Griechen tendiert auf eine geschlossene, nach ihren immanenten Wesensgesetzen, als φύσις erfaßbare Welt; auch die Götter wirken in der φύσις, und durch sie. Ein Durchbrechen der Wesensgesetze, ein Aufreißen der geschlossenen Weltsphäre wird als undenkbar wegdisputiert. Apokalyptik wäre demgegenüber das ausgesprochen Nichtgriechische, ob orientalisch, jüdisch oder christlich, in räumlichen und zeitlichen Bereichen wuchernd, in denen sich das 'Hellenische' nicht oder nicht mehr entfalten konnte.

Doch sind solche allgemeinen Feststellungen von allenfalls partieller Gültigkeit. Auch wenn sich das 'Hellenische' in einem einmaligen historisch-geistigen Prozeß herauskristallisiert hat, blieb es vielfältigen historisch-sozialen Bedingungen unterworfen, hatte es sich als These gegen vielerlei Antithesen durchzusetzen. Im folgenden sei zum einen darauf hingewiesen, daß auch die klassische Literatur der Griechen durchaus entfaltete Apokalypsen kennt, zum anderen sei den bezeichnenden Verformungen nachgegangen, denen apokalyptische Motivik im Griechentum unterworfen war. Auch auf die Vorformen der Daniel-Apokalyptik kann von hier aus einiges Licht fallen.*[236]*

1. Griechische Apokalypsen

1.1. Zunächst sei dem Rahmenmotiv des entrückten Zeugen nachgegangen. Mit einer echten Apokalypse schließt eines der berühmtesten und meistgelesenen Bücher der griechischen Literatur, Platons *Staat*. Dies ist freilich nur einer unter den vier großen Jenseitsmythen[1] in Platons Oeuvre – daneben stehen die Mythen im *Gorgias, Phaidon, Phaidros* –; doch ist der Schlußmythos des 'Staats' nicht nur äußerlich der umfangreichste und inhaltlich der universellste, er allein führt das charakteristische Motiv des auf außerordentliche Weise erwählten Zeugen ein, "Er, Sohn des Armenios, der Pamphyler", der aus dem Tod ins Leben zurückgesandt wurde; denn, so wurde ihm im Jenseits bedeutet, "er müsse ein Bote des Jenseits für die Menschen werden" (614d, vgl. 619b). Seine Botschaft also gilt "den Menschen" schlechthin, und sie enthält nicht nur die Beschreibung des Systems von Lohn und Strafe, das in der anderen Welt für Menschenseelen gilt, sondern auch den Einblick in den Aufbau des Universums, jene 'Spindel' der ineinander kreisenden Gestirne, die sich im Schoße der Notwendigkeit dreht. Von der Komposition her sind beide Teile, die Beschreibung der Jenseitswege einerseits, die Wallfahrt zum Thron der Ananke andererseits,[2] deutlich getrennt, doch beides zusammen macht den universalen Gehalt der Botschaft aus; bezeichnend, wie der aus unerforschlichem Ratschluß erwählte Zeuge von anonymen Mächten Schritt um Schritt geleitet wird, damit er sieht und tut, was nötig ist, ohne dem Jenseits ganz anheimzufallen. Die Farben des Wunderbaren scheinen im übrigen gedämpft; immerhin tauchen in Gestalt der "wilden, feurigen Männer", die den Tyrannen zum Tartaros schleifen, veritable Teufel auf (615e). Die Bezeichnung 'Apokalypse' für die einzigartige Offenbarung mit Totalitätsanspruch scheint gerechtfertigt – mit einer wesentlichen Einschränkung: es ist nicht Infragestellung oder Negierung der Welt, nicht das "ganz andere", was da offenbar wird, sondern die Bestätigung dessen, worauf die im dialektischen Gespräch geweckte philosophische Einsicht notwendig führt; keine Gegenwelt und keine neue Welt, sondern diese unsere Welt, nur eben aus jenseitiger, nicht aus menschlich beschränkter Perspektive gesehen; nicht unerhört neues Geschehen und schon gar nicht Handeln eines Gottes, sondern der unabänderliche Kreislauf, in dem Gerechtigkeit und Notwendigkeit zusammenfallen.

1.2. Platons Apokalypse hat unmittelbare literarische Wirkung entfaltet. Wir wissen vor allem von Werken seines Schülers Herakleides Pontikos, die bis

---

[1] Frutiger 1930, 249–265; Thomas (1938); Kerschensteiner 1945, 136–156.
[2] Burkert 1975a, 97–99.

in die Kaiserzeit gern gelesen wurden. Zwei Titel sind faßbar*[237]*, *Empedotimos* und *Abaris*.[3] Im einen Fall war erzählt, wie einem Jäger, der in der Einsamkeit rastete, die Unterweltsgötter Pluton und Persephone entgegentraten, ihm die Beschränktheit des menschlichen Sehvermögens nahmen und ihn die Räume des Kosmos durchdringen ließen, wobei anscheinend unsere Erde sich als die rechte Unterwelt erwies und die Zukunft der Seele in den Sternensphären sich offenbarte. Im *Abaris* kam die Entrückung einer Seele vor, während der Körper wie tot dalag; ein *Daimon* führte den Visionär durchs Jenseits, zeigend und Weisung gebend. Inwieweit im Detail die Phantasie des Herakleides über Platon hinausging, ist angesichts der kümmerlichen Fragmente nicht zu sagen. Bezeichnend aber ist die Beurteilung dieser Schriftstellerei durch Plutarch – der ja auch selbst in der Nachfolge von Platon und Herakleides Apokalypsen gedichtet hat –. Plutarch schreibt im Buch *De audiendis poetis*: "Was philosophische Lehren betrifft, so haben die ganz jungen Leute mehr Spaß an dem, was scheinbar nicht philosophisch und nicht so ganz ernst gesagt ist, und solchen Darstellungen gegenüber zeigen sie sich aufmerksam und zahm; dies liegt auf der Hand. Denn nicht nur beim Lesen von den Äsopischen Fabeln und von poetischen Stoffen, [sondern] auch am Abaris des Herakleides und am Lykon des Ariston – Seelenlehre vermischt mit Fabeleien – haben sie ihren Spaß und begeistern sie sich" (14e). Eine besonders für Kinder eingängige, weil phantastische Darstellungsweise also, Verzuckerung der soliden Seelennahrung, das ist die Apokalyptik eines Herakleides im Urteil Plutarchs. Offenbar bedurfte es eines anderen Publikums, damit der bei Platon doch spürbare apokalyptische Impuls zur genuinen Wirkung kommen konnte.

1.3. Die Quellenfrage von Platons Apokalypse ist literarisch unlösbar. Daß Platon einer Quelle folgt, entnimmt man den ausdrücklichen Hinweisen auf Kürzungen, etwa was das Sonderschicksal der als Kleinkinder Verstorbenen betrifft (615c). Daß es eine literarisch fixierte Schilderung vom Abstieg des Orpheus in die Unterwelt gab, ist anzunehmen, doch existiert kein einziges altes Fragment aus diesem Gedicht; offenbar gab es auch ein Gedicht des 'Orpheus' über die Katabasis des Herakles, in dem Unterweltsstrafen ausgemalt waren;[4] vom Aufenthalt des Pythagoras in der Unterwelt hat man früh erzählt, in Form der Anekdote, hinter der vielleicht Rituelles steckt,[5] doch nichts weist auf eine literarische Fassung. Jedenfalls wären die rekonstruierbaren Katabasis-Erzählungen nicht eigentliche Apokalypsen: anstelle des

---

[3] Fr. 73–75 und 90–97 Wehrli 1953; Burkert 1972, 366–368.
[4] Graf 1974, 141–146.
[5] Burkert 1972, 155–161.

von höheren Mächten souverän gewählten Zeugen steht hier eine schama-
nenartige Gestalt, die kraft eigener Macht ins Jenseits eindringen kann; der
literarische Rahmen ist, ähnlich wie schon im *[238]* 11. Buch der *Odysse*e,
die Abenteuererzählung; dementsprechend wird nicht in einem außerordent-
lichen, einmaligen Akt der Vorhang weggezogen, es wird vielmehr von dem
berichtet, was grundsätzlich immer zugänglich ist.

In eine andere Richtung weist die ausdrückliche Nennung von 'Pamphy-
lien' und 'Armenien', und seit langem hat man auf die seltsame Parallele in
der armenischen Erzählung von Ara und Semiramis hingewiesen.[6] Freilich
liegt dies auch wieder so weit ab, daß sichere Schlüsse nicht möglich sind.
Bemerkenswert ist, daß Ktesias in seiner phantasievollen Persergeschichte,
die etwa 20 Jahre vor Platons *Staat* erschienen ist, auch Wundergeschichten
von iranischen und anderen östlichen Ekstatikern einflocht. Das rhetorisch
aufgeputzte Zeugnis des Arnobius (1,52) gibt leider wenig her: er fordert
heidnische Wundermänner auf, sich dem Vergleich mit Christus zu stellen:
"Soll doch jener Baktrier kommen, dessen Taten Ktesias im ersten Buch
seiner Geschichte schildert, und Armenios, der Enkel des Zostrianos, und
der Pamphyler, der Vertraute des Kyros".[7] Kyros wurde, nach Ktesias, von
einem 'vertrauten' Lehrer in der 'Magie' unterrichtet.[8] Vielleicht lagen hier
Anregungen, die Platon mit der Wahl seines 'Zeugen' aufgriff. Ob dabei
Ktesias eventuell echt iranische Tradition vermittelt hat, bleibt wohl unbestimmbar.

1.4. Dokumente sicher vorplatonischer Jenseitslehre sind die Goldblättchen,
die man in Unteritalien, Thessalien und Kreta in Gräbern fand. Seit 1974
steht durch den Fund von Hipponion fest, daß der Archetyp dieser Texte
mindestens ins 5. Jahrhundert zurückgeht und daß sie für Eingeweihte in
Bakchische Mysterien galten. Sie geben dem Toten Weisungen, was er im
Jenseits finden wird, was er zu meiden, zu tun und zu sagen hat, um 'Erinnerung' zu gewinnen und zur Seligkeit zu gelangen.[9] Ein 'Mehr an Wissen'

---

[6]   Gruppe 1924/37,37; Kerschensteiner 1945, 138–140; der Text bei Müller-Langlois 1883, 26f.
[7]   *FGrHist* 688 F 1 f. = Arnob. 1,52:... *Bactrianus et ille conveniat, cuius Ctesias res gestas his-*
      toriarum exponit in primo, Armenius Zostriani nepos et familiaris Pamphylus Cyri, Apollonius
      Damigero et Dardanus... Eindeutig ist nur der *Bactrianus* Ktesias zugewiesen, doch weist auch
      der Name Kyros auf *Persika*; andererseits taucht der Name Zostrianos in später Apokalyptik
      auf, *NHC* VIII, ; Porph. *V. Plot.* 16; Colpe 1977, 155–157. Kolotes hat bereits im 3. Jh. v. Chr.
      den Er-Mythos vielmehr auf Zoroaster zurückgeführt, Prokl. *Resp.* II 109, danach die
      Zoroaster-Fälschung Clemens, *Strom.* 5,103, Prokl. a.a.O., Kerschensteiner 1945, 140–142.
[8]   Plut. *Artax.* 3,3.
[9]   Zuntz 1971, 275–393; Hipponion: Pugliese Carratelli 1974, 108–126, 229–236; West 1975;
      Zuntz 1976; ein weiteres Exemplar: Breslin 1977; Merkelbach 1977, 276. Vgl. Burkert 1975a,
      81–104. *[Die Texte bis 2007 in F. Graf, S. I. Johnston, Hgg., Ritual Texts for the Afterlife,*
      London 2007, s. auch A. Bernabé, Poetae Epici Graeci II 2 (2005), Nr. 474–496.]

ist hier vorausgesetzt, ein übermenschlicher Wegweiser, von dem solche Kunde kommt; ob dies Orpheus war, ist nicht zweifelsfrei entschieden. Jedenfalls handelt es sich bei diesen Texten wiederum nicht um *[239]* eigentliche Apokalypsen; das Privatinteresse der individuellen Suche nach Heil und Seligkeit wird nicht überstiegen. Als fernes Vorbild hat man seit langem auf das ägyptische Totenbuch hingewiesen.

1.5. Es bleiben zwei fragmentarisch erhaltene Dichtungen des 5. Jahrhunderts, auf die man die Bezeichnung 'Apokalypse' anwenden kann, die *Καθαρμοί* des Empedokles und das Gedicht des Parmenides. Die Verkündigung des Empedokles wirkt fast wie vorweggenommene Gnosis: vom göttlichen Ursprung ist die Rede, von einer Urschuld der *Daimones* und ihrer Verbannung in gottferne Bereiche, von der Sühne durch aufeinanderfolgende Wiedergeburten und schließlicher Rückkehr zu den Göttern. Eine paradiesische Urzeit wird ausgemalt und zugleich als künftiges Ziel vor Augen gestellt. Dabei ist der Verfasser selbst der Zeuge, der in Ich-Form berichtet, was er sah und erlebte. Auch von Führung und Belehrung durch eine göttliche Gestalt war offenbar die Rede; doch sind die Einzelheiten der Rekonstruktion umstritten.[10]

1.6. Voll entfaltet finden wir indessen das Rahmenmotiv der Apokalyptik im älteren, erhaltenen Text, im Proömium des Parmenides:[11] der Zeuge, der Verfasser, berichtet, wie ihn ein Pferdegespann unter dem Geleit von Göttinnen über die Grenzen der Welt hinausträgt, hindurch durchs "Tor der Wege von Nacht und Tag" bis zur Göttin. Wehe dem, den ein "böses Geschick" auf diesen Weg sendet; er aber ist durch göttliche Wahl bestimmt: "Du mußt alles erfahren" (B 1,28), die Wahrheit und auch dazu die "Meinungen der Sterblichen". Der Totalitätsanspruch dieser Offenbarung ist nicht zu übertreffen: es geht um das Sein überhaupt, vollständig, in sich geschlossen, "einer wohlgerundeten Kugel vergleichbar" (8,43), außer dem nichts zu denken noch zu sagen bleibt. Damit freilich wird der äußeren Form der Apokalypse zum Trotz das parmenideische Gedicht zum äußersten Gegenpol der Apokalyptik: nicht um Zukunft geht es, gibt es doch weder Vergangenheit noch Zukunft angesichts der Dauer des Seins, nicht um ein Geschehen, ist doch das Werden schlechthin "erloschen" (8,21). Es gibt keinen Kampf der Welten, keinen göttlichen Willen und kein Gericht. Die

---

[10] Empedokles B 112–153a, neuer Text und Kommentar bei Zuntz (1971), 179–274 und Gallavotti 1975. Vgl. Burkert 1975b.

[11] Burkert 1969, Pellikaan-Engel 1974; zu Parmenides im allgemeinen vgl. Mourelatos 1970; Hölscher 1969; Heitsch 1974.

Alltagswelt als 'Meinung' wird durchsichtig auf das Eine, Seiende, das allein in seiner Gegenwärtigkeit denkbar ist. Was als Apokalypse begann, enthüllt sich als Grundlegung der Ontologie und Logik der Griechen.

Woher für Parmenides die Anregung zu dieser paradoxen Verwendung der apokalyptischen Erzählung kam, ist für uns wiederum verschollen. Das Vorbild der Dichterweihe des Hesiod genügt nicht zur Erklärung. Daß der *[240]* Weg des Zeus zum Orakel der Nacht, die ihm die Schicksalsbestimmungen für die Welt enthüllt,[12] in der alten Theogonie des Orpheus vorkam, ist jetzt durch den Papyrus von Derveni bewiesen; aber hier ist die 'Enthüllung' in den Urzeit-Mythos verbaut, der Charakter der Verkündigung gebrochen. Im Proömium der Theogonie des Epimenides[13] kam vermutlich vor, was als Sage weiterlebte, der mirakulöse, generationenlange Schlaf des Sehers in der Ida-Höhle; im Schlaf sah er die Götter, insbesondere Dike und Aletheia (*FGrHist* 457 T 4f.), und hierauf beruhte offenbar sein "Mehr an Wissen". Allerdings ist die Traumvision wiederum nicht die eigentliche Form der Apokalypse. Immerhin findet sie sich auch in jenem akkadischen Text, der am ehesten 'apokalyptisch' heißen kann, in der "Unterweltsvision eines assyrischen Kronprinzen",[14] und in dem neuen aramäischen Bileam-Text (s. u.); Beziehungen zum Vorderen Orient liegen im archaischen Kreta überaus nahe. Für die leibhafte Entrückung des Zeugen bleiben die Hinweise auf skythischen Schamanismus, denen nach Hermann Diels besonders Karl Meuli und E. R. Dodds nachgegangen sind,[15] und insbesondere Aristeas und Bakis; auf sie wird zurückzukommen sein.

2. Das Motiv des Weltuntergangs

2.1. Ein scheinbar besonders 'apokalyptisches' Thema ist der Weltuntergang, φθορὰ τοῦ κόσμου.[16] Für die Griechen jedoch ist dieser nicht Gegenstand mythischer Traditionen oder religiöser Verkündigung, sondern naturphilosophischer Spekulation und Diskussion, und zwar von Anfang an. Mit Anaximandros, dem ältesten der eigentlichen 'Vorsokratiker', tritt scheinbar unvermittelt die Frage nach dem Untergang der Welt auf, in Symmetrie zur

---

12 Mit Parmenides verglichen bei Burkert 1969, 17. Die Kolumnen VI–IX des Derveni-Papyrus sind noch unveröffentlicht; vgl. allgemein zu diesem Dokument Kapsomenos 1964; Merkelbach 1967; Burkert 1968. *[Edition mit Kommentar: Th. Kouremenos, G. M. Parássoglou, K. Tsantsanoglou, Hgg., The Derveni Papyrus, Florenz 2006.]*

13 Burkert 1972, 150f.; 1969, 16f.

14 *ANET* 109 f.; Borger 1967/75, I 495 f., II 265.

15 Meuli 1935; Dodds 1951, 135–178; Burkert 1972, 147–165.

16 Zusammenfassend Schwabl 1978, 840–850; allgemein Olrik 1922.

Erklärung ihrer Entstehung: "Woraus aber die seienden Dinge entstehen, in das hinein gehen sie auch zugrunde, nach der Notwendigkeit; denn sie zahlen einander Buße und Strafe für das Unrecht nach der Ordnung der Zeit", so das berühmte und vielumstrittene Fragment des Anaximandros.[17] Theophrast, durch den uns dieses Zeugnis erhalten ist, bezog es eindeutig auf die Welt als Ganzes, nicht nur auf einen immanent-kontinuierlichen Prozeß, in dem einzelnes entsteht und verschwindet. Daneben ist von Weltveränderung die Rede, die für Menschen *[241]* nicht weniger katastrophale Perspektiven bringt: einst sei die Erde ganz sumpfig gewesen, dann sei sie allmählich ausgetrocknet; so sind nun Meer und Land getrennt; einst aber werde das Meer verschwunden, die Erde ganz ausgetrocknet sein[18]. Vielleicht sollte dann dem kosmischen 'Sommer' der Austrocknung ein kosmischer 'Winter' folgen, als Buße und Ausgleich 'nach der Ordnung der Zeit'. Das Eindrucksvolle und Einzigartige ist bei alledem der Stil der Sachlichkeit und Wirklichkeitshinnahme, der das Unerhörte geistig bewältigt.

2.2. Leidenschaftlicher und verwirrender ist von Werden, Wandel und Vergehen des Kosmos bei Heraklit die Rede: diese Welt, ungeschaffen, "war, ist und wird sein: Feuer, das ewig lebt, sich entzündend nach Maßen und erlöschend nach Maßen" (B 30). Inwieweit dabei sukzessive Weltphasen angesetzt sind oder aber ein dauernder, dialektischer Prozeß gemeint ist – "der Weg hinab und hinauf ist einer und derselbe" (B 60) –, darum gehen seit langem die Kontroversen der Interpreten,[19] und sie haben darob die Fragmente des 'dunklen' Philosophen nach allen Regeln philologischer Kunst einem strengen Verhör unterworfen. Mit Recht sucht man hinter die stoischen und die gnostischen Interpretationen und Adaptationen zurückzukommen. Zuweilen freilich ging die Kritik zu weit und mußte sich philologische Widerlegung gefallen lassen. Dies gilt insbesondere von dem eindrücklichen – bei Hippolytos überlieferten – Satz: "Alles wird das Feuer, wenn es herankommt, richten und überführen" (B 66). Der notwendige Doppelsinn von καταλήψεται, 'ergreifen' und 'überführen', erweist sich als altionisch und damit heraklitisch.[20] Dann aber ist, wie immer die tiefere philosophische Deutung ausfallen mag, zu konstatieren, daß hier der Weltuntergang in der bezeichnenden Form der apokalyptischen Drohgeste erscheint: den Gegnern gilt das Feuer, den "Baumeistern und Zeugen der Lügen" (B 28), auch den dionysischen Ekstatikern und Mysterienpriestern (B

---

[17] Vgl. Kahn 1960, 166–196; Guthrie 1967/81, I 100f.

[18] A 27; Kahn 1960, 65–67.

[19] Verwiesen sei auf Marcovich 1967 und 1978; B 30 = Fr. 51 Marcovich.

[20] Marcovich zu Fr. 82 = B 66 gegen Reinhardt 1942; Kirk 1954, 359–361.

14). Wahrscheinlich gehören auch die Angaben des Heraklit über ein "Großes Jahr"[21] mit der Kosmoszerstörung zusammen.

2.3. Wechselndes Werden und Vergehen der Lebewelt lehrt auch Empedokles in seinem Naturgedicht; nach Aristoteles handelt es sich um wechselnde Phasen in einem großen Kreislauf, wobei zwei gegenläufige Mächte sich gegenseitig ablösen, 'Liebe' und 'Haß'; unsere Welt ist vom 'Haß' beherrscht und geht zunehmender Auflösung entgegen. Die Rekonstruktion des empedokleischen Weltzyklus ist jedoch von neueren Interpreten grundsätzlich angefochten worden, und eine Einigung ist nicht in Sicht[22].*[242]*

Vielmehr scheint bezeichnend, daß in den drei genannten Fällen, bei Anaximandros, Heraklit und Empedokles, eben das Problem der vergehenden Welten zu den hartnäckigsten Kontroversen in der Vorsokratiker-Forschung Anlaß gab. Zur Lückenhaftigkeit der Überlieferung und zur methodischen Vorsicht, die Späteres, Atomistisch-Epikureisches oder Stoisches, möglichst fernhalten will, kommt doch wohl ein gewisses Vorverständnis vom 'Hellenischen': Weltuntergang ist eine Extravaganz der Spekulation, die bei den Vätern der Naturwissenschaft nicht am Platze scheint; es sei nicht einzusehen, was zu solchen Thesen jenseits der Erfahrung und jenseits der Aufgabe, diese unsere Welt zu analysieren, überhaupt hätte führen sollen. So ruft denn kritisch-minimalistische Interpretation die Vorsokratiker zu ihrer eigentlichen Pflicht zurück.

2.4. Wenig beachtet wurde in diesem Zusammenhang das Zeugnis über einen zweitrangigen Autor, den Pythagoreer Philolaos aus der 2. Hälfte des 5. Jahrhunderts: er lehrte "einen doppelten Untergang des Kosmos: bald fließe Feuer vom Himmel, bald Wasser vom Mond, das durch die Umdrehung des Gestirns ausgegossen wird; die Dämpfe, die davon emporsteigen, seien die Nahrung des Kosmos".[23] Dies ist so merkwürdig und isoliert, daß man es eben darum ernst nehmen sollte. Man gewinnt den Eindruck, hier werde un-

---

[21] van der Waerden 1952.

[22] Die Rekonstruktion des 'Zyklus': O'Brien 1969; Guthrie 1967/81, II 167–185; dagegen Hölscher 1965; Solmsen 1965; Bollack 1965/69, bes. I 95–124; Long 1974; dagegen D. Babut 1975, 304f.

[23] A 18 = Aet. 2,5.3, überliefert durch (1) Plut. *Plac.* 2,5.3, (2) Stob. 1,20,1g, (3) Stob. 1,21.6d, (4) Galen, *Hist. philos.* 48; dabei liest (2) περιστροφὴ τοῦ ἀστέρος, was der variierte Text von (4) bestätigt; (3) hat ἀέρος, die Plutarch-Codices variieren; für ἀστέρος ein Hauptcodex (Marcianus 521). Mit Diels wird allgemein ἀέρος akzeptiert, doch scheint "Drehung des Mondes" leichter nachvollziehbar, vgl. ἐπιστροφή einer Mondseite Aet. 2,29,2 (Berosos). Vgl. auch Burkert 1972, 234; 315 Anm. 86. Die Lehre von der doppelten Weltzerstörung erscheint dann bei Berosos (*FGrHist* 680 F 21 = Sen. *Q. n.* 3,29) und wird auch den Druiden zugeschrieben (Strab. 4 p. 197).

befangen und fast plump formuliert, was bei Denkern wie Anaximandros, Heraklit und Empedokles ganz anders durchdrungen und dem System assimiliert ist: Zerstörung bald durch Feuer, bald durch Sintflut, und doch Selbsterneuerung, 'Ernährung' der Welt eben durch den Prozeß partieller Vernichtung. Durch 'physikalische' Überlegungen freilich ist so eine Behauptung nicht hinlänglich zu erklären; hier muß, vor aller Philosophie, Verkündigung aus einem andersartigen 'Wissen' im Hintergrund stehen.

2.5. Man hat über die Möglichkeiten eines iranischen Einflusses auf Anaximandros und Heraklit seit langem hin und her diskutiert. Die Quellenlage ist derart, daß die Zeugnisse nicht unmittelbar ineinandergreifen, ein zwingender Beweis also nicht möglich ist; so bleibt ein bedauerlicher Spielraum für individuelle Vorlieben der Freunde oder Feinde des Orients. Mir scheint bei Anaximandros die seltsam verfehlte Reihenfolge der Gestirne – von der Erde aus Sterne, Mond, Sonne, und das Unendliche *[243]* –, die sich mit dem Avesta trifft, nach wie vor sehr auffällig;[24] bei Heraklit[25] ist weniger die Rolle des Feuers überhaupt beweisend als die spezifische Prophezeiung des scheidenden und rächenden Feuers; bei Empedokles kommt der Vertrag der positiven und der negativen Weltmacht dazu, "durch Eide gesiegelt" (B 30, 3), wonach ihre Herrschaft zu wechseln hat; von dem entsprechenden Wechsel zwischen Ahura Mazda und Angra Mainyu wissen die Griechen jedenfalls 100 Jahre nach Empedokles.[26] In iranischen Texten ist bekanntlich die Ausmalung von Weltende und Weltgericht, insbesondere das Ordal durch Feuer früher als irgend sonst nachzuweisen.[27] Allerdings sind die Differenzen zwischen Iranischem und Griechischem unübersehbar. Insbesondere ist die iranische Sicht unkosmisch, ausgerichtet auf die ethisch-religiöse Parteinahme, die wiederum im Griechischen ganz wegfällt. So werden die Anwälte der innergriechischgeschlossenen Geistesgeschichte sich kaum geschlagen geben gegenüber der Gegenthese von der Wirkung hellenisierter Magier auf die frühgriechische Philosophie, wie dies besonders Martin L. West[28] vertreten hat.

---

[24] Burkert 1963; West 1971, 76–99.

[25] West 1971, 165–202.

[26] Theopompos *FGrHist* 115 F 65 = Plut. *Is*. 370b. Vgl. Widengren in diesem Band *[= Geo Widengren, "Leitende Ideen und Quellen der iranischen Apokalyptik", in: David Hellholm, ed., Apocalypticism in the Mediterranean World and the Near East, Tübingen 1983, 77–192]* § 5.1.

[27] Widengren 1954/55, 1, 39–42; 1965, 87f. und in diesem Band § 1.2 und § 4.3.2.1.2. *et passim*. – Später sind die iranischen Lehren in Form der "Orakel des Hystaspes" bei den Griechen verbreitet, Widengren 1965, 199–207; Cumont 1931; Bidez/Cumont 1938, II, 357–376. Vgl. dazu jetzt Widengren in diesem Band *[s. vorige Anm.]* § 4.3.2.

[28] West 1971.

Doch gerade wenn man hypothetisch akzeptiert, daß die Weltzerstö-
rungsspekulationen der Vorsokratiker einem Impuls iranischer Eschatologie
verpflichtet sind, tritt die Eigenwilligkeit der griechischen Geistesentwicklung um so deutlicher hervor. Mehr und mehr wird der Fremdkörper abge-
baut. Demokrit[29] zwar und in seinem Gefolge Epikur hielten an der Möglichkeit einer kosmischen Katastrophe, eines Zusammenstoßes von Welten
ausdrücklich fest; doch ist ein solches Ereignis im atomistischen System bar
jeden Sinns, ein im Grunde banaler Unfall, ohne Bedeutung fürs persönliche
Leben und auch fürs Denken kein Problem, allenfalls als polemisches Argument verwendbar. Auf der anderen Seite steht die Naturphilosophie im Gefolge von Platon und Aristoteles,[30] die glaubt, die Ewigkeit der Welt beweisen zu können. Nur die Stoa[31] lehrt entschieden das schließliche Aufgehen
unserer Welt im Feuer, die Ekpyrosis; indem dieses Feuer jedoch mit Welt-
gesetz und Weltvernunft, mit Logos und Heimarmene identisch ist, wird
eben damit die Immanenzphilosophie am konsequentesten durchgeführt.
Mit wechselnden Mitteln haben sich also alle philosophischen Systeme der
Griechen abgeschirmt gegenüber dem spontanen Einbruch der Transzendenz, der echten Apokalyptik. Das 'subversive' Element erscheint gebannt.
[244]

3. Der Mythos von den 'Vier Reichen'
und seine Metamorphosen

3.1. Doch nun zum ältesten Impuls apokalyptischer Motivik in der griechischen Literatur und zugleich zum ältesten Zeugnis einer apokalyptischen
Konzeption überhaupt: Hesiods Weltaltermythos, durch Quellengemeinschaft verbunden mit Daniel 2 bzw. Daniel 2 und 7. Dieses Problem ist seit
Reitzenstein[32] immer wieder diskutiert worden, und es ist hier weder möglich noch nötig, alle Einzelheiten aufzurollen. So mögen die iranischen Texte, die 1000 Jahre nach Daniel das Schema auf den Verfall des Sassaniden-
reiches anwenden,[33] ebenso beiseitebleiben wie die indische Yuga-Lehre,

---

[29] A 37; A 84
[30] Bes. *[Aristot.]* Fr. 18–21; Effe 1970, 7–72.
[31] Hierzu Mansfeld 1979.
[32] Reitzenstein 1924/25 und 1926, 45–68; vgl. Heubeck 1955; Gatz 1967, 7–27; West 1978, 172–
      177; Schwabl 1978, 783–795. Ohne Zuziehung Hesiods wird die Weltreichslehre über Ktesias
      auf die Perser zurückgeführt durch Noth 1957, 254–259; Metzler 1977, 285f. – Abhängigkeit
      des Daniel von Hesiod nimmt Solmsen 1980, 213f. an.
[33] *Bahman Yašt* 1,2–5, *SBE* V, 191–193; *Denkart* 9,8, *SBE* XXXVII, 180f., beide aus *Stutkar
      Nask*; Widengren 1961, 182–184; Gatz 1967, 7–9; Kippenberg 1978. Zu Beziehungen zur
      Sethianischen Gnosis Colpe 1977, 161–170. S. auch Widengren in diesem Band *[s. Anm. 26]*.

deren Abhängigkeit vom Vorderorientalischen sich mit ziemlicher Sicherheit erweisen läßt.[34] Es bleiben als Grundtexte einerseits Daniel:[35] das 'Bild' aus Gold, Silber, Erz und Eisen mit Füßen von Eisen und Ton, das der fallende Stein zerschlägt, der sich zum Gebirge auswächst; gedeutet auf vier einander folgende Königreiche, beginnend mit Nebukadnezar und endend mit Alexander und den Diadochen –, und andererseits Hesiod: vier sukzessive Metallgenerationen (γενεαί), das goldene, silberne, eherne und eiserne Geschlecht. Hier freilich ist bekanntlich gleich Hesiod-Analyse[36] zu betreiben: das in der Zählung des Textes vierte Geschlecht, das der "Heroen, die auch Halbgötter heißen", muß ein Einschub in die vorgegebene Metallreihe sein; es fällt in doppelter Weise aus dem Rahmen, indem es nicht mit einem Metall gekoppelt ist und indem es die Systematik der Verfallsreihe unterbricht; zudem sind allein in ihm die Bezüge zur griechischen Normaltradition zusammengedrängt, zur Welt des heroischen Epos mit Thebanischem und Trojanischem Krieg. Den Einschub hat wohl Hesiod selbst vorgenommen; verwendet hat er eine Quelle, die mit der Folge der vier Metalle den Verfall von Welt und Menschen beschrieb.

Dabei sind die Übereinstimmungen mit Daniel so speziell, daß unabhängige Entstehung so schwer zu verfechten ist wie eine Abhängigkeit Daniels von Hesiod. Die Abfolge der vier Metalle, die absteigende Wertskala, die Koppelung mit vier Epochen der Weltgeschichte bilden hier wie dort das [245] Rückgrat der Schilderung. Dazu kommt ein Relikt der Prophetie im Text des Hesiod. Bekanntlich wird fast die gesamte Schilderung des eisernen Zeitalters in Futurformen gegeben (176–210): es wird kein Ende des Unheils sein, Brüder werden Brüdern, Kinder den Eltern feind sein, Gewalt wird vor Recht gehen, Aidos und Nemesis werden fliehen; dem fügt sich der Prodigienstil ein: das Ende auch dieses Geschlechts wird kommen, wenn die Kinder bereits mit grauen Schläfen geboren werden (181).[37]

---

[34] Pingree 1963, 238–240; vgl. Gatz 1967, 11–16.

[35] Rowley 1935; Tatford 1953; Delcor 1971, 78–83, 85–87: Datierung des Textes zwischen 323 und 250. Über Daniel als "Ursprung der Apokalyptik" auch Dexinger 1977, 14–16.

[36] Vgl. Heubeck 1955; Gatz 1967, 3f.; Matthiessen 1977; West 1978, 174; schwankend Schwabl 1978, 788, 790, 795. Auch die fünf Weltalter des Hesiodtexts sind strukturell verbunden, Vernant 1960, doch ergeben die strukturellen Beobachtungen kein Argument gegen die historische Analyse.

[37] Eine Parallele ist IV Esr 6,21, West 1978, z. d. St.; Gatz 1967, 18–21; grau geboren ist der etruskische Tarchon, Strab. 5 p. 219, = Tages der Stifter der Etruskischen Disziplin, das Kind *senili prudentia*, das nur einen Tag lebt? Cic. *Div.* 2,50 und Pease 1920/23, z. d. St.; Lydos, *Ost.* 2f.; Pfiffig 1975, 38; vgl. die Sibylle v. Erythrai, die gleich bei Geburt spricht und in kurzer Zeit erwachsen ist, Hermias, *In Phdr.* p. 94, 26f. Couvreur 1901.

3.2. Zeit und Charakter von Hesiods Quelle lassen sich verhältnismäßig eng eingrenzen. Die Quellengemeinschaft mit Daniel weist nach Osten. Dabei schließt das wahrscheinliche Datum Hesiods – um 700 v. Chr. – iranischen Einfluß praktisch aus. Es bleibt der Bereich von Anatolien-Syrien-Mesopotamien, wobei auf die Lokalisierung Daniels in Babylon und die aramäische Sprachform der betreffenden Kapitel gleich hinzuweisen ist. Aramäisch wird seit der Assyrerzeit zur Verkehrs- und Literatursprache des Vorderen Orients. Weiterhin gibt die Metallreihe den Hinweis, daß die Quelle kaum bis in die Bronzezeit zurückgehen kann;[38] wohl aber läßt sich vermuten, daß eine Erinnerung an den einstigen Gebrauch von Bronzewaffen und -geräten – wovon Hesiod (150f.) ausdrücklich spricht – und vielleicht auch an den Glanz der Spätbronzezeit noch erhalten war und hierin der Anreiz lag, den Kontrast von guter alter Zeit und arger Gegenwart im 'Metallmythos' auszugestalten. Von Hesiod aus zu schließen müßte eine prophetische Gestalt der Bronzezeit die Eisenzeit vorausgesagt haben, und von der griechischen Überlieferung aus kann man auf die 'Sibylle' raten. Gewiß, das Zeugnis, daß sie "die Zeitalter nach Metallen einteilte", ist spät und vereinzelt,[39] doch Heraklit (B 92), unser ältester Zeuge, weiß, daß die Sibylle "mit rasendem Munde" Botschaft "ohne Lachen, ohne Schminke, ohne Salbe" verkündet, und "sie erreicht tausend Jahre"; "jetzt erreicht mich der alte Götterspruch", sagt man, wenn eine Prophezeiung in Erfüllung geht (*Od.* 9,507; 11,172). Weissagungen ekstatischer Frauen sind in Vorderasien von Mari bis zur Assyrerzeit wohl bezeugt.[40] Ob auf die späten Zeugnisse über eine babylonische Sibylle viel zu geben ist, ist eine andere Frage. Aus alledem ergibt sich die Hypothese:*[246]* Quelle von Hesiod und Daniel ist ein aramäischer Sibyllen-Text wohl des 8. Jahrhunderts, der sich als Prophezeiung aus der Bronzezeit gab und die goldene und die silberne Epoche als die noch bessere Vorzeit beschrieb.

3.3. Soweit ließ sich seit langem kommen; da die aramäische Literatur, auf Lederrollen geschrieben, fast restlos untergegangen ist, endet die Rekonstruktion im Unbeweisbaren. Seit 1976 aber ist eine indirekte, in sich sensationelle Bestätigung veröffentlicht: die aramäisch beschriftete Stele aus dem Tempel von Deir ᶜAlla in Palästina, datiert um 700 v. Chr., mit den

---

[38] Immerhin wird Silber, Gold, Eisen, Bronze (in dieser Reihenfolge; daneben edle Steine) im Ritual eines hethitischen Gründungsopfers aufgezählt, *ANET* 356.

[39] Serv. *Ecl.* 4,4. – Heraklit B 92; vgl. allgemein Rzach 1923.

[40] Ellermeier 1968, 60f.; *ANET* 449f. Vgl. auch Ringgren in diesem Band *[= Helmer Ringgren, "Akkadian Apocalypses," in: David Hellholm, ed., Apocalypticism in the Mediterranean World and the Near East, Tübingen 1983, 379–386]*. Zur babylonischen Sibylle Rzach 1923, 2097–2102.

Schreckensprophezeiungen des bronzezeitlichen Sehers Bileam (Ba°lam).[41] Zwar sind vom Text nur entmutigend geringe Fragmente erhalten. Doch die Hauptlinien der Deutung stehen fest: der Name des Zeugen, sein Weinen ob der ihm zuteil gewordenen Visionen, einige Einzelheiten der Wahrsagungen sind klar zu lesen; vielleicht ist sogar ein Ende der Unheilszeiten durch die Geburt eines Kindes verheißen. Das ganze ist damit erstaunlich analog zu dem, was als Hesiods Quelle zu erschließen war: eine aramäische Prophetie vom Ende des 8. Jahrhunderts, einem Weisen der Vorzeit in den Mund gelegt und auf eine schreckliche Gegenwart bezogen.

Unsere Vorstellung von der Hesiod-Daniel-Quelle wird hiermit entscheidend konkretisiert. Als ihren Inhalt wird man unbedenklich die den beiden Texten gemeinsamen Züge ansetzen: die Abfolge der vier Zeitalter, ihre Kennzeichnung gemäß dem absteigenden Rang der Metalle; die Eisenzeit war dabei in der Fiktion als Zukunft gegeben. Offen bleibt nur ein entscheidender Punkt der Rekonstruktion, der eben den Charakter als 'Apokalypse' betrifft: Daniels Gesichte laufen aus auf die Zerschmetterung des letzten Reichs durch das ganz andere, auf Gericht und Gottesreich. Ist Analoges bei Hesiod angedeutet, ist dies der Quelle zuzuweisen? Man hat auf den Wunsch des Dichters hingewiesen, "entweder früher oder später" geboren zu sein (175); Besseres also wird auf das eiserne Zeitalter folgen. Doch von einer eigentlichen Zukunftsperspektive kann keine Rede sein. Auch der Text von Deir °Alla bleibt zufolge seines fragmentarischen Zustandes in diesem Betracht mehrdeutig.

3.4. Einen Schritt weiter führen indessen die weiteren Reflexe der gleichen apokalyptischen Konzeption in der griechischen Literatur. Um 600 v. Chr., also etwa 100 Jahre nach Hesiod, ist das Epos *Arimaspeia* des Aristeas anzusetzen, über das wir vor allem durch Herodot und seinen Zeitgenossen Damastes von Sigeion unterrichtet sind.[42] Dem Anschein *[247]* nach freilich handelt es sich bei diesem Epos um einen Reisebericht in den fernen Norden jenseits des Schwarzen Meeres, wobei, wie so oft, echte Kunde und Fabeleien sich wunderlich mischen. So hat offenbar Aristeas die Vorstellung vom riesigen Nordgebirge, den 'Rhipäen', in die griechische Tradition gebracht, das doch auf unserem Globus nicht zu finden ist und sich viel-

---

[41] Hoftijzer, van der Kooij 1976; Caquot, Lemaire 1977; Ringgren 1977; Müller 1978. Aus etwa der gleichen Zeit, der Regierung der Bokchoris, stammt die *Prophezeiung des Lammes*, vgl. dazu Assmann und Griffiths in diesem Band *[= Jan Assman, "Königsdogma und Heilserwartung. Politische und kultische Chaosbeschreibung in ägyptischen Texten," 345–386; J. Gwyn Griffiths, "Apocalyptic in the Hellenistic Age", 273–293].*

[42] Bolton 1962; dazu Burkert 1963. Hauptquellen Hdt. 4,13–16 und Damastes, *FGrHist* 5 F 1 = Steph. Byz. s. v. Hyperboreioi; Datierung durch den Spiegel von Kelermes, Bolton T. 1.

mehr als Umsetzung des mythischen Götterbergs im Norden in Pseudogeographie entpuppt. "Von Norden" sehen alttestamentliche Propheten die wilden Völkerscharen kommen,[43] und eben dies war auch das eigentliche Anliegen des Arimaspen-Epos, zu erklären, was hinter den Einfällen der Kimmerier steht, die im 7. Jahrhundert wiederholt Kleinasien verheert, das Phrygerreich und Urartu vernichtet haben. Die Kimmerier – so Aristeas – werden von den Skythen aus ihren Stammessitzen verdrängt, die Skythen ihrerseits weichen dem Druck der Issedonen; doch auch diese sind die Getriebenen, bedrängt von den einäugigen Arimaspen, die am Rhipäischen Gebirge den Greifen das Gold abjagen. Aristeas behauptete bis zu den Issedonen gelangt zu sein, von deren Sitten er Grausliches zu berichten wußte: Schädelbecher, als Trinkschalen vergoldet,[44] Gleichberechtigung der Frauen – die Amazonen sind nicht fern –, kannibalisches Verspeisen der verstorbenen Väter. Stärker noch und unheimlicher, gar keine eigentlichen Menschen mehr sind die einäugigen Arimaspen. Jenseits des Rhipäischen Gebirges aber leben die 'Hyperboreer',[45] ein Volk wahrhaft frommer Menschen, mit denen der Gott Apollon leibhaft verkehrt; sie kennen keinen Krieg, keine Ungerechtigkeit, keine Krankheit, sie verbringen ihr Leben in heiligen Festen. Gewöhnlichen Menschen freilich ist dieses Land unerreichbar.

Die einheitliche Struktur dieser Sammlung bunter Phantastik wird nun gerade im Vergleich mit Hesiod und Daniel evident: die Abfolge der Zeiten ist hier bis ins Detail ins Geographische projiziert. Vier streitbare Völker, vier kämpferische 'Reiche' folgen aufeinander, um Menschen zu schrecken und zu quälen, eines immer stärker und wilder als das andere: präsent ist das Kimmerier-Unglück, hinter ihnen drohen die Skythen, dann die noch barbarischeren Issedonen, schließlich die nicht einmal mehr ganz menschlichen Arimaspen; bis zu den Issedonen reicht die Erfahrung des Zeugen, das weitere ist indirekte Kunde. Hinter den Arimaspen aber, die dem Epos den Titel gaben, kommt die große Zäsur, das unübersteigbare Gebirge – analog zum Felsblock bei Daniel, der zum Gebirge wird –. Jenseits davon liegt das Reich des Gottes Apollon.*[248]*

Obendrein gab sich das Arimaspenepos selbst den Rahmen der Apokalypse. Auch dies ergibt sich aus Herodot: der Autor behauptete – doch wohl im Proömium des Gedichtes –, er sei "von Apollon ergriffen" worden, φοιβόλαμπτος[46], und so sei er in die nie zuvor erkundeten Fernen gelangt. "Von Apollon ergriffen" ist der ekstatische Seher, ist Kassandra oder die

---

[43] Jes 14,31; Jer 1,14; Ez 38 f.; vgl. Childs 1959. – Die Ikonographie des Greifenkampfes ist phönikischer Herkunft, Helck 1979, 212.

[44] Dies (Hdt. 4,26) ein ethnographisch 'echtes' Detail, Rieth 1971.

[45] Die Hyperboreer erscheinen auch Hes. Fr. 150,21; Alkaios Fr. 307c; vgl. Burkert 1977, 230.

[46] Vgl. Burkert 1963a, 238–240.

Pythia. Dies schließt reales Umherwandern nicht aus; aber der Einbruch des Göttlichen ist Voraussetzung. So ranken sich um Aristeas Legenden von seiner mirakulösen Entrückung.[47] Man hat dies in Beziehung zum skythischen 'Schamanismus' gesetzt,[48] auch auf die Verbindung zum Proömium des Parmenides, wurde hingewiesen.[49] So erfüllt denn das Arimaspenepos die Definition der Apokalypse fast vollständig: der vom Gott erwählte, einzigartige Zeuge bringt die keinem anderen erreichbare Kunde, die die Katastrophe der Gegenwart deutet und noch Ärgeres erwarten läßt. M. E. ist nicht zu bezweifeln, daß Aristeas mit der mutmaßlichen Hesiod-Quelle in irgendeiner Weise in Kontakt gekommen ist. Die griechische Transformation freilich ist in diesem Fall so gründlich, daß die Interpreten die apokalyptische Dynamik in der Regel übersahen und nur nach Ethnographie und Folklore suchten. In der Tat, das Gottesreich bleibt unerreichbar fern, die Welt der Hyperboreer läßt sich allenfalls – so bei Pindar – als poetisches Gegenbild einsetzen, während der Alltag zwingt, auch mit Kimmeriern und Skythen irgendwie ins Reine zu kommen.

3.5. Eine sehr eigentümliche Version der Vier-Reiche-Lehre taucht in der Orphischen Theogonie auf: Uranos-Kronos-Zeus-Dionysos lösen einander ab; die voraussagende Deutung erfolgt in der dritten Generation durch das Orakel der Nacht; das vierte Reich wird zur Katastrophe, indem die Titanen den Kinderkönig vernichten. Doch wird weitere Diskussion bis zur Publikation des Derveni-Papyrus zu warten haben (vgl. Orph. Fr. 220; o. Anm. 12).

3.6. Eine letzte Transposition des Schemas taucht unerwartet in der attischen Komödie auf, in den *Rittern* des Aristophanes aus dem Jahr 424.[50] Das Stück ist eine wütende Attacke auf den damals führenden und erfolgreichen Politiker Kleon, der als 'Gerber' apostrophiert ist. Die Handlung wird durch ein Orakel des Sehers Bakis ausgelöst, das findige Sklaven dem 'Gerber' entwenden. Vier Herrscher werden in ihm für Athen geweissagt, und jeder von ihnen ist ein 'Händler' – Politik als Geschäft –: dem 'Werghändler' folgte der 'Schafhändler', diesem der 'Lederhändler' oder 'Gerber', der jetzt das Heft führt; ihm ist der Untergang bestimmt, wenn ein "noch ekelhafterer" Händler auftaucht (134), der Wursthändler, der *[249]* denn auch providentiellerweise alsbald die Bühne betritt und sich an Unflätigkeit dem 'Gerber' überlegen erweist. So kann er sich beim Volk von

---

[47] Bolton 1962, 119–175; Burkert 1972, 147–149.
[48] Meuli 1935; Dodds 1951; o. Anm. 15.
[49] Burkert 1963a, 239.
[50] Trencsényi-Waldapfel 1966, 232–250.

Athen, dem 'Demos', installieren. Da aber folgt die verblüffende, utopische Wende: Der Wursthändler ist imstande, den Demos in seinem Kessel wieder jung zu kochen, und damit hebt eine neue Epoche an, in der die verjüngte Demokratie von Athen "über die ganze Welt König sein wird" (1087). Die Parallele zum Daniel-Schema ist frappierend und braucht kaum ausgezogen zu werden. Wir haben die Folge der vier Herrschaften, wir haben die absteigende Linie und den jähen Umschlag, als endlich der Tiefpunkt erreicht ist. Daß die Parallele nicht zufällig ist, zeigt der ausdrückliche Hinweis auf die Orakel des Bakis, die solches vorhersagen; daß die Weissagung im Stadium des vorletzten 'Reiches' bekannt wird, stimmt zu den Andeutungen bei Hesiod. Auch Bakis ist ein ekstatischer Prophet, nicht φοιβόληπτος wie Aristeas, wohl aber νυμφόληπτος: den Nymphen verdankt er sein "Mehr an Wissen".[51] De facto sind die Orakel des Bakis anscheinend zur Zeit der Perserkriege bei den Griechen in Umlauf gekommen; ihr entschiedenster Anhänger ist Herodot. Aus seinen Zitaten vor allem haben wir auch eine Vorstellung vom Prodigienstil dieser Texte: "Aber wenn..." begannen sie jeweils, mit kühnen und meist schreckerregenden Bildern, dunkel genug um zu mehrfacher Anwendung zu taugen. Nicht nur Arges, auch utopisches Glück war in ihnen verkündet, "wenn der Wolf das Schaf heiraten wird".[52] Der Name Bakis[53] weist nach Lydien, und es liegt nahe, das Aufkommen dieser Orakel mit dem Zusammenbruch des Lyderreichs unter der persischen Eroberung (547/6) zu verbinden. Daß dabei auch jenes alte apokalyptische Schema von den vier Reichen zu neuer Aktualität gelangte, ist nicht verwunderlich.

3.7. Dreifach also findet sich die apokalyptische Konzeption von den vier Reichen, auf die der Umschlag zur Seligkeit folgen muß, in der griechischen Literatur gespiegelt, je im 7., 6. und 5. Jahrhundert; in je verschiedener Weise ist dabei stets die eigentlich apokalyptische Spitze abgebrochen, die Absage an die Wirklichkeit zugunsten der göttlichen Utopie. Hesiod verharrt im eisernen Zeitalter, Aristeas setzt Geschichte um in Geographie, und nur die Komödie leistet sich die Phantastik im Bewußtsein der eigenen Narrheit. Daß nur die Komödie auch die unteren Schichten des Menschseins ans Licht bringt, mit der Perspektive der kleinen Leute und Sklaven zumindest spielt, im Kontrast zur aristokratischen Verhaltenheit der übrigen literarischen Genera, ist gewiß von Bedeutung. Und doch verpufft hier im komi-

---

[51] Aristoph. *Pax* 1071; Paus. 10,12,11.

[52] Aristoph. *Pax* 1076.

[53] baki- scheint das lydische Äquivalent zu Dionysos zu sein, Gusmani 1964, s. v. Bakilli-, bakivali. Die griechische Tradition allerdings weist Bakis nach Böotien, Attika oder Arkadien, Kern 1896.

schen Spiel, was unter anderen historisch-ethnischen und sozialen *[250]* Voraussetzungen sich als revolutionäres Potential erweisen und zu ungeheurer und unheimlicher Wirkung kommen konnte, etwa im Umkreis des 'Daniel'.

3.8. Zum Abschluß noch ein Rückblick auf jene Epoche, in der der mutmaßliche Urtext der Vier-Reiche-Prophetie Gestalt gewann, die Assyrerzeit des 8. Jahrhunderts. Ein vergleichbarer Keilschrifttext scheint bisher nicht aufgetaucht zu sein und ist kaum zu erwarten. Wohl aber gibt es Vorformen der Vier-Weltalter-Lehre in der Keilschriftliteratur: seit 1936 ist der hethitische Text von den vier Königreichen im Himmel bekannt,[54] seit 1969 das Atrahasis-Epos, das über 1000 Jahre lang tradiert und gelesen wurde.[55] Dieses behandelt, wie die erste Zeile programmatisch andeutet, das Verhältnis von Göttern und Menschen überhaupt: "Als Götter Menschen waren" – merkwürdig analog ist die rätselhafte Überschrift, mit der Hesiod den Weltaltermythos einleitet: "daß die Götter und die sterblichen Menschen gleicher Abstammung sind"[56] –. Im Atrahasis-Epos schaffen die Götter die Menschen, um selbst von Arbeit entlastet zu sein; doch nach kaum 1200 Jahren werden ihnen die Menschen lästig, und sie wollen sich ihrer wieder entledigen. Drei Versuche der Vernichtung werden nacheinander unternommen: die Pest, die Dürre, die Sintflut. Doch dank Atrahasis, dem "an Klugheit Überragenden", der mit Gott Ea im Bunde steht, werden die übrigen Götter gegeneinander ausgespielt und scheitern mit all ihren Vernichtungsplänen. Hunger, Seuchen, Sintflut sind Standardthemen in späterer Apokalyptik, und die Gliederung der Menschheitsgeschichte in vier Perioden – zu je 1200 Jahren? – ist das früheste Modell der Zeitalterspekulationen. Der apokalyptische Weltaltermythos ist hiervon kaum zu trennen; und doch ist *Atrahasis* nach Stimmung und Gehalt das gerade Gegenteil einer Apokalypse: es handelt sich um einen Ursprungsmythos des universellen Trickster-Typs,[57] und das ganze ist beherrscht von einem eigentümlichen *De-facto*-Optimismus, um nicht zu sagen Zynismus: mögen Götter wüten oder weinen, diese Menschheit mit all ihrer Plackerei ist nun einmal unverwüstlich, ob mit, ob gegen die Götter.

Solcher Optimismus scheint in der Eisenzeit verflogen zu sein. Lag es an der Expansion der assyrischen Militärmacht, die eine Bahn der Vernichtung durch die Welt des Vorderen Orients zu ziehen begann? Späthethiter,

---

[54] Güterbock 1946, 6-12; *ANET* 120f.

[55] Lambert, Millard 1969; von Soden 1978.

[56] Hes. *Erga* 108, vgl. West 1978, z. d. St. und Schwabl 1978, 784f.

[57] Duchemin 1974 vergleicht Atrahasis/Ea und Prometheus. Zum Trickster-Typ Ricketts 1966.

Syrien, Palästina – Stadt um Stadt wurde da vernichtet, Völker wurden ver-
pflanzt, Flüchtlinge ausgetrieben,[58] alte Zentren ausgelöscht. Die histo-
*[251]*rische Katastrophe großen Stils war da, gesteuert von einem Zentrum,
dem "König der Länder". In diesem destabilisierten Bereich ist jener
geistige Umschlag am ehesten anzusetzen, die Wandlung des alten kosmogonischen Mythos, der den *De-facto*-Zustand begründet, zur apokalyptischen Prophezeiung. Von *Atrahasis* zur Lehre von den vier Weltreichen:
diese unsere, die vierte Menschheitsepoche, kann und darf nicht endgültig
sein; wenn erst die Welt durchs Schlimmste hindurchgegangen ist, muß das
andere, Neue, Heilige anbrechen. So entstand die Konzeption, deren Metamorphosen zu verfolgen waren.

Die historische Sonderstellung der Griechen ist dabei ganz konkret in
der Tatsache begründet, daß diese den alten Kulturzentren des Ostens nahe
genug waren, um von deren Vorsprung voll zu profitieren[59] und jeden Fortschritt mitzumachen, und doch gerade so weit entfernt, daß die militärisch-
wirtschaftlich so verheerenden Imperialismen des Ostens sie nicht mehr erreichten. Die assyrische Weltmacht kam am Horizont der Griechen zum
Stillstand, die persische Expansion brach sich bei Salamis. Soviel auch in
der griechischen Welt vom 8. Jahrhundert bis zu Alexander, ja bis zur römischen Eroberung gestritten und gelitten wurde, so sehr sich Reiche und Arme, die 'Wenigen' und der 'Demos' bekämpften, die sozialen, wirtschaftlichen und politischen Strukturen der πόλεις erfuhren keine radikale Umge-
staltung, sondern im wesentlichen kontinuierliche Entfaltung; und so konnte
die geistige Kultur jene Form erreichen, die als 'klassisch' sich fast ein
Jahrtausend lang erhielt. Wenn im Schatten naher Katastrophen apokalyptische Motivik vordrang, zur Zeit der Assyrer, der Kimmerier und der Perser,
konnte sie doch die Grundhaltung nicht aus den Angeln heben: die Wirklichkeit ist zu akzeptieren. Das Sein ist. Als dann später die griechische
Welt durch Rom militärisch und wirtschaftlich verwüstet wurde, war die
geistige Tradition zumindest der Oberklasse zu fest geworden, um unmittelbar zu reagieren; Apokalyptik blieb im Untergrund.[60]

Es könnte bedenklich erscheinen, wenn ein geistiges Phänomen wie
Apokalyptik hier immer wieder mit Kriegsgeschichte verzahnt, ja von ihr
abhängig erscheint. Doch sollte auch modernste soziologische oder strukturale Betrachtungsweise sich hüten, die archaische Realität der Waffen zu
unterschätzen. Friede oder Apokalyptik bleibt eine nur allzu reale Alternative.*[252]*

---

[58] Zur Auswanderung nordsyrischer Handwerker nach Westen in dieser Epoche Boardman 1961
und 1967, 57ff., 63 ff.; van Loon 1974.

[59] Jeffery 1976, 25-28.

[60] Vgl. Fuchs 1964.

Bibliographie

Babut, D. 1975: Rez. A. P. D. Mourelatos (ed.), *The Pre-Socratics*, Garden City 1974, in: *REG* 88 (1975) 304f.

Bidez, J., Cumont, F. 1938: *Les mages hellénisés. Zoroastre, Ostanes et Hystaspe d'après la tradition grecque*, I–II, Paris 1938.

Boardman, J. 1961: *The Cretan Collection in Oxford*, Oxford 1961.

– – 1967: "The Khaniale Tekke Tombs II", *ABSA* 62 (1967) 57–75.

Bollack, J. 1965/69: *Empédocle* I–III, Paris 1965–1969.

Bolton, J. D. P. 1962: *Aristeas of Proconnesus*, Oxford 1962.

Borger, R. 1967/75: *Handbuch der Keilschriftliteratur* I–III, Berlin 1967–1975.

Breslin, J. 1977: *A. Greek Prayer*, Pasadena, Calif. 1977.

Burkert, W. 1963: "Iranisches bei Anaximandros", *RMP* 106 (1963) 97–134.

– – 1963a: Rez. Bolton 1962, *Gnomon* 35 (1963) 235–240.

– – 1968: "Orpheus und die Vorsokratiker", *AuA* 14 (1968) 93–114 *[= Kleine Schriften III 62–88]*.

– – 1969: "Das Proömium des Parmenides und die Katabasis des Pythagoras", *Phronesis* 14 (1969) 1–30 *[= Kleine Schriften VIII 1–27]*.

– – 1972: *Lore and Science in Ancient Pythagoreanism*, Cambridge, Mass., 1972.

– – 1975a: "Le laminette auree: da Orfeo a Lampone", in: *Orfismo in Magna Grecia, Atti del XIV convegno di studi sulla Magna Grecia*, Napoli 1975, 81–104 *[Kleine Schriften III 21–36]*.

– – 1975b: "Plotin, Plutarch und die Platonisierende Interpretation von Heraklit und Empedokles", in: *Kephalaion, Studies C. J. de Vogel*, Assen 1975, 137–146 *[Kleine Schriften VIII 213–221]*.

– – 1977: *Griechische Religion der archaischen und klassischen Epoche* (RM 15), Stuttgart 1977.

Caquot, A., Lemaire, A. 1977: "Les textes araméens de Deir Alla", *Syria* 54 (1977) 189–208.

Childs, B. S. 1959: "The Enemy from the North and the Chaos Tradition", *JBL* 78 (1959) 187–198.

Colpe, C. 1977: "Heidnische, jüdische und christliche Überlieferung in den Schriften aus Nag Hammadi VI", *JAC* 20 (1977) 149–170.

Couvreur, P. (ed.) 1901: *Hermiae Alexandrini in Platonis Phaedrum Scholia*, Paris 1901.

Cumont, F. 1931: "La fin du monde selon les mages occidentaux", *RHR* 103 (1931) 29–96.

Delcor, M. 1971: *Le livre de Daniel*, Paris 1971.

Dexinger, F. 1977: *Henochs Zehnwochenapokalypse und offene Probleme der Apokalyptikforschung* (StPB 29), Leiden 1977.

Dodds, E. R. 1951: *The Greeks and the Irrational*, Berkeley, Calif. 1951.

Duchemin, J. 1974: *Prométhée*, Paris 1974.

Effe, B. 1970: *Studien zur Kosmologie und Theologie der Aristotelischen Schrift 'Über die Philosophie'*, München 1970.

Ellermeier, F. 1968: *Prophetie in Mari und Israel*, Herzfeld 1968.

Frutiger, P. 1930: *Les mythes de Platon*, Paris 1930.

Fuchs, H. 1964: *Der geistige Widerstand gegen Rom*, 2. Aufl. Berlin 1964.

Gallavotti, C. 1975: *Empedocle, Poema Fisico e Lustrale*, Verona 1975.

Gatz, B. 1967: *Weltalter, Goldene Zeit und sinnverwandte Vorstellungen*, Hildesheim 1967.

Graf, F. 1974: *Eleusis und die orphische Dichtung Athens in vorhellenistischer Zeit*, Berlin 1974.

Gruppe, O. 1924/37: Art. 'Unterwelt', in: *ALGM* VI, 35–95.

Gusmani, R. 1964: *Lydisches Wörterbuch*, Heidelberg 1964.

Güterbock, H. G. 1946: *Kumarbi, Mythen vom churritischen Kronos*, Zürich 1946.

Guthrie, W. K. C. 1967/81: *A History of Greek Philosophy* I–VI, Cambridge 1967–1981.

Heitsch, E. 1974: *Parmenides. Die Anfänge der Ontologie*, München 1974.

Helck, W. 1979: *Die Beziehungen Ägyptens und Vorderasiens zur Ägäis bis ins 7. Jahrhundert v. Chr.*, Darmstadt 1979.

Heubeck, A. 1955: "Mythologische Vorstellungen des Alten Orients im archaischen Griechentum", *Gymnasium* 62 (1955) 508–525 (= *Hesiod* ed. E. Heitsch [WdF 44], Darmstadt 1966, 545–570).*[253]*

Hoftijzer, J., van der Kooij, G. 1976: *Aramaic Texts from Deir ᶜAlla*, Leiden 1976.

Hölscher, U. 1965: "Weltzeiten und Lebenszyklus", *Hermes* 93 (1965) 7–33.

– – 1969: *Parmenides, Vom Wesen des Seienden*, Frankfurt 1969.

Jeffery, L. H. 1976: *Archaic Greece*, London 1976.

Kahn, Ch. H. 1960: *Anaximander and the Origins of Greek Cosmology*, New York 1960.

Kapsomenos, G. S. 1964: Ὁ Ὀρφικὸς πάπυρος τῆς Θεσσαλονίκης", in: Ἀρχαιολογικὸν Δελτίον 19 (1964) 17–25.

Kern, O. 1896: Art. 'Bakis', in: *PRE* II (1896) 2801 f.

Kerschensteiner, J. 1945: *Platon und der Orient*, Stuttgart 1945.

Kippenberg, H. G. 1978: "Die Geschichte der mittelpersischen apokalyptischen Traditionen", *StIr* 7 (1978) 49–80.

Kirk, G. S. 1954: *Heraclitus. The Cosmic Fragments*, Cambridge 1954.

Lambert, W. G., Millard, A. R. 1969: *Atraḫasīs. The Babylonian Story of the Flood*. Oxford 1969.

Long, A. A. 1974: "Empedocles' Cosmic Cycle in the 'Sixties", in: A. P. D. Mourelatos (ed.), *The Pre-Socratics*, New York 1974, 397–425.

Loon, M. N. van 1974: *Oude lering, nieuwe nering*, Amsterdam 1974.

Mansfeld, J. 1979: "Providence and the Destruction of the Universe in Early Stoic Thought", in: *Studies in Hellenistic Religions*, ed. M. J. Vermaseren, Leiden 1979, 129–188 *[= Studies in Later Greek Philosophy and Gnosticism, London 1989, I]*.

Marcovic, M. 1967: *Heraclitus. Editio maior*, Merida 1967.

– – 1978: *Eraclito. Frammenti*, Firenze 1978.

Matthiessen, K. 1977: "Das Zeitalter der Heroen bei Hesiod", *Philologus* 121 (1977) 176–188.

Merkelbach, R. 1967: "Der orphische Papyrus von Derveni", *ZPE* 1 (1967) 21–32.

– – 1977: "Ein neues orphisches Goldplättchen", *ZPE* 25 (1977) 276.

Metzler, D. 1977: In: H. G. Kippenberg, *Seminar: Die Entstehung der antiken Klassengesellschaft*, Frankfurt 1977, 285 ff.

Meuli, K. 1935: "Scythica", *Hermes* 70 (1935) 121–176 (= *Ges. Schriften*, Bd. II, Basel 1975, 817–879).

Mourelatos, A. P. D. 1970: *The Route of Parmenides*, New Haven, Conn. 1970.

Müller, H.-P. 1978: "Einige alttestamentliche Probleme zur aramäischen Inschrift von Der ᶜAlla", *ZDPV* 94 (1978) 56–67.

Müller, C., Langlois, V. 1883: *Fragmenta Historicorum Graecorum* V 2, Paris 1883.

Noth, M. 1957: "Das Geschichtsverständnis der alttestamentlichen Apokalyptik", in: *Gesammelte Studien zum Alten Testament*, München 1957, 248–273.

O'Brien, D. 1969: *Empedocles' Cosmic Cycle*, Cambridge 1969.

Olrik, A. 1922: *Ragnarök. Die Sagen vom Weltuntergang*, Berlin 1922.

Pease, A. S. 1920/23: *M. Tulli Ciceronis De Divinatione Libri Duo*, Urbana 1920/23 (repr. Darmstadt 1973).

Pellikaan-Engel, M. E. 1974: *Hesiod and Parmenides*, Amsterdam 1974.

Pfiffig, A. 1975: *Religio Etrusca*, Graz 1975.

Pingree, D. 1963: "Astronomy and Astrology in India and Iran", *Isis* 54 (1963) 229–246.

Pugliese Carratelli, G. 1974: "Un sepolcro di Hipponion e un nuovo testo orfico", *Par Pass* 29 (1974) 108–126.

Reinhardt, K. 1942: "Heraklits Lehre vom Feuer", *Hermes* 77 (1942) 1–27 (= *Vermächtnis der Antike*, Göttingen 1960, 41–71).

Reitzenstein, R. 1924/25: "Altgriechische Theologie und ihre Quellen", *VWB* 4 (1924/ 25) 1–19 (= *Hesiod* ed. E. Heitsch [WdF 44], Darmstadt 1966, 523–544).

– – 1926: *Studien zum antiken Synkretismus aus Iran und Griechenland*, Leipzig 1926.

Ricketts, M. L. 1965: "The North American Indian Trickster", *HR* 5 (1965) 327–350.

Ringgren, H. 1977: "Bileam och inskriften från Deir ᶜAlla", *RoB* 36 (1977) 85–89.

Rieth, A. 1971: "Schädelbecher und Schädelbecherfunde in ur- und frühgeschichtlicher Zeit", *AW* 2,2 (1971) 47–51.*[254]*

Rowley, H. H. 1935: *Darius the Mede and the Four World Empires in the Book of Daniel*, Cardiff 1935 (repr. 1964).

Rzach, R. 1923: Art. "Sibyllen, Sibyllinische Orakel", *PRE* II A 2 (1923) 2073–2183.

Schwabl, H. 1978: Art. "Weltalter", *PRE* Suppl. XV (1978) 783–850.

Soden, W. v. 1978: "Die erste Tafel des altbabylonischen Atramḫasis-Mythus", *ZA* 68 (1978) 50–94.

Solmsen, F. 1965: "Love and Strife in Empedocles' Cosmology", *Phronesis* 10 (1965) 109–148.

– – 1980: Rez. West 1978, in: *Gnomon* 52 (1980) 209–221.

Tatford, F. A. 1953: *The Climax of the Ages. Studies in the Prophecy of Daniel*, London 1953.

Thomas, H. W. 1938: *ΕΠΕΚΕΙΝΑ. Untersuchungen über das Überlieferungsgut in den Jenseitsmythen Platons*, Diss. München 1938.

Trencsényi-Waldapfel, I. 1966: *Untersuchungen zur Religionsgeschichte*, Amsterdam 1966.

Vernant, J. P. 1960: "Le mythe Hésiodique des races", *RHR* 159 (1960) 21–54 (= *Mythe et pensée chez les grecs* I, Paris 1965, 13–41; vgl. *ib.* 42–79).

Van der Waerden, B. L. 1952: "Das große Jahr und die ewige Wiederkehr", in: *Hermes* 80 (1952) 129–155.

West, M. L. 1971: *Early Greek Philosophy and the Orient*, Oxford 1971.

– – 1975: "Zum neuen Goldplättchen aus Hipponion", *ZPE* 18 (1975) 229–236.

– – 1978: *Hesiod Works and Days*, Oxford 1978.

Wehrli, F. 1953: *Herakleides Pontikos. Die Schule des Aristoteles* 7, Basel 1953.

Widengren, G. 1954/55: "Stand und Aufgaben der iranischen Religionsgeschichte", *Numen* 1 (1954) 16–83; 2 (1955) 47–132.

– – 1961: *Iranische Geisteswelt*, Baden-Baden 1961.

– – 1965: *Die Religionen Irans* (RM 14), Stuttgart 1965.

Zuntz, G. 1971: *Persephone*, Oxford 1971.

– – 1976: "Die Goldlamelle von Hipponion", *WSt* 89 (1976) 129–151.

Abkürzungen:
Zu den Abkürzungen antiker Autorennamen vgl. *Der Kleine Pauly* I xxi–xxvi.

Erschienen in: H. Cancik, H. Lichtenberger, P. Schäfer, Hgg., Geschichte – Tradition – Reflexion. Festschrift für Martin Hengel zum 70. Geburtstag, Tübingen 1996, II 3–14

11. "Mein Gott"?
Persönliche Frömmigkeitund unverfügbare Götter

Mon dieu, mein Gott, Madonna – banale Alltagsfloskeln, die auch in einer nachchristlichen Gesellschaft so manchem geläufig und unbedacht über die Lippen kommen. Anders freilich klingt es in einer Aufführung der Matthäuspassion, wenn da in intensivierender Wiederholung ausgesungen wird: "Mein Gott, mein Gott, warum hast du mich verlassen?" Eigentümlich überraschend jedoch ist für den Graezisten die Begegnung mit dem Originaltext des Matthäus-Evangeliums an dieser Stelle: θεέ μου, θεέ μου, ἵνα τί με ἐγκατέλιπες;[1] Dies ist ein sehr merkwürdig klingendes, ja eigentlich ungebräuchliches Griechisch; es gibt sich ja auch ausdrücklich als Übersetzung des Hebräischen und entspricht doch nicht der Septuaginta-Fassung des entsprechenden Psalms.

Es ist da zum einen der Vokativ θεέ, der in normalem Griechisch völlig ungebräuchlich ist.[2] Auch der Septuagintatext eben dieses Psalmenverses hat diese Form nicht gewagt; er bietet ὁ θεός μου, ὁ θεός μου, wie auch in einem anderen Psalmentext für den Anruf 'Gott' (*elohim*) eben ὁ θεός als Vokativ erscheint.[3] Wenn im Johannesevangelium der ungläubige Thomas, als er Jesus berühren kann, ausruft: "Mein Herr und mein Gott!", wird dies den Lesern der lutherischen Übersetzung unreflektiert als Vokativ erschei-

---

[1] Matth. 27,46 – *Psalm* 21 (20),1; handschriftliche Varianten gibt es nur in der Wiedergabe des hebräischen Verbums.

[2] Hierzu eindringlich und materialreich Wackernagel, *Anredeformen*. Der Vokativ ist auch für lateinisch *deus* ungebräuchlich; Horaz verwendet *dive, Carm.* 4,6,1; erst in christlicher Sprache tritt *deus* als Vokativ auf. Vgl. auch E. Schwyzer, *Griechische Grammatik*, München 1939, 555,1; θεέ, auch θεέ θεῶν in den *Papyri Graecae Magicae* (z. B. 7,529) dürfte vom Jüdischen beeinflußt sein, Wackernagel, *Anredeformen* 987; θεέ bei Oinomaos von Gadara, Euseb. *Praep. Ev.* 5,33,4, ist absichtlich grotesk, Wackernagel, *ib.*; κύριε ὁ θεός Epikt. 2,16,11.

[3] *Psalm* 45 (44) 7, zitiert *NT Hebr.* 1,8. Die Septuaginta-Überlieferung schwankt nicht selten zwischen ὁ θεός und θεέ; Josephus, *Ant. Iud.* 14,24 bildet ὦ θεέ; christliche Grabinschriften haben regelmäßig ὁ θεός als Vokativ, Wackernagel, *Anredeformen* 973f. *[Zu dieser und anderen Abkürzungen s. die Bibliographie, unten S. 205.]*

nen, analog zu jenem *Madonna* simpleren Niveaus; der griechische Text aber lautet ὁ κύριός μου καὶ ὁ θεός μου, was auch die Vulgata präzis beibehält: *Dominus meus et [4] Deus meus*.[4] Dies ist kaum "Nominativ für Vokativ",[5] sondern eine Feststellung: Mein Herr und mein Gott steht hier vor mir.

Nun sind bei der Meidung von θεέ gewiß Gründe der Phonetik mit im Spiel. Sie gelten offensichtlich nicht für die Femininform θεά, die als Vokativ unbedenklich vom ersten Vers der Ilias an erscheint,[6] auch nicht für den Plural θεοί. Θεά bleibt nicht nur in der homerischen Erzählung geläufige Anrede, etwa im Umgang des Odysseus mit Kalypso und auch mit Athene, sie wird auch in den homerischen Hymnen markant eingesetzt: χαῖρε θεά.[7] In den Hymnen auf männliche Gottheiten aber gibt es aber kein entsprechendes *χαῖρε θεός, geschweige denn θεέ. Dabei wird in den lokalen Kulten statt θεά fast immer ἡ θεός verwendet, gerade auch in Athen, womit der Vokativ wieder außer Gebrauch fällt. Das Problem stellt sich übrigens nicht für die mit θεός zusammengesetzten Eigennamen: Mit Selbstverständlichkeit bildet man etwa zu Ἀμφίθεος den Vokativ Ἀμφίθεε.[8]

Zum anderen, und vor allem aber: man pflegt im Griechischen 'Gott' nicht mit Ausdrücken der Besitzanzeige zu verbinden.[9] Das adjektivische Possessivpronomen ἐμός bildet sowieso keinen Vokativ;[10] aber auch das enklitische μου stellt sich nicht zu θεός. Es ergibt sich also der paradoxe Befund: Griechen können eigentlich nicht "mein Gott" sagen. Einige Reflexionen hierüber mögen die Aufmerksamkeit Martin Hengels finden, der mit besonderer Gründlichkeit die Begegnung und Auseinandersetzung von Judentum und Hellenismus erforscht hat.

---

[4] Joh. 20,28.

[5] Dazu E. Schwyzer/A. Debrunner, *Griechische Grammatik* II, München 1950, 63f., vgl. eben ὁ θεός μου Psalm 21,1.

[6] Wackernagel, *Anredeformen* 988–991, deutet diesen Gebrauch, der sich in der griechischen Dichtung hält, als Homerismus, verweist aber auch darauf, daß im normalen Griechisch der Vokativ ἄνερ viel seltener als γύναι gebraucht wird, so daß vielleicht "die Usancen, die für den geselligen Verkehr zwischen den Menschen galten, auf die Götterwelt übertragen seien," 993; der Vokativ ἄνδρες wiederum ist geläufig.

[7] Hom. Hymn. Aphr. 292; Hymn. 10,4; 11,5; 13,2; vgl. 30,16; 32,17.

[8] Aristoph. Ach. 176.

[9] Wackernagel, *Anredeformen* 973,2 zeigt, daß ein solches 'mein' beim Vokativ im Griechischen überhaupt ungebräuchlich, im späteren Griechisch wohl ein Latinismus ist. Lateinisch sagt man *o mi ere*, Plaut. *Poen.* 1127, wie man auch *meus deus* sagen kann (Lygdamus [Tibull 3] 3,28, "mein Gott", der meine Gelübde hört), auch *meus Apollo* (Stat. *Theb.* 2,155, Adrastus von seinem Familiengott). Daß der Isispriester *dea nostra* sagt (Apul. *Met.* 11,15,2), ist nur bemerkenswert, weil man im Griechischen kaum Entsprechendes findet. Parodistisch Plaut. *Persa* 99: *o mi Iuppiter terrestris*.

[10] M. Leumann, *Lateinische Grammatik* I, München 1977, 463. Dagegen lateinisch *mi* – doch *deus meus* bei Augustin.

Man könnte geneigt sein, im Anruf "mein Gott" die eigentümliche Gotteserfahrung Israels festzustellen[11] und damit zugleich die feste Gottesbindung des *[5]* Monotheismus gegen die scheinbare Beliebigkeit polytheistischer Religionen auszuspielen. Im griechischen Polytheismus zumal gibt es eben die vielen Götternamen je mit geläufigem Vokativ. Jenes "Mein Gott", *elî*, ist dagegen in der hebräischen Bibel oft verwendet,[12] neben anderen possessiven Fixierungen des Gottes: "der Gott Israels", "der Gott Jacobs",[13] "der Gott der Väter". Genauer besehen ist jedoch gerade bei solchem Besitzverhältnis der Monotheismus keineswegs vorausgesetzt: Andere mögen andere, eben 'ihre' Götter haben. Und in der Tat, "mein Gott", "sein Gott", "ihre Göttin", das sind auch in Kanaan und Syrien wie in Mesopotamien überaus geläufige Ausdrucksweisen: Ungeachtet der Fülle verfügbarer Gottheiten liegt es offensichtlich im Interesse des einzelnen oder seiner Gruppe, einen persönlichen Gott zu 'haben', dem Vertrauen und kultische Ehrung entgegengebracht werden.

Ist die Differenz vorwiegend linguistisch zu begreifen? Semitische Sprachen haben nun einmal die bequemen Possessivsuffixe, während nach den Regeln griechischer Stilistik oft der bestimmte Artikel gebraucht wird, wo beispielshalber auch das Deutsche Possessivpronomina einschieben würde. Es gibt einige zweisprachige Weihinschriften auf Cypern, Zeugnisse einer bilinguen Religion im Zusammenleben von Phönikern und Griechen, die eben die verschiedene Art der possessiven Inanspruchnahme einer Gottheit demonstrieren. So heißt es auf einer Inschrift von Idalion, daß hiermit – im Jahr 389 v. Chr. – Baalrom von Kition eine Statue "für seinen Gott" Resheph MKL errichtet; griechisch steht dafür – mit bestimmtem Artikel – "dem Apollon Amyklos, von dem ihm das Gelübde glückte".[14] Entsprechend bezeugt die zweisprachige Inschrift von MNHM/Manases von Tamassos – im Jahr 363 v. Chr. – auf phönikisch die Widmung an "seinen Herrn, den Resheph ELYYT", während griechisch "dem Gott, dem Apeilon Eleitas" steht, mit wiederholtem Artikel.[15] Die Namen der Stifter ebenso wie die Reihenfolge der Texte zeigen, daß als Ausgangstext das Phönikische zu gelten hat; bei der Übersetzung ins Griechische ist die possessive

---

[11] Vgl. etwa Quell, *ThWbNT* III 90: "Wer betet: *elî* 'mein Gott', hat die göttliche Tat erlebt...".

[12] *HAL* 48 a; *ThWbNT* III 90; z. B. *Psalm* 18,3; 22,11; 63,2; 89,27;140,7; *Ex.* 15,2, das Lied Moses nach dem Durchgang durch das Rote Meer: "Der ist mein Gott... der Gott meines Vaters...".

[13] Psalm 146,5.

[14] *KAI* 39 = Masson nr. 220. Von "seinem Gott" ist nur das Possessivsuffix i erhalten. Die Beziehung von Resheph MKL/Amyklos zu Amyklai bei Sparta ist unklar.

[15] *KAI* 41 = Masson nr. 215.

Beziehung weggefallen. Bilingue Inschriften von Malta gelten "unserem Herrn Melqart, Herrn von Tyros"; griechisch heißt das Ἡρακλεῖ ἀρχηγέτα.[16] Doch mit der anderen Sprache ist ein andersartiges Bezugssystem in sehr viel umfassenderem Sinn gegeben. Die Gegenüberstellung zweier vergleichbarer Szenen von Seenot, in je besonderer Weise narrativ ausgeschmückt, mag Parallelität und Unterschied zwischen Hebräischem und Griechischem verdeutlichen. Im Buch Jona bricht das Unwetter herein, als Jona von Jaffa gen [6] Westen segeln will; das Schiff ist bedroht, die Mannschaft verzweifelt. Man weckt den schlafenden Jona: "Auf, rufe deinen Gott an! Vielleicht gedenkt dieser Gott unser, daß wir nicht untergehen!"[17] Bemerkenswert, daß die Erzählung hier durchaus vom Polytheismus ausgeht: Die Menschen haben nun einmal je ihre verschiedenen Götter; auch der fremde Passagier wird 'seinen' Gott haben, und nachdem etliche bereits angerufene Götter offenbar zur Hilfe unwillig oder unfähig sind, lohnt es sich, jenen noch ungenannten, ungetesteten Einzelgott gleichsam experimentell anzugehen. Natürlich erweist sich dann eben Jahwe als der Mächtige, und der Text versäumt nicht zu erzählen, daß ihm zuguterletzt die Schiffsleute Schlachtopfer und Gelübde zukommen lassen.

Demgegenüber die Legende der Aphrodite von Naukratis, eine Erzählung, die – ohne daß wir es kontrollieren können – etwa in die gleiche Zeit der Blüte Ninivehs gerückt ist:[18]

In der 23. Olympiade (688/5) trieb Herostratos, unser Mitbürger, Handel und reiste viel herum; einmal landete er in Paphos auf Cypern und kaufte dort eine spannengroße Statuette der Aphrodite, altertümlich in ihrer Technik; mit dieser reiste er nach Naukratis. Und als ihn, wie er schon nahe bei Ägypten war, plötzlich ein Sturm überfiel und nicht mehr zu sehen war, wo sie sich befanden, da nahmen alle ihre Zuflucht zu der Statuette der Aphrodite und baten sie, sie zu retten. Die Gottheit aber – denn sie war den Naukratiten geneigt – bewirkte plötzlich, daß alles, was vor ihr lag, mit grünender Myrte sich erfüllte, sie füllte das Schiff mit angenehmstem Duft, während die Passagiere die Rettung schon aufgegeben hatten (schon wegen der allgemeinen Seekrankheit, und es hatte viel Spuckerei gegeben).[19] Die Sonne strahlte hervor, sie erblickten die Ankerplätze, sie

---

[16]   *KAI* 47.

[17]   Jona 1,6; Text der LXX: ἐπικαλοῦ τὸν θεόν σου.

[18]   Polycharmos von Naukratis, *Über Aphrodite*, FGrHist 640 = Ath. 675F–676C; der Autor ist sonst unbekannt. Nach archäologischem Befund sind Griechen und ihr Aphrodite-Heiligtum in Naukratis seit etwa 630/20 nachweisbar, J. Boardman, *The Greeks Overseas*, London 1980³, 118–133, bes. 119f. Wir können nicht abschätzen, was für Polycharmos "altertümliche Technik" hieß, 'archaisch' in unserem Sinn oder ein bronzezeitliches Idol; Funde bronzezeitlicher und archaischer Statuetten im Heiligtum von Paphos: F.G. Maier, *Alt-Paphos auf Cypern*. 6. Trierer Winckelmannsprogramm 1984, mit Taf. 1,2; 6,2; 9. – Legenden über die Translation von Kulten sind geläufig. Nach Paus. 8,53,7 hat eine Tochter Agapenors von Cypern Aphrodite nach Tegea gebracht.

[19]   Dieses Detail wird von Kaibel und Jacoby als Störung des Textes ausgeschieden.

kamen nach Naukratis. Und Herostratos schritt aus dem Schiff heraus mit der Statuette, trug dabei auch die plötzlich erschienenen grünenden Myrtenranken, und er weihte das Bild im Heiligtum der Aphrodite...

Hier wie dort, bei Jahwe wie bei Aphrodite, endet die Rettung aus Seenot mit neubegründetem Opferkult. Herostratos, der Träger des Gnadenbildes, wird der ihm zugefallenen Rolle gerecht; aber niemand formuliert im Griechischen, daß Aphrodite nun 'seine' Göttin sei. Sein Name bleibt Anekdote. Aphrodite hat nach eigenem Willen eingegriffen, "denn sie war den Naukratiten geneigt"; sie offenbart sich allen gemeinsam – die Einzelheiten sind offenbar dem home-[7]rischen Dionyshymnus nacherzählt, nur daß Myrte für Efeu eintritt;[20] am Ende steht der öffentliche Kult im Heiligtum von Naukratis, neben den anderen Heiligtümern anderer Götter,[21] deren Rechte dadurch nicht geschmälert sind. Sie stehen für weitere Erfahrungen oder Experimente mit Göttlichem zur Verfügung. Daß Aphrodites Wirken in geheimnisvoller Weise freilich auch an der Statuette "altertümlicher Technik" hängt, ist eine Eigentümlichkeit nicht nur des Griechischen, die Jahwes Anhänger schärfstens kritisieren werden.

Daß jeder 'seinen' Gott hat, wie die Seeleute von Jaffa meinen, wird auch sonst allgemein angenommen. Phönikisch-aramäische Weihinschriften haben regelmäßig die Formel, daß die Weihung einem Gott als "meinem Herrn" bzw. "seinem Herrn" gilt, adonî.[22] Eine eindeutige, persönliche Beziehung ist also etabliert in den Akten von Gelübde, Opfer, Gebet und Gnadenerweis. Erst recht gilt dies in Mesopotamien, wo die Dokumentation viel reicher ist. Schon im Weltschöpfungsepos *Enuma elish* wird der Kult der Menschen in der Weise etabliert, daß sie fortan "ihren *ilu*", "ihre *Ishtar*" verehren werden.[23] In jenem Text, den man den *Dialog des Pessimismus* genannt hat, entschließt sich ein Mann zu frommem Tun – er läßt es dann wieder; beides läßt sich begründen. Sein erster Entschluß jedenfalls lautet: "Ich will Opfer vollführen an meinen Gott".[24] Frömmigkeit also ist nicht nur Beteiligung am kollektiven Ritual, indem man ins Heiligtum wie in die Kirche geht, sondern ein persönlicher, gegebenenfalls kostspieliger Akt, der doch auf vorgegebener Bahn verläuft: Wenn einer denn opfert, dann "seinem Gott". Daneben ist oft davon die Rede, daß jeder Mann "seinen Gott"

---

[20] Hom. *Hymn.* 7,35–42.

[21] Vgl. Hdt. 2,178 f.

[22] *KAI* 18,7 "meinem Herrn (*adonî*), dem Ba'al des Himmels"; *KAI* 12,3 "unserem Herrn"; *KAI* 32 "seinem Herrn, dem Blitz-Resheph" etc.; auch aramäisch, KAI 218 "mein Herr, der Ba'al von Harrän". – Zu Hebräisch *adonai*: *HAL* 12f.

[23] *Enuma Elish* 6,114–116, *ANET* 69.

[24] Lambert, *BWL* 139 ff.: "The Dialogue of Pessimism", hier p.147 Zeile 55/56; vgl. Ebeling, *Handerhebung* 74f. Z.26: "Den gnädigen Händen meines Gottes... vertraue ich mich an".

(*ilu*) hat, jede Frau "ihre Ishtar"[25] als Schutzgottheit, von deren Präsenz das Wohlergehen abhängt. Unglück, insbesondere Krankheit bedeutet, daß jenen Mann oder jene Frau "sein Gott", "ihre Ishtar" verlassen hat. So heißt es in dem Preislied des Geheilten auf den "Herrn der Weisheit", in der Schilderung der früheren Not: "Mein Gott hat mich verlassen und ist verschwunden; meine Ishtar hat sich zurückgezogen und hält sich fern von mir".[26] Gleiche Erfahrung ist in den Zaubertexten ausgesprochen, die der Gegen-Magie und damit der Heilung dienen. Der Kranke empfindet: "Meinen *[8]* Gott/meine Ishtar ließen sie (die Zauberer) weggehen von mir".[27] Man kann als Ursache freilich auch eine Sünde gegen den eigenen Gott/die eigene Ishtar vermuten;[28] so versucht denn der leidende Mensch, "das zürnende Herz meines Gottes/meiner Ishtar zu befriedigen".[29] Mit anderen Worten, die Frage: "Mein Gott, warum hast du mich verlassen?" wird hier von jedem Leidenden gestellt.

In hethitischen Ritualtexten ist des näheren zu lesen, wie man einen persönlichen Gott gewinnt und sich sichern kann: In einem Inkubationstraum soll, gemäß den Zurüstungen der Weisen Frau, die Göttin dem Leidenden selbst sich offenbaren; dann wird er sie "zu seiner persönlichen Göttin machen": "Er stellt sie als Pithos auf... als Kultstele... oder er macht sie als Statue."[30] Die Präsenz des Schutzgottes ist durch sichtbare Zeichen garantiert, die keineswegs anthropomorph sein müssen.

Sucht man nach einem Äquivalent jenes persönlichen Gottes mesopotamischer Tradition im Griechischen, wird man durchaus fündig: Entsprechendes wird mit dem Begriff δαίμων ausgedrückt. Daß über jeden Menschen ein δαίμων die Macht hat, ist nicht erst durch die reformatorische

[25] *AHw* 374; 399. Strukturell verwandt *genius*/Iuno im Römischen, vgl. Anm. 35. – Zum Schutzgott *LAMA/Lamassu: RLAss* VI 446–453.

[26] Ludlul bêl nêmeqi I 43f., Lambert, *BWL* 32f. (vgl. II 4f., 12f., 19f., Lambert 38f.); zugleich ist (Zeile 45f.) von dem "guten *shedu*" (vgl. *AHw* 1208) "an meiner Seite" die Rede, der "wegging", und der *lamassu* (*AHw* 532f.; vgl. Anm. 25), die "einen anderen sucht". *Shedu'* und *lamassu* sind auch bei Ebeling, 'Handerhebung' 38f. Z. 37 genannt.

[27] Meier, *Maqlû* 1,6 (vgl. 3,16 u. ö.); Reiner, *Shurpu* 5/6,11–14. Die Sammlungen Maqlû und Shurpu gehen auf die zweite Hälfte des 2. Jt. zurück, Reiner 2.

[28] Reiner, *Shurpu* 2,33 f.

[29] Reiner, *Shurpu* 5/6, 195. Ebeling, *Handerhebung* 8f.: "Mein Gott und meine Göttin, die seit vielen Tagen in Zorn geraten sind über mich, mögen... sich mit mir versöhnen", vgl. 32f.; 44f. Z.56/7; 46f. Z.87; 142f.; ein Kranker auch als "Sohn seines Gottes, dessen Gott Nabû, dessen Göttin Tashmêtu ist", Ebeling, *Handerhebung* 16f.

[30] *ANET* 350; M. Hutter in: B. Janowski, K. Koch, G. Wilhelm, Hg., *Religionsgeschichtliche Beziehungen zwischen Kleinasien, Nordsyrien und dem Alten Testament*, Freiburg 1993, 102f., nach H. A. Hoffner, "Paskuwatta's Ritual against Sexual Impotence (CTH 406)", *Aula Orientalis* 5 (1987) 271–287.

Umdeutung Heraklits bezeugt,[31] sondern liegt bereits den charakterisierenden Adjektiven εὐδαίμων/δυσδαίμων bzw. κακοδαίμων zugrunde.[32] Am lebendigsten wird das vom Daimon bestimmte Lebensgefühl in der Dichtung Pindars: "Den Daimon, der mich umhegt, will ich stets mit Bewußtsein sorgsam behandeln".[33] Man weiß, daß man das eigene Ergehen nicht in der Hand hat, man fühlt sich getragen im Auf und Ab des Lebens; man sagt nicht selten "mein Daimon", besonders in der Unglückserfahrung, als Klage[34] – aber diese Macht bleibt unfaßlich, man kann dem Daimon nicht mit einer Bitte kommen, man kann auch nicht mit Opfern ein gutes gegenseitiges Verhältnis festigen – im Gegensatz zum Versöhnen "meines Gotts" im Akkadischen, zu den Spenden *[9]* für den *genius* im Römischen.[35] Der Daimon bleibt wie hinter einer Nebelwand verborgen; er 'verläßt' seinen Menschen nicht, aber er kann sehr, sehr böse sein. Sokrates hat das Etwas, das ihn ebenso unvorhersehbar wie unwiderstehlich trieb, *Daimonion* genannt; er konnte dieser "Art Stimme" vertrauen, ohne sie doch in den Griff zu bekommen oder genauer beschreiben zu können; es blieb etwas sehr Persönliches und eben darum Unbestimmbares.

Bleibt es also dabei, daß man auf griechisch wohl "mein Daimon", nicht aber "mein Gott" sagen kann? Zu berücksichtigen ist eine abgeschwächte Form des possessiven Ausdrucks, das Adjektiv φίλος. Φίλος ist vom alten Gebrauch und möglicherweise auch von der Etymologie her Possessivpronomen – darum die homerischen Floskeln von den "lieben Händen" und "lieben Füßen".[36] Und in der Tat, φίλε lässt sich im Vokativ leicht mit einem Gottesnamen verbinden. Bei Homer allerdings scheinen nur Götter unter sich in dieser Weise zu verkehren: φίλε Φοῖβε, spricht Zeus zu Apollon.[37] Die Anrede hat etwas von Vertraulichkeit, ja Kumpanei; Hipponax ruft "seinen lieben Hermes", den Gott der Diebe an, wenn es ums Stibitzen geht, Strepsiades den gleichen "lieben Hermes" beim Attentat gegen das Phrontisterion des Sokrates.[38] Man redet so auch "die lieben Nymphen"

---

[31] Heraklit B 119 ἦθος ἀνθρώπωι δαίμων.

[32] ὀλβιοδαίμων *Ilias* 3,182; vgl. Burkert, *GR* 278–282.

[33] *Pyth.* 3,109; vgl. *Pyth.* 10,10 u. a.m.

[34] Soph. *Aias* 534; *El.* 1157; Eur. *Alk.* 935; *Med.* 1347; *Hik.* 592; *Androm.* 98; *Iph. Aul.* 1136f. – Mark Aurel 5,10,6 ἔξεστι μοι μηδὲν πράσσειν παρὰ τὸν ἐμὸν θεὸν καὶ δαίμονα verbindet die alte Redeweise vom Daimon mit stoischer Theologie.

[35] G. Wissowa, *Religion und Kultus der Römer*, München 1912², 175–177.

[36] M. Landfester, *Das griechische Nomen "philos" und seine Ableitungen*, Hildesheim 1966; zurückhaltend P. Chantraine, *Dictionnaire étymologique de la langue grecque*, Paris 1968/80, 1204–6.

[37] *Il.* 16,667 vgl. 15,221.

[38] Hipponax 32 West; Aristoph. *Nub.* 1478.

als Wasserquelle an, auch den "lieben Pan",[39] doch auch den "liebsten Apollon", der in Gestalt einer Statue vor der Haustür steht.[40] "Liebe Sonne, scheine" singen die Kinder,[41] oder auch "regne, regne, lieber Zeus, auf die Fluren der Athener"[42]. Es gibt auch den Personennamen Philotheos.[43] Wenn freilich ein Erwachsener Ζεῦ φίλε sagt, kann das leicht ironisch werden.[44] "Es wäre unsinnig, wenn einer sagen wollte, er liebe den Zeus".[45] Kurzum, indem die Bedeutung "freundlich behandeln, lieben" für φιλεῖν sich durchsetzt, wird auch beim Vokativ φίλε die Possessivanzeige von der Bedeutung des Freundschaftlichen überlagert und verdrängt; dies führt also nicht hin, sondern weg von einem Anruf "mein Gott".

Im Mythos allerdings gibt es so etwas wie persönliche Schutzgottheiten, beschreibbar, erzählbar, integriert in die mythologische Welt; man denkt be-
*[10]*sonders an die Rolle der Göttin Athena für Diomedes[46] und mehr noch für Odysseus. Der Odysseedichter läßt sie erklären, warum sie dem Odysseus so ganz besonders zugetan ist; Odysseus redet sie trotzdem nur als 'Göttin', nicht als φίλη an.[47] In der *Ilias* ist Apollon so etwas wie ein Schutzgott für Troia und insbesondere auch für Hektor; als schließlich die Wägung der Todeslose gegen Hektar entscheidet, "verließ ihn Phoibos Apollon." Dies scheint durchaus mesopotamischer und biblischer Gottverlassenheit vergleichbar. Manche Homerinterpreten zeigten sich befremdet.[48] Einzigartig ist im griechischen Mythos, zumindest nach Euripides' Bearbeitung, die Beziehung des Hippolytos zu Artemis, seiner "lieben Herrin".[49]

---

[39] Platon, *Phdr.* 279b.

[40] Men. *Samia* 444.

[41] ἔξεχ᾽ ὦ φίλ᾽ ῞Ηλιε Aristoph. Fr. 404 Kassel-Austin.

[42] Mark Aurel. 5,7,1.

[43] Bereits im. 5. Jh. v. Chr.: M. J. Osborne, S G. Byrne, *A Lexicon of Greek Personal Names.* II: *Attica*, Oxford 1994 s. v.

[44] Theognis 373.

[45] Arist. *MM* 1208b30 vgl. *EN* 1159a4, E. R. Dodds, *Der Fortschrittsgedanke in der Antike*, Zürich 1977, 168 (doch siehe Anm 43).

[46] Diomedes ist der Träger des Palladion und damit Stifter des Pallas-Kultes besonders in Argos, vgl. W. Burkert, *Wilder Ursprung*, Berlin 1991, 77–85 *[= "Byzuge und Palladion: Gewalt und Gericht im altgriechischen Ritual," Kleine Schriften V, Nr. 12; urspr. Zeitschrift für Religions- und Geistesgeschichte 22, 1970, 356–368]*.

[47] *Od.* 13, 221ff.

[48] *Il.* 22, 213. Der Text ist von Modernen verdächtigt worden, vgl. P. von der Mühll, *Kritisches Hypomnema zur Ilias,* Basel 1952, 337, nach Düntzer und Nauck.

[49] ὦ φίλε δέσποινα Eur. *Hippol.* 82. Hippolytos selbst sagt wegwerfend zum Diener "deine Kypris", d. h. die von dir empfohlene Gottheit, 113. Vgl. zu Hippolytos auch A. J. Festugière, *Personal Religion Among the Greeks*, Berkeley 1954, 10–18. In Aischylos' *Bassariden* hat Orpheus sich einseitig Helios als dem "größten der Götter" zugewandt, S. Radt, Hrsg., *Tragicorum Graecorum Fragmenta.* III: *Aeschylus*, Göttingen 1985, S. 138; daß er "mein Gott" sagte, ist nicht bezeugt.

Als dem Verletzten der Tod naht, zieht Artemis sich zurück. "Leicht verlässest du eine lange Gemeinsamkeit", bemerkt der Sterbende nicht ohne Bitterkeit (1441), doch offenbar ohne rechte Überraschung. Griechische Götter verlassen die Menschen im Sterben. Darum ist auch vom mythologischen Schutzgott vor allem zu berichten, wie er den 'Seinen' verläßt. Möglich ist aber sogar, daß der Gott, gleich dem Daimon, doch direkter und umso furchtbarer, selbst zum Vernichter wird: "Apollon, mein Vernichter" ruft Kassandra: Der Name des Gottes offenbart einen neuen, schrecklichen Sinn; und hier tritt die persönliche Bestimmung auf: Ἀπόλλων ἐμός.[50]

Gibt es im Griechischen den possessiv beanspruchten Gott wenigstens als Gott der Gemeinschaft, des Volkes? Für Israel gilt: "Ich ... will euer Gott sein, und ihr sollt mein Volk sein. Ich bin Jahwe, euer Gott ...".[51] Dabei erkennt selbst ein Jeremia an, daß andere Völker andere Götter haben, jedes den 'seinen', ja er ist geneigt, die anderen Israel als Vorbild vorzuhalten: "Hat je ein Volk seinen Gott umgetauscht?"[52] Auch Griechen sprechen von der 'Notwendigkeit', daß Volksgruppen jeweils "die väterlichen Götter" "mit den von Haus aus üblichen Bräuchen" verehren.[53] Berufsgruppen haben ihre besonderen Götter, so daß der Herold bei Aischylos den Hermes, der da als Statue steht, als [11] "meinen Patron" begrüßen kann.[54] Auch Familien haben ihre Sonderkulte; die Göttin Hekate bei Hesiod dürfte eine solche Rolle spielen.[55] Die Familie des Isagoras "opfert dem Zeus Karios", ein Kult, in dem sich andererseits Karer, Lyder und Myser treffen.[56] In besonderer Weise 'privat' wird der Kult des Zeus Ktesios vollzogen, des Garanten des Familienbesitzes: Man läßt hierbei nur Familienangehörige, keine Sklaven, keine Fremden zu; und man stellt 'das Zeichen' des Gottes in Gestalt eines mit besonderen Ingredienzien zu füllenden Topfes auf[57] – wie ein Hethiter seinen "persönlichen Gott" als Faß aufstellen kann. Freilich dürfte damit der Gott vom Partner zum magischen Talisman schrumpfen; niemand scheint hier "mein Zeus" zu sagen.

---

50 Aisch. *Ag.* 1081; 1086. Nach der Überlieferung (vgl. die Ausgabe von M. L. West, Teubner 1990) ist zunächst der Vokativ verwendet, Ἄπ ολλον, dann in der etymologisierenden Verwandlung der Nominativ, der wie ein Partizip klingt: Ἀπόλλων ἐμός.

51 Lev. 26,12f.

52 Jer. 2, 11, mit der Fortsetzung: "Und das sind nicht Götter."

53 Dion. *Hal. ant.* 2,19,3.

54 Aisch. *Ag.* 514f. τόν τ'ἐμὸν τιμάορον Ἑρμῆν...

55 Hes. *Theog.* 411–452, vgl. M. L. West, *Hesiod Theogony*, Oxford 1966, 276–280 z.d.St.; Hesiod drückt aber die Vorrangstellung dieser Familiengottheit dadurch aus, daß sie in der ganzen Welt ihren Anteil hat und bei allen anderen Göttern in Ehren steht; also nicht Abgrenzung, sondern Expansion des persönlichen Gottes.

56 Hdt. 5,66,1; 1,171,6.

57 Isaios 8,16; Antikleides, *FGrHist* 140 F 22; vgl. Anm. 30.

Seit den Perserkriegen finden wir den Begriff der "hellenischen Götter", wie man andererseits auch von den "Göttern des (persischen) Königs" sprechen kann.[58] Auf Aigina verehrt man seit langem Zeus *Hellanios*. Dies aber ist eine für uns undurchsichtige Bezeichnung, da von panhellenischen Funktionen nichts zu bemerken ist. Wir finden eine mythische Interpretation des Titels – Aiakos habe für "alle Griechen" um Regen gebetet – eine Erinnerung, keine nationale Verpflichtung.[59] Es bleibt der Name der Göttin Athenaia/Athena, der doch wohl von ihrer Stadt Athen genommen ist.[60] Doch auch dies scheint mehr die Etymologie als den lebendigen Gebrauch zu betreffen; schon in mykenischer Zeit wird die "Herrin von Athana" auch in Knossos verehrt, für die Griechen allgemein ist diese Göttin keineswegs an ihre Stadt gebunden, ist sie doch Stadtgöttin beispielshalber auch in Sparta. Die kriegerische Tochter des Zeus ist so allgegenwärtig wie ihr Vater. Aber natürlich können sich Athener ihrer speziellen Beziehung zu dieser Göttin immer wieder bewußt werden, zu "Athenaia, die über Athen waltet".[61] Bei der Betrachtung der Skulpturen am delphischen Tempel jubelt der Chor bei Euripides: "Ich sehe Pallas, meine Göttin".[62] Dies ist einer der ganz wenigen Belege, wo auf griechisch "mein Gott" gesagt wird – im kollektiven Verband, in der Sphäre der bildenden Kunst, als ästhetisches Aha-Erlebnis.

In den realen Zeugnissen des Kultes gibt es den 'persönlichen', dem einzelnen possessiv verbundenen Gott nur in bezeichnender Randstellung: Aus *[12]* Selinus vor allem, doch auch einigen anderen Orten haben wir Monumente, die den 'Meilichios' eines einzelnen Mannes oder einer Familie nennen, etwa Λυκίσκο ἐμὶ Μελίχιος.[63] Meilichios ist offenbar so etwas wie ein unterirdischer Zeus, angezeigt durch eine Stele, den "gnädig zu stimmen" besonders wichtig war. In besonderer Situation, wenn Todesmächte zu bannen waren, wird man eine solche Stiftung gemacht haben,[64] die dann für die Familie dauerhafte Folgen hatte. Von der anderen Seite, aus dem anatolischen Raum, kommen besonders im Kult des Mondgottes Men Weihungen vor, denen ein Eigenname im Genetiv zugesetzt ist: "Der Men

---

[58] Hdt. 5,49,2; 5,92,5; vgl. 1,90,4. – 'König' 5,106,6.

[59] H. Schwabl, *RE* X A 303; Zeus Hellenios Hdt. 9,7.

[60] Burkert, *GR* 220 vgl. 83; -ήνη ist ein Ortsnamen-Suffix.

[61] Anfang des Themistokles-Dekrets, R. Meiggs, S. Lewis, *A Selection of Greek Historical Inscriptions*, Oxford 1969, nr. 23, Plut. *Themist.* 10,4.

[62] Eur. *Ion* 211: λεύσσω Πάλλαδ' ἐμὰν θεόν.

[63] M. Jameson, D. R. Jordan, R. D. Kotansky, *A Lex Sacra from Selinus*, Durham, NC 1993, 90–107; 84 zu Megara, 86 zu Thasos.

[64] Erinnert sei an das hethitische Ritual, Anm. 30, das in die Errichtung einer Stele münden kann.

des Artemidoros", "der Men des Pharnakes".[65] Eine Inschrift von Sardes, die noch in die Epoche des Achämeniden-Reichs zurückweist, nennt auch einen "Zeus des Baradates".[66] Dies liegt offenbar am Rand der eigentlichen griechischen Religion. In den *Persern* des Timotheos jammert der sich ergebende Feind in barbarischem Griechisch und hofft dabei auf Ἄρτιμις ἐμὸς μέγας θεός, wobei neben der lydischen Namensform Artimis – statt Artemis – die maskuline Form von 'mein' die groteske Wirkung schafft.[67] Wenn man im Griechischen sonst etwa "die Aphrodite des Dexikreon" sagt,[68] ist dies als Nennung des Stifters nicht grundsätzlich verschieden von einem Ausdruck wie "der Zeus des Pheidias". Ein besonderer Pakt mit dem Göttlichen ist nicht impliziert.

Wenn sich also in dieser Weise eine bemerkenswerte Sonderstellung der griechischen Religion gegenüber den nahöstlichen Nachbarn ergibt, ein Unterschied, der nicht nur im Linguistischen und gar nicht im Monotheismus-Phänomen verwurzelt ist, so gehört dies offenbar in einen weiteren Kontext – ohne daß direkte 'Erklärungen' im Sinn einer Ableitung zu suchen wären: Da ist, in der entscheidenden Ausformung der griechischen Kultur, die bekannte, vielbeachtete Konzentration der öffentlichen Religion auf die Polis, die den privaten Kult zurückdrängt.[69] Es sollte in diesem Sinn die Götter der Stadt, nicht aber "meinen Gott" geben. "Von allen will der Gott die gemeinsamen Ehren haben" – dies ist selbst von Dionysos gesagt, dem Gott der Weihen und Mysterien.[70] Für die Vorstellungswelt bestimmend ist dabei vor allem das homerische Götterbild, wonach die plastischen Gestalten der Seligen, Un-*[13]*sterblichen in ihre eigene, nur ihnen zugehörige Sphäre versetzt erscheinen: Sofern sie sich den Menschen zuwenden und eingreifen, können sie sich doch jederzeit zurückziehen; sie sind darüber erhaben, "um der Sterblichen willen"[71] sich zu engagieren. Zugleich jedoch ist auch die populäre, lebenspraktische Haltung zu sehen, wonach man die Götter eben nur je nach Bedarf heranzieht; sofern man seine religiösen Verpflichtungen erfüllt, bleibt normalerweise durchaus ein Freiheitsbereich des ὅσιον, in dem die religiöse Besorgtheit hinwegfällt.[72] Dem

---

[65] E. N. Lane, *Corpus Monumentorum Religionis Dei Menis* III, Leiden 1976, 67–70.

[66] *Supplementum Epigraphicum Graecum* 29,1205, vgl. J. Wiesehöfer, *Gnomon* 57 (1985) 565f.

[67] D. L. Page, *Poetae Melici Graeci*, Oxford 1962, nr. 791,160.

[68] Plut. *Quaest. Gr.* 54, 303 C–F.

[69] Vgl. W. Burkert, "The Formation of Greek Religion at the Close of the Dark Ages", *Studi italiani di filologia classica* III 10 (1992), 533–551.

[70] Eur. *Bacch.* 208f. Es gibt m. W. kein Zeugnis aus dem Bereich der Mysterien, das einem Geweihten "seinen Gott" zuweist.

[71] *Il.* 8,428; 21,380.

[72] Zum Begriff ὅσιον Burkert, *GR* 404.

widerspräche eine einmalige und umfassende Verpflichtung oder Zugehörigkeit. Zur Zeit der Not freilich ist der Rückgriff auf die Götter angesagt, mit jenem charakteristischen Experimentieren, das auch die Jona-Geschichte kennt; damit wird Gotteserfahrung als Erinnerung begründet. "Götter verwenden", χρῆσθαι θεοῖς ist ein charakteristischer Ausdruck solcher Praxis.[73] Üblich ist insbesondere auch, daß man Orakel 'gebraucht' und damit ausprobiert; eben daher heißen Orakel χρηστήρια. Alle Mantik hat etwas Experimentelles; Orakel bedürfen immer noch der Interpretation. In der Tat zeigt sich das Wort θεός ganz besonders mit Orakeln und Sehern verbunden.[74] Wilamowitz sprach davon, daß Griechen das Wort θεός mit Vorliebe prädikativ gebraucht haben:[75] Diese besondere Erscheinung, diese Wirkung ist 'Gott'; man reagiert mit Staunen, Ehrfurcht, Kult, auch mit dem Ausruf ὦ θεοί. Der Fromme bleibt auf das Rettende gefaßt; doch er hat keine urkundliche Offenbarung und keinen Vertrag mit 'seinem' Gott. Götter bleiben unverfügbar.

Bibliographie

W. Burkert, Griechische Religion der archaischen und klassischen Epoche, Stuttgart 1977 (hier: GR)

H. Donner, W. Röllig, Kanaanäische und aramäische Inschriften I–III, Wiesbaden 1966–69² (hier: KAI)

E. Ebeling, Die akkadische Gebetsserie 'Handerhebung', Berlin 1953

Hebräisches und Aramäisches Lexikon zum Alten Testament, von L. Koehler und W. Baumgartner, dritte Auflage neu bearbeitet von W. Baumgartner, Leiden 1967–90 (hier: HAL)

W. G. Lambert, Babylonian Wisdom Literature, Oxford 1960 (hier: BWL)

O. Masson, Les inscriptions chypriotes syllabiques, Paris 1983²

G. Meier, Die assyrische Beschwörungssammlung Maqlû, Berlin 1937

J. B. Pritchard, ed., Ancient Near Eastern Texts Relating to the Old Testament, 3rd Edition with Supplement, Princeton 1969 (hier: ANET)

Reallexikon der Assyriologie, Berlin 1932 ff. (hier: RLAss)

E. Reiner, Šurpu. A Collection of Sumerian and Accadian Incantations, Graz 1958

W. v. Soden, Akkadisches Handwörterbuch, Wiesbaden 1965–81 (hier: AHw)

Theologisches Wörterbuch zum Neuen Testament, Stuttgart 1933–1979 (hier: ThWbNT)

J. Wackernagel, "Über einige antike Anredeformen", Programm zur akademischen Preisverteilung, Göttingen 1912, 3–32 = Kleine Schriften II, Göttingen 1953, 970–999.

[73] B. Gladigow, "ΧΡΗΣΘΑΙ ΘΕΟΙΣ. Orientierungs- und Loyalitätskonflikte in der griechischen Religion", in Chr. Elsas, H. G. Kippenberg, ed., Loyalitätskonflikte in der Religionsgeschichte, Würzburg 1990, 237–251.

[74] Burkert, GR 181.

[75] U. v. Wilamowitz-Moellendorff, Der Glaube der Hellenen, Berlin 1931, I 17–19; aufgegriffen ThWbNT III 66–68 s. v. θεός.

Erschienen in: Berliner Theologische Zeitschrift 13, 1996, 184–199

12. Zum Umgang der Religionen mit Gewalt: Das Experiment des Manichäismus

Das Thema 'Gewalt' ist emotions- und tabubelastet, besonders in unserer Fernsehkultur, die eine geradezu schizophrene Trennung betreibt zwischen den unentwegt freundlichen Gesichtern der Moderatoren und den wüsten Action-Szenen, die zur Unterhaltung der Zuschauer flimmern.

Unter 'Gewalt' sei hier schlicht die manifeste physische Gewalt verstanden, die die Selbstverfügung einer Persönlichkeit bricht und körperliche Schädigung mit sich bringt, Schmerz, Fesselung, Verwundung und Tod. Die Reaktion auf Gewalt ist Wut, Angst, Verzweiflung. Wir verstehen das im Grunde sehr genau; es gibt auch klare Bezeichungen dafür bereits in den alten Sprachen, βία im Griechischen, *vis* im Lateinischen, dazu *violentia, violence*. Den Begriff auf sogenannte psychische Gewalt oder gar auf die von Revolutionstheoretikern konstruierte 'strukturelle Gewalt' auszudehnen, ist bedenklich, weil dies mißbraucht werden kann, manifeste Gewalt zu rechtfertigen.

Die eigentliche, physische Gewalt hat ihren Ursprung und Anfang evidentermaßen schon im vor- und außermenschlichen Bereich, in den Wirkungszusammenhängen des Lebens. Wo immer etwas Lebendiges sich schützen und bewahren will, gibt es auch Bedrohung, Gefährdung, Überwältigung. Im Bereich der höheren Tiere reagiert der 'Vergewaltigte' nicht wesentlich anders als ein Mensch, mit Angst, Hilferuf, Fluchtversuch oder verzweifelter Gegenwehr. Das Inbild der außermenschlichen Gewalt ist die Dyade Raubtier-Beutetier. Welchen Eindruck dies auf die menschliche Phantasie gemacht hat, zeigt besonders die Bildkunst, von der Prähistorie bis zur Neuzeit, von den Steppenvölkern Eurasiens bis zu archaischen griechischen Tempelskulpturen. Kein Zweifel, daß zumal die frühen Menschen als Jäger dieses Bild stets vor Augen hatten; es suggeriert die Bewältigung der Angst durch Identifikation mit dem Aggressor. Der Löwe ist das königliche Tier. Auch für uns noch bleibt anzuerkennen, daß hier, vergrößert und vergröbert, ein fundamentaler Lebensvorgang manifest wird. Jedes Lebewesen assimiliert gemäß seinem genetischen Bauplan fremdes 'Material', zwingt es in die eigene Struktur, indem es anderes auflöst und zerstört; und seit es Leben gibt, ist dieses 'andere' fast immer biologisches, von anderen Lebewesen stammendes 'Material'. Dies heißt nicht übersehen, daß auch die vormenschliche Natur bereits Modelle der Koexistenz und der gewaltfreien Partnerschaft entwickelt hat, insbesondere in der sexuellen Paarung und in der Mutter-Kind-Dyade.

Im Kontrast zum vormenschlichen Modell physischer Gewalt hat menschliche Gesellschaft die Chance entwickelt, die Gewalt zurückzudrängen, vor allem durch die Sprache, die eine nicht-gewaltsame Beeinflussung von Partnern und [185] gemeinsame Lösungen ermöglicht. Trotzdem bleibt Gesellschaft immer mit Gewalt konfrontiert.

In der durch Sprache geordneten, gesellschaftlich geregelten Welt wird gemeinhin eine Unterscheidung von gerechtfertigter und unerlaubter Gewalt vollzogen; die Rechtfertigung geschieht durch Sprache. Im Inneren der Gesellschaft wird ein gewaltfreier Raum entworfen; eben darum erscheint Gewalt gerechtfertigt nach außen hin, also im Krieg, aber auch gegen Bedrohung des inneren Friedens: Kriegerische Gewalt und Strafgewalt kennzeichnen die menschlichen Kulturen, unangefochten, ja gesteigert auch in den sogenannten Hochkulturen, die staatliche Organisation und schriftliche Gesetze entwickelt haben. Theoretisch läßt sich diese Gewalt als 'Gegengewalt' rechtfertigen, de facto geht sie darüber nicht selten weit hinaus; die ärgsten Grausamkeiten sind zum Zweck der Strafe erfunden worden, bis hin zum Kreuzestod. Einschränkungen der Strafgewalt um der Humanität willen wurden seit der Aufklärung gefordert und schließlich durchgesetzt; Klagen und Proteste gegen den Krieg sind alt, doch mächtig sind Friedensbewegungen erst in jüngster Zeit geworden; und immer wieder kommen frustrierte Pazifisten dazu, nach Bombergeschwadern zu rufen.

Wenn man Religion als praktizierte Beziehung zu 'höheren' Wesen faßt, die keine Ursache haben sich hart im Raume zu stoßen, scheint es paradox, daß in der Religion Gewalt nicht prinzipiell und von vornherein ausgeschlossen wurde; stellte doch beispielshalber Georg Simmel als Charakteristicum der Religion eben die "Kampf- und Konkurrenzlosigkeit" fest.[1] Und doch finden wir in den alten Religionen und weit darüber hinaus eine erschreckende Akzeptanz der Gewalt, ja wir finden immer wieder in der Religion eine zusätzliche, autogene Rechtfertigungsquelle von Gewalt, von den – im einzelnen oft ungesicherten – Menschenopfern früher Kulturen[2]

---

[1]   Georg Simmel, *Die Religion*, Frankfurt ²1918, 57f.

[2]   Die neuere Forschung ist mehr und mehr skeptisch gegenüber den Menschenopfer-Berichten, vgl. S. Moscati, *Il sacrifico punico dei fanciulli: Realtà o invenzione?* Accademia Nazionale dei Lincei, Quaderno 261, Rom 1987; Ders./S. Ribichini, *Il sacrificio dei bambini: Un aggiornamento*, Ibid. 266, Rom 1991; P. Hassler, *Menschenopfer bei den Azteken?*, Bern 1992; Dennis D. Hughes, *Human Sacrifice in Ancient Greece*, London 1991; P. Bonnechère, *Le sacrifice humain en Grèce ancienne*, Liège 1994.

über Ketzerverbrennungen bis zu den im Namen des Islam verhängten Todesurteilen für Schriftsteller. Selbst der Krieg in Jugoslawien ist durch Religion definiert.

In der Praxis der alten Religionen sticht als zentraler Vorgang eine besondere Form blutiger Gewalt hervor: Das Tieropfer. Wir können unter diesem Aspekt die Religion von Israel, von Griechenland und Rom durchaus zusammensehen. Erst durch die Zerstörung des Tempels von Jerusalem im Jahre 70 n. Chr. ist das tägliche Opfer für Jahwe – Schlachtung und Verbrennung, von zwei Schafen – weggefallen. Jedes griechische und römische Heiligtum ist durch einen Altar charakterisiert, wobei die griechischen Vasenmaler die Blutspritzer *[186]* daran selten weglassen. Nur zweierlei sei dazu festhalten; zum einen: Hinter dem religiösen Brauch steht die Tatsache der Fleischnahrung, also letztlich das Raubtier-Beute-Verhalten, die jägerische Praxis: Opfern ist rituelles Schlachten, das Opfer zielt aufs Opfermahl; zum andern: Der Aspekt der drohenden, tödlichen Gewalt ist in der kulturellen Tradition ausdrücklich festgehalten und immer wieder bewußt gemacht, sei es durch Mythen, die von Menschentötung, oder zumindest geplanter Menschentötung an Stelle des Opfers erzählen – Musterbeispiel Abraham und Isaak –, sei es durch umständliches und eben dadurch auffälliges Verstecken der Gewalt, mit angeblicher Freiwilligkeit des Opfers – die sogenannte Unschuldskomödie. Die griechische Tragödie zumal, die Gewalt und Mord immer neu verarbeitet, greift regelmäßig zur Opfer-Metaphorik; und ich glaube, daß die τραγωιδοί in der Tat von einer Opferzeremonie her ihren Namen tragen.[3] Es gibt auch den humanitären Protest gegen die blutige Gewalttat, faßbar im Griechenland des 5. Jahrhunderts mit Empedokles, der wohl Pythagoras folgt; auch der Buddha ist hier zu nennen: Man will ihn zwingen, ein Schaf zu schlachten, damit er erwachsen wird; er verletzt nur sich selbst dabei.[4] In der antiken Kultur war der Protest des Empedokles freilich eine Kuriosität: Die Tieropfer waren mit dem Staat, mit der Rechtspflege und insbesondere mit dem Krieg aufs engste verbunden. Überhaupt nahm man die Gewalt gemeinhin als selbstverständlich hin. Gegen gerechtfertigte Gewalt hatten auch die alten Philosophen kein grundsätzliches Bedenken. Zwar war man sich einig, daß 'Überzeugung' durchs Wort die

---

[3] Hierzu Walter Burkert, *Homo Necans. Interpretationen altgriechischer Opferriten und Mythen*, Berlin 1972; Ders., "Griechische Tragödie und Opferritual", in: *Wilder Ursprung*, Berlin 1991, 1339 *[urspr. engl., in Greek, Roman an Byzantine Studies 7, 1966, 87–121 = Kleine Schriften VII 1–36,]*; Ders., "Opfer als Tötungsritual: Eine Konstante der menschlichen Kulturgeschichte?", in: F. Graf (Hg.), Klassische Antike und neue Wege der Kulturwissenschaften, Basel 1992, 169–189 *[= Kleine Schriften V Nr.3]*.

[4] So in der arabischen Version, die zur christlichen Legende von *Barlaam und Ioasaph* umgestaltet wurde: D. Gimaret (Hg.), *Le livre de Bilawhar et Budåsf*, Genf 1971, 81–83, vgl. 12: Dieses Detail kommt nur in dieser Version vor.

eigentlich zivilisierte Art der Menschenführung sei, doch die 'Gewalt' im Hintergrund sah man als unverzichtbar an. Darüber hinaus war und ist Gewalt ausgesprochen populär: eine Lieblingsgestalt griechischer Mythologie war Herakles, mit seiner Keule zum Dreinschlagen; βίη Ἡρακλείη, 'die Gewalt des Herakles', heißt er in der homerischen Formel. Wie populär Gewalt geblieben ist, zeigt jeder Fernsehabend. Was hier 'natürlich' oder anerzogen ist, sei hier nicht diskutiert; daß in der Erziehung zur Aggression durchaus die Religion eingesetzt werden kann, ist das Problem.

Bestehen bleibt, daß eine unerhörte Verneinung der Gewalt durch Jesus ausgesprochen wurde. Daß, die an sich durchaus übliche Strafgewalt des Staates zur Kreuzigung des Schuldlosen führte, blieb als Skandalon. Die neutestamentliche Theologie ist hier nicht zu entfalten, auch nicht ihr historischer Hintergrund. Die Tradition dürfte früh schon kontrovers gewesen zu sein: Hingerichtet wurde Jesus als "König der Juden", als potentieller Aufrührer gegen die von Rom *[187]* soeben durchgesetzte staatliche Ordnung im besetzten Palästina; Christen aber suchten wenig später den Ausgleich mit der 'Obrigkeit' und waren geneigt, die Schuld an Jesu Tod von Pilatus auf "die Juden" zu verschieben. Es bleiben auf jeden Fall eindrucksvolle Jesusworte gegen die kriegerische Gewalt und das 'Schwert', gegen Haß und Aggression überhaupt. Andererseits ist nicht ganz zu übersehen, daß die Verkündigung "Friede auf Erden" von einer himmlischen Armee gesungen wird, der "Menge der himmlischen Heerscharen", und daß die christlichen Zukunftsperspektiven auf das Bild der endzeitlichen Schlacht bei Armageddon zulaufen, wie denn auch mit den ewigen Strafen im Höllenfeuer die Strafgewalt ihre Apotheose gefunden hat.

Unter den Gesichtspunkten der kriegerischen Gewalt und der Strafgewalt seien etwas genauere Blicke auf die Situation der Christen in der nachneutestamentlichen Epoche gerichtet. Iustin – Märtyrer 163 n. Chr. –, der erste Christ, der sich explizit mit griechischer Philosophie auseinandersetzt, stellt in seiner Apologie die Christen als Nicht-Krieger, die zum Martyrium bereit sind, den zur Tapferkeit verschworenen Kriegern der Heiden gegenüber: "Wir machen die Gegner nicht zu Kriegsfeinden".[5] Wenig später wirft Kelsos, der erste Heide, der sich mit Christen auseinandersetzt, diesen eben ihre Haltung zum Militärdienst vor: Sie müßten doch "dem Kaiser zu Hilfe kommen mit aller Kraft und mit ihm am Gerechten mitarbeiten und für ihn kämpfen und mit ihm in den Krieg ziehen, wenn er dazu drängt, und (mit ihm) ein Heer befeligen". Dies zu tun weigern sich die Christen zu jener Zeit. Origenes, in seiner Widerlegung des Kelsos, bestätigt dies: Selbst heidnische Priester, sagt er, seien vom Kriegsdienst befreit, die Christen

---

[5] Iustin, *Apologie* 39, vgl. Ders., *Dialogus cum Tryphone* 110.

aber leisten durch ihr Gebet mehr als irgend ein militärischer Einsatz. "Wir kämpfen umso mehr für den Kaiser: Und wir ziehen nicht mit ihm in den Krieg, auch wenn er dazu drängt, wir ziehen für ihn ins Feld, indem wir ein besonderes Heer der Frömmigkeit zusammentrommeln, durch Begegnungen mit dem Göttlichen".[6] Nicht prinzipielle Friedfertigkeit also selbst hier, sondern wiederum das himmlische Heer; kein In-Frage-Stellen der imperialen Kriege, die, vielmehr als Verteidigunsgkriege akzeptiert sind. Und doch bleiben in der Sicht des Origenes Christentum und Militärdienst unvereinbar.[7] Von der Praxis war dies längst überholt. Immerhin schreibt auch Tertullian, Sohn eines Soldaten: "Es gibt keine Übereinkunft von himmlichem Eid und menschlichem Eid, vom Zeichen Christi und dem Zeichen des Teufels, von den Lagern des Lichts und den Lagern der Finsternis: Eine Seele kann nicht zweien geschuldet werden, Gott und dem Kaiser ... Jedem Krieger hat Christus seine Waffen genommen, indem er Petrus entwaffnete."[8] Und doch gab es christliche Soldaten, es gab Soldaten, die Christen geworden [188] waren; Tertullian meint, sie müßten im Konfliktfall zum Martyrium bereit sein.[9]

Es ist nicht eben erfreulich festzustellen, wie schnell unter Konstantin die Haltung der Christen sich gewandelt hat. Bereits 314 stellte ein christliches Konzil die Desertion aus dem Heer unter Strafe. Seither hat kein christlicher Staat auf bewaffnete Macht verzichtet. Trotzdem blieben im 4. Jahrhundert noch Unsicherheiten. Sie treten jetzt auch im anderen Sektor der gerechtfertigten Gewalt auf, gegenüber der Strafgewalt des Staates. Wir wissen davon wiederum durch einen Sprecher des Heidentums, Libanios, der ein angesehener und einflußreicher Rhetorikprofessor in Antiocheia war und der, bei klarer Stellungnahme für Heidentum und für Kaiser Julian, doch viele Christen unter seinen Bekannten und Freunden hatte und stets für den Ausgleich der Religionen eintrat. In seiner Rede *Für die Gefangenen* schreibt Libanios: "Es gibt gewisse Leute, die mit allen Mitteln es sich verschaffen, daß sie ein leitendes Amt erreichen; wenn sie es erreicht haben, dann sagen sie, es sei nicht ihre Art (φύσις), einen Menschen der Tortur – durch Auspeitschung – zu unterwerfen noch dem Henker zum Schwert zu überweisen." Die Folge ist, stellt Libanios fest, daß in Folge solch säumiger Rechtspflege verdächtige, aber möglicherweise unschuldige Menschen jämmerlich im Kerker sterben, bevor es zum Prozeß kommt. Die das Rich-

---

6   Origenes, *In Celsum* 8,73.

7   Hierzu C. J. Cadoux, *The Early Christian Attitude to the War*, London 1919; E. Pucciarelli, *I Cristiani e il servizio militare*, Florenz 1987.

8   Tertullian, *De idololatria* 19.

9   Ders., *De corona* 11, vgl. ders., *De idololatria* 19.

teramt ausübenden Beamten sind damals Christen. Es gibt also Christen, die Körperstrafen und Todesstrafe ablehnen – und damit, nach dem Urteil des Heiden, durch schiere Bummelei ungezählte Menschen *de facto* umbringen. "Demgegenüber möchte ich sagen," schreibt Libanios, "sie hätten eben in Erkenntnis ihrer selbst Privatleute blieben sollen, aber nicht in ein leitendes Amt gelangen wollen, wenn sie unfähig sind es zu führen. Es ist Sache des Inhabers eines leitenden Amtes, daß er auch dies kann; sie aber haben deutlich zugegeben, daß sie ein solches Amt nicht ausüben können. Denn die Verwaltung verlangt nach beidem, Tortur und Todesstrafe ... Denn durch Tortur allein dürfte in vielen Fällen die Wahrheit gefunden werden, und durch die Hinrichtung derer, deren Verbrechen nachgewiesen ist, dürfte mancher der Bösen sich mäßigen ...".[10] Wir sehen hier, wie zumindest im Bereich der Gemeindeverwaltung ein Konflikt in der Durchführung der Justiz entsteht, wenn Christen in der neuen staatstragenden Rolle zögern, Strafgewalt zu üben und ein Todesurteil zu fällen. Der Heide stellt dies als ein persönliches Versagen hin, als Charakterschwäche; er tritt ungescheut für die harte Gewalt der Todesstrafe ein, ja für die Tortur – obwohl es an rhetorischen Texten nicht fehlte, die den Sinn der Tortur anzweifelten –. Auch hier scheint es sich übrigens in der Entwicklung des christlichen Staates um ein vorübergehendes Problem gehandelt zu haben: Die Tortur wurde schließlich auch in Europa erst im 18. Jahrhundert abgeschafft, und es gibt bis auf unsere Tage durchaus christliche Gerichtshöfe, die Todesurteile fällen. *[189]*

Immerhin: Es gibt – und dies sollte gezeigt werden – im frühen Christentum Ansätze grundsätzlicher Ablehnung der Gewalt, auch der nach traditionellem Verständnis gerechtfertigten Gewalt, des Kriegsdienstes wie der Strafjustiz. Sie haben in der nachkonstantinischen Zeit allerdings rasch einer 'Normalisierung' des staatlichen Lebens Platz gemacht. Sie ernsthaft durchzuhalten, galt als unmöglich.

Als Gegenstück sei eine aus dem Christentum erwachsene Richtung vorgestellt, die als radikalster Versuch der Gewaltlosigkeit gelten kann, – abgesehen vielleicht von der Lehre des Buddha –: der Manichäismus. Begründet wurde diese Religion im Jahre 240 n. Chr. durch den Syrer Mani, der sich griechisch Manichaios nannte. Sie hat etwa 1000 Jahre lang bestanden und einerseits über Ägypten nach Nordafrika und Rom, andererseits über Mesopotamien und Persien die Seidenstraße entlang bis nach China ausgestrahlt; im Reiche der Uiguren, eines Turkvolks nördlich von Tibet, wurde

---

[10]   Libanios, *Or.* 45,27, vgl. auch *Or.* 30,20f.

der Manichäismus um 800 n. Chr. Staatsreligion. Seine Spuren verlieren sich im Mongolensturm um 1200.[11]

Der Manichäismus ist unter dem Einfluß des Ex-Manichäers Augustin für die christliche Kirche zum Inbegriff der Ketzerei geworden. Eine Richtung moderner Religionswissenschaft hat ihn dann mit großem Interesse als eine Form iranischer Religion vereinnahmt. Hier sei er als eine Form radikalen Christentums vorgestellt. Ein Großteil der Quellen ist von der Sprache her schwer zugänglich – sie sind koptisch, syrisch, mittelpersisch, arabisch, uigurisch und chinesisch –; das wichtigste griechische Dokument ist erst 1969 aufgetaucht, der *Kölner Mani-Kodex*, der in die Kölner Papyrussammlung gelangt ist. Dieses Mani-Buch hat die Größe einer Streichholzschachtel und umfaßt doch fast 100 winzig beschriebene Blätter feinsten Pergaments – ein Erbauungsbuch einer verfolgten Religion –. Es enthält, unter dem Titel *Über die Entstehung seines Leibes*, eine Biographie Manis, aufgezeichnet angeblich von seinen unmittelbaren Schülern, weithin als Selbsterzählung Manis in der ersten Person gegeben.[12] Der Codex stammt aus dem 5. Jahrhundert, ist also an die 200 Jahre nach Manis Tod entstanden; was darin gestaltet ist, hat keine urkundliche Authentizität, ist jedoch als Entwurf der Biographie eines Religionsstifters von einzigartigem Interesse.*[190]*

Mani wurde demnach am 14. April 216 geboren. Er wuchs auf in einer christlich-syrischen Sekte, die sich nach ihrem Gründer Elchasai nannte; seine Sprache war syrisch-aramäisch; die nächste Großstadt war Ktesiphon am Tigris. Das Neue Testament war damals bereits ins Syrische übersetzt, während das Griechische als Handels- und Bildungssprache mächtig blieb; Ktesiphon war eine Residenz der Partherkönige, die mit Rom in dauerndem Streit lagen, bis ihre Herrschaft dann 226 von der sog. Neupersischen Dynastie der Sassaniden abgelöst wurde. Im Rahmen des syrischen Christentums sehen wir uns in den Bereich einer eigenwilligen, 'alternativen' Gruppe versetzt. Für die Elchasaiten war neben dem 'Griechischen' die 'Stadt' der Inbegriff der Sünde: Sie wollten völlig losgelöst von alledem ein reines,

---

[11] Die Forschung über den Manichäismus ist im Fluß, es werden immer neue Quellen erschlossen; vorläufige Übersichten bei G. Widengren, *Mani und der Manichäismus*, Stuttgart 1961; ders. (Hg.), *Der Manichäismus*, Darmstadt 1977 (Wege der Forschung); K. Rudolph, *Die Gnosis*, Göttingen ²1980, 352–379; vgl. M. Tardieu, *Études Manichéennes. Bibliographie critique 1977–1986*, Paris 1988; G. Wießner/H. J. Klimkeit (Hgg.), *Studia Manichaica* II: *Internationaler Kongreß zum Manichäismus*, Wiesbaden 1992; S. N. C. Lieu, *Manichaeism in Mesopotamia and the Roman East*, Leiden 1994. Das folgende stützt sich, neben dem Kölner Mani-Codex (vgl. Anm. 12), vor allem auf A. Adam, *Texte zum Manichäismus*, Berlin ²1969 und A. Böhlig, *Die Gnosis*. III: *Der Manichäismus*, Zürich 1980.

[12] L. Koenen und C. Römer, *Der Kölner Mani-Codex. Kritische Edition*, Opladen 1988 (im folgenden: *CMC*).

neues Leben führen, indem sie das zum Leben Notwendige durch eigene Handarbeit gewannen: Sie bauen ihr Gemüse im Garten, sie backen ihr eigenes Brot, sie verkehren möglichst nur mit ihresgleichen. Alle Speise wird vor dem Essen rituell gewaschen, 'getauft'. Zugleich war im syrischen Christentum die Bewegung der Gnosis mächtig; auch gnostische Schriften waren bereits ins Syrische übersetzt. Es geht um jene spekulative Richtung, die dem Menschen Erlösung durch 'Erkenntnis', γνῶσις seines geheimen eigentlichen Wesenskernes versprach.[13]

Mani wurde zum Religionsstifter, indem er gegen die Lebensweise seiner Sekte revoltierte; dies zeigt der Kölner Mani-Codex in bewegender Weise. Von außen gesehen war der kleine Mani ein aufsässiger Schlingel, der sich weigerte im Garten zu arbeiten und statt dessen um Essen bettelte. Manis eigene Deutung war die, daß er die Bräuche der Sekte als sinnlos durchschaute – als ob das Waschen von Gemüse reines Leben garantiere –. Dabei kam ihm die Kraft zum Widerstand aus einzigartigen visionären Erlebnissen. Dieser persönliche Ausgangspunkt in Visionen ist als biographisches Faktum ernst zu nehmen, so gut wie bei Paulus und bei Mohammed. Mani gab an, er habe die erste Offenbarung mit 12 Jahren gehabt, die zweite mit 24 Jahren, eben am 19. April 240. Durch die erste wurde er sich seines Anders-Seins bewußt, blieb aber in der Sektengemeinschaft als ein 'Verborgener', von dessen Sonderstellung die anderen nichts bemerkten.[14] Nach der zweiten Offenbarung kam es zum Bruch und damit zur Verkündigung der neuen Religion.

Was Mani in seiner Vision erlebte, war die Erscheinung eines Doppelgängers, eines himmlischen Geistwesens, seines 'Zwillings'; Mani nennt ihn auch "Spiegel meines Antlitzes";[15] er wird griechisch σύζυγος genannt, syrisch *toma*, der 'Zwilling' – etwas von der gnostischen Thomas-Tradition ist dabei im Spiel. Der Zwilling sprach zum Zwölfjährigen: "Vermittle du also durch deine Lehre, was ich dir gegeben habe; ich aber werde jederzeit dein Beistand und Wächter *[191]* sein ...";[16] den 24-Jährigen belehrte der σύζυγος "wer ich bin und was mein Leib ist, auf welche Weise ich gekommen bin und wie meine Ankunft in dieser Welt sich vollzog, wer ich unter denen geworden bin, die in ihrem Übermaß am meisten ausgezeichnet sind (die himmlischen Geistwesen), wie ich in diesen fleischlichen Leib gezeugt worden bin ... und wer mein Vater in der Höhe ist oder auf welche Weise

---

[13] Zum Begriff der Gnosis siehe U. Bianchi (Hg.), *Le origini dello Gnosticismo*, Leiden 1970; vgl. auch K. Rudolph, a.a.O. (Anm. 11). Die Nag-Hammadi-Bibliothek in Übersetzung: J. M. Robinson (Hg.), *The Nag Hammadi Library in English*, Leiden ³1988.

[14] *CMC*, a.a.O. (Anm. 12), 44,2.

[15] A.a.O., 17,15.

[16] A.a.O., 33,2–6, vgl. S. 40.

ich mich von ihm getrennt habe und nach seinem Ratschlag ausgesandt wurde, welchen Auftrag und welche Lehre er mir gegeben hat, bevor ich ... die Irrfahrt in diesem ekelhaften Fleisch begann.... und wer mein unzertrennlicher σύζυγος ist, ferner auch, was meine Seele ist, welche die Seele aller Welten ist, und wie sie ins Sein gekommen ist ...".[17] All dies ist in unserer Sicht freilich weder persönlich noch neu, sondern eine Variante der Gnosis, mit der Lehre von der Präexistenz eines geheimnisvollen Ich, das in die Welt, in das 'Fleisch' gesunken ist, doch bestimmt ist zum Ursprung zurückzukehren, wobei die individuelle Seele in geheimnisvoller Weise mit der Gesamtseele, der "Seele aller Welten" identisch ist. Dies verbindet die Gnosis mit dem Neuplatonismus – Plotin ist ziemlich genau ein Zeitgenosse Manis. Eine Besonderheit Manis ist der radikale Dualismus – worauf zurückzukommen ist.

Im eigenen Verständnis blieb Mani ein Christ, gerade indem er sich als den von Jesus verheißenen 'Tröster', den Παράκλητος bezeichnete. Insbesondere sah er sich als Fortsetzer des Paulus: "Ich, Manichaios, ein Apostel Jesu Christi" beginnt er seine Briefe, indem er genau die Eingangsformel der Paulusbriefe kopiert. Zitat aus den *Kephalaia*: "Nach dem Apostel Paulus fiel die ganze Menschheit nach und nach ab und verließ die Gerechtigkeit und den schmalen, engen Weg ... Da wurde mir mein Apostelamt zuteil. Zu jener Zeit wurde der Paraklet, der Geist der Wahrheit, gesandt, der zu euch in dieser letzten Generation gekommen ist, wie der Heiland gesagt hat".[18] Mani hat nicht gezögert, die eigene Offenbarung als zusammenfassende Krönung aller Offenbarungen Gottes aufzufassen, wie das später Mohammed getan hat. Zitat aus Manis Buch an König Shapur von Persien: "Die Weisheit und die Werke sind es, die von Äon zu Äon heranzubringen die Gesandten Gottes nicht aufhörten. So geschah ihr Kommen in dem einen Zeitalter in der Gestalt des Gesandten, der der Buddha war, in die Gebiete Indiens, in einem anderen Zeitalter in der Gestalt Zarathustras in das Land Persien, wieder in einem anderen Zeitalter in der Gestalt Jesu in das Land des Westens (von Mesopotamien aus liegt Judäa im Westen); dann stieg diese Offenbarung herab und stellte sich in diese Prophetenwürde in diesem letzten Zeitalter in der Gestalt meiner selbst, des Mani, des Gesandten des wahren Gottes, in das Land Babylon".[19] *[192]*

Als Mani so schrieb, hatte er den Bruch mit der Täufersekte längst hinter sich gebracht. Der Kölner Mani-Codex schildert dramatisch, wie der junge Mani den Lehren der Sekte offen widersprach, die anden empört feststell-

---

[17] A.a.O., 21,2–23,11.
[18] A. Böhlig, a.a.O. (Anm. 11), 84.
[19] Al-Biruni, A. Adam, a.a.O. (Anm. 11), 5f.

ten: "unsere Taufpraxis gilt nicht mehr, aber Griechenbrot will er essen";[20] wie eine Synode einberufen wird, in der Mani seine Lehre angeblich glänzend verteidigt, mit dem Ergebnis, daß die anderen schreiend über ihn herfallen und ihn fast totschlagen; wie ihm dann sein σύζυγος erscheint und verheißt: "Du bist nicht nur zu dieser Religion abgesandt worden, sondern zu jedem Volk, zu jeder Schule, jeder Stadt und jedem Ort";[21] die ersten zwei Freunde aus der Gruppe gesellen sich zu ihm, gemeinsam gehen sie in die Stadt, nach Ktesiphon.

Genug des Biographischen. Seit dem grundlegenden Werk von F. C. Baur (1831) spricht man von dem "Manichäischen Religionssystem", das ebenso großartig spekulativ wie kompliziert und absonderlich erscheint. Ich möchte das Existenzielle voranstellen, das Erleben der Welt und ihre Deutung. Ausgangspunkt sei die Erzählung im Kölner Mani-Codex: Als der junge Mani gezwungen wird, im Careen Holz zu holen und Gemüse zu schneiden, da fängt die Palme an zu sprechen: "Wenn du die Pein von uns abwendest, wirst du nicht zusammen mit dem Mörder sterben"; der ältere Begleiter ist entsetzt, Mani aber sagt: "Um wieviel mehr wird der verwirrt, mit dem jedwedes Gewächs spricht":[22] Mani hört also Stimmen um und um, Stimmen von Pflanzen, die jammern, wenn sie geerntet werden: "Blut strömte herab von der Stelle, die von der Sichel in seinen Händen getroffen wurde, und sie schrien mit menschlicher Stimme unter den Schlägen".[23] Mani behauptet, schon der Gründer Elchasai habe solche Visionen gehabt: Auch zu ihm sprach das Gemüse, die Palme, die von Pflügen zerfurchte Erde, ja das Wasser, in dem er sich waschen wollte: "Da sah er ... in jener Quelle die Erscheinung eines Mannes. Sie sprach zu ihm: Wir und jene Wasser im Meere sind eins. Du bist gekommen, uns zu verletzen".[24] Dies scheint eine Welt volkstümlicher Legenden: Bäume klagen oder bluten, wenn sie gefällt werden; wie das Holz aufkreischt unter der Kreissäge, habe ich selbst als Kind gehört. Doch was anderwärts ein Scherz ist, wird hier mit visionärer Dringlichkeit für den arbeitsscheuen Knaben bestürzender Ernst: Jede Arbeit, jede Einwirkung des Menschen auf seine Umwelt ist ein Zufügen von Gewalt und Schmerz, ein zerstörerischer Eingriff in geheimnisvoll vernetzte Zusammenhänge des Lebendigen, Beseelten. "Die Feige schreit, wenn sie gepflückt wird, und ihre Mutter, der Baum, weint milchige Tränen".[25] Spekulativ gedeutet besagt dies, daß überall in unserer Welt gött-

---

[20] *CMC*, a.a.O. (Anm. 12), 89,11.

[21] A.a.O., 104.

[22] A.a.O., 7,2; 8,4.

[23] A.a.O., 10,4.

[24] A.a.O., 96,3.

[25] Augustin, *Confessiones* 3,10 18.

liche Lichtfunken in harter Materie gefangen sind und leiden; es ist die Macht der 'Gierteufel', die die-*[193]*ses Leiden immer wiederholen und steigern. Das unmittelbare Lebensgefühl kündet: Wir sind umgeben von einer Welt der Gier und des Leidens, und jede aktive Beteiligung, vor allem unter den Motiven der Gier, bedeutet eine Vermehrung von Schmerz und Leiden. Eben dieses Lebensgefühl ist für Mani radikales Christentum: Es ist der leidende Jesus selbst – *'Iesus patibilis'* in der Sprache Augustins –[26], der uns überall begegnet, Jesus der gekreuzigte, aufgehangen an jedem Holz. Überall ist das Licht gekreuzigt, und der Tätige, auch der scheinbar harmlose Bauersmann, fährt fort es zu verletzen.[27] Selbst Dornen vom Acker zu reißen, ist Verletzung:[28] *crux luminis*, wohin man greift. "Wer die Hand bewegt, schädigt die Luft".[29]

Ausgeburt des Wahnsinns, möchte man ausrufen; doch hat dies nicht nur Methode und Konsequenz, es hat auch eine Art sentimentaler Evidenz; es hat zudem durchaus Tradition. Dreierlei sei herausgehoben:

Ganz deutlich ist, bezeichnenderweise, die Anknüpfung an Paulus, ans 8. Kapitel des Römerbriefs: "Denn wir wissen, daß alle Kreatur sehnt sich mit uns und ängstet sich noch immerdar",[30] wörtlicher "seufzt mit uns und quält sich mit uns bis zum jetzigen Zeitpunkt". Im gnostischen Thomas-Evangelium sagt Christus: "Spaltet ein Holz – ich bin dort; hebt den Stein hoch – ihr werdet mich finden" (77). Mani dramatisiert und radikalisiert, indem er die Seelenlehre in den Kontext einführt: Die Seelen "sind wiedergeboren in allen Kreaturen, und ihr Stimme wird gehört mit brennendem Seufzen", so ein manichäischer Hymnus.[31]

Doch ist Paulus nicht die einzige Quelle. Hinzuweisen ist auf eine zweite Tradition von Rätsel und Allegorie, die sowohl in griechischer gelehrter Mythendeutung wie in volkstümlichen Versen und Redensarten zutage tritt. In ihr werden die harmlosen, unblutigen land- und hauswirtschaftlichen Verrichtungen in eine Horror-Story umgesetzt: "Kornes Pein und Flachses Qual", um eine Formulierung von Robert Eisler zu benützen.[32] Im Griechischen sind schon Jahrhunderte vor Mani Mythen von "leidenden Göttern" in diesem Sinn allegorisiert worden: Wenn im Mythos Persephone in die Unterwelt entführt wird, bedeutet Persephone "das lebendige Pneuma

---

[26] A. Adam, a.a.O. (Anm. 11), 47f.65.68.100.

[27] A.a.O., Nr. 48.

[28] Augustin, *De haeresibus* 46,4; A. Adam, a.a.O., 68.

[29] A. Adam, a.a.O., Nr. 38.

[30] *Röm.* 8,22.

[31] A. Böhlig, a.a.O. (Anm. 11), 281.

[32] R. Eisler, *Orphisch-Dionysische Mysteriengedanken in der christlichen Antike*, Leipzig 1925, 235–248.

in den Feldfrüchten, das in ihnen ermordet wird", so der Stoiker Kleanthes im 3. Jahrhundert v. Chr.; wenn die Eunuchenpriester der Großen Muttergöttin in ekstatischer Aufführung sich mit Messern selbst verwunden, so stellen sie dar, wie Mutter Erde von den Pflügen verwundet wird.[33] Daß der Mythos von der Zerstückelung des Dionysos nichts *[194]* anderes sei als die Zerreißung der Trauben in der Kelter, woraus dann in geheimnisvoller Metamorphose der Wein entsteht, war seit dem Späthellenismus allgemeines Bildungsgut. Die Kelter wird damit zum Marterinstrument – schon bei den Ägyptern;[34] im Spätmittelalter gibt es dann die Bilder vom blutenden Christus in der Kelter, aus der der Wein für die Eucharistie gewonnen wird. Bei Mani finden wir schlichtes, naives Ernstnehmen: Wer mäht oder sät, pflügt oder keltert, der quält und mordet.

Das Grundproblem des Lebens in der Welt aber ist nicht die Arbeit, sondern das Essen, in dessen Dienst ja auch die Arbeit steht. Wir zerstören um unserer Nahrung willen in direktester Weise, indem wir essen. Hier kommt die mächtige Tradition der Problematisierung des Tieropfers zum Durchbruch, von der die Rede war. "Die größte Gefahr des Lebens liegt darin, daß die Nahrung der Menschen aus lauter Seelen besteht", sagte ein Eskimo-Schamane zu Knud Rasmussen.[35] Es gibt zwei konträre Lösungen des Problems: Man sakralisiert das Töten, läßt Schlachten nur im Opfer zu, ja macht es zum Zentrum des Gottesdienstes – davon war die Rede –; oder man verbietet das Fleischessen, wie Empedokles – was eine Minderheiten-Option geblieben ist. Der Manichäismus steht entschieden auf Seite der Opfer-Kritik: Man kann nicht "Lebewesen tötend Dämonen anbeten" – so die Formulierung des manichäischen Beichtbuchs.[36] Das Christentum ist weniger radikal: in Armenien, heißt es, wird noch heute bei jedem rechten Gottesdienst ein Schaf geschlachtet, auch in Griechenland gibt es Entsprechendes. Mani hat, wie Empedokles, die Seelenwanderungslehre eingebunden. "Wer mäht, muß wiedergeboten werden als Gras, Bohne, Gerste, Weizenähre oder Gemüse, damit sie gemäht und abgehauen werden". Talion in einem trostlosen Zyklus.[37]

Diese Ausdehnung des Prinzips auf Pflanzen führt nun aber in ein auswegloses Dilemma. Vegetarismus ist durchführbar – auch die Sekte des Elchasai hat offenbar vegetarisch gelebt –; was aber, wenn aus jedem Kraut

---

[33] Vgl. W. Burkert, *Antike Mysterien*, München [3]1994, 67–70; Kleanthes: *Stoicorum Veterum Fragmenta* nr. 547; Mutter Erde: Tertullian, *Adversus Marcionem* 1,13.

[34] S. Schott, "Das blutrünstige Keltergerät", *Zeitschrift für ägyptische Sprache und Altertumskunde* 74 (1938), 88–93.

[35] K. Meuli, *Gesammelte Schriften*, Basel 1975, 950, nach K. Rasmussen, *Thulefahrt* (1920), 247.

[36] A. Böhlig, a.a.O, 202f.

[37] A. Adam, a.a.O. (Anm. 11), 57.

die Seelen klagen? Bleibt dann dem erleuchteten Menschen nichts anderes übrig als in Heiligkeit zu verhungern? Es gibt buddhistische Heilige, die so weit gegangen sind. Mani aber verwirft, mit den Platonikern, den Selbstmord, der 'ungereinigt' und 'vermischt' zurücklassen würde, was zur Trennung aufgerufen ist. Denn dies ist die andere Konsequenz, die aus der Allgegenwärtigkeit des leidenden Christus in der Welt gezogen wird: Diese Welt, in der dunkle Materie die Lichtfunken gefangenhält, ist zur Auflösung bestimmt. Welcher Ausweg also bleibt in einer Welt von Gier, Mord und Gewalt, in der das Leben vom Essen abhängt? Manis Antwort, viel-*[195]* leicht überraschend, doch wiederum auf alter Tradition aufbauend, ist: Gier und Haß wird außer Kraft gesetzt durch die Gabe. Der Reine darf essen, was ihm geschenkt wird, und nur dieses. Die Parallele zum Buddhismus ist evident. Mani hat von Buddha gewußt; ob er selbst in Indien war, ist nicht dokumentiert. Das Prinzip der Essensgabe begründet die Gemeinde der Manichäer und trennt sie zugleich in zwei Gruppen: eine Kerngruppe der Reinen, 'Erwählten' – wir pflegen Augustins Terminus, '*Electi*', zu verwenden; sie leben nur von geschenkten Nahrungsmitteln, sie tragen durchweg weiße Gewänder; ihnen gegenüber steht eine Gruppe der Helfer, der Sponsoren, die dieser Beschränkung nicht unterliegen, die vom Erwerbsleben nicht ausgeschlossen sind, dafür aber die Mittel für die Kerngruppe aufbringen und in dieser Weise an deren Reinheit partizipieren. Augustin nennt sie *auditores* (griechisch κατηχούμενοι). Auch sie haben ein streng geregeltes Leben zu führen; die Forderungen der Reinheit sind analog, aber abgestuft. Zentral ist Enthaltsamkeit im Essen. 'Hörer' fasten am Sonntag, '*Electi*' am Sonntag und am Montag; obendrein gibt es einen eigenen Fastenmonat – man denkt an den islamischen Ramadan –. Die *Electi* essen kein Fleisch, keine Eier, keine Milch, sie trinken keinen Wein; sie dürfen nichts selber kochen oder backen; ein Großteil ihrer Nahrung ist damit Rohkost. Die 'Hörer' sind freier im Rahmen der Fastengebote; sie dürfen, wenn das Tier einmal tot ist, auch Fleisch essen, aber natürlich nicht schlachten; 'Aasesser', spotten die Gegner. Die *Electi* versammeln sich am Abend zur feierlichen Mahlzeit. Was immer sie essen, es ist "Fleisch und Blut Jesu", gegenwärtig in jeder Pflanze. Beim Essen sprechen sie zum Brot: "Nicht gemäht habe ich dich, nicht gemahlen, nicht geknetet, nicht in der Backofen geworfen. Ein anderer hat dies getan und mir gebracht. Ich aß ohne Schuld."[38] Frappierend, wie die 'Unschuldskomödie' vom Tierkopfer hier wiederkehrt, wie sie Karl Meuli beschrieben hat. "Nicht wir haben dich getötet, die bösen Russen waren es", sagen die sibirischen Jäger zum erlegten Wild. "Nicht wir haben dies getan, alle Götter haben es getan", sagen die babylonischen

---

[38]   A.a.O., 8 vgl. 59.53; A. Böhlig, 58.196 f.

Priester nach dem Stieropfer zum toten Stier.[39] Überall das Anliegen: "Ich esse ohne Schuld". Auch das schuldlose Essen freilich ist ein Trennen und Auflösen. Aber weil es in Reinheit und 'schuldlos' vollzogen wird, ist dies gerade der Weg, Lichtfunken und Materie zu trennen, die gefangenen Seelen zu befreien. Die Verbindung von Verdauung und Seelenerlösung ist für uns grotesk, Augustin hat seinen Spott darüber ergossen: Als ob ausgerechnet in Gurke und Melone, Rettich und Lauch die Seelen zu erlösen wären, so daß jeder Rülpser der *Electi* Seelen zu Gott entsändte.[40] Wir sind dabei freilich bestimmt von der platonischen Antithese von Körperlichem und Seelischem, als ob Religion nur die Seele und nicht den Körper beträfe; vielleicht, daß ein Angehöriger einer nahöstlichen oder indischen Religion weniger befremdet wäre. *[196]*

Das Gebot "Du sollst nicht töten" gilt für Manichäer unbedingt. Nicht nur, daß ein Beruf als Jäger oder Metzger ausgeschlossen ist, auch der Kriegsdienst ist unmöglich – was dann die ständige Quelle des Konfliktes mit dem Staat wurde –. Aber auch nicht das kleinste Tier darf ein Manichäer töten, keine Fliege, keine Wespe, keine Ameise. Ein *Electus* geht stets vorsichtig gesenkten Blicks, um nicht auf ein Kleinlebewesen zu treten.[41] Geradezu rührend ist das Verbot, ein Tier auch nur zu erschrecken. "Wenn wir jemals, mein Gott, irgendwie diese Lebewesen, vom größten bis zum kleinsten, in Furcht oder Schrecken gesetzt, wenn wir ihnen irgendwie einen Schlag oder einen Schnitt beigebracht, sie gar irgendwie getötet haben sollten, dann sind wir in demselben Maße den Lebewesen gegenüber Lebensschuldner. Deshalb bitten wir jetzt, mein Gott, von der Sünde befreit zu werden" – so heißt es im Beichtgebet.[42]

Genug von manichäischer Existenzform. Ausgedeutet wird das manichäische Weltbild in einem umfassenden kosmogonischen Mythos gnostischer Art; dies ist das "manichäische System" im engeren Sinn oder "das manichäische Erlösungsdrama", wie man treffender gesagt hat. Grundgedanke ist, wie erwähnt, daß göttliche Lichtteile, die Seelen, in eine böse, feindliche Materie gefallen sind und aus ihr wieder herausgeläutert werden müssen. Die Prinzipien – Gutes und Böses, Licht und Finsternis – werden dabei in mythischer Weise durchaus als Personen genommen. Der Anfang des manichäischen Mythos ist offenbar iranisch: Gott im Reich des Lichtes wird von seinem Widersacher angegriffen. So kämpft nach zoroastrischer Lehre

---

[39] K. Meuli, a.a.O. (Anm. 35), 954.1005; W. Burkert, 1972 (Anm. 3), 18f.; ders., 1992 (Anm. 3), 175.

[40] A. Adam, a.a.O. (Anm. 11), 91.62.65.66.69.

[41] Vgl. a.a.O., Nr. 42.

[42] A. Böhlig, a.a.O. (Anm. 11), 201.

Ahura Mazda eine festgelegte Zeit mit Angra Manyu, um schließlich Sieger zu bleiben. Mani aber hat den Ausgangspunkt in einer radikal christlichen Weise modifiziert – einer seiner originellsten, erschütterndsten Gedanken: Als das Reich der Finsternis das Reich des Lichtes angreift, kann dieses sich nicht verteidigen; das Gute kann der Gewalt keine Gegengewalt entgegensetzen, es kann dem Bösen nicht mit Bösem begegnen. Zitat: "Denn in jener Welt des Lichtes gibt es kein brennendes Feuer, um gegen das Böse eingesetzt zu werden, noch Eisen, das schneidet, noch Wasser, das ertränkt, oder irgend etwas anderes Böses, das ihm gleicht. Alles nämlich ist Licht und freier Raum. Und nicht widerfährt ihm ein Schaden."[43] Die Ablehnung aller Aggression, auch der Gegenaggression, wird hier zum schneidenden Paradox. Es bleibt nur eine Reaktion auf den Angriff: Selbstaufopferung. So formuliert es ein koptischer Psalm: "Wie ein Hirt, der einen Löwen kommen sieht, um seine Herde zu töten, listig ein Lamm nimmt und es als Falle hinlegt, um ihn mit ihm zu fangen, mit einem einzigen Lamm seine Herde rettet, danach das Lamm heilt, das vom Löwen verwundet ist ...".[44] Rührend und realitätswidrig, wie die Heilkunst die Katastrophe rückgängig machen soll. Im eigentlichen manichäischen Mythos tritt in dieser Situation das *[197]* Göttliche als Dreiheit auf: Da ist der Vater, da ist die "Mutter des Lebens", und da ist der Sohn – die "Mutter" ist gnostisch; es gibt aber den "Heiligen Geist" als weibliche Gestalt allgemein in der syrischen Kirche, und auch sonst gelegentlich am Rande der Orthodoxie –. Der Sohn ist, gut paulinisch, Adam und Christus zugleich. Er wird ausgesandt, dem Bösen zu begegnen, und es geschieht, was geschehen mußte: Der Sohn wird vom Bösen überwältigt, zerrissen, verschlungen. Seit dieser Urkatastrophe ist die Seele, das Licht, der leidende Christus unendlich zerteilt in der Materie enthalten; und doch war dies zugleich die 'List' des Guten: Die Materie trägt in sich, was sie nicht begreifen noch verdauen kann. Der Prozeß der Erlösung kann in Gang kommen.

Der komplizierte Mythos, der über Kosmogonie und Zoogonie zur Anthropogonie führt, sei hier nicht weiter erzählt. Nur dies Detail sei eben noch erwähnt, daß die Gestirne als große Schöpfräder erscheinen – solche Räder zur Bewässerung wurden eben damals am Euphrat installiert; sie sind in der Kreuzzugszeit auch nach Europa gekommen –: sie schöpfen Seelen, Lichtteile aus der Tiefe nach oben, wobei ein Rad sie dem anderen weitergibt. Insbesondere ist es der Mond, der sich allmonatlich nach und nach mit Licht erfüllt und dieses der Sonne weitergibt. Mani wünscht sich vom Zwilling, "daß die Seelen der Siegreichen beim Verlassen der Welt von den Au-

---

43 A.a.O., 136; vgl. A. Adam, a.a.O. (Anm. 11), 14.
44 A. Böhlig, a.a.O., 119, vgl. A. Adam, a.a.O., 40.

gen aller gesehen werden":[45] Wachsen und Schwinden des Mondes wird dem Manichäer sichtbarer Beweis seines Glaubens. Betend wendet sich der Manichäer der Sonne zu.

Genug der Phantasien. Worum es hier geht, ist, daß in dieser Religion der Versuch gemacht worden ist, Gewalt vom göttlichen Guten radikal aus-zuschließen, ohne die Konsequenz zu scheuen, daß dies zunächst einmal Vernichtung bedeutet. "Dem Bösen nicht Widerstand zu leisten", ist ein Wort der Bergpredigt.[46]

Es gibt eine philosophische Auseinandersetzung mit Manis Position von Seiten eines Heiden, von Simplikios, dem Aristoteleskommentator, Ange-hörigen der Athener Akademie um 530 n. Chr. Es handelt sich um ein Kapitel im Kommentar zum *Handbüchlein* des Epiktet, in dem er sich mit dem philosophischen Dualismus auseinandersetzt.

"Diejenigen, die behaupten, es gebe zwei Prinzipen von allem, das Gute und das Böse, sind gezwungen zu sagen, daß der bei ihnen so genannte gute Gott nicht mehr Ursache von allem sei, sind gezwungen ihn nicht ge-rechterweise als den Allherrscher (*Pantokrator*) zu preisen, ihm auch nicht die höchste und gesamte Macht zuzuweisen, sondern die Hälfte der Ge-samtmacht, wenn überhaupt dies; sie sind gezwungen zu glauben, daß die-ser auch nicht alles gut mache und erleuchte, wo er doch die Quelle der Gü-te und des Lichtes heißt. Welche und wie grose Lästerungen gegen den Gott sind notwendigerweise die Konsequenz ihrer Lehren! Sie führen den Gott als einen Feigling ein, der Angst hat vor dem Bösen, als es nahe an seine Grenzen kommt, Angst, es könnte in sie *[198]* eindringen. Auf Grund die-ser Feigheit hat er, in ungerechter und unzweckmäßiger Weise die Seelen, die doch, wie sie sagen, Teile und Glieder seines Körpers sind, und die zu-vor keine Sünde begangen hatten, dem Bösen zugeworfen, um so die übri-gen der guten (Geister) zu retten. Wie ein Feldherr, sagen sie, wenn die Feinde herankommen, einen Teil des eigenen Heeres ihnen preisgibt, um das übrige zu retten ... Er, der da die Seelen hinwarf, nach ihrer Lehre, oder Befehl gab sie hinzuwerfen, hat entweder vergessen oder nicht erfaßt, was diese Seelen erleiden würden, wenn sie einmal dem Bösen überantwortet sind: Daß sie verbrannt und geröstet werden, wie sie sagen, und in mannig-facher Weise geschädigt werden, sie, die vorher keine Sünde begangen ha-ben und Teile des Gottes sind. Und schließlich, wie sie sagen, werden dieje-nigen der Seelen, die gottlos geworden sind – das sind aber bei ihnen nicht die, die gemordet haben oder Ehebruch begangen haben oder sonst etwas von diesen ruchlosen Taten, die aus einem verderbten Leben kommen, son-

---

[45] *CMC*, a.a.O. (Anm. 12), 37,6.
[46] *Matth.* 5,39.

dern diejenigen, die nicht sagen, daß es zwei Prinzipien von allem gibt, das
Gute und das Böse – diese Seelen also, sagen sie, kommen nicht einmal
mehr zurück zum Guten, sondern bleiben dem Bösen verhaftet; sodaß jener,
der Gott, unvollständig bleibt, weil er Teile von sich selbst verloren hat.
Dumm also ist der Gott nach ihrer Lehre... weil er weder seinen eigenen
Nutzen berechnen kann noch die Natur des Bösen erkennt. Wie denn sollte
in den Bereich des Guten das Böse eindringen, wo doch seit Ewigkeit ihre
Lose geschieden sind, wie sie sagen, und entsprechend der jeweiligen Natur
definiert sind ... Das Gute, wie sie sagen, hat sich freiwillig mit dem Bösen
vermischt: In feiger, ungerechter und dummer Weise hat es – nach ihrer
Lehre – bis heute sich durchgehalten ...”[47]
Wer auf Gewalt verzichtet und sich und die Seinen preisgibt, ist dumm
und feige. So das Urteil des heidnischen Platonikers. Selbstverständlich sind
Macht und Herrschaft, Allmacht, Pantokratortum Bestandteil des paganen
Gottesbegriffs, wie denn das Leiden aus dem Bereich des Guten und
Göttlichen ausgeschlossen wird; und 'Feigheit' ist der schlimmste Vorwurf,
der einen Mann oder gar einen Gott treffen kann.

In der historischen Wirklichkeit ist die manichäische Religion von Leiden gezeichnet. Der Perserkönig Bahram ließ Mani ins Gefängnis werfen
und dort sterben – 276 oder 277 n. Chr. –; er soll gesagt haben: "Dieser
Mensch ist ausgezogen mit der Aufreizung zur Zerstörung der Welt. Deshalb ist es nötig, daß wir mit der Zerstörung seiner selbst anfangen, ehe ihm
etwas gerät von dem, was er beabsichtigt."[48] Das aggressionsfreie Gute als
Zerstörung der Welt, die durch Macht und Gier zusammengehalten wird.
Diokletian erließ ein Gesetz, wonach die Manichäer mit dem Feuertod zu
bestrafen seien – die Kirche hat dann dieses Gesetz auf Ketzer ihrer Definition übertragen. Der Islam hat seinerseits den Manichäismus verdrängt; seine Spuren verlieren sich, wie erwähnt, in China. Ist also die am konsequentesten zur Gewaltlosigkeit sich bekennende *[199]* Form des Christentums in
ganz besonderem Maße ein Ärgernis? Ist nach dem Urteil der Weltgeschichte die gewaltlose Religion eine von vornherein zum Untergang ver-
urteilte Option? Christentum, Islam und Buddhismus haben sich je in ihrer
Weise als welttauglicher erwiesen.

Man kann auch von innen her Kritik üben: Ist die Gewaltfreiheit wirklich gelungen, wenn so brünstig das Leiden beschworen wird und die Lilien
auf dem Felde zur seufzenden Kreatur verkümmern? Ist die Aggression
gebannt, wenn als Ende der Dinge ein Weltbrand ausgemalt wird, der vom

---

[47] Simplikios, *In Epictetum* p.70–72 = *Simplicius sur le manuel d' Épictète*, ed. I. Hadot, Leiden
      1996, 322–326, vgl. a.a.O., 114–144 "La réfutation du manichéisme".
[48] A. Böhlig, a.a.O. (Anm. 11), 26.

Bösen nichts als einen toten *globus horribilis* – wir möchten sagen: ein schwarzes Loch – übrig läßt: Triumph der Vernichtungsphantasien? Konkreter: Wenn Haß und Gier überwunden werden sollen durch das Prinzip der freien Gabe, so führt doch eben dies zur Errichtung von Hierarchie und Abhängigkeit, Abhängigkeit der *Electi* von den Hörern und Abhängigkeit der Hörer von der spirituellen Leistung der *Electi*, und Abhängigkeit beider von einer eben nicht bekehrten 'normalen' Welt, die notfalls auch Metzger und Soldaten stellt. Die Existenz der *Electi* ist parasitär – ist es nur protestantische oder kantische Ethik, die sich daran ärgert?

Gegen Ende des Kölner Mani-Codex wird eine Geschichte erzählt im Ton märchenhafter Wunscherfüllung:[49] Mani ist in er Einsamkeit, da "ging die Sonne auf, und der König jenes Landes zog auf die Jagd ... Als mich der König und seine Fürsten sahen, gerieten sie in Erregung und Staunen ... Ich lehrte vor ihm die Weisheit und die Gebote und erklärte alles. An nicht wenigen Tagen, an denen ich dort verweilte, saß er selbst mit seinen Fürsten vor mir. Ich zeigte ihnen die Trennung der beiden Naturen ... Er behandelte mich wie einen Bruder ... er nahm alles an, was er von mir genau gehört hatte." Das also wäre die Erfüllung: Als anerkannter Lehrer vor König und Fürsten zu stehen. In der Tat, König Shapur hat Mani anerkannt und gefördert.[50] Aber löst dies die Probleme der Macht? Auch der 'gute' König zieht aus zur Jagd, zum zivilisierten doch lustvollen Beweis seiner Tötungsmacht. König Bahram hat später Mani vorgeworfen: "Wozu hat man euch nötig, da ihr weder in den Krieg zieht noch die Jagd treibt?"[51], und er ließ Mani im Gefängnis verkommen. Hätten die Sassanidenkönige anders gehandelt, hätten sie sich dauerhaft für Mani entschieden, wäre dann der Manichäismus zur Blüte gekommen, in Abhängigkeit von weltlicher Macht, die ihrerseits auf Gewalt beruht, staatlicher und kriegerischer Gewalt? Oder wäre damit die Ohnmacht des Nur-Guten und Reinen, über das Illusionäre hinaus, zum Etikettenschwindel geworden? Die von Simplikios vertretene Haltung griechischer Philosophie suchte das Machtvoll-Gute als ein Ideal der Gerechtigkeit und des Maßes zu fassen, das auch im Widerstreit sich durchsetzen kann und im Glücksfall Harmonien schafft. Und doch, wie kann das Gute gut bleiben, wenn es Gewalt übt? Der Manichäismus ist untergegangen; die Frage bleibt.

---

[49] *CMC*, a.a.O. (Anm. 12), 131ff.
[50] A. Böhlig, a.a.O. (Anm. 11), 25.
[51] A.a.O., 96.

13. 'Vergeltung' zwischen Ethologie und Ethik: Reflexe und Reflexionen in Texten und Mythologien des Altertums

Der interdisziplinäre Charakter einer Institution wie der Carl Friedrich von Siemens Stiftung verlockt zu Streifzügen ins weite Feld, auch wenn die Grenzen der Kompetenz alsbald spürbar werden und die Gefahr, vom Allgemeinen ins Banale abzugleiten, nicht zu bestreiten ist. Ob so etwas wie eine allgemeine Anthropologie über die spezifischen Eigenheiten einzelner Kulturen und Epochen hinaus möglich und statthaft sei, ist durchaus strittig. Trotzdem werden hier ins Allgemeine zielende Überlegungen anhand von vornehmlich griechischen Texten gewagt, denen neben dem Lateinischen auch das alte Israel und der alte Orient zur Seite treten. Die historische Wirklichkeit wird dabei insbesondere von der Sprache und von der Mythologie her beleuchtet werden – Interpretationen, Spiegelungen, die doch auf Sachverhalte zielen. Man spricht heute gern von Mentalitätsgeschichte.[1] In diesem Sinn hat Hans-Joachim Gehrke 1987 eine wichtige Studie mit dem Titel "Die Griechen und die Rache" veröffentlicht, auf die im folgenden mehrfach zurückzukommen ist. Doch soll das Zeitspezifische so wenig wie das Einzelkulturelle im Zentrum der Betrachtung stehen. *[8]*

Der Komplex von 'Vergeltung, Strafe, Rache' hat etwas Verwirrendes: Emotionen und Vernunft können da in geradezu verdächtiger Weise Hand in Hand gehen und geraten dann doch immer wieder aneinander. Der Satz "Rache ist süß" erscheint uns als primitiv, jedoch von Herzen nachfühlbar; er ist schon in der Antike zu belegen;[2] der Satz "Strafe muß sein"[3] war in unserer Gesellschaft bis vor kurzem noch jedem Kind aus schmerzlicher Erfahrung vertraut; er gilt heute als überholt, wie denn auch die Wörter 'Bu-

---

[1] Hierzu V. Sellin, "Mentalität und Mentalitätsgeschichte", *Historische Zeitschrift* 241 (1985), 555–598; vgl. auch G. E. R. Lloyd, *Demystifying Mentalities*, Cambridge 1990.

[2] Etwa Thukydides 7, 68, 1; auch Sophokles, *Aias* 79. Vgl. H.-J. Gehrke, "Die Griechen und die Rache. Ein Versuch in historischer Psychologie", *Saeculum* 38 (1987), 121–149, 137.

[3] Vgl. etwa Sophokles, *Aias* 1085–1087; Demokrit B 262.

ße' und 'Sühne' recht archaisch klingen. Unvermeidbare Assoziationen von 'Vergeltung' und 'Strafe' sind für uns, kaum erst seit 1968, Aggression, Repression, Gewalt.[4] Doch finden wir dann mit großem Unbehagen etwa im Islam Strafprinzipien, die unseren Protesten zum Trotz weitum und sogar in zunehmendem Maß akzeptiert werden. Und daß es Sühne geben müsse in unserer Welt, Sühne zumindest für ärgste Verbrechen gegen die Menschheit, dies ist ein Postulat, das auch uns nicht aufhebbar erscheint, ohne blankem Zynismus die Bahn zu brechen.

Moderne Skepsis gegenüber der Strafe[5] kann sich auf weitgefächerte Erfahrung stützen: In der Tat, Strafe muß nicht sein. Das Interesse für aggressionsarme, herrschafts-*[9]*freie, alternative Gesellschaften hat in Ethnologie und Soziologie markant zugenommen. Wenn ich es wage, über das Ethnologische hinaus auch Ethologisches beizuziehen, in diesem Fall die Schimpansen-Forschung, riskiere ich prinzipielle Ablehnung. Geisteswissenschaftler pflegen mit einer gewissen Gereiztheit sogenannte Biologismen von sich zu weisen, ungeachtet der Tatsache, daß Schimpansen und Bonobos offenbar 98% der Gene mit uns gemeinsam haben. Aber es geht nicht darum, Gemeinsamkeiten als Kontinuität zu fassen, schon gar nicht darum, sogenannte Primitivkulturen den sogenannten Affen anzunähern, vielmehr darum, insbesondere bei Schimpansen ein Niveau von Komplexität und Intelligenz festzustellen, das in der Anthropologie auf jeden Fall nicht unterschritten werden darf, und damit zugleich ein Maß der Verständlichkeit und Nähe von Verhaltensweisen festzuhalten, über das hinaus fremdartige Kulturen uns nicht entrückt werden können. Im übrigen akzeptiere ich das biologische Prinzip, daß dort, wo bei uns die starken Emotionen auftreten, in

---

[4] Die archaische Akzeptanz der Gewalt zeigt das lateinische Wort für 'Rächer' und 'Helfer', *vindex*; dazu *vindicta*, 'Zeigen der Gewalt'; vgl. M. Leumann, *Lateinische Grammatik* I, München 1977, 267; danach *vendetta, revanche, vengeance*.

[5] Programmatisch aus psychoanalytischer Sicht K. Menninger, *The Crime of Punishment*, New York 1968 (dt. *Strafe, ein Verbrechen?* München 1970); vgl. auch U. Tähtinen, *Non-violent Theories of Punishment Indian and Western* (Annales Academiae Scientiarum Fennicae B 215), Helsinki 1982; H. Koch, *Jenseits der Strafe. Überlegungen zur Kriminalitätsbewältigung*, Tübingen 1988. Für das Wiedergutmachungsprinzip plädiert D. Frehsee, *Schadenswiedergutmachung als Instrument strafrechtlicher Sozialkontrolle*, Berlin 1987. Zur rationalen Rechtfertigung der Strafe gibt es seit alters her das Prinzip der Abschreckung (vgl. Platon, *Protagoras* 324b; *Leges* 880de; vgl. T J. Saunders, *Plato's Penal Code. Tradition, Controversy, and Reform in Greek Penology*, Oxford 1991, bes. 133–136, 156f., auch 19f., 120–122), aber auch die These der psychosozialen 'Heilung' des Übeltäters (ins Paradoxe gesteigert bei Platon, *Gorgias* 476a–477a).

der Regel biologische Vorprägung am Werk ist.[6] Hier manifestiert sich die Kontinuität in den Bauplänen des Lebens. *[10]*

Ausgegangen sei von zwei extremen Gegen-Beispielen, die je in ihrer Weise aus der uns vertrauten Sicht zu Verwunderung Anlaß gaben, Verwunderung über die Abwesenheit von 'Strafe'. Zum einen: Schimpansen, so verständlich und nah sie uns in vielem erscheinen, kennen keine gemeinsamen 'strafenden' Sanktionen. In der von Jane Goodall beobachteten Gruppe in Gombe, Tansania, trat ein Duo auf, Mutter und Tochter, das sich auf Kannibalismus verlegte: Bei Gelegenheit raubten sie Babys von anderen Schimpansenmüttern und fraßen sie auf.[7] Die anderen Schimpansen wußten offenbar davon, vor allem die betroffene Schimpansenmutter zeigte große Angst und ging den bösen Zwei, wenn immer möglich, aus dem Weg. Aber es gab keinerlei Versuch der Gruppe, das entartete Paar zu 'bestrafen' oder zu verjagen, obwohl dies doch ein vitales Interesse der Gemeinschaft hätte sein müssen. Strafe muß nicht sein. Das Problem löste sich übrigens, als die bösen Weiber selbst wieder Kinder bekamen.

Das Gegenbeispiel, aus einer sogenannten Primitivkultur, entnehme ich einem Kapitel aus Tania Blixens autobiographischem Werk *Out of Africa*.[8] Damit sei weder zu der dort vorausgesetzten Art des Kolonialismus noch zum literarischen Rang des Buchs Stellung genommen; mir scheint lediglich eine gewisse Naivität der Autorin gegen-*[11]*über den vorliegenden Problemen für die Authentizität ihrer Beobachtungen zu sprechen. Es geht um Kikuyus in Kenya: Sie haben, nach Tania Blixen, einen ganz fremdartigen Begriff von Gerechtigkeit und keinerlei Verständnis für 'Strafe' in unserem Sinn: "Für den Afrikaner gibt es nur ein Mittel, Unheil zu hellen: Der Schaden muß ersetzt werden". Dementsprechend gibt es bei 'Vergehen' von Tötung oder Körperverletzung langwierige Verhandlungen unter Vorsitz der Ältesten, um den Schadenersatz zu bestimmen. Da war etwa ein Halbwüchsiger, der mit einem Gewehr gespielt und dabei einen Kameraden aufs schwerste verstümmelt hatte: Gegen ihn ergreift man keine Sanktionen, man

---

[6] Vgl. H. v. Ditfurth, *Der Geist fiel nicht vom Himmel. Die Evolution unseres Bewußtseins*, Hamburg 1976; C. J. Lumsden, E. O. Wilson, *Genes, Mind, and Culture*, Cambridge (Mass.) 1981, 20: Die gemeinsame Evolution von Genen und Kultur zeige sich in "the kinds of memories most easily recalled, the emotions they are most likely to evoke".

[7] J. Goodall, *Through a Window. My Thirty Years with the Chimpanzees of Gombre*, Boston 1990, 73–80; vgl. Chr. Vogel, *Vom Töten zum Mord. Das wirklich Böse in der Evolutionsgeschichte*, München 1989, 117–120.

[8] T. Blixen, *Afrika, dunkel lockende Welt*, Reinbek 1981 (engl. *Out of Africa*, New York 1937), 67–119, bes. 78f.; vgl. zu entsprechenden Beobachtungen in anderen Kulturen Frehsee, a.a.O., 12f. mit Verweis auf S. T. Steinmetz, *Ethnologische Studie zur ersten Entwicklung der Strafe*, 2. Aufl., Groningen 1928; kritisch, mit Verweis auf das Trugbild der "Tasaday", Th. Fleming, *The Politics of Human Nature*, New Brunswick 1988, 161–165.

258 Walter Burkert: Kleine Schriften IV: Mythica, Ritualia, Religiosa 1

läßt ihn allerdings vorübergehend zu einem Nachbarstamm verschwinden. Öffentlich, ausführlich und ernstlich verhandelt man über Schadenersatz für die betroffene Familie, der in materieller Abgeltung besteht. Dem 'Schuldigen' geschieht weiter nichts: Kein "Auge um Auge, Zahn um Zahn". Strafe muß nicht sein.

Tania Blixen hatte keine rechtshistorischen Studien betrieben, sonst wäre ihr Erstaunen geringer; hat man doch festgestellt: "Bis etwa zum Hochmittelalter gab es in Westeuropa keine Strafe", insofern "die germanischen Volksrechte auch die schwersten Untaten mit Geldbußen sühnen". Die "Geburt der Strafe" habe demnach erst im 11./12. Jahrhundert stattgefunden.[9] Die alten Kulturen freilich hatten zweifelsohne eine Strafpraxis mit entsprechenden *[12]* Begriffen entwickelt, gemäß dem Machtanspruch des Königs, woraus dann bei Griechen und Römern die Autorität von Polis und *Respublica* geworden ist. Es gibt indessen die These, daß Homer – wir dürfen sagen: auch Homer – die Strafe "noch nicht" kennt.[10] Die "Geburt der Strafe" muß also mehrmals erfolgt sein; die Frage nach der Elternschaft ist damit erst recht gestellt.

Um nochmals über das Menschliche zurückzugreifen: Auch bei Schimpansen gibt es immerhin, was Beobachter als persönliche 'Rache' oder 'Bestrafung' bezeichnen, Gegen-Aggression als Antwort auf Beeinträchtigung und 'Ärger', und zwar nicht nur in direkter Reaktion sondern auch mit beträchtlicher Verzögerung, was ein entsprechendes 'Gedächtnis' voraussetzt; ein unfreundlicher Akt etwa, der viele Stunden zuvor unter dem Schutz eines Ranghöheren erfolgt war, wird 'gerächt', sobald der Höhere nicht mehr präsent ist.[11] Bei Schimpansen, findet man also gezielte Gegenwehr und dabei, mit der Kenntnis der individuellen Partner, eindeutig auch schon die mentale Fixierung in der Zeit: Aufgeschoben ist nicht aufgehoben.

Offenbar gibt es weit zurück in der Ausstattung der Lebewesen 'homöostatische' Reaktionen, die ein Fortbestehen günstiger Umweltsituationen für Individuen und Gruppen durch Ausgleich von Störungen sichern. Dazu

---

[9] V. Achter, *Geburt der Strafe*, Frankfurt a. M. 1951, 10 u. 15; Frehsee, a.a.O., 16–27. Geldersatz für Körperverletzung gibt es auch im altbabylonischen Gesetz des Eshnunna, § 42–47 (vgl. J. B. Pritchard (ed.), *Ancient Near Eastern Texts Relating to the Old Testament*, Princeton 1969, 163) und in hethitischen Gesetzen (ebd., 189f.). Der Codex Hammurapi hat ein kompliziertes Nebeneinander von Talion und Geldersatz, § 195–214 (ebd., 175). Das Alte Testament verbietet den Geldersatz für Mord ausdrücklich, *Numeri* 35,31–34. Vgl. auch Anm. 17.

[10] A. H. W. Adkins, *Merit and Responsibility. A Study in Greek Values*; Oxford 1960; Ders., "Honour and Punishment in the Homeric Poems", in: *Bulletin of the Institute of Classical Studies* 7 (1960), 23–32, bes. 27–30; dagegen Saunders, a. a. O., 21–32.

[11] F. de Waal, *Unsere haarigen Vettern. Neueste Erfahrungen mit Schimpansen*, München 1983 (engl. *Chimpanzee Politics*, London 1982), 212f.; Ders., *Peacemaking among Primates*, Cambridge (Mass.) 1989, 38f.

gehören auch alle Abwehrreaktionen gegen Beeinträchtigung und Bedrohung, die besonders durch Schmerz signalisiert wer-*[13]*den. Flucht ist wohl die einfachste, doch nicht die erfolgreichste Strategie. So antwortet denn Gegendruck auf Druck, Gegenaggression auf Aggression. Zur Aggression gehört der Wutausbruch, jenes uralte biologische Programm, das durch Aufbietung aller Kräfte Widerstände überwindet, freilich meist kurzlebig ist und oft ungezielt erscheint. Auch das vieldiskutierte 'Territorialprinzip' läßt sich als homöostatisches System betrachten, dadurch geregelt, daß im allgemeinen die Fluchtbereitschaft mit der Entfernung von der Heimatbasis steigt, die Aggressionsbereitschaft mit der Nähe der Heimatbasis zunimmt.

Innerhalb der Gruppe wird Aggression im allgemeinen geordnet und eingeschränkt durch soziale Hierarchien, die wiederum in gewissem Sinn als homöostatische Systeme gelten können; Abweichung von der Norm führt zu Gegenmaßnahmen, die durch Ausgleich für Stabilisierung sorgen. Hierarchien sind insbesondere bei allen Primatenarten in deutlicher, wenn auch bereits komplexer und variantenreicher Weise ausgeprägt; der größte Teil der Intelligenz scheint darauf verwendet zu werden, die gesellschaftliche Position zu sichern und bei Gelegenheit zu verbessern. Auch in Schimpansengruppen existiert ein sogenanntes Alphatier. Der Hochgestellte wird von allen anderen respektvoll behandelt, es gibt eine besondere Form des ehrerbietigen Grüßens. Dies vermeidet Aggression. Verletzung solcher Formen führt zu Ärger, Drohung, Angriff: Insubordination muß 'bestraft' werden. Wenn das Alphatier sich Respektwidrigkeiten gefallen läßt, deutet sich sein Sturz schon an.[12] Freilich führt der Wechsel der Generationen *[14]* unausweichlich zum schließlichen Sturz des 'Alten'. Herausforderungen der Ordnung, aggressive Kämpfe sind also unvermeidbar und vorprogrammiert; sie dauern meist kurz, sind aber mit stärksten Emotionen verbunden. Die intraspezifische Aggression bestätigt sich in ihrer Funktion, Abstand zu wahren, Auslese zu schaffen, soziale Gliederung zeitweise zu erhalten und von Fall zu Fall zu erneuern.[13]

Im Gegensatz zu alledem liegt das Verfahren der Kikuyus oder auch der Germanen und anderer alter oder altertümlicher Völker offensichtlich auf einer ganz anderen Ebene. Was dieses Verfahren auszeichnet, ist zum einen die kollektive Aktion, die Vergesellschaftung des Vorgehens – was übrigens durchaus dem eigentlichen Sinn des Wortes 'Sanktion' als zeremonieller Festsetzung entspricht –, zum anderen der selbstverständliche Umgang mit Zahlungsmitteln, was den Schadenersatz im Sinne von Austausch erst

---

[12] De Waal, a.a.O. (1983), 88–97; ders., a.a.O. (1989), 44 u. 102f.; vgl. Goodall, a.a.O., 69–72.

[13] Vgl. K. Lorenz, *Das sogenannte Böse*, Wien 1963. Zu psychologischen Theorien der Rache vgl. Gehrke, a.a.O., 146. Sie greifen m.E. zu kurz.

möglich macht, ob nun Schafe, Kühe oder sonstige Wertobjekte ins Spiel kommen. Beides, die Gemeinsamkeit des Handelns und die Manipulation von Werten, setzt die Sprache voraus und die damit gegebene Stabilisierung einer gemeinsamen 'objektiven' Welt. Nur innerhalb dieser sprachlich gestalteten Welt kann man verhandeln, wird ein Ausgleich möglich, der dem direkt Geschädigten den blinden Wutausbruch ebenso wie den individuellen Racheakt erspart.

Doch auch genau geplante und gezielte 'Rache' setzt eine objektivierte, über die Zeit hinweg fixierte Welt voraus, erst recht die kollektiv sanktionierte 'Strafe'. 'Rache' wird aus dem Wutausbruch nur durch mentale Präzisierung: Eine *[15]* 'Schuld', ein 'Schuldiger' muß festgestellt sein, auf den sich freies, geplantes Handeln konzentriert. Strafe wird aus der Gegenaggression, insofern an Stelle des Persönlichen ein verallgemeinerungsfähiger Standard in den Blick tritt, ein expliziter 'Code' des Verhaltens, die Einmütigkeit einer Gruppe. Das heißt: Das straffreie Verfahren der Kikuyus und ihresgleichen ist nicht primitiv, doch auch Rache ist nicht einfach 'tierisch', obgleich sie in Distanzierungsversuchen oft so bezeichnet wird.[14] Mit den Kategorien von 'primitiv' versus 'fortschrittlich' ist hier nicht auszukommen. Es gilt vielmehr, sowohl das Quasirationale im Elementaren als auch das Irrationale im bewußt Geplanten zu begreifen.

Es sei dem Philologen gestattet, daraufhin das griechische Vokabular im Wortfeld von 'Vergeltung, Strafe, Rache' genauer zu betrachten. Die griechische Sprache stellt diesem Bereich verschiedene Ausdrucksweisen bereit, vornehmlich *poine, timoria, kolasis* und *zemia*. Festzustellen ist von vornherein, daß zwischen 'Rache' und 'Strafe' in keinem dieser Wortstämme geschieden ist; das Lateinische stellt sich hier anders dar: *ulcisci* 'sich rächen' ist von den Wörtern für Strafe, *multa* und *poena*, unverwechselbar abgehoben.

Die Wortgruppe von *poine* mit dem zugehörigen Verbum *tinein*, *teisasthai* stammt aus alter indogermanischer Tradition. Lateinisch *poena*, *punire* – danach französisch *la peine*, englisch *to punish* – ist freilich ein Lehnwort aus dem Griechischen, wenn auch mit Bedeutungsverschiebung; denn beim griechischen Wortstamm geht es nicht vordringlich um Strafen, sondern um Schadenersatz. Zeus raubt den *[16]* Knaben Ganymedes, bietet aber dessen Vater als *poine* wunderbare Pferde.[15] Alkinoos, König der Phäaken, gibt Odysseus herrliche Geschenke, will sich diese aber von seinen

---

[14] Platon, *Protagoras* 324b: "wie ein Tier unvernünftig sich rächend".

[15] Homer, *Ilias* 5, 266; *apoina* im gleichen Zusammenhang im Homerischen *Aphrodite-Hymnos* 210.

Volksgenossen 'vergelten' lassen.[16] Es ist durchaus möglich, auch die Tötung eines Menschen durch *poine* abzugelten,[17] durch 'Wergeld', wie dies im Germanischen heißt. Dies sieht insoweit ganz wie bei den Kikuyus aus. Allerdings ist es eine Frage, ob der Geschädigte akzeptiert (*dexasthai*), was geboten wird; Verhandlungen sind jedenfalls üblich. Man ahnt als Hintergrund eine Hirtengesellschaft, in der Streit um Viehraub und Viehdiebstahl immer wieder durch Verhandlungen und Ersatzleistungen 'gelöst' werden konnte.[18] Ein eigentlicher Rechtsanspruch ist nicht einmal entscheidend für das Verfahren: *apoina*, der Form nach eine Verstärkung von *poine*, heißt vorzugsweise das Lösegeld, das man einem übermächtigen Entführer anbietet; der Gewaltakt ist damit als Grundlage eines Tauschgeschäftes anerkannt: Man arrangiert sich. So bietet der Priester Chryses am Anfang der *Ilias* dem Agamemnon für die geraubte Tochter 'unendliche *apoina*', so am Ende der *Ilias* König Priamos dem Achilleus für die Herausgabe des mißhandelten Leichnams seines Sohnes Hektor; auch die Entschädigung für Ganymedes kann *apoina* heißen.

Das Wort *zemia* verstehe ich als Dialektform von *demia*, eine adjektivische Bildung zu *demos* 'Volk', womit *[17]* die 'Vergesellschaftung' der Sanktion als das, was dem *demos* zukommt, sehr direkt bezeichnet ist; ich möchte annehmen, daß der Begriff von der Administration der Olympischen Spiele im elischen Dialekt ausgegangen ist.[19]

Daneben steht eine besonders häufig in diesem Kontext gebrauchte Wortfamilie, bei der 'Rache' und 'Strafe' vollends ineinanderfließen:[20] *timoros* der 'Rächer', *timoria* die 'Rache' oder 'Strafe', *timoreo* 'ich räche/ strafe'.[21] *Tima-oros* ist eine ganz durchsichtige Bildung: es geht um "Wah-

---

[16] Homer, *Odyssee* 13, 15 (*teisometha*).

[17] Homer, *Ilias* 9, 632–634 (*poine*); 18, 497; vgl. 13, 659. Gehrke, a.a.O., 134, Anm. 82, hält die Verhandlungen um das Bezahlen für sekundär gegenüber der 'Rache'.

[18] Vgl. Homer, *Odyssee* 21, 17ff. mit den Begriffen *chreos*, *exesie*; die Trickster-Geschichten um Mestra und Autolykos bei Hesiod Fr. 43 u. 67.

[19] P. Chantraine, *Dictionnaire étymologique de la langue grecque*, Paris 1968/80, 400: "Et. inconnue". Im Dialekt von Elis ist *zamiorgia* für attisch *demiourgia* belegt; vgl. E. Schwyzer, *Dialectorum Graecarum exempla epigraphica potiora*, 3. Aufl., Berlin 1923, nr. 409; F. Bechtel, *Die griechischen Dialekte* II, Berlin 1923, 831 f. Umgekehrt *damioo* statt *zemioo* für 'strafen' in Kreta und Böotien; vgl. Schwyzer, a.a.O., Nr. 177 und Nr. 528.

[20] Dabei ist der Unterschied durchaus klar; vgl. Demosthenes 23, 32: "Es macht denn doch den größten Unterschied aus, ob das Gesetz oder der Feind Herr über die *timoria* ist."

[21] Nicht bei Homer, nicht im Neuen Testament gebraucht; geläufig seit Pindar und Aischylos, besonders bei Platon; vgl. auch Gehrke, a.a.O., 134. Ob die Stämme von *time* und *poine* identisch sind, ist umstritten; negativ Chantraine, a.a.O., *s. v.*, anders Gehrke, a.a.O., 134, Anm. 82, und – inkorrekt im Bezug auf die Wortbildung – Saunders, a.a.O., 4. Eine Assoziation der Wortstämme *tino* und *time* war auf jeden Fall möglich. Erst hellenistisch ist *ekdikein*, aus *ekdikos* 'Staatsanwalt' gebildet, das in der Septuaginta in der Regel für *nqm* (vgl. Anm. 79) gebraucht ist; vgl. *Theologisches Wörterbuch zum Neuen Testament*, begründet von G. Kittel, Stuttgart

rung der Ehre". Vorausgesetzt ist damit, daß eine Person auf 'Ehre' Anspruch erhebt und eine 'Entehrung', eine Beleidigung stattgefunden hat. Es
bedarf dann der Satisfaktion, um den Status zu wahren.

In eine ähnliche Perspektive ordnet sich das geläufigste griechische
Wort für 'strafen' ein, *kolazein*; denn dies heißt von Haus aus und wörtlich
'kurz halten', 'beschneiden'[22] – die Praxis der Heckenschere, sozusagen.
Das Wort wirkt *[18]* insofern technischer, weniger emotional als *timoreo*.
Herodot erzählt, wie der Tyrann Periandros von Korinth sich durch seinen
Kollegen Thrasybulos von Milet belehren ließ: Thrasybulos führte den Bo-
ten des Periandros aus der Stadt, und "er betrat ein bestelltes Feld, ging
durch das Getreide, und wie er eine Ähre sah, die die anderen überragte,
hieb er sie ab und warf sie beiseite".[23] Das ist *kolouein* wie *kolazein*. Allerdings, für Herodot ist dies eine verkehrte Art der Herrschaft, eine Tyrannis,
die im Endeffekt "den schönsten Teil des Feldes ruiniert". Aber das Bild
bleibt eindrücklich.

Die Wortgruppen *kolazein* und *timaoros* kommen bei Homer nicht vor,
doch fehlt es nicht an Abläufen, die sich durchaus in solchem Sinn charakterisieren lassen. Schon die Grundhandlung der *Ilias* ist Muster einer *time*-
Wahrung. Achilleus ist ein Hochgestellter, der auf seine *time* angewiesen
ist. Dies bedeutet, daß er Geschenke erhält und daß ihm niemand eine Frau
streitig machen kann – "privilegierter Zugang zu den Ressourcen", wenn
man es modern ausdrücken will. Nun ist Achilleus beleidigt worden, indem
eine Frau, sein Beuteanteil, Zeichen, seiner *time*, ihm vom Höherrangigen
weggenommen wurde. Er muß erzwingen, daß er schließlich einen
'Schadenersatz' bekommt, der die Minderung seiner *time* nicht nur auf-
wiegt, sondern übertrifft.

Das griechische Vokabular bestätigt damit das Nebeneinander zweier
Dimensionen, ja zweier Modelle, wie sie schon bei den Vorerwägungen in
den Blick getreten sind: Das eine zielt auf den Ausgleich von Anspruch und
Gegenanspruch, das andere ist fixiert auf die zu wahrende Rang-*[19]*ordnung. Man kann von einem horizontalen und einem vertikalen Modell sprechen. Sie werden sogar bewußt einander gegenübergestellt: "Versöhne dich
mit dem, der Unrecht tut, räche dich an dem, der dich beleidigt" ist ein
Grundsatz, der einem der Sieben Weisen, Chilon, zugeschrieben wird.[24]

1933–1979, II 440–444.

[22] Platon verwendet mit Vorliebe *timoreo*.

[23] Herodot 5, 92, 2 (*ekoloue*); *kolazein* findet sich nicht bei Homer, wohl aber *kolouein*, vgl. *Ilias* 20, 370; *Odyssee* 8, 211; 11, 340.

[24] Sammlung des Demetrios von Phaleron, Stobaios 3, 1, 172 (III 118, 1), *Fragmente der Vorsok-ratiker* 10, 3 (I 63, 34): *adikoumenos diallassou, hybrizomenos timorou*.

Aus ethologischer Perspektive muß auffallen, daß das vertikale Modell, die *timoria*, ganz offensichtlich ein vormenschliches Modell fortsetzt, das der sozialen Rangordnung, die aggressiv bedroht und aggressiv verteidigt wird. Dies gilt nicht vom *poine*-Modell, das spezifisch und ausschließlich menschlicher Kultur zugehört, insofern es mit Sprache und objektivierter Welt verbunden ist. Die großen Emotionen sind denn auch mit dem *timoria*-Modell verbunden, nicht aber mit den Verhandlungen um *poine*. "Das Herz eines Mannes wird klein, wenn er sich ein großes Leid gefallen lassen muß", heißt es in Versen des Theognis; "danach wird es wieder groß, wenn er es sich heimzahlen läßt".[25] Hier ist das Vokabular der *poine* verwendet, gefühlt aber ist das Erniedrigt- und Erhöhet-Werden, die *time*. Wer "sich's heimzahlen ließ", fühlt sich als Gott unter Menschen, heißt es gleichfalls bei Theognis.[26] Die Emotionen gehen dabei bis zur Regression ins Tierische: "Roh fressen", "mit den Zähnen zerreißen", "Blut trinken" möchte man von dem, der einen gekränkt hat.[27] Dies drückt präzise aus, was *[20]* in ethologischer Sicht aggressives Verhalten bestimmt: verfolgen und beißen.[28]

Das horizontale Modell, das *poine*-Modell, das sich nicht am Vormenschlichen festmachen läßt, ist seinerseits – und darin liegt das eigentlich Erstaunliche – ganz offenbar eines der anthropologischen *universalia*. Schon der hellenistische Philosoph Poseidonios glaubte feststellen zu können, die Menschennatur lerne offenbar überall von selbst und ohne Erziehung, 'autodidaktisch', die "gerechte Erstattung von Gunst und von Rache".[29] Es erweist sich dies als Teilbereich oder Nebentrieb eines seit langem intensiv diskutierten Phänomens, des Prinzips der Reziprozität, das sich insbesondern in Gabe und Gegengabe darstellt. Auch in unserer Sprache deutet 'Vergeltung' auf einen 'geltenden' Wert, der im Hin und Her bestehen bleibt, auf einen Standard der Reziprozität. Seit Marcel Mauss' berühmtem Essay "Le don" hat man diese Grundform sozialer Interaktionen immer wieder untersucht.[30] Im Phänomen der reziproken Gabe treffen sich das Ökonomische, das Intellektuelle und das Moralische in bemerkenswerter Weise: Das Prinzip von Gabe und Gegengabe ist nicht nur die Grundlage der vor-

---

[25] Theognis, 361f. (*apoteinymenou*).

[26] Theognis, 337–340 (*apoteisamenos*); vgl. auch Euripides, *Medea* 807; *Hekabe* 756f.

[27] Homer, *Ilias* 4, 33ff. (Zeus von Hera); Theognis 349.

[28] De Waal, a.a.O. (1989), 6.

[29] Poseidonios Fr. 136 Theiler bei Diodor 34, 2, 40 im Zusammenhang des sizilischen Sklavenkriegs. 'Angeborenes' Verhalten gibt es für den Stoiker nicht.

[30] M. Mauss, "Essai sur le don", in: *Année sociologique* II 1 (1923/24) = M. Mauss, *Sociologie et Anthropologie*, Paris 1950, 3. Aufl. 1966; vgl. für den antiken Bereich L. Gernet, *Anthropologie de la Grèce antique*, Paris 1968, 175ff.

monetären Wirtschaft und, in gewissem Sinn, allen wirtschaftlichen Austausches überhaupt, es erscheint auch als Grundlage von sozialer Zusammenarbeit und damit von Moral als solcher. Es setzt die 'Handhabung' der objekti-*[21]*vierten, austauschbaren Gegenstände voraus. Im Austausch der Gaben wird soziale Kohärenz ebenso wie Rangunterschied dokumentiert und hergestellt; so kann auch eine Störung oder Krise 'sühnend' überwunden werden. Als man die Frage nach der Entstehung der zwischenmenschlichen, altruistischen Moral mit Computerprogrammen anging, schwang ein Programm der Reziprozität obenaus, *TIT FOR TAT* – man beginne mit Vertrauen, reagiere aber auf Negatives sofort negativ?[31] Läßt sich ein ethologischer Ausgangspunkt für solche Strategien in einer hypothetischen menschlichen Urgesellschaft finden? Am ehesten, befand man, in der spezifisch menschlichen Essens- und Opfergemeinschaft: 'Gabe' wäre demnach "displaced food-sharing", aufgeschoben aber nicht aufgehoben.[32]

Auf noch allgemeinere Überlegungen führt der Ansatz der frühgriechischen Philosophie, der das Grundgesetz der Welt im Austausch fand. "Alles ist Austausch", heißt es bei Heraklit, "Austausch für Feuer, wie Waren für Geld und Geld für Waren";[33] Physik als Ökonomie. Vor ihm bereits rekurrierte Anaximandros auf das *poine*-Modell: Im Weltprozeß, stellte er fest, "zahlen die Dinge einander Buße und Strafe für die Ungerechtigkeit nach der Ordnung der Zeit";[34] "Erstattung geben" also, *tisin didonai* sei Grundprozeß der Welt. Und in der Tat, auch die moderne Naturwissenschaft *[22]* gelangt zu analogen Prinzipien – Gleichungen, Entsprechungen, 'Austausch', Masse für Energie und Energie für Masse nach mathematisch bestimmbarem Maß, bis zum letzten Elementarteilchen. Liegt im Prinzip vom 'Austausch', von Gabe und Gegengabe eine Wirklichkeits-Einsicht vor, die für die Konstituierung einer objektiven Welt grundlegend ist, als solche aber – im Sinn der Evolutionären Erkenntnistheorie[35] – eben erst auf der menschlichen Stufe allmählich erreicht werden konnte? Ist sie vorgezeichnet in 'homöostatischen' Prozessen, die wie in der Physiologie so auch im Sozialkörper sich etablieren? Es ist bezeichnend, daß Kant, der Philosoph der transzendentalen Prinzipien, auch den Begriff der Strafe als strenge Folge nach einem Kausalitätsprinzip fassen wollte, zwar "nicht als natür-

---

[31] A. Rapoport, N. M. Chamnah, *Prisoner's Dilemma*, Ann Arbor 1965; D. R. Hofstadter, *Kann sich in einer Welt voller Egoisten kooperatives Verhalten entwickeln?* in: Spektrum der Wissenschaft 8 (1983), 8–14; R. Axelrod, *Die Evolution der Kooperation*, München 1987 (engl. The Evolution of the Cooperation, New York 1984), 25–49.

[32] E. L. Schieffelin, *Reciprocity and the Construction of Reality*, in: Man 15 (1980), 502–517.

[33] Heraklit B 90.

[34] Anaximandros B 1.

[35] K. Lorenz, *Die Rückseite des Spiegels*, München 1973.

liche Folge", aber "doch als Folge nach Prinzipien einer sittlichen Gesetz-gebung".[36] Hier geht es um Konstruktion von Grundkategorien des Weltver-ständnisses.

Wie dem auch sein mag, zweierlei sei auf diesem Hintergrund hervorgeho-ben: Zum einen, wie stark das Prinzip von Gabe und Gegengabe in den Be-reich von Strafe und Rache hinein metaphorisch wuchert und eben damit vieles akzeptabel macht, was unter anderem Gesichtspunkt der Vernunft als verwunderlich, ja irrsinnig erscheinen müßte; zum anderen, wie dieses Prinzip doch nie ganz autonom wird, sondern immer wieder dem anderen, dem *[23]* hierarchischen Prinzip untergeordnet erscheint: Das horizontale Modell bedarf des vertikalen.[37]

Die Akzeptanz der Vergeltung als 'geltender' Entsprechung ist offenbar weltweit verbreitet. Widerspruch findet sich eigentlich nur bei Sokrates[38] und, weit energischer, in einigen Sätzen und Passagen des Neuen Testa-ments: "Vergeltet niemandem Böses mit Bösem".[39] Jesus war allerdings so radikal, die Gegenseitigkeit auch im wirtschaftlichen Austausch abzu-lehnen: "Wenn ihr Geld habt, leiht nicht auf Zins aus, sondern gebt ... dem, von dem ihr es nicht zurückbekommen werdet", ja "Von dem, der das Deine nimmt, fordere es nicht zurück".[40] "Geben ist seliger denn Nehmen": "We-he dem, der nimmt".[41]

Dies hat sich nicht durchgesetzt. Gemeinhin gilt *TIT FOR TAT*. So wird Strafe mit Befriedigung 'quittiert', bei *[24]* Heiden wie bei Christen. "An

---

[36]   I. Kant, *Kritik der Praktischen Vernunft*, Riga 1788, 66; vgl. A. W. Norrie, *Law, Ideology, and Punishment. Retrieval and Critique of the Liberal Ideal of Criminal Justice*, Dordrecht 1991.

[37]   Das heißt auch im positiven Sinn: Das vertikale System ist da, um das horizontale zu erhalten. Vgl. den Prolog der Gesetze Hammurapis : Der König ist eingesetzt, "damit der Starke den Schwachen nicht zunichte macht"; vgl. *Ancient Near Eastern Texts* (s. Anm. 9), 164.

[38]   Platon, *Kriton* 49bc; vgl. G. Vlastos, *Socrates. Ironist and Moral Philosopher*, Cambridge 1991, 179–199: "Socrates' rejection of retaliation".

[39]   1. Thessalonicherbrief 5, 15; *Römerbrief* 12, 17; *1. Petrusbrief* 3, 9; vgl. 2, 23. Daß man eher Böses mit Gutem vergelten sollte, steht allerdings schon in den Weisheitslehren des alten Orients; vgl. W. G. Lambert, *Babylonian Wisdom Literature*, Oxford 1960, 100, Anm. 42; gelegentlich auch im Alten Testament, vgl. *Proverbia* 20, 22.

[40]   *Logion* 95 des Thomas-Evangeliums; Lukas 6, 30; verharmlost Matthäus 5, 42: "Von dem, der von dir leihen will, wende dich nicht ab." Dazu das Gleichnis vom "ungerechten Haushalter", das bürgerlich-moralischer Exegese so große Schwierigkeiten macht, Lukas 16, 1–9. Keine gegenseitigen Einladungen : Lukas 14, 12. In der 5. Bitte des Vaterunser spricht der Text statt von 'Schuld' von 'Schulden' (*opheilemata, opheiletai*); vgl. Matthäus 6, 12. Nur über das Rab-binische ist der theologisch-moralische Sinn gegenüber dem ökonomischen zu sichern; vgl. *Theologisches Wörterbuch* (s. Anm. 21), V 565; Lukas 11, 4 setzt 'Verfehlungen' (*hamartiai*) ein.

[41]   Apostelgeschichte 20, 35; *Didache* 1, 5.

denen, die etwas Böses getan haben, sich zu rächen (*timoreisthai*), ist gerecht".[42] Man ist stolz, "Böses mit Bösem wechseln" zu können; so formuliert es Archilochos.[43] Die Rache *qua* Gegenaggression wird Wechsel, Zahlung, Erstattung, Ersatz und Wiedergutmachung[44] genannt und so gerechtfertigt. "Das zahle ich dir heim" oder "das zahlst du mir heim": Entscheidend ist die Reziprozität, die Metapher schwankt. "Jetzt hat er alles zusammen zurückgezahlt", heißt es vom Mörder Aigisthos in der *Odyssee*, nachdem Orestes ihn erschlagen hat;[45] "wir erhalten den Gegenwert (*axia*) für unsere Taten", spricht der Schächer am Kreuz.[46] Allgemein wird im Griechischen *diken didonai*, wörtlich "Recht geben",[47] zum Ausdruck für "bestraft werden" überhaupt; lateinisch entspricht dem *poenas dare*. So kann einer "mit dem Tod bezahlen, was er getan" hat.[48] 'Gegenwert' im Tun, 'Gegenwert' im Erleiden:[49] Was im Wechsel verrechnet wird, weitet sich aus. *[25]* Schon in der *Ilias* wird mit der Forderung nach *poine* nicht nur materieller Schaden, etwa ein weggenommener Beuteanteil, eingeklagt. Achilleus fordert, "die Schändung zu bezahlen", "die ganze herz-schmerzende Schändung mir (zurück) zu geben",[50] womit der 'seelische' Schaden ins Spiel gebracht und allerdings verrechenbar gemacht wird. In der *Ilias* wird den Griechen auch ungescheut in Aussicht gestellt, als Rache für Helenas Entführung mit einer troianischen Frau ins Bett zu gehen; das heißt dann "kriegerischen Ansturm und Schmerzensschreie um Helenas willen sich bezahlen lassen".[51] Achills Rache für Patroklos ist eine *poine*, sie wird 'bezahlt', indem neben vielen anderen Hektor fallen muß und schließlich

---

[42] Pseudo-Aristoteles (Anaximenes) *Rhetorica ad Alexandrum* 1, 15, 1422a 36; vgl. Theognis 344: "Möge ich dafür Leiden geben: Denn so ist es rechte Ordnung (*aisa*)."

[43] Archilochos 126 West (*antameibesthai*); vgl. Euripides, *Iphigenia Taurica* 436ff.; vgl. Gehrke, a. a. O., Anm. 42.

[44] Im Hebräischen hat *shillam*, eigentlich "unversehrt machen", auch die Bedeutung "vergelten, heimzahlen"; vgl. *Hebräisches und Aramäisches Lexikon zum Alten Testament*, begründet von L. Koehler und W. Baumgartner, 3. Aufl. neu bearbeitet von W. Baumgartner, Leiden 1967–1990, 1420f. So z. B. in der Klage, es werde "Gutes mit Bösem vergolten", *Genesis* 44, 4; *Psalm* 35, 12; 38, 21.

[45] Homer *Odyssee* 1, 43; vgl. 3, 195; Odysseus über den Kyklopen 23, 312: "Er hat die Buße zurückgezahlt."

[46] Lukas 23, 41; *Römerbrief* 2, 6: "Gott wird jedem nach seinen Werken vergelten (*apodosei*)."

[47] Wortbildung und Grundbedeutung von *dike* ("Weisung"?) sind nicht klar.

[48] Klytaimestra über Agamemnon, Aischylos, *Agamemnon* 1529.

[49] Aischylos, *Agamemnon* 1527: *axia drasas, axia paschon*.

[50] Homer, *Ilias* 19, 208; 9, 387; vgl. 1, 232.

[51] Homer, *Ilias* 2, 356 = 590. Der Ausdruck erschien verwunderlich, vgl. die Scholien; vgl. G. S. Kirk, *The Iliad. A Commentary*, Cambridge 1985, 153.

zwölf Troianer an Patroklos' Grab geschlachtet werden.[52] Daß die Gegengabe die Gabe zu übertreffen sucht, ist ein Moment, das in der Rache noch mehr einleuchtet als beim Schenken.[53] Odysseus läßt sich von den Freiern ihre Übertretung insgesamt 'zurückzahlen', und er hört darum nicht mit Morden auf.[54]

Wieso 'Gabe' und 'Gegengabe' bei Rache und Strafe einander 'wert' sind, ist für den leidenschaftslosen Betrachter alles andere als evident. Um so mehr ist man im Sprechen und Denken geneigt, auf scheinbar objektive Standards der *[26]* Bewertung zu rekurrieren. Als technisches Werkzeug der Äquivalenz-Bestimmung bietet sich die Waage an. So taucht der Begriff der "Waage der Gerechtigkeit" in der griechischen Literatur auf;[55] allgemeiner, älter und wichtiger ist der Begriff des 'Werts', des *axion*, der wiederum vom Bewegen der Waagschale hergenommen ist.[56] Auch wir sprechen mit Selbstverständlichkeit von der 'Schwere' eines Vergehens und seiner Bestrafung,[57] wie auch vom 'Maß' der Strafe. Rational einleuchtend ist es dann auch, das Maß der Strafe abzuzählen: 50 Schläge weniger eins in der alttestamentarischen Prügelstrafe[58] – und doch bleibt Prügelstrafe ethologisch unterbaute Demütigung und Vergewaltigung. Abzählbar ist auch die Dauer der Gefängnisstrafe, und natürlich die Geldstrafe, die ihrem Wesen nach 'bemessen' ist – womit das Verfahren der Kikuyus wieder erreicht wäre.

Eine scheinrationale Form der Vergeltung ist erst recht die Umkehrung der Tat, die auf ein Gleichgewicht von 'Tun' und 'Leiden' zielt, die Talion. Sie scheint die Entsprechung so objektiv zu fassen: "Auge um Auge, Zahn um Zahn".[59] Sie ist 'vernünftige' Begrenzung einer sich vervielfältigenden Rache: "rächt Kain sich siebenfach, so Lamech siebenund-*[27]*siebzig-

---

[52] Homer, *Ilias* 21, 28; vgl. 17, 207; 16, 398. Man beachte freilich, wie emotional der Racheentschluß des Achilleus, *Ilias* 18, 97ff., aus Depression und Wut heraus gestaltet ist. Erst in der Paraphrase Platons, *Apologia* 28cd, kommen die Begriffe *timorein* und "dem unrecht Handelnden Strafe (*dike*) auferlegen" herein.

[53] Gehrke, a. a. O., 133, Anm. 71. Vgl. "das Doppelte", Jeremia 16, 18; vgl. Anm. 56.

[54] Homer *Odyssee* 22, 64: *apoteisai*.

[55] Erstmalig Homerischer *Hermes-Hymnos* 324.

[56] Zu *agein* "das Gegengewicht bewegen"; vgl. Chantraine, a. a. O., s. v.

[57] Shakespeare, *Julius Caesar*: "a grievous fault, and grievously has hath Caesar answered it".

[58] "Entsprechend", wörtlich "in der Zahl", *Deuteronomium* 25, 2f.; Josephos, *Antiquitates Iudaicae* 4, 8, 21; *2. Korintherbrief* 11, 24; vgl. Platon, *Leges* 845a. Paroxysmen von Hieb-Zahlen im "Gesetz gegen die bösen Geister" (Videvdat) des Avesta; vgl. F. W. Wolff, *Das Avesta*, Straßburg 1910, 396ff.

[59] *Exodus* 21, 23f.; *Deuteronomium* 19, 21; *Genesis* 9, 6: "Wer Menschenblut vergießt, des Blut soll auch von Menschen vergossen werden". Talion auch im Codex Hammurapi § 196, 197, 200; vgl. *Ancient Near Eastern Texts* (s. Anm. 9), 175. Vgl. jedoch Anm. 9.

fach".[60] Doch gibt es augenfällige Grenzen des Talionsprinzips,[61] vor allem aber – *cui bono*? Wozu zwei Verstümmelte? Was wird dadurch besser, daß ein Mörder umgebracht wird, "Blut für Blut"?[62] Wir mögen die List der Vernunft bewundern, die bei den Griechen in diesem Fall die Vergeltungsformel durch. die Gestaltung des Rituals unterlaufen hat: Die Formel "Blut um Blut" wird zum Siegel gerade nicht für die Blutrache, sondern für die Reinigung: Ein Tier wird geschlachtet, ein Ferkel nur, Blut fließt auf Haupt und Hände des Mörders – danach abgewaschen, ist er 'rein'. "Die Befleckung des Muttermordes läßt sich abwaschen", sagt Orestes bei Aischylos.[63] In der Tat, der Mythos vom Muttermörder Orestes, den die Erinyen verfolgen, wird immer wieder eben seines glücklichen Ausgangs wegen erzählt: Zuletzt haben die angeblich unversöhnlichen Erinyen eben doch von Orestes abgelassen, ob dies nun in Lakedaimon, Troizen oder Athen und mit welchen Riten auch immer geschah.[64] Das Ende ist Versöhnung. Versöhnung heißt im Griechischen 'Austausch', *diallage, synallage*.

Wir konstatieren ein Ineinander des Rationalen mit dem Emotional-Irrationalen im Komplex der strafenden *[28]* 'Vergeltung'. Das zivilrechtliche Prinzip des Tauschgeschäftes liefert dem Strafrecht die Formulierung und die rationale Legitimation, als gehe es um 'Erstattung'; darunter rumort das Primitive. Aggression, Wut, Schreck und Unterwerfung sind immer mit im Spiel, doch sie unterstellen sich rationalen Regeln oder maskieren sich als solche, wobei das Rationale vom 'Primitiven' her seine Dynamik und seine emotionale Aufladung erfährt. Der Schadenersatz – *poine* – zeigt sich der 'Wahrung der Ehre' – *timoria* – untergeordnet.

Mit anderen Worten: Auch Strafen bleiben Merkmal der Macht, sie erweisen sich immer wieder als der Hierarchie unterstellt. Es ist der Mächtige, der Patriarch, der König als Gerichtsherr, der sich eben darin bewährt, daß er die 'gebührenden' Strafen verhängt. Kyros als Kind spielt König und erweist seine Eignung, indem er einem Spielkameraden Peitschenhiebe appli-

---

[60] *Genesis* 4, 24.

[61] Vgl. etwa *Exodus* 21, 23–27.

[62] Gefordert im Alten Testament, vgl. *Genesis* 9, 6 (vgl. Anm. 59); *Numeri* 35, 33. Zur Kritik Antiphon 5, 95; Sophokles, *Elektra* 582.

[63] Aischylos, *Eumenides* 281; vgl. Heraklit B 5; Sophokles, *Oidipus Tyrannos* 100; Euripides, *Herakles* 40; *Iphigenia Taurica* 1037; *Orestes* 510; 816.

[64] Pausanias 2, 31, 4; 3, 22, 1; 7, 25, 7; 8, 34, 1; zu einfach also Gehrke, a. a. O., 131, Anm. 61: "Die Rache der Erinyen ist endlos"; vgl. auch 134, womit er dem Erinyen-Lied, Aischylos, *Eumenides* 339f., bzw. Schillers Adaption in den "Kranichen des Ibykus" folgt. Die "Reinigung" des Orestes läßt sich auch, wie die analoge der Proitiden, als "Heilung" einer Krankheit auffassen; vgl. Verf., *Die Orientalisierende Epoche*, Sitzungsberichte Heidelberg 1984, 1 58f.

zieren läßt.[65] Besonders verräterisch sind die größten, die abschreckendsten Strafen. Michel Foucault hat in seiner Studie *Überwachen und Strafen*, die sich auf den Übergang vom 18. zum 19. Jahrhundert konzentriert, herausgestellt, wie die unter der Monarchie zelebrierten martervollen Strafen im Grund "ein Zeremoniell zur Wiederherstellung der für einen Augenblick verletzten Souveränität" waren. "Nicht die Gerechtigkeit, die Macht wurde durch die Marter wiederhergestellt".[66] Die Griechen nahmen mit schaudervoller Verwunderung davon Kenntnis, *[29]* was für ausgesuchte Strafen in den östlichen Monarchien vorkamen, etwa beim Perserkönig.

Mit der Erschütterung der Monarchie durch die Französische Revolution hat sich sowohl die Ideologie als auch der Vollzug der Strafe geändert, wie Foucault zeigt. Analoges ist schon für die griechische Polis zu vermuten, die ja keinen Monarchen hat. *Dike*, das Recht, als einsichtige Ordnung, setzt den Ausgleich voraus. So müßte im Innern der Polis das 'zurechtstutzen', *kolazein*, genügen, die Ordnung zu erhalten oder wiederherzustellen, wie auch nach außen im Krieg vordringlich die herkömmlichen Grenzen zu verteidigen waren.[67] Tatsächlich gibt es in der griechischen Polis die ausgesuchten Marterstrafen nicht. Im Vordergrund stehen Vermögensstrafen, daneben aber die scheinbar vernünftigsten und wirksamsten Maßnahmen gegen den Verbrecher: Verbannung und Todesstrafe. Mit der Todesstrafe ist die Polis nach unseren Begriffen erschreckend leichtsinnig umgegangen; man braucht kaum an Sokrates zu erinnern. Die Abstimmung war korrekt, der Wille der Mehrheit stand fest, und die Form der Exekution war 'human'.[68] Der Schauder bleibt.

Überhaupt kann von Fortschritten der Humanität nur in Grenzen die Rede sein. Blieb doch die schärfste Form *[30]* vertikaler Rangabstufung praktisch unangefochten, die Sklaverei. Die ärgsten Abschreckungsmittel, die den Mächtigen zur Verfügung standen, wurden vorzugsweise gegen Sklaven eingesetzt; so jene raffinierteste Grausamkeit, die einen Menschen tage-

---

[65]   Herodot 1, 114. Der König kann seine Strafgewalt freilich übertreiben, so Salomons Nachfolger Rehabeam; vgl. *1. Königsbuch* 12, 12–15.

[66]   M. Foucault, *Überwachen und Strafen. Die Geburt des Gefängnisses*, Frankfurt 1977 (franz. *Surveiller et punir. Naissance de la prison*, Paris 1975), 9–12, 64f. Vgl. auch die Wiedertäufer in Münster.

[67]   Es gibt den Begriff des "gerechten Kriegs"; vgl. M. Mantovani, *Bellum Iustum*, Bern 1990. Insofern ist die Feststellung Gehrkes, a. a. O., 130, in der Außenpolitik seien Rache und Recht nicht differenziert, zu modifizieren. Bei den Römern ist Voraussetzung des *bellum iustum* immer die Forderung nach Schadenersatz, *res repetere*; das Ergebnis freilich war die Etablierung der Macht, schließlich das *Imperium Romanum*.

[68]   Platons Schilderung der Schierlings-Vergiftung im *Phaidon* ist allerdings nicht realistisch; vgl. Ch. Gill, "The Death of Socrates", *Classical Quarterly* 67 (1973), 25–28; W. B. Ober, "Did Socrates Die of Hemlock Poisoning?", *Ancient Philosophy* 2 (1982), 115–121.

lang vor aller Augen sterben ließ: die Kreuzigung. Die römische Be-
satzungsmacht zögerte nicht, diese Strafe auch an einem sogenannten "König der Juden" zu vollstrecken.[69] Nicht die Gerechtigkeit, die Macht wurde
auf diese Weise gefestigt.

Die Todesstrafe ist die scheinbar kälteste Form der Strafe und doch nicht
ohne Grund besonders emotionsgeladen. Es ist so einleuchtend, daß "das
Böse", Mißratene zu beseitigen sei, endgültig und auf 'saubere' Weise, "als
eine Krankheit der Stadt"[70] wäre es nicht bereits kaschierend und irre-
führend, hier vom 'Bösen' als einem Neutrum zu sprechen. Besonders anschaulich ist Xenophons Bericht von der Verhandlung im Heerlager des
Usurpators Kyros gegen den Verräter Orontes. Das entscheidende Votum
fällt, dem griechischen General Klearchos zu:[71] "Ich rate, diesen Mann
möglichst schnell aus dem Weg zu schaffen, damit man nicht mehr vor
diesem auf der Hut sein muß, sondern wir freie Bahn haben, denen, die gut
sein wollen, Gutes zu tun". Der Verräter wird ins Zelt des Artapatos gebracht, und niemand sah ihn danach wieder, noch eine Spur von ihm: Er war
in perfekter Weise "aus dem Wege geräumt". Im alttestamentlichen Deute-
ronomion sind die vielfältigen Androhungen *[31]* der Todesstrafe immer
wieder so formuliert, "daß das Böse aus deiner Mitte hinweggetilgt sei".[72]
Auch schon im Gilgameschepos wird der Angriff von Gilgamesch und En-
kidu auf Humbaba, den Hüter des Zedernwaldes, im Gebet an den Sonnengott in dieser Weise stilisiert: "damit alles Böse, das du hassest, aus dem
Lande hinweggetilgt sei".[73]

'Reinigung', 'Säuberung' ist ein Alltagsverfahren zur Sicherung des Lebens, präzisiert durch die Medizin. Und doch wird mit einer solchen Formel
im Umgang mit Menschen in Wahrheit der Vollzug der Aggression absolut
gesetzt. Geht es dieser darum, den Konkurrenten zu verjagen und einen
ausreichenden Lebensraum zu erhalten,[74] so wird in der geistig fixierten
Welt des Menschen dem störenden 'anderen' nicht ein begrenztes Territo-
rium, sondern der Bereich des Lebens, der Welt überhaupt bestritten. Der

---

[69] P. Ducrey, "Note sur la crucifixion", *Museum Helveticum* 28 (1971), 183–185; M. Hengel,
Crucifixion in the Ancient World and the Folly of the Message of the Cross, London 1977.

[70] Platon, *Protagoras* 322d.

[71] Xenophon, *Anabasis* 1, 6, 9.

[72] *Deuteronomium* 19, 19; 21, 21; 22, 21 etc. Der Ausdruck für 'hinwegtilgen', *bᶜr*, scheint
eigentlich vom Abweiden zu kommen; vgl. *Hebräisches und Aramäisches Lexikon* (s. Anm.
44), 140. Daneben *ṣmt* (vgl. ebd., 970), z. B. in *Psalm* 94, 23.

[73] Assyrische Version III ii 18, p. 71 Thomson; vgl. *Ancient Near Eastern Texts* (s. Anm. 9), 81.
Babylonische Version III iii 7, p. 26 Thomson; vgl. ebd., 79. Vgl. auch W. v. Soden, *Das
Gilgamesch-Epos*, Stuttgart 1982, 38.

[74] Vgl. K. Lorenz, *Das sogenannte Böse*, Wien 1963.

Mensch kennt den Tod und glaubt damit die 'Endlösung' zu kennen. In den unausrottbaren Emotionen, die solche Akte begleiten, kommt die biologische Grundlage doch wieder zum Durchbruch. Daß die 'Entsorgung' nicht gelingt, daß das vorgeblich 'ausgetilgte Böse' in Gestalt des tilgenden Töters erst recht bleibt, ist gleichsam die Rache der Realität, die keine absolute Vernichtung kennt. So bleiben die Täter. Allerdings verschwindet der Zedernwald, den Gilgamesch zu fällen unternimmt. *[32]*

Allgemein findet man die Tötung entschieden in den Dienst der *timoria* gestellt, als die absolute Form, "Ehre zu wahren". Dies gilt im Epos von Odysseus nicht minder als von Achilleus. In historischer Zeit rühmt sich ein karischer Dynast, "viele Menschen getötet zu haben";[75] *Polyphontes*, der 'Viel-Töter', ist aber sogar schon ein bronzezeitlicher Personenname. Es gab Gesellschaften, die nur den Mann anerkannten, der getötet hat. Ethnologen konnten Kopfjäger noch vor wenigen Jahrzehnten beobachten; ihr ganzer Stolz hing an dieser einmaligen Leistung.[76] Man hat sogar in einer 'wilden' Gesellschaft festgestellt, daß die 'Rächer' und 'Töter' über mehr Frauen verfügen und mehr Nachwuchs zeugen als die anderen,[77] was düstere soziobiologische Perspektiven eröffnet: Wurden Aggression und Rache-Ethik in der Entwicklung geradezu selektiert? Jedenfalls: Im Töten hat die Wahrung des Ranges, die *timoria*, das Prinzip der Gegenseitigkeit weit hinter sich gelassen. Man mag auch bedenken, wie selbstverständlich in der Antike und anderwärts die Ehre des Gottes darin besteht, daß "für den Gott" getötet wird, im blutigen Opfer. Gewiß, Isaak wird gerettet, aber die Widder werden geschlachtet und verbrannt, und die Altäre duften vom Fett, in Jerusalem wie in Griechenland.

Die religiösen Traditionen versuchen, die geistige Welt im Absoluten zu fixieren. Das Bild des 'vergeltenden', *[33]* 'strafenden', 'rächenden' Gottes scheint dabei eine fast unentbehrliche Rolle zu spielen, zumal in der Antike.[78] Uns gilt die Vorstellung vom vergeltenden, strafenden Gott zumeist als

[75] P. A. Hansen (ed.), *Carmina epigraphica Graeca saeculi IV a. Chr. n.*, Berlin 1989, nr. 888, 11.

[76] R. Rosaldo, *Ilongot Headhunting, 1883–1974*, Stanford 1980.

[77] N. A. Chagnon, *Life Histories, Blood Revenge, and Warfare in a Tribal Population*, in: Science 239 (1988), 985–992. Die Literatur bevorzugt, von Achilleus bis Hamlet, das Bild vom tragischen Rächer, der um der Rache willen das eigene Leben preisgibt; so schafft die Erzählung Sinn durch Ausgleich.

[78] Dazu allgemein J. G. Griffiths, *The Divine Verdict. A Study of Divine Judgement in the Ancient Religions*, Leiden 1990.

'alttestamentlich';[79] es liegt nahe, den "gnädigen Gott" des Neuen Testaments davon abzuheben und beidem die "leicht lebenden", amoralischen Götter Homers gegenüberzustellen. Die Verhältnisse sind jedoch im einzelnen komplizierter, die Grundstrukturen aber – so meine These – weithin homolog.

Vom "Gott der Rache" spricht in der Tat das Alte Testament; mit eben diesem Ausdruck, "Gott der Rache", ruft ihn der Psalmist an.[80] "Die Rache ist mein, ich will vergelten, spricht der Herr", zitiert das Neue Testament aus dem Alten, und dieser Satz ist oft in moderner Reflexion zur Leitschnur genommen worden.[81] Doch hat Paulus die alttestamentliche 'Schrift', auf die er sich beruft, sehr ungenau wiedergegeben und das besitzanzeigende Fürwort offenbar frei eingesetzt; der Urtext spricht nur vom "Tag des Herrn" als dem "Tag der Rache":[82] Der Herr wird wie in einer Kelter die Völker in seinem Grimm zertreten. Gesprochen sind solche Sätze aus der Situation des Unterlegenen *[34]* heraus, zumal aus der Geschichtserfahrung des Pufferlandes Palästina, das sich immer wieder den Mächtigeren preisgegeben sah. Da wartet man auf den großen Helfer, der sich durchsetzen und alles ändern wird. Die 'Rache' des Herrn ist die Bestätigung seiner Macht über alle und alles. Die Hoffnung gilt ganz und gar der vertikalen Hierarchie. Doch auch das Neue Testament lebt in der Erwartung der himmlischen Monarchie, die auf "Heerscharen" nicht verzichtet und "ewige Strafe" kennt.[83]

Das altgriechische Bild von den Göttern scheint demgegenüber ein schlichteres, 'primitives', ja vormenschliches Rangsystem zu spiegeln, jene "leicht lebenden" Überlegenen, deren Launen man hinzunehmen hat und die mit 'Vorsicht' zu behandeln sind. Diese Götter sind vor allem auf ihre 'Ehre' bedacht, sie "freuen sich, wenn sie von den Menschen geehrt werden",[84] sie insistieren auf ihrem Vorrang. "Siehst du, wie der Gott das Überragende mit seinem Blitz trifft; das Kleine stört ihn nicht", heißt es bei Herodot, und:

---

[79] Vgl. G. Sauer, *Die strafende Vergeltung Gottes in den Psalmen*, Erlangen 1961; K. Koch (ed.), *Um das Prinzip der Vergeltung in Religion und Recht des Alten Testaments*, Darmstadt 1972. Verwendet wird im Hebräischen vor allem der Stamm *nqm*; so "Tag der Rache" *jom naqam* in Jesaja 63, 4; "Herr der Vergeltungen", *el n^eqamot*, in *Psalm* 94, 1. Vgl. E. Jenni, *Theologisches Handwörterbuch zum Alten Testament*, München 1976, II 106–109. Daneben auch *shillam* 'heil machen'; vgl. Anm. 44.

[80] *Psalm* 94, 1.

[81] Karl Moor am Ende von Schillers *Räubern*: "Dein eigen allein ist die Rache".

[82] *Römerbrief* 12, 19, danach offenbar *Hebräerbrief* 10, 30, gegen *Deuteronomium* 32, 35, in der Septuaginta korrekt wiedergegeben.

[83] Matthäus 25, 46 (*kolasis aionios*).

[84] Euripides, *Hippolytos* 8, oft zitiert.

"Gott liebt es, alles Überragende zu beschneiden"[85] – da haben wir wieder jenes *kolouein/kolazein* und sind doch, mit dem berüchtigten "Neid der Götter",[86] vom *Magnificat* des Evangeliums gar nicht weit entfernt: Bei den Griechen wie in Israel wird der Gott gepriesen als der, der die Hohen erniedrigt und die Niedrigen erhöht; so Hesiod im Proömium seines Gedichts *Werke und Tage*, so Maria: Zeus *[35]* "macht leicht den Herausragenden klein und läßt den Unbedeutenden wachsen"; der Herr "stößt die Gewaltigen vom Stuhl und erhöht die Niedrigen".[87] Das ist großartig und findet zustimmenden Widerhall – und doch ist hier für einmal kein Wort von 'Schuld' und 'Strafe', von Begründung und moralischer Rechtfertigung, nur vom Wechsel ist die Rede, der einen Ausgleich herstellt. Darin erweist sich die überragende Macht des Gottes. Die religiöse Emotion erfüllt sich im 'vertikalen' Modell.

Denn auch die kapriziösen Griechengötter sind gerade in ihrer Überlegenheit Garanten des menschlichen, ihnen untergeordneten Rechts, schon als Wahrer der Eide.[88] Von göttlicher Strafe ist auch bei Homer und Hesiod durchaus die Rede.[89] In der Parodie der Fabel verallgemeinert dies Archilochos: Der Fuchs betet zu Zeus: "Dir liegt die Übertretung und das Recht der Tiere am Herzen".[90] Für die Menschenwelt sollte erst recht gelten: Es ist das übergewichtige Ausgreifen, die *hybris*, die den Gott herausfordert und darum die Vergeltung gemäß dem 'Recht', *dike*, geschehen läßt. Absolut gesetzt wird das Postulat der göttlichen Überwachung gerade in dem berühmten 'atheistischen' Text des Kritias oder Euripides über die Erfindung *[36]* der Religion: Ein kluger Gesetzgeber dachte sich den allwissenden, geistigen Gott aus als das Auge des Gesetzes, dem nichts entgehen kann. Die Furcht vor Strafe soll die Menschen zur Moral zwingen, "auf daß das

---

[85] Herodot 7, 10d; vgl. die Erzählung von Polykrates 3, 40, 2.

[86] Zum 'Neid' vgl. E. Milobenski, *Der Neid in der griechischen Philosophie*, Wiesbaden 1964; P. Walcot, *Envy and the Greeks. A Study in Human Behaviour*, Warminster 1978, 22–51. Die Göttin Nemesis als irrationales 'Übelnehmen' ist nicht als 'Rache' zu vereindeutigen; gegen Gehrke, a. a. O., 130.

[87] Hesiod, *Erga* 1ff.; Lukas 1, 46ff.

[88] Vgl. Verf., *Griechische Religion der archaischen und klassischen Epoche*, Stuttgart 1977, 371–382.

[89] H. Lloyd-Jones, *The Justice of Zeus*, 2. Aufl., Berkeley 1983; Saunders, a. a. O., 33–46. Vgl. auch Verf., "ΘΕΩΝ ΟΠΙΝ ΟΥΚ ΑΛΕΓΟΝΤΕΣ. Götterfurcht und Leumannsches Mißverständnis", *Museum Helveticum* 38 (1981), 195–204. In der griechischen Fassung des Sukzessionsmythos ist die Herrschaft des letzten, jüngsten, Zeus, darum definitiv, weil sie mit 'Recht' (*themis*) zusammenhängt; vgl. G. Steiner, *Der Sukzessionsmythos in Hesiods Theogonie und ihren orientalischen Parallelen*, Diss. Hamburg 1959; M. L. West, *Hesiod Theogony*, Oxford 1966, 18–31.

[90] Archilochos, Fr. 177 West.

Recht Tyrann sei".[91] 'Tyrannis' also wird aufgebaut, damit das Recht seinen Lauf nehmen kann: Es bedarf der vertikalen, der absoluten Hierarchie und darum eben des Gottes.

So erscheint bei Juden, Griechen und Christen die göttliche Strafmacht als wesentlicher Teil der göttlichen Macht überhaupt. Der jüdische Philosoph Philon von Alexandrien konstatiert in seiner Theologie zwei Kräfte des 'Seienden', die Macht der Gnade und die Macht der Strafe Gottes;[92] er verweist auf die Statue des Apollon von Delos, der in der rechten Hand Chariten, in der linken aber den Bogen hält: *Charis* "freundliche Gunst" soll den Vorrang haben und steht doch in untrennbarer Verbundenheit der *kolasis* 'Strafe' gegenüber. Kelsos, der heidnische Kritiker des Christentums, hält den Christen vor, wie unsinnig ihre Passionsgeschichte sei: Gott hätte strafend dazwischenfahren müssen, wenn denn wirklich sein Sohn, Jesus, gemartert wurde; Heidengötter, meint Kelsos, hätten sich gegen Lästerer in offenbarer und heftiger Weise gewehrt; so jedenfalls die erbaulichen Legenden, auf die er sich beruft.[93] Origenes aber erwidert Kelsos seinerseits, Gott habe doch in offenbarer Weise gestraft: Die Schuld lag beim Volk der Juden, das nun vernichtet ist.[94] Ein spätantiker Text, betitelt *[37] Die Strafe/Rache des Erlösers (Vindicta Salvatoris)*, handelt von der Eroberung und Zerstörung Jerusalems durch die Römer; der Text diente vor allem im Spätmittelalter als Grundlage frommer Mysterienspiele.[95] Uns schaudert vor solcher Theodizee ob ihrer Folgen, wir müssen aber hinnehmen: Das Gute, das Göttliche schien eben ob seiner Strafgewalt verehrungswürdig. Einzig Mani, der Begründer des Manichäismus, suchte einen Gott zu fassen, der nur gut und nichts als gut ist, mit der Konsequenz, daß dieser Gott nun allerdings dem Angriff des Bösen wehrlos gegenübersteht: Ein Gott ohne Strafgewalt, kann er nur den Sohn zum Opfer geben. Aus griechischer Sicht mußte dies geradezu zum Hohn reizen: "ein Feigling und miserabler Stratege" sei solch ein Gott; so Simplikios.[96] Hängt es damit zusammen, daß der Manichäismus schließlich untergegangen ist?

Zurück zu unserer Welt: Die Alltagserfahrung folgt selten den Legenden und Fabeln, sie scheint die strafende Gerechtigkeit des Gottes oder der

---

[91] Kritias, *Tragicorum Graecorum Fragmenta* I, 43 F 19, 6.

[92] Philon, *Quis rerum divinarum heres* 166: *charistike/kolastike dynamis*; vgl. *Theologisches Wörterbuch* (s. Anm. 21), III 816.

[93] Origenes, *Contra Celsum* 8, 41.

[94] Origenes, *Contra Celsum* 2, 34.

[95] S. K. Wright, *The Vengeance of our Lord. Medieval Dramatizations of the Destruction of Jerusalem*, Toronto 1989.

[96] *In Epictetum Commentaria* p. 70 Dübner; vgl. A. Adam, *Texte zum Manichäismus*, 2. Aufl., Berlin 1969, nr. 51.

Götter immer wieder in Frage zu stellen. Diesem Problem stellen sich schon die 'Weisheitstexte' aus Ägypten, Mesopotamien und Israel, das Buch Hiob zumal. Auch wenn man, in Israel wie in Griechenland, die Perspektive von "Kindern und Kindeskindern" dazunimmt, an denen Belohnung wie Strafe sich schließlich erweisen soll,[97] kommt die ausgleichende Gerechtigkeit in unserer Welt offenbar nur höchst unzulänglich zur Entfaltung. So bewältigt denn religiöse Phanta-[38]sie und religiöse Verkündigung den postulierten Ausgleich im Entwurf eines Jenseits, mit Mythen, die zu hemmungslosen Strafphantasien werden können. Die Verbrechen und Leiden der Welt, die Klagen der Erniedrigten und Beleidigten verhallen nicht ungehört. Schon Ägypter malten eine Feuerhölle aus, Platon läßt feurige Schergen auftreten; wesentlich ist ihm dabei klarzustellen, "um weswillen" die Strafe vollzogen wird:[98] Schuld und Strafe gehören zusammen und bedingen sich gegenseitig. So ertönt die Stimme der Büßer aus dem Tartarus bei Vergil: "Lernt Gerechtigkeit, und die Götter nicht zu verachten", *discite iustitiam moniti et non temnere divos*.[99] Selbst ewige Strafen also dienen einem 'Lernprozeß'; zu lernen aber ist vor allem die rechte Hierarchie, "Götter nicht zu verachten".

Es gibt eine spekulative Möglichkeit, die horizontale Perspektive des Ausgleichs auch ohne himmlische Garanten konsequent durchzuführen, in der Hypothese einer Seelenwanderung, die dem Prinzip einer perfekten Talion folgt, so daß nach unpersönlichem Gesetz im jeweils folgenden Leben der Ausgleich zustande kommt. Seelenwanderung wurde wie in Indien auch in Griechenland gelehrt;[100] sie hat in unserer Kultur bisher nur begrenzt Fuß fassen können.

So problematisch die göttliche Strafe in spekulativer Theologie bleibt, so überzeugend kann sie in existentieller Perspektive als Deutung des eigenen Lebens erscheinen. Das real erlebte, erlittene Unglück als 'Strafe' zu verstehen, ist [39] eine weitum geübte Form religiöser Sinndeutung, ja etablierte religiöse Praxis zur Bewältigung von Unheilserfahrung.[101] Krankheitsnot drängt sich, verständlicherweise, immer wieder in den Vorder-

---

[97] *Exodus* 20, 4; Solon, Fr. 13, 31f. West.

[98] Platon, *Politeia* 616a; zur Abschreckung durch Strafe bei Platon vgl. Anm. 5.

[99] Vergil, *Aeneis* 6, 620.

[100] Verf., *Griechische Religion* (s. Anm. 88), 444. Zum Ausgleich im nächsten Leben besonders Platon, *Leges* 870de; zur "Gerechtigkeit des Rhadamanthys" Aristoteles, *Ethica Nicomachea* 1132b 25.

[101] Es gibt freilich auch andere Reaktionen religiösen Brauchs, Ersatzopfer im Sinn eines klugen Austausches oder Sündenbock-Mechanismen; vgl. R. Girard, *La Violence et le Sacré*, Paris 1972; Ders., *Le bouc émissaire*, Paris 1982; aber auch Verf., *Structure and History in Greek Mythology and Ritual*, Berkeley 1979, 59–77.

grund. "Hat dieser gesündigt oder seine Eltern?" fragte man Jesus angesichts eines Blindgeborenen; 'Sünde' muß auf jeden Fall, wie man voraussetzt, die Ursache sein – was Jesus freilich ablehnt.[102] Nicht so der hethitische König Mursilis, um 1340 v. Chr.: Die Pest lastet auf seinem Land, und obschon er weiß, daß Kriegsgefangene sie eingeschleppt haben, sucht er nach 'Sünde', die dies erklären soll, er studiert Urkunden und befragt Orakel: Hat er selbst einen Verstoß begangen oder sein Vater? Er findet, daß Opfer an den Fluß Euphrat unterblieben sind, doch auch, daß der Vater einen Vertrag gebrochen hat. So kann der König Maßnahmen treffen und versichern: "Die Ursachen für die Pest, die festgestellt wurden, habe ich beseitigt. Ich habe reichlichen Ersatz geleistet".[103] Ersatz schafft Versöhnung im Umgang mit den Göttern. Im Grund ganz parallel verläuft der Anfang der *Ilias*: Die Pest ist da, die Scheiterhaufen brennen, der Seher nennt die Ursache des Götterzorns: Ein Priester des Apollon ist beleidigt worden; man muß ihm Ersatz leisten und kann dann auch den Gott durch Fest und Opfer versöhnen. Noch eindrucksvoller, realitätsnäher sind Dokumente von Privatkulten, wie sie vor *[40]* allem aus dem kaiserzeitlichen Kleinasien stammen, etwa: "Unwissend habe ich Bäume geschlagen aus dem Hain des Sabazios und der Anahita. Ich wurde bestraft. Jetzt habe ich ein Gelübde getan und weihe dankend dieses Monument" – so lesen wir es dann auf einer steinernen Stele. Die 'Strafe' wird sich in einer Krankheit manifestiert haben; die Weihung will die Heilung dokumentieren und sichern.[104]

Leiden also finden ihre Therapie oder werden zumindest einsichtig und insofern erträglich gemacht, indem sie als göttliche Strafe gedeutet werden. Das Böse in der Welt sei in erster Linie Strafe Gottes, behauptete der stoische Philosoph Chrysipp.[105] Die prophetische Geschichtsdeutung Israels hat die historische Katastrophe einschließlich der Zerstörung des Tempels von Jerusalem zur Strafe für die Abgötterei des Volkes erklärt. Ein System von Ursache und Folge wird so entworfen; es vollzieht sich ein grundlegender Akt von Sinn-Konstitution: Im Aspekt der 'Strafe' wird ein Zusammenhang hergestellt, der den Ablauf der Welt begreiflich macht. Bestätigt wird auch hier im 'strafenden' Ausgleich das vertikale Modell, wie denn die Praktiker der Religion, die Heiligtümer und Priester weithin ihre Autorität daraus beziehen.

---

[102] Johannes 9, 2.

[103] *Ancient Near Eastern Texts* (s. Anm. 9), 394f.; R. Lebrun, *Hymnes et Prières Hittites*, Louvain-La-Neuve 1980, 192–239.

[104] Ältere maßgebende Sammlung: F. S. Steinleitner, *Die Beichte im Zusammenhang mit der sakralen Rechtspflege in der Antike*, Diss. München 1913, hier Nr. 14 *[= G. Petzl, "Die Beichtinschriften Westkleinasiens", Epigraphica Anatolica 22, 1994, 99 Nr. 76]*.

[105] Plutarch, *De Stoicorum Repugnantiis* 1050e.

Geschichte als Sinngebung des Sinnlosen war der Titel eines Buchs von Theodor Lessing (1916). Man kann für die persönlich-privaten 'Geschichten', wie sie hier referiert wurden, auf diese Formel zurückgreifen: In der Tat, die überwundene Unheilserfahrung wird zu einer Geschichte, die sich erzählen läßt; so werden Lebensbeichten dokumen-*[41]*tiert, doch wuchert die Erzählung dann auch in Fabel und Legende. Genau genommen handelt es sich um eine Erzählstruktur zweiten Grades, werden doch je zwei 'Geschichten' miteinander kausal verknüpft, die von der 'Tat' und die von der 'Strafe': Da war einmal das Fällen der Bäume, und nun Krankheit, Gelübde und Heilung. Oder ein anderes einprägsames Beispiel aus dem Alten Testament:[106] Ein 'Gottesmann' ist mit einem Auftrag Jahwes zu König Jerobeam entsandt worden; sein Auftrag schloß das Gebot ein, unterwegs nicht zu essen noch zu trinken; er ließ sich dann aber doch durch einen freundlichen 'Kollegen' einladen; die Folge blieb nicht aus: "Unterwegs aber stieß ein Löwe auf ihn und tötete ihn". Ein seltener 'Zufall' erhält seinen Stellenwert, indem er mit dem früheren Ereignis verknüpft wird. Das ganze demonstriert die göttliche Macht und Lenkung und ist zugleich schaurig schön. Auch der kausal erklärende Historiker vermag sich solcher Erzählform kaum zu entziehen.[107]

War beim Blick auf 'Vergeltung' zunächst das physikalische Grundprinzip der Erhaltungssätze in den Blick geraten, so scheint hier eher das nicht minder universale Prinzip der Kausalität, das zweite Prinzip unserer rationalen Welt, zu wuchern.[108] Vergeltung, umstellt von 'irrationaler' Lei-*[42]*denschaft, postuliert einen Sinnzusammenhang: Man kann es doch nicht einfach so hinnehmen... So lassen sich, Menschen, und erst recht aggressiv geschlossene Menschengruppen, ihre Rache nicht nehmen, aus einem 'Gefühl' der Gerechtigkeit. So schaffen wir uns eine gedeutete Welt und suchen sie aufrechtzuhalten. Freilich, mit den Worten der ersten Duineser Elegie, "die findigen Tiere merken es schon, daß wir nicht sehr verläßlich zuhaus sind in der gedeuteten Welt".

Um zusammenzufassen: Nachgegangen wurde anhand antiker Traditionen dem Paradox, wie im Prinzip der 'Vergeltung' seit je und überall sich Emo-

---

[106] *1. Königsbuch* 13.

[107] So spricht etwa der Rationalist Polybios von der "eigentümlichen Vergeltung" (*oikeia amoibe*), gewirkt vom *daimonion*, in bezug auf ein besonders grausames Verbrechen: Polybios 1, 79f.; 1, 84, 10.

[108] Einen großangelegten Entwurf über Vergeltung und Kausalität hat Kelsen vorgelegt, doch wird man seinem Fortschrittsgedanken, insbesondere dem Konstrukt einer "primitiven Naturauffassung", nicht mehr folgen können; vgl. H. Kelsen, *Vergeltung und Kausalität*, Wien 1982 (engl. *Society and Nature*, Chicago 1943).

tionales und Rationales durchdringen, wobei ein 'vertikales' und ein 'horizontales' Modell sich überkreuzen. Wir finden die Akzeptanz der Hierarchie als uralt ererbte Sozialisationsform, wir finden das Postulat universellen Ausgleichs und nachvollziehbarer Kausalität als Einsicht in die allgemeinsten Formen einer stabilen Welt. Anaximandros meinte, daß dem Ausgleich durch *tisis* und *dike* ein erstes und herrschendes Prinzip vorgeordnet sein müsse, eine *arche*, unbegrenzt und göttlich. Wir haben unsererseits den Zusammenbruch fast aller Autoritäten und Hierarchien erlebt; so beschäftigt sich kaum durch Zufall die Grundlagen-Wissenschaft zur Zeit vorzugsweise und hingebungsvoll mit dem Begriff des 'Chaos'. Vielleicht sind weitere Fortschritte der menschlichen Einsicht in die Wirklichkeit zu erwarten; wie übergeordnete Regelung zustande kommt, inwieweit das freie Spiel des Austausches nach dem Prinzip des universalen Marktes ohne übergeordnete Macht auf die Dauer sich bewähren kann, steht dahin. Wir sollten uns jedenfalls nicht wundern, wenn Emotionen nicht aufhören, nach der fundamentalistischen Regression zur Autorität zu verlangen.

Erschienen in: F. Stolz, Hg., Homo naturaliter religiosus, Bern 1997, 13–38

14. Fitness oder Opium?
Die Fragestellung der Soziobiologie im Bereich alter Religionen

Inwieweit von einer 'menschlichen Natur' die Rede sein könne, ist in den modernen Kulturwissenschaften durchaus kontrovers geworden; insofern steht das Stichwort *Homo naturaliter religiosus*? scheinbar verquer in der Landschaft. Eben dies freilich verweist auf die paradoxe Situation von Religion überhaupt;[1] indem die modernen Kulturwissenschaften Kultur als soziales Kommunikationssystem fassen, ergibt sich zugleich, dass eine scheinbar unbegrenzte Vielfalt von solchen Systemen in Geographie und Historie auffindbar ist – auch wenn heutzutage alles in das Konglomerat des 'Weltdorfes' einzugehen scheint. Damit hat sich der naiv-traditionelle Begriff einer 'menschlichen Natur' aufgelöst: "Es gibt keine menschliche Natur, die von Kultur abtrennbar wäre"; "die Menschheit ist in ihrem Wesen so vielgestaltig wie in ihren Ausdrucksformen", hat etwa Clifford Geertz formuliert.[2] Es bleibt die Aufgabe, jede einzelne Kultur in ihrer Besonderheit zu analysieren; der Unterschied bestimmt das Wesen.

In der Tat, Religion erscheint stets in spezifische Einzelkulturen integriert, gehört also, wenn man vom Gegensatz Natur/Kultur ausgeht, auf die eine und nicht auf die andere Seite. "Religion as a cultural system" ist der Titel eines zu Recht berühmten Aufsatzes von Clifford Geertz.[3] Émile Durkheim hatte seinerzeit *[14]* die Augen dafür geöffnet, wie sehr Religion ein soziales Phänomen ist.[4] Seither ist man besonders auf Formen und Funktionen der Kommunikation in den jeweiligen Gruppen aufmerksam geworden, die sich mit Methoden des Strukturalismus und der Semiologie analysieren lassen. Wichtige und einflussreiche ethnologische Studien haben exotische Systeme von Religion und Kultur je in ihrem spezifischen Zusammenhang vor Augen geführt, bei den Nuer oder den Azande, den

---

[1] Die folgenden Überlegungen sind ausführlicher dargestellt in: Burkert 1996.
[2] Geertz 1973, 35f.
[3] 1973, 35ff.
[4] Durkheim 1912.

Bewohnern der Andaman-Inseln oder den "Argonauten des westlichen Pazifik".[5] Auch im Bereich der Antike sind wichtige Untersuchungen unter solchen Gesichtspunkten durchgeführt worden, vor allem in der 'Pariser Schule' von Jean-Pierre Vernant,[6] deren Arbeiten mit Ausschliesslichkeit der griechischen Polis des 8. bis 4. Jahrhunderts v.Chr. gelten.

Hier aber liegt das Paradox der Religion in den Kulturwissenschaften: Religion ist nicht Sache einer Einzelkultur. Religionen können sehr unterschiedliche Kulturen umfassen: Was hat Marokko mit Java gemeinsam? Den Islam. Religionen können sich diachron durch grundlegende kulturelle Veränderungen hindurch behaupten; das Christentum wird demnächst 2000 Jahre alt. Religion findet sich in praktisch allen menschlichen Kulturen. Mit anderen Worten, Religion lässt sich nicht als "kulturelles System" innerhalb einer Einzelkultur erklären. Sie gehört zu den "anthropologischen Universalien", so gut wie Sprache und Kunst.

Auf diese Dreiheit ist zurückzukommen. Doch zuvor sei die eben aufgestellte These erläutert. "Weder die Geschichte noch die Ethnologie kennt Gesellschaften, in denen Religion völlig fehlt", schrieb der Anthropologe Rappaport 1971.[7] Die Antike sprach vom *consensus gentium*. Es kommt dabei nicht so sehr daraus an, ob Ethnographen doch noch die eine oder andere Ausnahme zur Regel finden mögen; es ist der *consensus*, der zu *[15]* erklären bleibt. Gewiss, es gibt dramatische Unterschiede in religiösen Vorstellungen und Glaubensinhalten und erst recht in religiöser Praxis. Obendrein wird Religion oft zum eigentlichen Hindernis für die Verständigung; sie scheint 'Pseudo-Spezies' zu schaffen, die sich bekämpfen – so Katholiken, Orthodoxe und Muslims in Bosnien. Doch sogar diese Funktion der Gruppenbildung und Abgrenzung ist ein allgemeines Charakteristikum von Religion.

Der Allgegenwart von Religion entspricht ihre beharrliche Dauer über lange Zeiträume hinweg. Religion hat die 'neolithische Revolution' mit der Erfindung des Ackerbaus überlebt, die 'urbane Revolution' an der Schwelle der Hochkulturen, schließlich auch die 'industrielle Revolution' vor rund 200 Jahren. Es gibt Christentum seit fast 2000 Jahren, Judentum seit etwa 2500 Jahren, Brahmanen und Zarathustrier seit vielleicht 3000 Jahren; die Ikonographie der Grossen Göttin können wir in Anatolien mindestens bis zur neolithischen Kultur von Çatal Hüyük zurückverfolgen, vor 8000 Jahren. Religion muss in ihrer uns, kenntlichen Form bereits bestanden haben als die Menschen nach Amerika kamen, vor mindestens 15000 Jahren – denn die Religionen der Neuen Welt, wie sie die Spanier vorfanden, waren

---

[5]   Evans-Pritchard 1937, 1956; Radcliffe-Brown 1948; Malinowski 1922.

[6]   Z. B. Vernant 1974, 1991; Vernant; Vidal-Naquet 1986.

[7]   Rappaport 1971, 23.

als solche durchaus kenntlich und denen der Alten Welt vergleichbar. Es
besteht kein vernünftiger Zweifel, und es gibt einige Hinweise dafür, dass
Religion mindestens seit dem Jungpaläolithicum besteht, also seit rund
40'000 Jahren. Bestattungszeremonien kannte früher schon der Neanderthaler. Offenbar ist Religion nur einmal und kein zweites Mal erfunden
worden; sie war überall und immer schon da, wurde von Generationen zu
Generation weitergegeben, seit unvordenklicher Zeit. Die Stifter neuer
Religionen, seien es Zarathustra, Jesus oder Mohammed haben bei aller
Originalität nicht aus dem Nichts geschaffen, sie haben Bestehendes
umgestaltet, umgedeutet, gelegentlich ins Gegenteil verkehrt und bleiben
damit doch in einem Rahmen, innerhalb dessen die Familienähnlichkeit
religiöser Erscheinungen unverkennbar ist.

Eine allgemeine, kulturunabhängige Definition von 'Religion' zu geben
ist trotzdem bekanntermaßen ein sehr schwieri-*[16]*ges Unterfangen. Es
geht um Formen streng geregelten Verhaltens, das als 'Verehrung' verstanden wird, um Darbringung von Gaben, Schlachten von Tieren und Ess-
gemeinschaft, um Sprachkontakt mit 'höheren Wesen' in Form von Gelübden und Gebeten, um Lieder, Tänze, Erzählungen und Lehren in Bezug auf
jenes 'Höhere' und seine Erfordernisse. In der Regel werden religiöse
Forderungen und Begründungen mit Vorrang akzeptiert. Skepsis von Seiten
einzelner ist nicht ausgeschlossen, doch gilt es als 'weise', sie auszugrenzen. "Der Tor spricht in seinem Herzen: Es gibt keinen Gott", heißt es im
alttestamentlichen Psalm[8] – und wenige waren töricht genug, dies laut zu
sagen. Selbst antike Rhetoren kennen das Rezept: "Man muss das Göttliche
ehren – niemand widerspricht dieser Mahnung, es sei denn, er wäre zuvor
verrückt geworden."[9]

Dies ist noch keine Definition. Sehr viele Vorschläge, Religion zu definieren, lassen sich finden, aufreihen und diskutieren, es fehlt auch keineswegs an grundsätzlichen methodischen Überlegungen zu dem Problem.[10]
Hier mag genügen, einige Charakteristika zu benennen, die das 'Religiöse'
in nahezu allen Fällen markieren. Ausgegangen wird dabei vom beobacht-
baren Verhalten; der Anspruch auf "Wahrheit" der "höheren Wirklichkeiten" steht, zumindest beim Rückblick auf Religionen der Vergangenheit,
nicht im Vordergrund. Auf 'alte', d. h. vorjüdische, vorchristliche, vorisla-
mische Religionen nimmt das Folgende immer wieder Bezug; dies hat den
Vorteil, dass man keinen Lebenden beleidigt. Die alten Religionen sind uns
nur indirekt zugänglich; aber es hat sie sehr, sehr lange gegeben.

Drei dieser Charakteristika seien festgehalten. Das erste ist negativ:
Religion hat es mit dem Nicht-Evidenten zu tun. Gerhard Baudy spricht von

---

8   *Psalm* 52 (53) 2.
9   Pseudo-Libanios, *Characteres epistularum* 1, ed. Weickert 1910, 15, Zl. 11.
10   Vgl. etwa Richter-Ratschow 1961; King 1986; Kohl 1988; Dierse 1992; Saler 1993.

der "szenischen Ergänzung"; der Sophist Protagoras sprach von der "Undeutlichkeit", der *adelotes* der Göt-*[17]*ter.[11] Religion zeigt sich in Handlungen und Einstellungen, die nicht mit direkt vorhandenen Partnern zu tun haben, die nicht unmittelbar praktische Funktionen erfüllen; sie demonstrieren Umgang mit etwas, das nicht in alltäglicher Weise sichtbar, greifbar, manipulierbar ist. Für Fremde scheint religiöses Handeln darum in der Regel unverständlich, verwirrlich, absurd. Man 'sieht' nicht ohne weiteres, worum es in der Religion geht; dies schließt eine allgemein menschliche Basis der Einfühlung, Deutung, Übersetzung keineswegs aus. *Adelotes* ist kein hinreichendes und doch ein grundlegendes Kriterium des Religiösen.

Allerdings wird innerhalb der Religionen diese 'Undeutlichkeit' immer wieder bestritten. Es gibt den Verweis auf besondere Arten der Erfahrung, vom 'Gefühl', das 'alles' sei, bis zu Formen veränderten Bewusstseins, Meditationen, Visionen, Trance und Ekstase. Niemand wird das Vorhandensein dieser Phänomene bestreiten; und doch: Religionsgeschichte ereignet sich nur, wenn diese Phänomene akzeptiert und in festgelegter Weise interpretiert werden, womit sie in der Regel in bereits bestehende religiöse Strukturen einbezogen und nach deren Kriterien geformt werden. Der Apostel Paulus, selbst ein Ekstatiker, war nicht bereit, jede Art spiritueller Botschaft anzuerkennen:[12] "Prüfet die Geister!"[13] M. a. W., "Religion als kulturelles Phänomen" ist bei diesen Erfahrungen immer schon vorausgesetzt und greift regelnd ein. Wir haben es nicht schlechterdings mit dem 'Ursprung' von Religion zu tun.

Ein zweites Charakteristikum der Religion tritt in seiner Weise der "Undeutlichkeit" entgegen: Religion zeigt sich durch Interaktion und Kommunikation; eben hierin liegt ihre Bedeutung für die Systeme einzelner Kulturen. Selbst der Eremit wie der heilige Meinrad am Etzel blieb in Kommunikation eingebunden, insofern er bewundernde Beachtung fand, ja zum Zentrum wallfahrender Anhänger wurde. Genauer besehen schafft *[18]* religiöse Kommunikation stets die Schnittstelle zweier Ebenen: Der Umgang mit dem Unsichtbaren einerseits entsendet Signale in die konkrete gesellschaftliche Situation andererseits. In Handlungen und Einstellungen und insbesondere in ausgeformten sprachlichen Gestaltungen werden jene 'undeutlichen', nichtevidenten Partner eingeführt, anerkannt und umsorgt, werden von Menschen unterschieden und doch in vieler Hinsicht analog genommen. Sie gelten als überlegen nicht zuletzt durch ihre Unsichtbarkeit; sie sind in kulturspezifischer Klassifizierung als Geister, Dämonen, Götter oder auch Ahnen benannt. Doch wird die Kommunikation mit ihnen immer

---

[11] Diels-Kranz 1952, 80 B 6.

[12] Siehe die Ausführungen über das 'Zungenreden' *1. Kor.* 12; 14.

[13] *1. Brief des Johannes* 4, 1.

auch die normale gesellschaftliche Kommunikation beeinflussen, ja prägend mitgestalten und umgestalten. Insofern ist nicht selten eine besondere Art indirekter Kommunikation festzustellen: Das Übernatürliche' wird benützt, bestimmte durchaus realistisch gemeinte Absichten kommunikativ durchzusetzen. Man könnte so weit gehen, das Göttliche als 'soziales Werkzeug' zu bezeichnen.[14]

Hierin implizit ist bereits ein drittes Charakteristikum von Religion: der Anspruch auf Vorrang, eine besondere Art von 'Ernst'. Der Theologe Paul Tillich sprach von "ultimate concern", eine Welt-Religionskonferenz von "ultimate reality". Hierin unterscheidet sich Religion in markanter Weise von anderen Formen symbolischer Kommunikation, vor allem vom Spiel und auch vom Umgang mit der Kunst. Auch im Spiel werden nichtevidente, unsichtbare Wesen als Partner geschaffen oder auch vorhandene Partner in eine andere Wirklichkeit versetzt, so dass es in einer Welt des Als-Ob zu Interaktionen kommt; doch bleibt bewusst, dass 'Spiel' dem 'Ernst' entgegengesetzt ist; man kann ungehindert und unverletzt aus dem Spiel heraustreten. Anders die Religion, die mit einem Postulat des Vorrangs auftritt, der Notwendigkeit, der Gewissheit, dass dies zu dieser Zeit in dieser Form geschehen muss; andere Pläne, Wünsche und Vorlieben werden zurückgestellt. Die Spartaner brachen Feldzüge ab, um ein gerade fälliges Fest zu feiern; es gab Juden, die um *[19]* der Sabbathruhe willen sogar auf Selbstverteidigung verzichteten.[15] Religion ist eine absolut ernste Sache. Das Unsichtbare fordert Verehrung, ja Unterwerfung. Das Ich sieht sich auf niedrigeren Rang verwiesen. Übernatürliche Macht nimmt auch reale Objekte und Bereiche in Besitz, die als 'heilig' oder 'tabu' zu respektieren sind. Religion kann sich als todernst im wörtlichsten Sinne erweisen: Es gibt Selbstopfer unter religiösem Panier, Heilige, die sich zu Tode hungern, aber auch lebende Bomben, ja Massen-Selbstmord, selbst in der Schweiz 1995. Nicht selten liefert Religion auch die höchste Rechtfertigung für Gewalt, ja nackten Mord – Menschenopfer, Hexenverbrennungen, Religionskriege, die *fatwa* eines Ayatollah. So manifestiert sich der Vorrang des Religiösen, absoluter Ernst in Interaktion mit dem nicht verifizierbaren 'Höheren'. Dies sind Charakteristika von Religion. Religion ist nicht Sache eines kulturellen Ausgleichs und immer neuen 'Verhandelns'.

Um zusammenzufassen: Religionen der Vergangenheit wie der Gegenwart erscheinen stets in kulturspezifischem Umfeld, geprägt von der jeweiligen Gesellschaft, ihrer Geschichte, ihrer Sprache; sie lassen sich in diesem Rahmen als symbolisches System, als kulturelles Phänomen in oft faszinierender Weise interpretieren. Doch Erklärung oder Ableitung von Religion

---

[14] Der Begriff "soziales Werkzeug" stammt von Sommer 1992, 111f.

[15] *Makkabäer* 2, 29–41.

im Rahmen einer geschlossenen Einzelkultur ist ausgeschlossen. Die allgemeine Verbreitung und das Alter religiöser Manifestationen sprengt den Rahmen. Eine Wissenschaft der Religion bedarf einer umfassenderen Perspektive jenseits der Einzelkulturen. Notwendigerweise kommt dabei der Gesamtprozess menschlicher Evolution ins Spiel, der seinerseits vom Strom der Entwicklung von Leben überhaupt umfangen ist. Insofern darf man doch wohl von der 'Natur' sprechen, die alle Kulturen umgreift. Also doch *Homo naturaliter religiosus*?

In dieser Problematik taucht mit dem Begriff 'Soziobiologie' ein Reizwort auf, das zur Diskussion zu stellen fast schon einen Tabubruch bedeutet. Es wird auch mehr kontroverse Überle-*[20]*gungen als Ergebnisse geben. Die Geisteswissenschaften oder Kulturwissenschaften, wie man sie vielleicht zutreffender nennen sollte, einerseits und die Naturwissenschaften andererseits halten Distanz, ja scheinen nach manchen Annäherungen in jüngster Zeit eher wieder auseinander zu driften. Man hat schon vom 'neuen Dualismus' gesprochen,[16] der den alten Dualismus von Materie und Geist ersetzt. Die Kulturwissenschaften müssen um ihre Daseinsberechtigung ringen, zumal unmittelbarer technisch-wirtschaftlicher Profit aus ihnen kaum erwächst. So wehren sie sich gegen die erfolgreiche andere Art der Wissenschaft; diese Auseinandersetzung läuft seit mehr als 100 Jahren. Ein nicht mehr taufrisches Schlagwort der Verteidigung ist der Vorwurf des 'Reduktionismus', sobald geistig-kulturelle Phänomene mit Naturwissenschaft, mit Biologie zumal in Zusammenhang gebracht werden, als sollte Geistiges simplifizierend auf Materielles zurückgeführt werden. Dieses Schlagwort ist freilich insofern problematisch geworden, als moderne Biologie nicht einfacher ist als irgend eine Geisteswissenschaft, eher weit komplexer. Wie dem auch sei, Religion gehört ohne Zweifel zum Bereich der Geisteswissenschaften, ja kann als das Extrem des 'Geistigen' erscheinen, das das 'Biologische' endgültig übersteigt.

1975 hat E. O. Wilson die "Soziobiologie" als "die neue Synthese" vorgestellt.[17] Die Soziobiologie nimmt die "gemeinsame Evolution von Genen und Kultur" in den Blick und konstatiert ihre andauernde gegenseitige Wechselwirkung. Kultur, die dem Leben so viel mehr sichere Chancen bietet, wirkt zugleich als Auslesefaktor. Kulturelle Regeln, in bestimmten Institutionen verankert, begründen eine neue Art von 'Fitness'. Wer sich ihnen am besten anpassen kann, hat zugleich die besten Chancen, sich fortzupflanzen; eben dadurch perpetuieren sich die Regeln. Kultureller Erfolg schlägt sich nieder als Fortpflanzungserfolg. "Cultural success consists in accomplishing those things which make biological success (that is, a

---

[16] Reynolds 1981, 13–18.
[17] Wilson 1975, 1978; Lumsden und Wilson 1981, 1983.

high inclusive fitness) prob-*[21]*able."[18] Die weniger gut Angepassten bleiben auf der Verliererseite, werden also an Zahl abnehmen, am Ende ganz verschwinden. In dieser Weise sollte die Entwicklung der Kultur und die Modifikation der Gene Hand in Hand gehen. Umgekehrt baut sich von den veränderten Genen aus sozusagen ein neues Geleise auf, das das Verhalten in eine bestimmte Richtung lenkt. Wenn beispielshalber jede Generation mindestens einen Krieg hat und dabei diejenigen, die nicht hingehen, die Nicht-Aggressiven, von den Kampfwilligen konsequent umgebracht werden – und für solche Praxis gibt es Belege über mehr als 3000 Jahre hin –, muss das Folgen haben für den Menschentyp oder wenigstens seine maskuline Variante; doch auch die angepassten Frauen werden den grösseren Fortpflanzungserfolg haben. So wird Kultur zur Natur, die die kulturelle Wertung und das kulturelle Verhalten festschreibt.

"Die Religion ist die größte Herausforderung für die Soziobiologie", schrieb schon E. O. Wilson,[19] ohne recht voranzukommen. In der Tat, wenn man überhaupt Überlegungen der Evolution akzeptiert, kommt man angesichts des universalen und uralten Phänomens Religion um die soziobiologische Fragestellung gar nicht herum. Drei Feststellungen sind m. E. fundamental:

1. Religion muss sich im Rahmen der menschlichen Evolution, im Prozess der 'Hominisierung' einmal entwickelt haben – Schimpansen und Bonobos, die doch über 98% der Gene mit uns teilen, haben offenbar keine Religion, wie auch keine Sprache und keine Kunst.

2. Im universalen Phänomen Religion wie in der Hominisierung überhaupt manifestiert sich die Geschichte eines Erfolgs: Es ist im Sinn der Evolutionstheorie ausgeschlossen, dass sich Eigenheiten entwickeln, die für die Spezies nachteilig sind.

3. Es sind im Bereich Religion sehr starke, oft lebensbestimmende Gefühle am Werk, die der rationalen Analyse und Diskussion sich zu entziehen scheinen. Ich akzeptiere die These der Biologen, dass starke, spontane Gefühle stets auf einer letztlich *[22]* biologischen Funktion beruhen.[20] Wir haben es also bei der Religion mit einem Phänomen höchster sozialer Relevanz auf biologischer Grundlage zu tun. Dabei stehen für die soziobiologische Erklärung der Religion fast beliebig lange Zeiträume zur Verfügung,

---

[18]   Irons 1979, 258.
[19]   Wilson 1978, 175, vgl. 169–93.
[20]   Vgl. auch Axel Michaels in diesem Band über 'Angst' *[= Axel Michaels, "Religionen und der neurobiologische Primat von Angst", 91–136].*

sagen wir: mindestens 1000 Generationen, während man bei anderen kulturellen Erscheinungen die Erklärungsansätze der Soziobiologie oft schon durch den Hinweis auf die Kurzlebigkeit dieser Erscheinungen aus dem Feld schlagen kann.

In diesem Zusammenhang empfehlen sich Überlegungen zum wichtigsten *universale* der Anthropologie, zur Sprache: Kein Zweifel, Sprache wird innerhalb der je besonderen Kultur erlernt, von frühester Kindheit an, mit einer dem Lebenskreis angepassten Semantik, mit je verschiedener Grammatik, mit einer jeweils sehr spezifischen Phonologie und Rhythmik, die den später Lernenden enorme Schwierigkeiten bereitet. Dabei ist Sprache in eine ununterbrochene Traditionskette eingebunden; so sehr sich Einzelsprachen im Lauf der Zeit ändern, auseinanderentwickeln, überlagern können, so ist doch Sprache als solche niemals neu erfunden worden; alle Sprachen dürften auf einen gemeinsamen Ursprung zurückgehen, der freilich wiederum wohl mindestens 40'000 Jahre zurückliegt und darum nicht rekonstruierbar ist. Sprache ist spezifisch menschlich, auch wenn Schimpansen und Bonobos über alle Erwartungen hinaus Ansätze zum Sprachverständnis und Sprachgebrauch im Umgang mit Menschen entwickeln. Unbestreitbar ist aber auch, dass Sprache ihre biologischen, ihre genetischen Grundlagen hat: Den Schimpansen und Bonobos fehlt der Apparat zur Lauterzeugung, die rechte Einrichtung von Kehlkopf und Stimmbändern, Rachen und Zunge. Unbestreitbar ist nicht minder die Auslesefunktion, die Sprache in menschlicher Gesellschaft längst angenommen hat: ein Kind, das nicht sprechen lernt, gilt als Idiot und fällt aus, früher in noch härterer Form als heutzutage. Hier also müssen der Fortschritt der Kultur und die Selektion der Gene sich gegenseitig *[23]* beeinflusst haben – ein Musterfall der soziobiologischen These. Sprache ist und bleibt ein kulturelles Phänomen, das doch genetische Veränderungen mitbestimmt hat und jetzt von der veränderten genetischen Basis getragen wird; nichtsdestoweniger muss jedes Kind Sprache von neuem erlernen. Die glatte Antithese von 'Natur' und 'Kultur' verwandelt sich hier in eine sehr viel kompliziertere Verfugung.

Die postulierte soziobiologische Entwicklung strotzt trotzdem von Problemen und ist nicht historisch festzumachen. Es ist unklar, wann und wie im Rahmen der Evolution Sprache entstanden ist, auf welchen Stationen etwa über *homo habilis, homo erectus, homo sapiens.* Es gibt die These, noch der Neanderthaler sei zu artikulierter Sprache nicht fähig gewesen; andere bestreiten dies.[21] Jedenfalls scheint eine kulturelle Revolution vor etwa

---

[21] Bestritten wurde die Sprachfähigkeit des Neanderthalers durch Lieberman 1972; vgl. Kruntz 1980; weitere Diskussionen in *Spektrum der Wissenschaft* 1989, 7, 34; 1991, 6, 100.

40'000 Jahren erfolgt zu sein; sie äußert sich in einer neuen Art von Zeichengebung, die eine besondere Art darstellenden Denkens voraussetzt.[22] Es geht dabei auch, aber nicht nur um die Geburt der Bildkunst, im Kontext allgemeinerer Arten von Markierungen, die Klassifizierungen, Kategorisierungen andeuten. Das gibt es vorher, insbesondere beim 'Neanderthaler' nicht. Und doch hat sich zugleich herausgestellt, dass der 'moderne' Mensch, *homo sapiens sapiens*, damals nicht, wie früher angenommen, neu aufgetreten ist; er war offenbar schon einige Zehntausende von Jahren vorher da, in Koexistenz mit dem Neanderthaler. Aber eben damals, vor etwa 40'000 Jahren, zur Zeit der "semiologischen Revolution", ist der Neanderthaler in einem relativ kurzen Zeitraum ausgestorben. Die Annahme liegt nahe, dass dies einem besonderen Mangel an "kultureller Fitness" zuzuschreiben ist, einer Unfähigkeit, die kulturelle Revolution der Zeichengebung mitzumachen. War es doch seine Sprachunfähigkeit? Weil damals keine neue Art aufgetreten ist, hat man formuliert, "dass die Biologie die damals erfolgte kulturelle Re-*[24]*volution nicht erklären kann."[23] Eine soziobiologische Überlegung könnte trotzdem hier einhaken: Nicht der Fortschritt, nicht die 'Erfindung' ist biologisch erklärbar – Konrad Lorenz sprach von der 'Fulguration' –, wohl aber die Rückwirkung auf diejenigen, die nicht mithalten konnten. Eine Veränderung, eine Erfindung kann einer vorhandenen Differenzierung eine neue Dimension geben. Denkbar ist, dass eine biologisch-genetische Besonderheit den Neanderthaler hinderte, ein neuartiges kulturell erlerntes Verhalten mitzumachen, und dass er darum ausschied. Insofern wird in diesem Fall die Soziobiologie gerade hier auf dem einzigartigen Überlebens-Vorteil der neuen Kulturstufe für *homo sapiens sapiens* bestehen: Er präsentiert sich seither als *homo loquens*, als *homo artifex* und eben auch als *homo religiosus*. Der Triumph der Theorie freilich ist zugleich ihr Fall: All dies liegt so weit zurück in der Prähistorie, dass detaillierte Verifikation so gut wie ausgeschlossen bleibt.

Will man die Entwicklung von Religion in Analogie, vielleicht sogar in Koppelung mit der Entwicklung der Sprache im Rahmen der "semiologischen Revolution" sehen, bleibt die gleiche Unmöglichkeit genauer Verifikation. Ja es steht noch schlimmer als im Fall der Sprache: Der soziale Vorteil des Sprechen-Könnens ist evident; der Vorteil des Religiösen, die besondere 'Fitness', die Religion bringt, ist sehr viel schwerer festzumachen. Dass religiöses Verhalten Überlebensvorteile, Fortpflanzungsvorteile mit sich bringt, wie sie die Soziobiologie sucht, scheint durchaus problematisch.

---

[22] Bar-Yosef; Vandermeersch 1993; White 1994.

[23] "Biology cannot explain the cultural revolution that then ensued": Bar-Yosef und Vandermeersch 1993, 64.

Es gibt die explizite Verneinung von 'Fitness' der Religion, sowohl aus der Innensicht und der Praxis gewisser Religionen wie auch aus polemischer Außensicht. Von innen her gibt es die Programme des Weltverzichts, von aussen her den Vorwurf des Drogengebrauchs: Religion sei "Opium fürs Volk".

Zunächst zum einen: Fast alle Religionen proklamieren Verzicht, viele radikalen Verzicht, den Verzicht auf Erfolg, oder jedenfalls auf die üblichen Güter der Welt. Dies gilt nicht nur fürs *[25]* Christentum, sondern besonders auch für den Buddhismus. Das Christentum preist seit seinen Anfängen den Altruismus bis zur Selbstaufopferung, ja das Martyrium; aber auch an islamischen Märtyrern fehlt es nicht. Allerdings, Märtyrertum bringt einen einzigartigen Propaganda-Effekt; das Wort Propaganda selbst, das man mit 'Fortpflanzungs-Regel' übersetzen könnte, hat einen verräterisch biologischen Gehalt. "Das Blut der Märtyrer ist der Same der Kirche", schrieb Tertullian[24] – eine fast schon überdeutliche Metapher. Das Weizenkorn, das erstirbt, bringt die viele Frucht[25] – wieder das Modell der Biologie. Wenn, nach berühmter Formulierung, "einer für viele", "einer für das Volk" stirbt, ist dies, quantitativ betrachtet, ein klarer Erfolg. Wir haben gerade hier merkwürdige Kontinuitäten von der Biologie zur Kultur, wird doch 'Selbstaufopferung' gerade auf primitiven Lebensstufen durchaus geübt. Vielerlei Spinnen- und Insektenmännchen gehen bei der Kopulation zugrunde, Arbeitsbienen arbeiten sich buchstäblich zu Tode zugunsten des Fortbestands der Gemeinschaft. Selbstaufopferung zugunsten der genetischen Verwandten kann, wie man mathematisch gezeigt hat, durchaus im Interesse der "selbstsüchtigen Gene" liegen; Hamilton hat hierfür den Begriff der "inklusiven Fitness" geprägt.[26]

Sodann: Wenn Religionen, oder jedenfalls die Kerngruppen bestimmter Religionen, aus dem 'Überlebenskampf' auszusteigen scheinen und sich mit einem absoluten Minimum an Gütern begnügen, so kann das Vermeiden des Verteilungskampfes mit all seinen Risiken eine gute Strategie des Überlebens sein und eine sehr dauerhafte Nischen-Existenz begründen. Liegt hier ein wesentlicher Erfolg der Religion?

Dies bleibe vorläufig offen; zunächst zur Gegenthese: "Religion ist Opium fürs Volk", schrieb Karl Marx.[27] Er meinte – und viele mögen geneigt sein, ihm zu folgen –, dass Religion, einer Droge vergleichbar, von den eigentlichen Problemen der Wirk-*[26]*lichkeit ablenkt, in phantastischer, unrealistischer, gar schädlicher Weise Wunschdenken pflegt, das

---

[24] Tertullian, *Apologeticum* 50, 13.

[25] Johannes 12, 24.

[26] Hamilton 1964.

[27] Marx 1844, 378; vgl. Dierse u. a. 1992, 687.

Glück der Illusion schenkt um den Preis des erreichbaren Erfolges; der Konsument der Droge bleibt umso mehr der Manipulation durch die anderen, die nüchternen Realisten, ausgeliefert. Eben die Wirkung von Drogen hat freilich wiederum biologische Grundlagen. Besonders interessant ist die Entdeckung, dass unser Gehirn von selbst drogenähnliche Stoffe produziert, Endorphine, die z. B. in kritischen Situationen die Schmerzwahrnehmung blockieren. Dies ist funktionell, ist unmittelbar hilfreich zum Durchhalten – und in dieser Fähigkeit übertrifft der Mensch andere Lebewesen zweifellos. Das sogenannte Opium wird zum Überlebensfaktor. Könnte in analoger Weise die eigentliche 'Fitness' der Religion zu verstehen sein, im Sinne der lebensnotwendigen Illusion, sei es allgemein angesichts der wahrhaft hoffnungslosen Präsenz des Todes überhaupt, sei es im besonderen als Chance, vorübergehende, scheinbar hoffnungslose Katastrophen-Situationen zu überstehen? Fitness durch Opium? Gelingt es den Religiösen am ehesten, unter schwersten Bedingungen zu überleben? Der geläufigste Katastrophen-mythos, die Sintflut-Geschichte, lässt die Überlebenden aus der Arche steigen und das Opfer begründen: der Überlebende ist *homo religiosus*.

Nun ist aber aus der Sicht der Religionsgeschichte, aus der Sicht der alten Religionen zumal daran zu erinnern, dass uns für den Hauptteil der Religionsgeschichte die Religion der Mächtigen vor Augen steht: Religion als Machtfaktor, Religion im Dienste der Macht. Uns ist der Islam unter anderem dadurch unheimlich, dass er ein Gottesreich im Auge hat, das durch 'Einsatz' (*jihad*) an seinen Rändern, durch Gewalt also zu vergrössern ist und das im Innern durch die Scharia, eine in unseren Augen gewaltsame Justiz, aufrecht erhalten wird. Uns ist aber auch schmerzlich bewusst, dass das christliche Europa eine welterobernde Macht gewesen ist, dass Usurpatoren und Könige wie Konstantin, Chlodwig, Karl der Grosse seine Grenzen abgesteckt haben. Noch im vorigen Jahrhundert wurde das Bündnis von Thron und Altar gefeiert. Erfolgreiche Religionen haben ihre Macht dann auch gerne benützt, rivalisierende Religionen *[27]* und Gruppen von Dissidenten gewaltsam zu unterdrücken; Christentum und Islam sind zu Weltreligionen geworden, indem sie die älteren Formen des 'Heidentums' systematisch ausgerottet haben, und sie sind unwillig, Atheismus zu tolerieren.

Doch gerade auch vor und außerhalb von Christentum und Islam war man mit der Macht nicht zimperlich. Polybios meinte bei seiner Analyse der römischen Herrschaft, es sei die Religion oder eigentlich der Aberglaube, der in Rom "alles zusammenhalte", denn mit dem unendlichen Ritualismus hielten die Mächtigen die Masse bei der Stange, mittels 'Götterfurcht'.[28] Noch ungenierter schreibt ein assyrischer König, seine Statthalter sollten die

---

[28] Polybios 6, 56, 6–12.

Untergebenen "die Furcht der Götter und des Königs" lehren.[29] Der ägyptische Pharao spielt seine zentrale Rolle als Inkarnation des Gottes Horos; auch der Kaiser von China war ein Sohn des Himmels.

Die Ausnahme ist Israel, doch die Ausnahme, die die Regel bestätigt. Für die Juden hat ihre Religion die Kraft entwickelt, dass sie gerade als die Unterlegenen sich als unzerstörbar erweisen. Ihre Besonderheit hat sich in der Katastrophe der "babylonischen Gefangenschaft" entwickelt und bewährt; sie waren die einzigen unter vielen damals vergewaltigten Kleinvölkern, die ihre Identität über die Katastrophe hinweg bewahren konnten, freilich um einen hohen Preis. Dazu gehört das absolute Assimilationsverbot, weshalb auch Heirat nur innerhalb der Glaubensgemeinschaft zugelassen ist, und das strikte Verbot aller Methoden von Geburtenbeschränkung – zu denen neben der Kindsaussetzung auch Prostitution und Homosexualität zu zählen sind. Damit sind wir bereits wieder im 'soziobiologischen' Kräftefeld.

In der Tat muss auffallen, wie energisch viele Religionen sich gegen Geburtenbeschränkung wehren. Sie widmen dabei der durchaus realen Fortpflanzung grosse Aufmerksamkeit; sie wird gefordert, ja zur religiösen Pflicht erklärt. Sind es "selbstüchtige Gene", die hinter den Geboten von Moses und Allah stehen? Man hat festgestellt, dass eine extrem kinderfreundliche Sekte *[28]* wie die Hutterer – heute in Kanada; ihr Gründer, ein Wiedertäufer, ist im 16. Jahrhundert in Zürich in der Limmat ertränkt worden – in 100 Jahren um einen Faktor 32 sich vervielfältigen konnten; dies hiesse Vertausendfachung in 200 Jahren – welch ein Konfliktpotential. Es gab im Hellenismus eine jüdische Bevölkerungsexplosion; die Christenheit ist, vom Pestjahr 1347 abgesehen, kontinuierlich gewachsen. Ähnliche soziale Dynamik hat immer wieder gespielt. Man hat 1918 im Zusammenbruch des osmanischen Reiches künstlich den Staat Libanon mit einer christlichen Mehrheit geschaffen; die verschiedene religiöse Moral führte dazu, dass die islamische Bevölkerung binnen zweier Generationen zur Mehrheit wurde. Die daraus folgende Katastrophe ist noch kaum an ihr Ende gekommen. 'Sozialdarwinismus' ist heute verpönt; dass es sozialdarwinistische Effekte auch in der Religionsgeschichte gegeben hat, ist damit nicht ausgeschlossen.

Und doch stösst die soziobiologische Hypothese, die genetische Veränderungen im Zusammenhang mit der Entwicklung der Kultur postuliert, auf die Tatsache, dass Religionen so eindeutig im jeweiligen kulturellen Rahmen erlernt werden, von Kind auf, durch Mitmachen von Ritualen und zugleich durch ausdrücklich veranstaltete Lernprozesse. Die Familientradition spielt dabei sehr häufig eine entscheidende Rolle, doch eben auf der

---

[29] Luckenbill 1927, 66 § 74.

Ebene des Vorbilds, der Propaganda, gelegentlich der Macht, zuweilen auch der Mode. Individuelle Motive, diese oder jene Wahl zu treffen, sind von unübersehbarer Vielfalt. Gegenseitige Beeinflussung von Religion und Genen nachzuweisen, scheint da hoffnungslos. Die römisch-katholische Kirche besteht seit bald 2000 Jahren mit einer Elite, die ausdrücklich auf die biologische Fortpflanzung verzichtet. Andererseits gibt es eine in mehrere Religionen integrierte Institution, die sich explizit auf die Fortpflanzung konzentriert, die seit Jahrtausenden praktiziert wird, im Judentum wie im Islam: die Beschneidung. Gerade sie hat jedoch auf die Selektion der Gene nicht mehr Einfluss als der Verzicht auf Schweinefleisch. Weder mit dem einen noch mit dem anderen greift Religion in die Bahn der Gene ein.

Allerdings, gerade durch Erziehung entwickelt Religion eine soziale Dynamik, die durchaus Auslesefunktion annimmt: Nur *[29]* der sich anpassende wird akzeptiert, der Unangepasste fällt aus, wird ausgestossen. Ein nicht-religiöses, gegen Religion rebellierendes Kind hat in einer religiös bestimmten Gemeinschaft keine Lebenschance. Am bösesten hat Gottfried Keller dies dargestellt im *Grünen Heinrich*, in der Erzählung von Meretlein dem 'Hexenkind': ein Kind, das zu keinerlei frommem Andachtswerk bereit ist und so vom Herrn Pfarrer nach und nach zu Tode geprügelt wird. So isoliert und drastisch geht es selten zu. Aber dass das religiöse Kommunikationssystem mit seinem Ernstanspruch Anpassung fordert und belohnt und Abweichler disqualifiziert, gilt wohl allgemein. Man könnte versuchsweise Religion als ein autogenes, sich selbst regenerierendes, seit unendlich langer Zeit fortgeführtes Traditions- und Erziehungssystem betrachten, das von Generation zu Generation Menschen so formt oder verformt, dass sie ihre Formung oder Verformung weitergeben. Auf eine genetische Basis wäre ein solches Funktionieren gar nicht angewiesen.

Und doch, was die Funktion solchen Funktionierens, welches der soziobiologische Vorteil wäre, bleibt dabei offen. Könnte in solcher Weise jede beliebige Botschaft zum Inhalt einer funktionierenden Traditionskette werden? Bertrand Russell hat in seiner Polemik gegen die Kirche behauptet, man könne ja wohl jeden Unsinn als Glaubensdogma durchsetzen, wenn man entschlossen sei, die Ketzer zu verbrennen. Hat er Recht?

Wir kommen damit zur Funktion von Angst und Schrecken in der Religion.[30] Kein Zweifel: Religiöse Botschaften waren und sind häufig angsterregend. Dies schlägt sich nieder im Wesen von Religion überhaupt. Religion vermitteln heisst auch: Ängste übertragen. *Primus in orbe deos fecit timor*, formulierte der lateinische Dichter Statius aus der Distanz antiker 'Aufklärung' heraus[31] und traf damit doch einen Kernpunkt auch im Selbst-

---

[30] Vgl. Axel Michaels in diesem Band *[s. oben Anm. 20]*.
[31] Statius, *Thebais* 3, 661.

verständnis vieler alter Religionen. Der zentrale Begriff, der in den Keil-
schriftkulturen mit Göttern und Religion einhergeht, *[30]* ist 'Furcht',
puluhtu. Ein Assyrerkönig, so arrogant er sich gibt, stellt sich doch zugleich
vor als den, "der die Furcht der Götter und Göttinnen von Himmel und Erde
gründlich kennt."[32] Der vielzitierte Anfang von Salomons Weisheitssprü-
chen lautet – unter Verwendung der gleichen semitischen Wortwurzel –:
"Die Furcht des Herrn ist der Weisheit Anfang".[33] "Göttliches ist Gegenstand der Furcht für kluge Sterbliche",[34] heisst es in der griechischen Tragödie. Das andere Wort, das im Griechischen regelmässig mit religiösen Riten
verbunden wird, ist *phrike*, der 'haarsträubende' Schauder. Ein moderner
Ansatz hat eine besondere Art von Furcht, englisch *awe*, als Grunderlebnis
der Religion bezeichnet.[35] Rudolf Otto hat den eindrucksvollen neulateini-
schen Ausdruck vom *mysterium tremendum* eingeführt.[36] Schauer der Ehrfurcht gehören zur Religion. Der Vorrang des Heiligen beruht auf 'Gottes-
furcht'.

Nun sind Furcht und Angst jedoch nicht von der Religion erfunden; es
handelt sich um grundlegende biologische Funktionen, die allerdings von
der Religion eingesetzt werden. Beim 'Erlernen' der Religion spielt 'Prägung' durch Angsterlebnisse offenbar eine zentrale Rolle. Es gibt, biologisch vorgegeben, diese besondere Art des 'Lernens', die wie 'mit einem
Schlag' erfolgt und fast unauslöschlich ist, in der Schrecksituation. Jeder
einzelne wird 'unvergessliche' Erinnerungen dieser Art mit sich herumtra-
gen, Erinnerungen schmerzlicher, peinlicher Art. Neurobiologen haben
festgestellt, dass es spezielle Nervenleitungen und eine spezielle Verarbei-
tung von 'Angst-Lernen' im Gehirn gibt, ein 'Angst-Gedächtnis'. Verhalten, das daraus resultiert, kann anderen als 'Aberglaube' oder als Neurose
erscheinen. Terror entwickelt keine intellektuellen Fertigkeiten, aber er
hinterlässt Spuren. Durch Misshandlung 'Lehren' zu erteilen, wurde und
[31] wird in mancherlei Zivilisationen bedenkenlos praktiziert. Man kann
an bizarre Initiationsbräuche denken; in europäischen Dorfgruppen kam es
vor, dass den Jungen die Lage der Grenzsteine des Gemeindeterritoriums
durch Prügel am Ort eingeprägt wurde. Eine besondere Gelegenheit, Angst
zu erregen und zu manipulieren, bietet sich im Umgang mit Blut – womit
ein wichtiger Sonderbereich der religiösen Rituale wiederum erreicht ist.

Heisst dies, um zu wiederholen, dass jede beliebige Botschaft durch Terror eingeprägt werden kann? Angst und Schrecken, so gut wie Autoritäts-

---

[32] Borger 1967, 9 § 7.
[33] *Prov.* 1, 7.
[34] Austin 1968, nr. 81,48 = *TrGF* Adesp. 356.
[35] Marett 1909, 13.
[36] Otto 1917, Kap. IV.

bewusstsein und Glücksgefühle, haben ihren biologischen Unterbau, sind adaptive Funktionen, in lebenden Organismen entwickelt. Der Vorrang des 'Ernsten' bedeutet, dass eine Hierarchie der Verhaltensweisen besteht, dass bestimmte Programme im Kollisionsfall die anderen verdrängen: Alarmsignale bewirken, dass entspannte Ruhe, Herumspielen oder auch Essen unterbrochen wird, meist auch sexuelle Aktivität; man springt auf, schärft Auge und Ohr: Tief verankerte Programme mit der lebenswichtigen Alternative "Flucht oder Angriff" sind im Begriff, sich einzuschalten.

Höchste Priorität betrifft das Leben selbst, was auch in tiefsten Gefühlserregungen zum Ausdruck kommt. Höchster Ernst beruht auf der Drohung des Todes. Die Manipulation der Angst in der Religion, die manche Modernen stören mag, beruht darauf, dass es nicht um beliebige Programmierung einer lernfähigen Species geht, sondern dass an das zentrale Risiko des Lebens und Überlebens gerührt wird; daher der Ernst der Religion. In der Kommunikation mit dem Überempirischen und mittels des Überempirischen entfaltet sich Religion als eine Strategie des Lebens auf dem Hintergrund des Todes. Selbst der Entwurf des Höchsten, Absoluten steht innerhalb der biologischen Landschaft.

Depression und Verzweiflung sind tödlich. Die gemeinsame geistige Welt braucht Optimismus, 'Glauben', oder wenigstens so etwas wie Opium. Liegt hier schliesslich und endlich der Vorteil und der Erfolg der Religion, indem Angst durch höhere Furcht in einer gemeinsamen fiktiven Welt bewältigt wird, indem eine Hierarchie vom Absoluten her zustandekommt? "Furcht *[32]* vor Zeus ist die höchste Furcht", formuliert Aischylos;[37] Christen können ihm voll zustimmen: "Die Furcht vor Gott vertreibt die Furcht vor Menschen", schreibt Hieronymus.[38] So wird die Wirklichkeit entlastet, während in den real vollzogenen Ritualen der Umgang mit Tod und Töten demonstrativ vollzogen wird: Religion konzentriert sich immer wieder auf Totenrituale und auf Opferrituale.

Dabei scheint die bedeutendste spekulative Idee der Todesbewältigung, die Verkündigung von Unsterblichkeit, Seelenwanderung oder Auferstehung, erst in den späteren Weltreligionen in den Vordergrund zu treten. Dass es aber im Grunde um das Leben geht, um volles, um absolutes Leben, tönt aus den Selbstzeugnissen mannigfacher Religionen in überwältigendem Einklang. "Gib uns Leben, Leben, Leben!" klingt es aus einem afrikanischen Erntelied.[39] Ahura, Gottesname und Kernwort der Religion Zarathustras, heisst 'Lebensherr'. Ägyptische Götter halten das Zeichen *Ankh*, 'Leben', in ihrer Hand. Die Griechen haben im Namen des höchsten Gottes

---

[37] Aischylos, *Hiketiden* 479.
[38] Hieronymus, Vorwort zur *Chronik*.
[39] Huber 1990, 158.

Zeus immer wieder die Wurzel *zen*, 'Leben', gefunden. 'Gott der Lebendige' ist ein zentraler Begriff des Alten und mehr noch des Neuen Testaments. "Ich lebe, und ihr sollt auch leben", ist die abschliessende Botschaft
Jesu.[40] Götter schützen das Leben, Götter garantieren Leben, wie freilich
auch ihr Zorn Leben zerstören kann. Der biologische Imperativ des Überlebens wird im Code der Religion internalisiert und verabsolutiert. Ins Unendliche verlängert, wird daraus die Idee der 'Unsterblichkeit' und des
'Ewigen Lebens'. Dabei setzt die Negation des Todes eben die Tatsache des
Todes voraus. Die religiöse Idee erhebt sich aus einer biologischen Landschaft: Der Ernst des Religiösen, den wir tief erfühlen können, widerspiegelt die harten Felsen, die Gefahren und Beschränkungen eben dieser
Landschaft. Die im Wort gestaltete geistige Welt sucht sich darüber zu
erheben – und bleibt *[33]* doch an diese gebunden, insofern sie von sterblichen Personen entworfen und getragen ist.

Was also trägt die Religion konkret zum 'Leben' bei? Worin liegt der
Vorteil für einen Menschen, 'Religion' zu haben, wozu braucht der Mensch
Religion? Sogenannte Primitive antworten meist: Wenn wir unsere Riten
unterliessen, würden wir krank werden. Krankheit ist Gefährdung des Lebens, ist Inbegriff des Schreckens auch für uns. Religion aber bietet seit
alters Strategien zur Bewältigung individuellen und kollektiven Unheils.
Eine häufige Form sei an einem Beispiel aus der Bronzezeit, um 1340 v.
Chr., erläutert:[41] Eine Pest hat sich im Land der Hethiter ausgebreitet. Man
weiss durchaus, was ihre natürliche Ursache war: "Kriegsgefangene haben
die Seuche ins Land der Hethiter gebracht". Aber was hilft solches Wissen?
König Mursilis handelt in seiner Weise: "Ich machte den Zorn der Götter
Gegenstand der Anfrage an ein Orakel." Mursilis erkennt in der Pest den
Zorn der Götter, ganz wie es am Anfang von Homers *Ilias* geschildert ist;
aus der Sackgasse zu entkommen, bedarf es der szenischen Ergänzung, des
überempirischen Vermittlers, des Sehers oder des Orakels. Zwei Ursachen
werden gefunden, eine doppelte Schuld: Man hat bestimmte Opfer für den
Fluss Euphrat unterlassen, ausserdem hat Mursilis' Vater Suppiluliuma einen Vertrag gebrochen. Jetzt weiss man, was zu tun ist: "Die Ursachen für
die Seuche, die festgestellt wurden... habe ich beseitigt. Ich habe reichliche
Wiedergutmachung durchgeführt... Ich habe Weihegaben für jene verletzten
Eide an den Wettergott von Hatti geleistet ... Die Opfer für den Fluss Euphrat verspreche ich durchzuführen..." Wir sehen: Aus dem Unheil wächst,
dank transzendentaler Vermittlung, die eine Schuld konstatiert, das religiöse
Ritual, aufwendig und prachtvoll, Weihegaben und Opfer. Dieser Ablauf –
Unheilserfahrung, Feststellung von Schuld oder Tabubruch durch Charis-

---

[40]   Johannes 14, 19.
[41]   Pritchard 1969, 394–396; Lebrun 1980.

matiker, Seher, Orakel, und dann die Wiedergutmachung durch religiöses
Ritual – lässt sich bei den verschiedensten Völkern, Kulturen, Zeiten immer
wieder fest-*[34]*stellen, bis hin zum Passionsspiel von Oberammergau; es
gelingt auch kaum, diese Fragestellung aus der Diskussion um Aids
herauszuhalten. Wir haben gelernt, Krankheit nach dem Modell naturwis-
senschaftlicher Kausalität zu sehen; sobald man selbst betroffen ist, verschieben sich die Perspektiven. Was der Seher, was die Religion leistete,
war vor allem die Herstellung eines Zusammenhangs, eines verständlichen
Sinns im Geschehen, mit der Anweisung zu zukunftsgerichtetem Handeln,
unter Einsatz des religiösen Rituals – was auch den Nichtbetroffenen die
Gewissheit gibt, sie könnten durch entsprechende Vorsicht und durch rituelles Handeln ein gleiches Unheil vermeiden; unerträglich wäre der schiere
Zufall, der keiner Hoffnung Raum lässt.

Seher und Orakel spielen in den alten Religionen eine ganz zentrale
Rolle. Ihre Funktion geht über die Deutung des Unheils weit hinaus. Gerade
weil der Mensch so wenig festgelegt ist, weil er frei entscheiden kann,
braucht er die Weisung aus einem anderen, einem 'höheren' Jenseits. Man
kann es auch so sehen: Die primitiveren Lebewesen haben eine geschlossene Umwelt; sie nehmen nur wahr, was unmittelbar für sie Bedeutung hat.
Der Frosch sieht nicht die abendliche Landschaft mit dem Sonnenuntergang
am Weiher, er sieht nur den bewegten schwarzen Punkt, der eine Fliege sein
kann. Der Mensch sieht eine unendlich vielfältige, wundersame Welt, deren
Sinn und Funktion ganz offen ist; was bedeutet dies? Die Frage wird dring-
lich in einem Zustand ängstlicher Erregung. Da bedarf es der Charismatiker,
die deuten können. Der *homo loquens* wartet auf Sprache ringsum, und
siehe da, dem Deuter wird alles Sprache, das Rascheln des Laubes, das
Blinken des Wassers, der Flug des Vogels; zur Bestätigung wird dann der
äussere Erfolg notiert: Der Seher, der die Griechen in der Schlacht bei Plataiai beriet, nein: 'führte', wurde Ehrenbürger von Sparta, eine ganz einzigartige Auszeichnung.[42] Die Buchreligionen haben die Zeichendeutung
zurückgedrängt und fast abgeschafft. Doch neuerdings *[35]* haben charis-
matische Deuter durchaus wieder Konjunktur, bis in die Börsenspekulation,
wie man vernimmt.

Noch in anderer Weise wird die Freiheit des sprachbegabten Menschen
zum Problem: Mit der Sprache war die Lüge erfunden. Selbst die Schimpansen, denen man eine Art Sprache beigebracht hat, haben sofort versucht
zu lügen. Menschliche Kommunikation aber braucht ein Minimum an
Verlässlichkeit. So war denn in der Alten Welt die geläufigste Antwort auf
die Frage, wozu man Religion, wozu man Götter braucht: Für die Eide.
Selbst noch der Aufklärer John Locke schreibt in seinem *Letter on Tole-*

---

[42] Herodot 9, 33–35.

rance, Atheismus könne nicht toleriert werden, weil er Eide unmöglich macht.[43] Man brauchte Eide auf allen Ebenen, für wirtschaftliche Verträge, vor Gericht, zwischen Städten, Stämmen und Monarchen. Immer geht es darum, Lüge und Betrug auszuschalten, was die Sprache von sich aus nicht zu leisten vermag.

Die einfachste Garantie der Richtigkeit ist die Hinzuziehung von Zeugen. Zum Eid bedarf es darum der "szenischen Ergänzung": Göttliche Personen werden auf den Plan gerufen. Freilich, Menschen, Gruppen, Gemeinschaften haben verschiedene Götter. Man muss also insistieren, dass jeder bei seinen Göttern schwört – was stört mich ein Meineid bei Vitzliputzli? Aber eben darum sind nur *homines religiosi* handlungsfähig. Man kann die Szene durch die Gestalten beleben, die evident und allen gemeinsam sind: Man schwört mit Vorliebe bei der Sonne, oder aber bei Himmel, Erde und Unterwelt, was "der grösste Eid" selbst für Götter ist. Ganz traut man dem noch immer nicht. Also wird das Angst-Lernen eingesetzt, als Versuch der unauslöschlichen Prägung: Man giesst Wein aus und betet dazu, so solle das Blut der Eidbrecher zu Boden fliessen; oder drastischer, man zerstückelt ein ganzes Rind und sagt, so möge der Eidbrecher zerstückelt werden; man kastriert ein Opfertier, tritt auf die Hoden und spricht, alle Nachkommenschaft solle dem Eidbrecher genommen sein. Dann braucht man aber wiederum die *[36]* Götter, die die Sanktionen garantieren, oder eigene Strafdämonen, wie die Erinyen, die nach Hesiod den Eid umschwärmen, wenn er geboren wird.[44]

Man kann noch vielerlei andere Leistungen von Religion aufzählen, auch weitere Gedankengänge entwickeln, wonach Religion "gut zu denken" und erfolgreich zu gebrauchen sei. Jedenfalls scheint nach alledem 'Weltflucht' nicht das Wesen, oder jedenfalls nicht das ganze Wesen der real existierenden Religionen zu treffen. Sie haben vielmehr durchaus ihre über viele Generationen hin bewährte 'Fitness'. Sie bleiben in einer von den Gesetzen des Lebens, von Biologie und Gesellschaft geprägten Landschaft. Extremisten mögen versuchen, sich aus alledem herauszusprengen; sie verschwinden damit – ihre Spuren werden eingewaschen in die alten Urstromtäler.

Dass religiöse Gene gefunden werden, scheint trotzdem unwahrscheinlich, es sei denn, man stellt auf die allgemeine Fähigkeit des Menschen ab, sprachlich gestaltete und vermittelte Welten zu bauen, die als 'szenische Ergänzung' die Härten, und Brüche jener Landschaft ausgleichen mögen. Bestimmt gibt es keine christlichen, jüdischen, buddhistischen oder islamischen Gene. Es geht in Sachen Religion doch wohl um ein multifaktorielles

---

[43] Locke 1689/1968, 135.
[44] Hesiod, *Werke und Tage* 803.

Zusammenwirken, das in einzelnen Kulturen je besondere, teilweise recht dauerhafte Einstellungen und Institutionen hervorgebracht hat. Auch vielerlei neue, oft kurzlebige Versuche stehen daneben. Wenn es je eine 'religiöse Revolution' gegeben hat, dann am ehesten im Kontext der 'semiologischen Revolution', als Umkippen eines Systems zu einer neuen kommunikativen Dimension, ohne genetischen Neuanfang, doch nicht ohne Auswirkung auf soziobiologische Selektion. Die Geschichte der Religion war eine Geschichte des Erfolgs. Mit den ganz neuen Dimensionen der Kommunikation, die sich in unserer Gegenwart abzeichnen, könnte diese Geschichte allerdings sich durchaus ändern oder gar an ihr Ende kommen. *[37]*

Bibliographie

Austin, Colin, 1968: Nova Fragmenta Euripidea. Berlin: de Gruyter.

Bar-Yosef, O., und Bernard Vandermeersch, 1993: "Modern Humans in the Levant", *Scientific American* 168, April, 64–70.

Borger, Rykle, 1967: *Die Inschriften Assarhaddons Königs von Assyrien.* Osnabrück: Biblio Verlag.

Burkert, Walter, 1996: *Creation of the Sacred. Tracks of Biology in Early Religions.* Cambridge Mass.: Harvard University Press.

Diels, Hermann, und Walther Kranz, 1952: *Die Fragmente der Vorsokratiker.* Berlin: Weidmann, 6. Aufl.

Dierse, Ulrich u.a., 1992: Art. "Religion", in: *Historisches Wörterbuch der Philosophie.* Bd. VIII, 632–713.

Durkheim, Émile, 1912: *Les formes élémentaires de la vie religieuse,* Paris: F. Alcan.

Evans-Pritchard, Edward E., 1937: *Witchcraft, Oracles and Magic Among the Azande.* Oxford.

– –, 1956: *Nuer Religion.* Oxford: Clarendon Press.

Geertz, Clifford, 1973: *The Interpretation of Culutres.* New York: Basic Books.

Hamilton, William Donald, 1964: "The Genetic Evolution of Social Behaviour", *Jornal of Theoretical Biology* 7, 1–52.

Huber, Hugo, 1990, in: Hans Jürg Braun und Karl Henking (ed.), *Homo religiosus.* Zürich: Völkerkndemsem der Universität, 153–172.

Irons, William, 1979: "Natural Selection, Adaptation, and Human Social Behavior", in: Napoleon A. Chagnon und William Irons (ed.), *Evolutionary Biology and Human Social Behavior. An Anthropological Perspective.* North Scituate Mass.: Duxbury Press, 4–39.

King, Winston L., 1986: Art.: "Religion", in: *Encyclopedia of Religion.* Bd. XII, 282–292.

Kohl, Karl-Heinz, 1988: Art.: "Wissenschaftsgeschichte", in: *Handbuch religionswissenschaftlicher Grundbegriffe.* Bd. I, 217–262.

Kruntz, G. S., 1980: "Sapientization and Speech", *Current Anthropology* 21, 772–792.

Lebrun, René, 1980: *Hymnes et Prières Hittites*. Lovain-la-Neuve: Centre d'histoire de religions, 192–239.

Lieberman, Philip, 1972: "On the Evolution of Human Langage", in: André Rigault und René Charbonneau (eds.), *Proceedings of the 7th International Congress of Phonetic Sciences*. The Hague; Paris: Mouton, 258–272.

Locke, John, 1968: *Epistula de tolerantia. / A Letter on Toleration*. Raymond Klibansky (ed.), English Translation John W. Gogh, Oxford: Clarendon Press (1689).

Luckenbill, Daniel David, 1927: *Sargon II. Ancient Records of Assyria and Babylonia II*. Chicago: The University of Chicago Press.

Lumsden, Charles J. und Edward O. Wilson, 1981: *Genes, Mind, and Culture. The Coevolutionary Process*. Cambridge Mass.: Harvard University Press.

– –, 1983: *Promethean Fire. Reflections on the Origin of Mind*. Cambridge Mass.: Harvard University Press. *[38]*

Malinowski, Bronislav, 1922: *Argonauts of the Western Pacific*. London: Routledge.

Marett, Robert R., 1909: *The Threshold of Religion*. London: Methuen (4. Aufl. 1929).

Marx, Karl, 1844: "Einleitung zur Kritik der Hegelschen Rechtsphilosophie", *Deutsch-französische Jahrbücher*, Marx-Engels-Werke I.

Otto, Rudolf, 1917: *Das Heilige*. Breslau.

Pritchard, James B. (ed.), 1969: *Ancient Near Eastern Texts Relating to the Old Testament*. Princeton: Princeton University Press, 3. Aufl.

Radcliffe-Brown, Alfred Reginald, 1948: *The Andaman Islanders*. Glencoe, 3. Aufl.

Rappaport, Roy Abraham, 1971: "The Sacred in Human Evolution", *Annual Review of Ecology and Systematics* 2, 23–44.

Richter, L.; Ratschow, Carl Heinz, 1961: Art.: "Begriff und Wesen der Religion", in: *Religion in Geschichte und Gegenwart*. Bd. V, 3. Aufl., 968–984.

Reynolds, Peter C., 1981: *On the Evolution of Human Behavior. The Argument from Animals to Man*. Berkeley: University of California Press.

Saler, Benson, 1993: *Conceptualizing Religion*. Leiden: E. J. Brill.

Sommer, Volker, 1992: *Lob der Lüge*. München: Beck.

Vernant, Jean-Pierre, 1974: *Mythe et société en Grèce ancienne*. Paris: F. Maspero.

– –, 1991: Froma I. Zeitlin (ed.), *Mortals and Immortals. Collected Essays*. Princeton: University Press.

Vernant, Jean-Pierre, und Pierre Vidal-Naqet, 1986: *Mythe et tragédie en Grèce ancienne*. Paris: Ed. La Décoverte (1972), I/II.

Weickert, V. (ed.), 1910: *Pseudo-Libanios, Characteres epistlarum 1*.

Wilson, Edward Osborne, 1975: *Sociobiology. The New Synthesis*. Cambridge Mass.: Belknap Press of Harvard University.

– –, 1978: *On Human Nature*. Cambridge Mass.: Harvard University Press.

White, Randall, 1994: "Bildhaftes Denken in der Eiszeit", *Spektrum der Wissenschaft* 3, 62–69.

Erschienen als: Klassisches Altertum und antikes Christentum: Probleme einer übergrei-fenden Religionswissenschaft (Hans-Lietzmann-Vorlesungen 1), Berlin 1996

.

15. Klassisches Altertum und antikes Christentum: Probleme einer übergreifenden Religionswissenschaft

Christentum und Kirchengeschichte haben ihren Anfang im sogenannten Klassischen Altertum. Was immer damals geschah, es ereignete sich im hellenisierten Palästina zu der Zeit, als die Römerherrschaft sich definitiv etablierte, dann im griechischen Kleinasien und in Griechenland selbst, wohin der griechisch sprechende und schreibende Mann aus Tarsos reiste, und führte, dem zentripetalen Machtgefälle folgend, alsbald nach Rom. Die Folge ist eine seit je bestehende, unlösbare Partnerschaft von Altertums-wissenschaft und Theologie, jedenfalls soweit Theologie sich als historisch versteht. Daß das Christentum eine Buchreligion ist, die sich auf den grie-chischen Text des Neuen Testaments beruft, macht die Verbindung mit der Klassischen Philologie noch inniger.

Und doch hat diese Partnerschaft seit je ihre Spannungen und Probleme. Daß die Altertumswissenschaft ihrerseits sich in Philologie, Archäologie und Historie im engeren Sinn aufspaltet, macht die Verhältnisse nicht einfacher. Das Grundproblem liegt aber darin, daß die Theologie ihren Anspruch, ihre Existenzberechtigung daraus bezieht, daß sie mehr ist als eine erklärende Philologie, mehr als eine Literatur- und Übersetzungswis-senschaft, mehr auch als antike Sozial- und Geistesgeschichte. Die Philolo-gie des Altertums ihrerseits nennt sich und ihren Gegenstand 'klassisch' und beansprucht damit eine Dignität eigener Art, die auf ein humanistisches, nicht theologisches Menschen-*[14]*bild hin tendiert. Wenn schließlich noch eine Allgemeine Religionswissenschaft auftritt, die Völker und Geschichte weltweit übergreifen möchte, fragt es sich erst recht, ob es noch zu einer Synthese oder nur zu begrenzten Zufallsbegegnungen, zu einem Spiel will-kürlich gewählter Perspektiven innerhalb allgemeiner Orientierunslosigkeit kommen kann.

Zu den Kurztiteln vgl. das Literaturverzeichnis

Die altchristliche Kirche hat aus der griechischen Bildungswelt nicht nur die Rhetorik, sondern auch die Philologie übernommen, die Interpretationsmethoden und auch die Textkritik.[1] Die christliche Philologie hat sogar entscheidende Schritte über die pagane Philologie hinaus getan – leider hat Rudolf Pfeiffer den zweiten Band seiner *Geschichte der Philologie*, der dies hätte behandeln müssen, nicht geschrieben –. Erst die Philologie der Christen führte das genaue Zitieren eines Textes durch Paragraphen-Einteilung ein, wie sie Origenes fürs Neue Testament durchgeführt hat – die Klassikerausgaben haben dies erst seit den Renaissancedrucken nachvollzogen –, und sie brachte, als ganz neue Dimension von Philologie, die mehrsprachige Textausgabe, samt ausdrücklichen Reflexionen über die Übersetzungsproblematik.[2] Daneben ist als großartige philologisch-historische Leistung innerhalb der alten Christenheit auch die Weltchronik zu nennen, die die Weltgeschichte in ihren parallelen Verläufen sichtbar macht.[3]

Dennoch lebt das Selbstverständnis der Klassischen Philologie seit langem von der Distanzierung zur Theologie. Sie weiß sich geprägt vom Humanismus und Neuhumanismus mit dem Konstrukt des 'Klassischen'. Der Humanismus hat sich konstituiert, indem er die *humaniora* dem *divinum* entgegenstellte, und er hat dabei mit Entschiedenheit auf die paganen Klassiker *[15]* zurückgegriffen. Der antikirchliche Impuls konnte sich im Formalen verstecken: Man entdeckte das 'gute' Latein und blickte stolz von der Höhe der 'klassischen' Sprache aufs Mönchslatein herab – das immerhin eine Sprache lebendiger Kommunikation geblieben war. In welchem Sinn es überhaupt 'gute' oder 'schlechte' Sprache geben kann, hat man nicht diskutiert; der Stolz des Humanisten ging bruchlos über in die Hybris des Noten verteilenden Gymnasiallehrers.[4]

Die Griechischstudien im Abendland setzten ein im Schatten der türkischen Eroberung des Rhomäerreichs. Vermittler und Lehrer waren zunächst Flüchtlinge aus dem Osten; als der Zustrom dann austrocknete, blieb eine 'reine' Wissenschaft, ein Griechisch ohne Griechen, das mit der erasmianischen Aussprache dann vollends die Verbindung zu den immer noch gegenwärtigen Griechen gekappt hat. Nicht das christliche Konstantinopel, das heidnische Athen wurde die 'klassische' Metropole. Daß Griechisch je zum Schulfach wurde, verdankt es freilich allein dem Neuen Testament. Es

---

[1] Vgl. Neuschäfer 1987.

[2] Vgl. Marti 1974.

[3] Vgl. Mosshammer 1979.

[4] Die Inhumanität eines Humanistischen Gymnasiums wird von A. Andersch, *Der Vater eines Mörders*, Zürich 1980, im Bild des Rektors Himmler vorgeführt.

stand mit dieser Auszeichnung neben dem Hebräischen; waren doch die drei Sprachen Hebräisch, Griechisch und Lateinisch auch durch die dreisprachige Aufschrift auf dem Kreuz erhöht und fixiert. Allerdings hatte man von den byzantinischen Rhetoriklehrern die 'klassische' griechische Grammatik übernommen, von der das Neue Testament in peinlicher Weise abweicht; es hat, *horribile dictu*, die Verba auf *-mi* verlernt.

Mit der Aufklärung, die die Autonomie vom Kirchenregiment anstrebte, wurde die Distanz der Alten Sprachen und der an ihnen hängenden klassischen Bildung vom Klerikalen anders akzentuiert, aber umso deutlicher entfaltet, im Sinn eines neuen, aufgeklärten Humanismus. Wir Philologen pflegen die Erinne-*[16]*rung daran, daß *Friedrich August Wolf*, der nachmals durch seine Homerstudien berühmte, sich an der Universität Göttingen dezidiert als *studiosus philologiae*, ohne *theologiae*, immatrikulierte. Erst neuerdings hat man freilich wieder darauf hingewiesen, daß Wolfs Homeranalyse wesentliche Impulse der eben begonnenen Pentateuch-Analyse verdankte.[5] Das eigentliche Problem der Klassischen Philologie hatte sich allerdings daraus ergeben, daß der Fortschritt der Kultur und des Geistes sich nunmehr eindeutig im Gewand der gesprochenen Nationalsprachen Europas vollzog, nachdem Naturwissenschaften und Medizin über die griechischen Klassiker definitiv hinausgekommen waren – die letzte vollständige Galen-Ausgabe wurde 1821 bis 1833 gedruckt –; auch die Philosophie hatte das Latein im Lauf des 18. Jahrhunderts endgültig abgestreift. Die Philologie bedurfte einer neuen Legitimation und fand sie in einem neu betonten Begriff des Klassischen.

Im Geschichtsbild tauchen bald einmal Begriffe von 'Aufstieg' und 'Niedergang' auf. Über *Decline and Fall* schrieb *Edward Gibbon* schon um 1780.[6] Zum Begriff des Klassischen gehört die Vorstellung eines einmal erreichten Gipfels; zu ihm führt ein aufsteigender Weg, danach kann es nur noch abwärts gehen. Als Höhepunkte erscheinen einerseits das Athen des 5. Jahrhunderts, andererseits das augusteische Rom. Was dann folgt, ist Niedergang; und hier ist das Christentum angesiedelt. Eine annehmbare Verbindung zum Christentum gelang allerdings mit der These, daß die antike Welt gerade in ihrem Verfall reif fürs Christentum geworden sei. Mit der Romantik trat eine andere Perspektive in den Vordergrund, die vom glücklichen 'Ursprung'. *The Original Genius of Homer* ist ein charakteristischer *[17]* Titel schon aus dem 18. Jahrhundert.[7] Zugleich mit der Bewunderung für

---

5   Zu Wolf vgl. Pfeiffer 1976, 173. Beziehung zur Pentateuch-Forschung: Einleitung zu Wolf 1985. 18–26; 227–231.

6   E. Gibbon, *History of the Decline and Fall of the Roman Empire* I–VI, London 1776–1788.

7   R. Wood, *An Essay on the Original Genius and Writings of Homer*, London 1769; *Versuch über das Originalgenie Homers*, dt. v. Michaelis, Frankfurt 1773.

ein 'Originalgenie' konnte durchaus auch der Zauber der "Kindheit des Menschengeschlechts" zur Wirkung kommen. Nun, Ursprung oder Höhepunkt, am besten beides zugleich, damit konnte die Klassische Philologie, in der nunmehr die griechische Philologie das Übergewicht gewann, ihren Anspruch festigen, etwas anderes als, sagen wir, Turkologie zu sein. So wurde das bürgerliche 'Humanistische Gymnasium' mit den klassischen Kernfächern als die europäische Standardschule des 19. Jahrhunderts organisiert.[8]

Dabei kam ein zusätzlicher antitheologischer Impuls mit neuer Kraft seit dem Ende des 18. Jahrhunderts ins Spiel, der am einfachsten mit dem Namen *Winckelmann* anzusprechen ist.[9] Mit Winckelmann begeistern wir uns an der diesseitigen Körperlichkeit der griechischen Plastik, im Kontrast zu der aufs Überweltliche zielenden christlichen Kunst, einschließlich der zum Himmel weisenden Gotik. Ich erinnere mich selbst, wie störend fremdartig mir bei meiner ersten Griechenlandreise die byzantinischen Ikonen erschienen. Die klassische Nacktheit wurde als Ideal der Schönheit und der Natürlichkeit neu gesehen; sie war freilich schon seit der Renaissance eine Herausforderung gewesen, der sich die Künstler stellten, Michelangelo vor allem. Mit reinem, "interesselosen Wohlgefallen" tun sich da freilich selbst die Modernen noch schwer. Das sexuelle Moment, das mitschwingt, ist nun einmal nicht auszuschließen, auch wenn es, was klassische Kunst anlangt, *ad usum Delphini* meist explizit abgestritten wurde. Das homosexuelle Moment in Winckelmanns Griechen-Begeisterung ist erst neuerdings ins Zentrum *[18]* des Interesses gerückt; es wurde seinerzeit nicht diskutiert. Aber der Kontrast einer heidnischen Diesseitsbejahung gegenüber christlicher Weltflucht machte und macht immer wieder Eindruck; er ist schon zu jener Zeit besonders eindringlich in Goethes Ballade von der *Braut von Korinth* festgehalten.

Die Distanzierung der Philologie von der Theologie gewann eine weitere Dimension durch die sprachwissenschaftliche Entdeckung, die zu Beginn des vorigen Jahrhunderts erfolgte, die Rekonstruktion des 'Indogermanischen'. Das 'Indogermanische' war zumal aus gymnasialer Sicht sehr wohl zu gebrauchen, das Band zwischen Griechisch und Deutsch enger als zuvor zu knüpfen; auch Latein gehörte zum Bunde, doch war es im Deutschland der nachnapoleonischen Epoche durch die Aversion gegen das Französische belastet. Definitiv ausgegrenzt aber wurde damit das Alte Testament, das zuvor – noch bei *Johann Gottfried Herder* – so selbstverständlich neben den

---

[8] Vgl. hierzu Bolgar 1980.

[9] Zu Winckelmann vgl. H. Sichtermann, *Kulturgeschichte der Klassischen Archäologie*, München 1996.

griechischen und lateinischen Texten gestanden hatte. Dem 'Indogermanischen' gegenüber erscheint nun das 'Semitische' als das ganz Fremde.[10] Wir sind heutzutage sehr hellhörig geworden für Ansätze des Antisemitismus, die hier einfließen konnten. Die bedeutenden Vertreter der Klassischen Philologie im vorigen Jahrhundert waren von bewußtem Antisemitismus weit entfernt. Aber daß Kultur im Sinn der Distanzierung zu fassen ist, griechische Kultur zumal im Kontrast zum 'Orientalischen', das wurde fast selbstverständlich hingenommen und weiter ausgeführt. *Ulrich von Wilamowitz-Moellendorff*, der bedeutendste Gräzist um die Jahrhundertwende, hat als Gymnasiast in Schulpforta mit Selbstverständlichkeit noch Hebräisch gelernt;[11] er hat sich das später nicht mehr anmerken lassen, wohl aber seine Distanzierung zum 'Semitischen' und 'Orientalischen' wieder- *[19]*holt betont.[12] Eine Konsequenz der Abgrenzung war, daß eine der ganz großen Leistungen der Geisteswissenschaft des 19. Jahrhundert, nämlich die Wiederentdeckung des Alten Orients mit der Entzifferung von Hieroglyphen und Keilschrift, von der Klassischen Philologie nicht zur Kenntnis genommen wurde.[13] Dabei war diese Entdeckung angetan, den Griechen für immer den Nimbus vom Ursprung der Menschheitskultur zu entreißen. Dies freilich hat unsere Bildungswelt bis heute nicht rezipiert.

Zur beherrschenden Bildungsmacht des 19. Jahrhunderts wurde die Geschichtswissenschaft. Sie mußte als die große umfassende Geisteswissenschaft auch die Theologie des Neuen Testaments und die Geschichte des frühen Christentums mit der Profangeschichte im allgemeinen und der 'klassischen' Philologie im besonderen wieder zusammenführen. Hinzu trat, als die aufs Materielle gestützte Geisteswissenschaft, die Archäologie, die sich in der zweiten Jahrhunderthälfte glänzend entfaltete. Freilich mußten die Partner in der neuen Zusammenarbeit ihre Sonderansprüche zurücknehmen oder zumindest zurückstellen: Das Überzeitlich-Absolute der Theologie hat ebenso wenig Raum in der Historie wie das Klassische der Philologie. Gerade Wilamowitz hat dies wiederholt als den wesentlichen Wandel bezeichnet, daß "die Philologie selbst zur Geschichtswissenschaft geworden

---

[10]   Vgl. L. Poliakov, *Le mythe arien*, Paris 1971; M. Olender, *Les langues du Paradis*, Paris 1989; Burkert 1992, 2f.

[11]   Wilamowitz 1974, 116 f.

[12]   Vgl. Burkert 1992, 154 Anm. 9.

[13]   Vgl. Burkert 1991.

ist".[14] Daß Wilamowitz mit dem ihm eigenen persönlichen Temperament auf Wertungen in keiner Weise verzichtete und einer ganz bestimmten 'klassischen', auch traditionell-national geprägten Vorstellung vom 'Hellenentum' als einem einmaligen Höhepunkt anhing, braucht nicht zu erstaunen.

Die Theologie ihrerseits hatte seit langem ihre Mühe und Plage damit gehabt, Philologie und Historie zuzulassen. Es wäre *[20]* vermessen, die Geschichte der 'Leben-Jesu-Forschung' hier aufzurollen.[15] Es sei nur eben an den berühmten Streit um die *Wolfenbütteler Fragmente* erinnert, die *Lessing* herausgab, und aus Zürcher Sicht erwähnt, welche Schwierigkeiten *David Friedrich Strauß* der löblichen Stadt Zürich und ihrer neugegründeten Universität mit dem sogenannten 'Straußenhandel' beschert hat; man war froh, ihn wieder los zu werden. Es gab viel gereizte Apologetik im vorigen Jahrhundert, es gab freilich auch latent oder offen antichristliche Offensiven mit dem deutlichen Ziel, der christlichen Kirche ihren Anspruch des einmaligen übernatürlichen Wunders zunichte zu machen.

In der Praxis von Universität, Schule und Kirche entwickelten sich im Rahmen des aufblühenden Kulturbetriebs Philologie und Theologie eher nebeneinander, ohne viel Berührung: Während die Klassische Philologie die Methode der Textkritik entwickelte und erfolgreich anwendete,[16] brachte der *Abbé Migne* seine ungeheure Sammlung der griechischen und lateinischen Kirchenschriftsteller praktisch ohne Textkritik zum Drucker; in den sich dann bildenden klassisch-philologischen Seminarien hinwiederum war "der Migne" nicht zu finden und wurde nicht vermißt. Allerdings, die Theologie hat die Methode der Textkritik übernommen: Die Ausgaben des Neuen Testaments und die noch nicht abgeschlossene Neuausgabe der Septuaginta[17] sind schlechthin musterhaft; sie werden aber von den Philologen wenig zur Kenntnis genommen. Auch die Evangelien-Synopsen *[21]* sind philologische Meisterwerke[18] – sie sind, fürchte ich, nicht in allen Klassisch-philologischen Seminarien zu finden. Immerhin ist das Kittelsche Wörterbuch doch wohl inzwischen als unser umfangreichstes bedeutungs-

---

[14] U. v. Wilamowitz-Moellendorff, *Homerische Untersuchungen*, Berlin 1884, 417f.; vgl. *Euripides Herakles* I, Berlin 1889 = *Einleitung in die griechische Tragödie*, Berlin 1907, 254 f. Bemühungen um einen neuen Begriff des 'Klassischen' setzten nach dem ersten Weltkrieg ein, vgl. Jaeger 1933; zur Situation nach dem zweiten Weltkrieg Reinhardt 1960; Hölscher 1965 sowie Fuhrmann/Tränkle 1970.

[15] Zu nennen bleibt *honoris causa* A. Schweitser, *Geschichte der Leben-Jesu-Forschung*, Tübingen 1906, 1926[4] (= UTB 1302, Tübingen [9]1984).

[16] S. Timpanaro, *La genesi del metodo di Lachmann*, Padova 1963, 1981[2].

[17] *Septuaginta. Vetus Testamentum Graecum auctoritate Academiam Scientiarum Gottingensis editum*, Göttingen 1931 ff.

[18] K. Aland, ed., *Synopsis quattuor Evangeliorum*, Stuttgart 1963, 1985[13].

geschichtliches Lexikon auch für paganes Griechisch in regem Gebrauch.[19] Sonst pflegt die Gräzistik das Neue Testament beiseite zu lassen oder allenfalls als ein Beispiel der unklassischen *Koine* mit einem Blick zu streifen. Erst recht galt weithin das Byzantinische als unsympathisch und das Neugriechische als nicht vorhanden. Hier ist erst durch den Tourismus eine Wende eingetreten.

Im übrigen war im Bereich eines aufgeklärten bürgerlichen Humanismus 'freisinnige' Distanzierung zur Kirche in der Klassischen Philologie durchaus verbreitet. So wird von dem Basler *Peter von der Mühll*, der als ausgezeichneter Graezist mehr als 50 Jahre lang an der Basler Universität gelehrt hat, berichtet, daß er in seinem Seminar von einer καινὴ διαθήκη nichts wissen wollte. Bei *Nietzsche*, dem Pfarrerssohn und Klassischen Philologen, wurde die Ablehnung des Christentums zur Leidenschaft. In seinem und in Goethes Geist schrieb *Walter F. Otto* das eindrucksvollste Buch über die Götter Griechenlands, nachdem er dem Christentum ausdrücklich abgesagt hatte.[20]

Mit dem Fortgang des 19. Jahrhunderts, mit dem Aufblühen der Universitäten und mit der Großorganisation der Wissenschaft kam nun allerdings eine scheinbar konfliktlose Zusammenarbeit von Philologie und Theologie unter dem Mantel der Historie schließlich zur vollen Entfaltung. *Theodor Mommsen* brachte *Friedrich Leo* dazu, wider Lust und Willen auch Venan-[22]tius Fortunatus zu edieren.[21] *Eduard Schwartz* fand im Fortgang seiner Studien fast organisch von der griechischen Geschichtsschreibung über die Vorformen der Weltchronik zur Edition der Konzilsakten.[22] Im übrigen mag es genügen, an das Nebeneinander von Wilamowitz und Adolf von Harnack an der Berliner Akademie zu erinnern. Ein bleibendes Monument ist die Ausgabe der "Griechischen christlichen Schriftsteller" durch die Berliner Akademie; das Unternehmen hat die DDR überdauert und findet mit der ersten kritischen Ausgabe der Kirchengeschichte des Sokrates durch G. C. Hansen seine bedeutende Fortsetzung.[23] Übrigens war Wilamowitz als

---

[19] H. Kittel, G. Friedrich (Hgg.), *Theologisches Wörterbuch zum Neuen Testament* (11 Bde.), Stuttgart 1933–1979.

[20] W. F. Otto, *Der Geist der Antike und die christliche Welt*, Bonn 1923 – eine Wiederveröffentlichung dieser Schrift hat Otto später nicht gewünscht. – *Die Götter Griechenlands*, Bonn 1929 (oft nachgedruckt). Otto war in Bonn zusammen mit Lietzmann Teilnehmer an Useners Seminar gewesen.

[21] Siehe E. Fraenkel in: F. Leo, *Ausgewählte Kleine Schriften* I, Rom 1960. XVI f.

[22] Zu E. Schwartz A. Momigliano, "Premesso per una discussione su Eduard Schwartz", in: *VIIᵒ Contributo alla Storia degli Studi Classici e del Mondo Antico*, Roma 1984, 233-244; W.M. Calder III and R. L. Fowler, *The Preserved Letters of Ulrich von Wilamowitz-Moellendorff to Eduard Schwartz*, SBAW.PH 1986,1.

[23] G. C. Hansen (Hg.), *Sokrates Kirchengeschichte* (GCS.NF 1), Berlin 1995.

Graezist sich dessen voll bewußt, wie groß der Anteil der christlichen Autoren an der griechischen Literatur insgesamt ist; er hat sie entsprechend einbezogen in seine *Geschichte der griechischen Literatur*.[24] Mit dem monumentalen Werk von *Eduard Meyer, Geschichte des Altertums,* wurde nicht nur Israel, sondern der gesamte Alte Orient in die Geschichte der nicht mehr klassischen Antike integriert.[25]

Eine allgemeine, vergleichende Religionswissenschaft hat sich im Lauf des 19. Jahrhunderts entwickelt. Religionswissenschaft, die nur teilweise eine historische Wissenschaft ist, verdankte einen Gutteil ihrer Informationen der Arbeit christlicher Missionare, *[23]* konnte aber ihre Eigenständigkeit nur in der Distanz zur Kirche gewinnen. Sie akzentuierte sich mit dem Fortschrittsgedanken, vom Primitiven zum Vollendeten. Dabei konnte das Christentum durchaus eine Spitzenrolle gewinnen oder vielmehr behalten als die am höchsten entwickelte Religion – sofern man den Islam als nachchristliche Religion großzügig übersah –. Religionswissenschaft konnte aber auch im romantischen Impuls nach dem 'Ursprünglichen' als dem Eigentlichen fragen. Unter dem einen oder anderen Gesichtspunkt wurden die alten, vorchristlichen Religionen von neuem interessant. Was die Ethnologie zutage förderte, war zumindest teilweise allerdings so kraus und fremdartig, daß es geeignet war, das Selbstverständnis des Menschen überhaupt in Frage zu stellen ist. Doch gelang es vorerst, dergleichen durch die Markierung als 'primitiv' in wohlige Distanz zu rücken.

Bestimmend in der Entwicklung der Religionswissenschaft waren einerseits deutsche Volkskunde, andererseits englische Ethnologie. Die deutsche Linie führt von *Wilhelm Mannhardt* und *Hermann Usener* zu *Albrecht Dieterich*, die englische von *E. B. Tylor* zu *James George Frazer* und *Jane Harrison*.[26] Nicht zufällig spielte dabei der mit der englischen Kirche in Konflikt geratene Robertson Smith eine zentrale Rolle, mit grundlegenden Einsichten zum Opferritual und zum Zusammenhang von Mythos und Ritus.[27] Besondere Aufmerksamkeit fand vorübergehend *Max Müller*, der auf Grund seiner Sanskrit-Studien eine auf zweifelhaften Etymologien aufbauende Sonnen-Mythologie errichtet hatte.[28] Dies ließ sich relativ problemlos rezipieren.

---

[24] Wilamowitz 1905/1912.

[25] Meyer 1884 ff.; zu Meyer vgl. W. M. Calder III und A. Demandt, *Eduard Meyer. Leben und Leistung eines Universalhistorikers* (Mnemosyne. Suppl. 112), Leiden 1990.

[26] Vgl. Schlesier 1994 mit reichen Literaturangaben, bes.auch (193–241) zur Usener-Schule; zur Mythologie Burkert 1980.

[27] W. R. Smith 1889/1894; vgl. Beidelman 1974; M. Smith in Calder 1989, 251–261.

[28] Vgl. zu Max Müller H. J. Klimkeit in: *Encyclopedia of Religion* X (1987) 153 f.

Mit der Theologie hatte sich die Religionswissenschaft von Anfang an auseinanderzusetzen; die Theologie ihrerseits geriet *[24]* in Schwierigkeiten, insofern die Einzigartigkeit der jüdischchristlichen Offenbarung in Frage gestellt wurde. *Ernest Renan* betrachtete die Mithras-Mysterien als eine mögliche Alternative zum Christentum.[29] Mannhardt fand Riten vom "getöteten Vegetationsgott"; bei Frazer wurde daraus das allgemeinere Mythologem vom "sterbenden und auferstehenden Gott", Adonis-Attis-Osiris – hier schienen Parallelen, ja Konkurrenzentwürfe zum Christentum mit seiner Botschaft von Tod und Auferstehung in den Blick zu treten. Inwieweit eben das christliche Vorverständnis der religionsgeschichtlichen Interpreten dabei den Blick lenkte, hat man damals nicht gefragt; erst in unserem Jahrhundert wurde darüber grundsätzlich reflektiert – wobei man mit Frazers Mythologem nicht gut gefahren ist.[30] *Robertson Smith*, der in seinem so wirkungsvollen Buch *Religion of the Semites* das Alte Testament in einen allgemeinen Kontext 'primitiver' Rituale rückte, wurde von der englischen Kirche ausgeschlossen; doch wurde sein Buch von Theologen ins Deutsche übersetzt.

Denn in der protestantischen deutschen Theologie, der 'liberalen' Theologie zumindest, wurde gegen Ende des 19. Jahrhunderts die Religionswissenschaft mehr und mehr akzeptiert. Ein Monument dieser Rezeption ist die Enzyklopädie *Die Religion in Geschichte und Gegenwart*, die erstmals 1909–1913 von *Hermann Gunkel* herausgegeben wurde.[31] Die radikale Distanzierung der Theologie von der Religionswissenschaft ist dann, als Gegenschlag, durch *Karl Barth* formuliert worden, mit der paradoxen These, das Christentum sei überhaupt keine Religion, insofern Religion das tastende Suchen irregeleiteter Menschen nach Gott *[25]* oder Göttern bedeute, das Christentum aber von der Offenbarung zeuge, die von Gott den Menschen zukam. Religionswissenschaft, vergleichende Religionswissenschaft, wie sie sich seit dem 19. Jahrhundert konstituiert hatte, wäre demnach für christliche Theologie im Prinzip belanglos.

Auch die Altertumswissenschaft hatte mit der Religionswissenschaft ihre Schwierigkeiten, schien doch an Stelle des 'Klassischen' nunmehr das 'Primitive' an die Oberfläche zu kommen. So blieb es generationenlang kontrovers, inwieweit man sich den religionswissenschaftlichen Perspekti-

---

[29] E. Renan, *Marc Aurèle et la fin du monde antique*, Paris 1882, 579, vgl. Burkert 1994, 11.

[30] Vgl. Colpe 1969.

[31] H. Gunkel und L. Zscharnack, Hg., *Die Religion in Geschichte und Gegenwart*, 1909/13; 1927/32[2]; K. Galling, Hg., 1957–1965[3]; eine vierte Auflage ist im Entstehen. *[Jetzt H. D. Betz, D. S, Browning, B. Janowaski, E. Jüngel, 1998–2007; engl. Religion Past and Present, 2006ff.]*

ven öffnen oder davon abgrenzen solle, ob man vergleichend vorgehen dürfe oder sich auf das "rein Philologische" zu beschränken habe.

Dabei war es doch in erster Linie Hermann Usener gewesen, ein unbestreitbarer Meister der Philologie, der in der Klassischen Philologie Deutschlands die Religionswissenschaft etablierte und zugleich die Brücke zur Theologie schlug. Daneben steht, als philologische Glanzleistung von großer religionswissenschaftlicher Relevanz, Erwin Rohdes *Psyche*.[32] Useners Schwiegersohn *Albrecht Dieterich* hat dann der Religionswissenschaft im Bund mit der Altertumswissenschaft einen eigenen Status gegeben, vor allem durch die Gründung des *Archivs für Religionswissenschaft* und der Reihe der *Religionswissenschaftlichen Versuche und Vorarbeiten*, die religionsgeschichtliches Material im Detail zu dokumentieren bestimmt war. Usener hatte auch die Verlagerung des Interesses von Dogmen und Mythen auf die "heilige Handlung", auf das Ritual inauguriert. Martin P. Nilsson, dem wir das bedeutendste Handbuch zur griechischen Religion verdanken, hat sich dieser Richtung emphatisch zugerechnet.[33] Usener schrieb aber auch über Sintflut-Sagen, über *Das Weihnachtsfest* und über den *Heiligen Tychon*.[34] Es ging ihm dabei ebenso um heidnische Vorgaben für *[26]* Christliches wie um heidnische Relikte im Christlichen. Auch Albrecht Dieterichs bedeutendste Leistungen konzentrieren sich auf spätantike Texte aus dem Umfeld des Christentums: *Nekyia* (1893) ging von der neuentdeckten *Petrus-Apokalypse* aus, *Abraxas* und *Eine Mithrasliturgie* machten Zauberpapyri zum Gegenstand der Religionswissenschaft; dabei brachte die *Mithrasliturgie* vor allem vielbeachtete Materialien zum 'Hieros Gamos', zur Sexualität im Mysteriengeschehen.[35]

Useners Schüler in Bonn war auch *Hans Lietzmann*.[36] Er ging dementsprechend als strenger Philologe vom Studium der Handschriften aus, behandelte aber mit dem neugeweckten Interesse vornehmlich das Ritual, die christliche Liturgie in ihrer variantenreichen Entwicklung. Dies führte

---

[32] Rohde 1894, 1898[2] (oft nachgedruckt).

[33] Nilsson 1967,10.

[34] Usener 1889, 1899, 1907.

[35] Dieterich 1891, 1893, 1901. Text und Kommentar der Mithrasliturgie, jetzt Pschai-Aion-Liturgie genannt, in: R. Merkelbach, *Abrasax. Ausgewählte Papyri religiösen und magischen Inhalts* III (ARWA. Pap. Col. 17) Opladen 1992, 155–183, 233–249, vgl. R. Merkelbach, *Isis Regina – Zeus Sarapis. Die Religion um Isis und Serapis in griechisch-römischer Zeit*, Stuttgart und Leipzig 1995, 178–181 *[jetzt H. D. Betz, Hg., The "Mithras Liturgy". Text, Translation, and Commentary, Tübingen 2003]*.

[36] Hans Lietzmann, 2.3.1875–25.6.1942; vgl. Lietzmann 1926; Bornkamm 1942, mit der Bibliographie von K. Aland, ib. 12–33 (= revidiert in H. L., *Kleine Schriften* III, 377–405) und Bornkamm 1943; Radermacher 1943. Lietzmann war Professor in Jena 1905–1924, danach als Nachfolger Harnacks in Berlin, Mitglied der Berliner Akademie seit 1927.

zu dem Buch *Messe und Herrenmahl*, aber auch zu wichtigen Editionen in der von ihm geschaffenen Reihe von den *Kleinen Texten für Vorlesungen und Übungen*.[37]

Die innige Berührung von Altertumswissenschaft und Theologie in der Religionswissenschaft, die von Usener ausging, ist auch im Werk *Eduard Nordens* fortgeführt. Norden veröffentlichte 1903 den großen Kommentar zum 6. Buch der Aeneis, der in vielem an Albrecht Dieterichs *Nekyia* anknüpft; Norden rühmt sich dort, die jüdisch-christlichen Apokalypsen "vollstän-*[27]*dig" zu kennen. 1913 folgte *Agnostos Theos*, ein Buch, das schon im Titel das Neue Testament zitiert. Es gab der Theologischen Fakultät der Universität Bonn den Anlaß, Eduard Norden 1917 das Ehrendoktorat in Theologie zu verleihen. Mit dankender Widmung publizierte Norden dann 1924 *Die Geburt des Kindes*, eine große Synthese von Vergils Vierter Ekloge mit Hellenistisch-Ägyptischem und Neutestamentlichem, das in seine Umwelt bruchlos eingefügt erscheint.[38]

Parallel dazu entwickelte sich, mit Zentrum Göttingen, eine eigentliche "religionsgeschichtliche Schule", bei der länger zu verweilen ist; handelt es sich doch wohl um die bedeutendste Symbiose von Altertumswissenschaft und Theologie in unserem Jahrhundert im Zeichen einer übergreifenden Religionswissenschaft, die zentrale Botschaften des Christentums aus Früherem abzuleiten unternahm – ein Weg, der dann doch wieder aufzugeben war.[39] Die religionsgeschichtliche Schule hat sich im Bereich des Altertums auf den sogenannten Synkretismus konzentriert, auf Mysterien, Gnosis, Hermetik. Hier also war das Prinzip überwunden, Kultur vor allem als Abgrenzung zu sehen; Kulturbegegnung, Kulturvermischung rückte ins Zentrum der Aufmerksamkeit.

Die "religionsgeschichtliche Schule"[40] hat sich in Göttingen konstituiert. *Hermann Gunkel* war es vor allem, der es unternommen hatte, Religionswissenschaft und insbesondere Mythologie konsequent zur Interpretation des Alten Testaments und dann auch des Neuen Testaments heranzuziehen,[41] während *Wilhelm Bousset* von seinen Studien übers Judentum zu irani-*[28]*schen Traditionen geführt wurde.[42] Mit der Erforschung der

[37] *Kleine Texte für Vorlesungen und Übungen*, hg. v. H. Lietzmann, Bonn 1902 ff.
[38] Norden 1906, 1913, 1924; vgl. zu Norden Kytzler/Rudolph/Rüpke 1994.
[39] Auf Colpe 1961 sei von Anfang an verwiesen.
[40] Zum Namen Colpe 1961, 8,1; Ittel 1956; vgl. auch Paulsen 1958, Troeltsch 1962, Sänger 1980, Rollmann 1982.
[41] H. Gunkel, *Schöpfung und Chaos in Urzeit und Endzeit*, Göttingen 1895 (1921²); *Zum religionsgeschichtlichen Verständnis des Neuen Testaments* (FRLANT 1), Göttingen 1903 = 1910; *Das Märchen im Alten Testament*, Tübingen 1917 = Meisenheim/Glan 1987.
[42] Bousset 1907; zu Bousset siehe Verheule 1973.

iranischen Überlieferung in religionsgeschichtlicher Sicht hatte eben damals
Nathan Söderblom begonnen, irritiert von Nietzsches *Zarathustra*,[43] was
Wilhelm Bousset nun aufgriff. Der Alleinvertretungsanspruch des Hebräischen wurde damit relativiert. Damit begegneten sich die Forschungen des
klassischen Philologen *Richard Reitzenstein*. Reitzenstein lehrte zuerst in
Straßburg, dann in Freiburg, seit 1914 aber in Göttingen.[44] Er war von seinen grundlegenden Untersuchungen zu den Griechischen *Etymologica* – ein
wichtiges, aber wenig anregendes Thema[45] – durch die Arbeit an einem
Straßburger Papyrus kosmologischen Inhalts zur Spätantike, besonders zur
ägyptisierenden Geistesgeschichte geführt worden;[46] so legte er wenig später eine umfassende Studie zur ersten Schrift des *Corpus Hermeticum* vor,
Poimandres (1904). Ihn faszinierte das Ineinander von Griechischem und
Nichtgriechischem, angeblich Ägyptischem, in diesem und in verwandten
Texten. Er nannte dies 'hellenistisch', zunächst im Sinn der Kulturbegegnung, insofern orientalische Spiritualität sich hier im Gewand griechischer
Mythologie und griechischer Philosophie Ausdruck verschaffe; dann aber
nahm er 'hellenistisch' auch im historischen Sinn einer Epochenbestim-
mung: 'Hellenistisch' kennzeichnet dann den Zeitraum zwischen Alexander
dem Großen und Augustus; mit anderen Worten: Die These entstand, daß
diese Art von synkretistischen *[29]* Texten, von religiösen Lehren ihren Ursprung schon in der hellenistischen Epoche, also lange vor der römischen
Kaiserzeit und vor dem Neuen Testament habe, in der Begegnung der Griechen mit den östlichen Kulturen, der persischen, babylonischen, syrischen,
ägyptischen Kultur. In diesem Zusammenhang zog Reitzenstein gnostische
Texte heran, vor allem die von ihm so genannte *Naassenerpredigt*, die der
Bischof Hippolytos überliefert; er versuchte, den Text als im Kern vor-
christlich zu erweisen, indem er durch Textanalyse eine nicht-christliche
Fassung rekonstruierte.[47] Was er auf diese Weise zu fassen glaubte, war ein
Mythos von *Anthropos* dem 'Menschen', seinem Fall und seiner Erlösung.

---

[43] Vgl. J. Bergman, in: *Faculty of Theology at Uppsala University*, Uppsala 1976, 4–8.

[44] Richard Reitzenstein, 4.4.1861–23.3.1931. Vgl. *Festschrift Richard Reitzenstein*, Leip-
zig/Berlin 1931; W. Fauth in: Classen 1989, 178 ff. – Reitzensteins erste selbständige
Publikationen waren *Verrianische Forschungen*, Breslau 1887; *Epigramm und Skolio*n, Gießen
1893.

[45] *Geschichte der griechischen Etymologika*, Leipzig 1897.

[46] Reitzenstein 1901; der Papyrustext ist neu ediert bei E. Heitsch (Hg.), *Die griechischen
Dichterfragmente der römischen Kaiserzeit* (AAWG.PH 49), Göttingen 1963², nr. XXIV (p.
82–85).

[47] Zur *Naassener-Predigt* Reitzenstein 1904, 81–102; Reitzenstein-Schaeder 1926, 161–173; vgl.
auch Lietzmann, *Geschichte der Alten Kirche* I, 289–291. Kritische Neubehandlung durch
Frickel 1984, der zwei Schichten christlicher Gnosis in dem Text zu scheiden versucht; Vor-
christliches bleibt unbestimmbar.

Natürlich stand die Bezeichnung 'Menschensohn' aus Daniel und Neuem Testament im Hintergrund; es eröffneten sich aber weit zurückreichende Perspektiven, wonach die jüdisch-christliche Erlösungsbotschaft in viel Älterem zu verorten wäre.

Reitzensteins Publikation traf sich mit den Forschungen von Wilhelm Bousset zum *bar änash*, der auch Bousset als nichtjüdisch erschien; Bousset wies auf die iranischen Gestalten von 'Urmenschen' hin, Yima und Gayomart. Bousset zog ferner die Mandäer heran, deren Texte eben damals zugänglich wurden,[48] ebenso manichäische Texte, die alsbald durch neue Zeugnisse aus den Turfan-Funden erweitert wurden. Boussets Synthese liegt in dem Buch *Hauptprobleme der Gnosis* von 1907 vor. Reitzenstein und andere gingen weiter auf den damit gewiesenen Wegen. Die Gnosis, die bislang als christliche Häresie gese-*[30]*hen worden war,[49] wurde damit zu einem weit umfassenderen und auch weit älteren Phänomen: *Gnosis als Weltreligion*, um den Titel von Gilles Quispel (1951) vorwegzunehmen.

1910 veröffentlichte Reitzenstein dann sein einflußreiches Buch *Hellenistische Mysterienreligionen*, das drei Auflagen erfuhr und vor allem durch seinen Titel Epoche gemacht hat.[50] Sehr wichtig wurden dabei die Werke Philons von Alexandreia, der in den ersten Jahrzehnten unserer Zeitrechnung schrieb. In der Folgezeit aber begann Reitzenstein, seine Aufmerksamkeit mehr und mehr auf das iranische Schrifttum zu richten, auf manichäische Fragmente und auf Bücher der Zarathustra-Religion, Bücher, die erst im 9. Jahrhundert n. Chr. in der Pahlavi-Sprache geschrieben sind; sie geben allerdings ohne Zweifel ältere Traditionen wieder. Reitzenstein hat anscheinend weder Ägyptisch noch iranische Sprachen je selbständig gelernt;[51] er fand in Göttingen einen sprachkundigen Mitarbeiter in dem Iranisten Hans Heinrich Schaeder. *Das iranische Erlösungsmysterium* heißt Reitzensteins Buch von 1921, das dem umfassenden Anspruch des Titels freilich kaum gerecht wird, vielmehr einzelne Texte bespricht; *Studien zum antiken Synkretismus aus Iran und Griechenland* erschien dann als die gemeinsame Publikation von Reitzenstein und Schaeder 1926. Die antike Geisteswelt wird damit in kühner Weise ausgeweitet, von Griechenland bis

---

[48] Vgl. Rudolph 1960. Hingewiesen sei auf die kritische Stellungnahme von H. Lietzmann, "Ein Beitrag zur Mandäerfrage", *SPAW.PH* 1930, 596–608 = ders., *Kleine Schriften* I, 124–140.

[49] Vgl. A. v. Harnack, *Lehrbuch der Dogmengeschichte* I, Tübingen 1909⁴, 250: "acute Verweltlichung, resp. Hellenisirung des Christenthums".

[50] Reitzenstein 1910 / 1927.

[51] Er arbeitete in Straßburg mit Spiegelberg zusammen.Vgl. das Urteil von Richard Heinze, „daß Reitzenstein infolge seiner Hinwendung zum orientalischen religiösen Schrifttum, das er meist nur aus Übersetzungen kenne, die Präzision des Interpretierens verloren habe," E. Burck, in: *EIKASMOS. Festgabe für Ernst Vogt* (Quaderni Bolognesi di Filologia Classica 4), Bologa 1993, 65.

Baktrien, und von den Sassaniden gelangt man in eine vorzarathustrische "iranische Geisteswelt". Der Mythos vom Urmenschen, dem "erlösten Erlöser" wird immer wieder umkreist und ent-*[31]*deckt, ein Menschheitsmythos, der offenbar viel später das Christentum mitgestaltet hat.

Der Kritiker kann anmerken, daß die religionsgeschichtliche Schule Religion im wesentlichen als eine Tradition von Ideen sah, die in kontinuierlicher Kette weitergegeben und weiterentwickelt wurden,[52] Ideen, die sich schriftlich ausformulieren lassen, die auch in verlorenen Texten enthalten waren, welche zu rekonstruieren dann philologische Aufgabe bleibt. Philologie *qua* Traditionswissenschaft hat große Affinität und durchaus Sympathie mit einem solchen Zugang. Trotzdem fehlt, worauf doch die 'primitivistische' Religionswissenschaft schon zu Beginn des Jahrhunderts aufmerksam gemacht hatte, die Praxis der Rituale samt dem sozialen Umfeld. Insbesondere der soziologische Zugang, den *Émile Durkheim* begründet hat,[53] ließ sich nicht mit diesem Paradigma der Texte-Entwicklung und Ideen-Sukzessionen verbinden.

Man wird auch festhalten, daß die iranischen Rekonstruktionen ein halsbrecherisches Unterfangen sind, indem sie kühnlich fast zwei Jahrtausende überspringen, um von den Pahlavi-Büchern des 9. Jahrhunderts n. Chr. bis zum Vor-Zarathustrischen zu gelangen. Die großen Leistungen der Schule von Uppsala, besonders *Geo Widengrens* sollen damit nicht geschmälert sein.[54] Doch Vorsicht ist am Platze.

Nachträglich mag sich ein weiteres Bedenken regen: Das Christentum erscheint in der religionsgeschichtlichen Schule nicht mehr als wesenhaft jüdisch, die Gnosis ist nicht mehr christliche Verirrung. Das Mysterienhafte wird im Synkretismus entdeckt; die Unsterblichkeit, die Zeitenspekulation, der Seelenmythos, der "Gott Mensch", all dies erscheint im Altiranischen *[32]* verwurzelt. Im gleichen Maße versinkt die Bedeutung der hebräischen Tradition, des 'Semitischen'. Die Iraner sind schließlich Indogermanen. Kein Zweifel, 'unsterblich' – *amrtos*, avestisch *amesha*, in der griechischen Form ἄμβροτος – ist eine indogermanische Wortprägung, die im Semitischen nicht ihresgleichen hat. Doch darf eine solche Feststellung nicht als Argument der Diffamierung verwendet werden.

Ohne Zweifel war es eine gewisse zeitgenössische Aktualität, was der religionsgeschichtlichen Schule zu ihrem Erfolg verhalf. Schon vor dem ersten Weltkrieg, erst recht in seinem Gefolge war die gleichmäßig-leiden-

---

[52] Die Nähe zu Ernst Troeltsch, dem glänzenden Vertreter der 'Geistesgeschichte', ist insofern kein Zufall.

[53] Durkheim 1912, in Deutschland freilich damals kaum rezipiert.

[54] Widengren 1983 hat die Grundlagen der Rekonstruktion nochmals dargestellt.

schaftslose Rekonstruktion der Weltgeschichte unattraktiv geworden; über-historische, aktualisierenden Vereinnahmungen drängten vor, 'Bewegungen' des Traditionsbruchs fanden Widerhall: Expressionismus, Neuromantik, Sinn für alles Irrationale, Mythische, 'Kosmische'; auch eine neue Art von 'Klassik' als elitäre Aneignung wurde möglich, wie sie im Stefan-George-Kreis zutage trat. Zugleich hatte mit der Psychoanalyse ein neues, anti-rationales Menschenverständnis eingesetzt. Alternative und exotische Spielarten von Frömmigkeit fanden ihr Publikum. An Stelle 'freisinniger' Rationalität trat eine neue Intensität der Beschäftigung mit Mythen, Menschheitsmythen, Erlösungsmythen. Da hatte unversehens die 'Gnosis' Chancen, als uralte, östliche Alternative zum Christentum ihre Faszination zu zeigen. Zwei Zentren für eine neuartige Geisteswissenschaft traten damals hervor, die von *Aby Warburg* gegründete *Bibliothek Warburg* in Hamburg, wo Reitzenstein und Schaefer in den Zwanzigerjahren wichtige Vorträge hielten,[55] und die *Casa Eranos* bei Ascona, wo *C. G. Jung* bestimmenden Einfluß gewann.[56] *[33]*

In dreifacher Weise hat 'Gnosis' in der Sicht der religionsgeschicht-lichen Schule ins Weite gewirkt, in der Philosophie durch *Hans Jonas*, in der Theologie durch *Rudolf Bultmann,* und in der Jungschen Psychologie. Das Unternehmen von Hans Jonas, die Gnosis als eine besondere Form der Welterfahrung existentialphilosophisch zu erschließen – das Weltgefühl des 'Geworfenseins' stellte eine Brücke zu Heidegger her –, ist freilich alsbald erstickt worden; der erste und für lange Zeit einzige Band von *Gnosis und spätantiker Geist* erschien 1934.[57]

Rudolf Bultmann[58] hatte schon früher den religionshistorischen Ansatz adaptiert. Für seine Theologie ist die These fundamental, daß die Gnosis vorchristlich sei, also eine geistig-mythologische Richtung, deren Auswirkung das christliche Kerygma überlagert hat; sie bleibt prinzipiell ab-trennbar. Bultmann akzeptierte, daß das Christentum historisch aus dem Bereich des späthellenistischen Synkretismus herausgewachsen sei, suchte aber die Besonderheit des Christentums zu gewinnen, indem er das zeitlose *Kerygma* des Christentums von der mitgeschleppten mythologischen Begrifflichkeit der synkretistischen Religionen wieder befreien möchte; dies sein Programm der 'Entmythologisierung'. Indem also Bultmann die Religi-

---

[55]   Siehe Reitzenstein 1924/5, Schäder 1924/5, Reitzenstein-Schaeder 1926, Reitzenstein 1963; auch Norden 1924.

[56]   Publikation der Eranos-Jahrbücher seit 1933; vgl. das Literaturverzeichnis.

[57]   Jonas 1934/1964; die dritte Auflage (1964) enthält p. 377–418 ein Kapitel „Neue Texte der Gnosis".

[58]   Das folgende orientiert sich an Bultmann 1949; doch vgl. zu seiner Position bereits Bultmann 1923 und 1925.

onswissenschaft akzeptiert und in sein Interpretationssystem integriert, dient sie doch zugleich wiederum zur Abgrenzung: Ihr ist zuzurechnen, was an mythischen Aussagen in der urchristlichen Literatur sich breit macht, dem Modernen aber nicht mehr entsprechen kann. Man akzeptiert also den Synkretismus als das 'andere', von dem das Eigene abzugrenzen ist.

Anders war die Aneignung durch *Carl Gustav Jung*, die gerade dem Mythischen eine neue Dignität zu geben versprach. Ihn interessierten die Bilder, die die irrationale Seele hervor-*[34]*bringt. So hatte er ein Interesse für Alchemie entwickelt, was sich mit Untersuchungen Reitzensteins traf.[59] Seit 1933 veröffentlichte das Eranos-Zentrum die Eranos-Jahrbücher, die ostwestliche Meditation und Erlösungsformen zum Gegenstand hatten: *Erlösungsidee in Ost und West, Symbolik der Wiedergeburt in der religiösen Vorstellung der Zeiten und Völker. Trinität, christliche Symbole und Gnosis, Das Hermetische Prinzip, Mythos, Gnosis und Alchemie* – die Titel sprechen für sich. Es kam so weit, daß man Carl Gustav Jung jenes Bruchstück der Nag Hammadi-Bibliothek als Geschenk überreichte, das auf den grauen Markt gelangt war. Er nahm das Buch gerührt in Empfang, als wäre es die Erfüllung seines Lebens – lesen konnte er es nicht. Inzwischen ist das voreilig *Codex Jung* genannte Fragment in aller Stille nach Kairo zurückgegeben und der Nag-Hammadi-Bibliothek wieder einverleibt worden.[60]

Jung stand um 1950 auf dem Höhepunkt seines Ruhms. Seltsam, wie fern uns dies heute anmutet. Die Zusammenarbeit von *Antike und Christentum* ist zwar nach 1945 in der Abkehr vom braunen Ungeist mit neuer Intensität in die Wege geleitet worden, jetzt aber unter dem Motto des 'christlichen Abendlandes' und unter katholischer Führung; das *Reallexikon für Antike und Christentum*, das an die Vorarbeiten von Franz Josef Dölger anknüpft, ist in Bonn beheimatet.[61] Die religionsgeschichtliche Schule aber ist verschwunden.[62] Hans Jonas hat *[35]* sein Werk nicht zu Ende geführt. Neue methodische Verfeinerungen und Komplizierungen sind aufgetreten, neue hermeneutische Methoden wie Strukturalismus und Semiotik, dazu auch außertextliche Interessen, Soziologie, Kulturanthropologie; man kon-

---

59 Vgl. Reitzenstein 1904, 102–108 zu Zosimos; Reitzenstein 1923.

60 Zur Nag Hammadi-Bibliothek unten Anm. 65.

61 *Reallexikon für Antike und Christentum*, begründet von Th. Klauser, Stuttgart 1950 ff. – Als religionsgeschichtliche Handbücher zu nennen sind von katholischer Seite Prümm 1954, von protestantischer Schneider 1954.

62 Sie fand eine gewisse Fortsetzung durch Johannes Leipoldt in Leipzig, danach durch Kurt Rudolph ebendort, vgl. Rudolph 1960, 1980, 1987. Spezialarbeit an koptisch-gnostischen Texten wurde in Berlin weitergeführt, vgl. Schenke 1962. – Eine gewisse Fortführung des Paradigmas erfolgte in Italien durch Ugo Bianchi, mit Akzent auf dem Problem des Dualismus: *Zaman i Ohrmazd*, Torino 1958; *Selected Essays on Gnosticism, Dualism and Mysteriosophy*, Leiden 1978; dazu der Kongress von Messina, siehe Bianchi 1967.

struiert Modelle, Systeme. Wenn ich recht sehe, ist dabei die Theologie weit
eher bereit, sich neuen Methoden zuzuwenden, als die immer noch an der
'Klassik' laborierende Philologie.Aus den neuen Ansätzen der Kulturwissenschaft haben sich allerdings auch neue Abgrenzungen ergeben. Indem
Systeme sich modellhaft am ehesten als geschlossene Systeme konstruieren
lassen, faßt man den Begriff der Kultur oder Gesellschaft wieder ganz eng,
etwa "die Kultur der griechischen Polis im 5. Jahrhundert".[63] 'Einflüsse'
von Nachbarbereichen oder Vorgängerkulturen läßt man am liebsten gar
nicht mehr gelten; Innovationen sind allenfalls systematischer Systemum-
bruch, nicht aber Import. So scheinen die 'Systeme' der Kulturen zu fenster-
losen Monaden zu werden; eine übergreifende Religionsgeschichte wäre
dann gar nicht mehr möglich.

Merkwürdigerweise aber hängt der Wandel in der Einstellung zur Religionswissenschaft, die Unmöglichkeit einer neuen 'Schule' auch mit einem
ganz unvorhersehbaren Fortschritt zusammen, dem sensationellen Zuwachs
neuer Zeugnisse gerade in der Epoche um 1950: Die Schriften von Qumran,
die eine Richtung des Judentums bis ins 1. Jahrhundert n. Chr. hinein
authentisch dokumentieren,[64] und die Bibliothek von Nag Hammadi, jene
[36] gnostische Bibliothek in mindestens 13 Bänden, die im 4. Jahrhundert
in einem christlichen Kloster hergestellt, dann aber vergraben worden war,
wohl unter dem Druck orthodoxer Kontrolle.[65] Während bislang die Gnosis
fast ausschließlich aus der Polemik christlicher Schriftsteller bekannt war,
hat man jetzt über 40 Originalschriften, leider – sagt der Graezist – in
koptischer Übersetzung, nicht in der griechischen Urfassung. Dazu gekommen ist 1969, nicht weniger sensationell, die griechisch verfaßte Biographie
des Religionsstifters Mani, ein Papyruscodex, der von der Papyrus-Samm-
lung Köln angekauft wurde. Auch weitere Dokumente des Manichäismus
werden laufend neu ediert, aus Turfan-Texten, aus koptischen Codices, aus
chinesischen Quellen. Freilich sind die Manichaica schon in ihren sprachlichen Fassungen so vielgestaltig, daß kaum einem Spezialisten alles zugänglich ist.[66]

---

[63] Bedeutende Wirkung ist von dem Kreis um Jean-Pierre Vernant in Paris ausgegangen; siehe J.-
P. Vernant, *Mythe et société en Grèce ancienne*, Paris 1974; *Passé et Présent* I/II, Rom 1995
(mit Bibliographie).

[64] Die vollständige Veröffentlichung ist jetzt erst in Gang gekommen: E. Tov (Ed.), *The Dead Sea
Scrolls on Microfiche*, Leiden 1993; F. Garcia Martinez, G. E. Watson, *The Dead Sea Scrolls
Translated*, Leiden 1994.

[65] *The Facsimile Edition of the Nag Hammadi Codices*, Leiden 1972–1984; J. M. Robinson (Ed.),
The Nag Hammadi Library in English, Leiden 1977, 1996[4].

[66] Kölner Mani-Codex: Koenen-Römer 1988. Vgl. M. Tardieu, *Études Manichéennes. Bibliographie critique 1977–1986*, Paris 1988; G. Wießner, H. J. Klimkeit, ed., *Studia Manichaica: II.
Internationaler Kongreß zum Manichäismus*, Wiesbaden 1992; Böhlig-Markschies 1994.

Die Erforschung des Christentums des zweiten bis vierten Jahrhunderts –
eines Christentums, das durchaus der 'Antike' angehört – steht damit in der
zweiten Hälfte unseres Jahrhunderts auf einer ganz anderen Basis als in der
ersten Hälfte. Das Eigentümliche ist, daß diese Entdeckungen dennoch nicht
wirklich Epoche gemacht haben. Gnosis erregte Begeisterung, als man wenig von ihr wußte; jetzt, wo man Genaues über sie wissen kann, ist das Interesse erlahmt, noch ehe die definitiven Editionen und eingehende Kommentare vorliegen. Sicher hat die verzögerte Erschließung der neuen Texte
zu Ermüdungserscheinungen geführt; die Nag-Hammadi-Schriften liegen in
Übersetzung seit 1977 vor, der Kölner Mani-Codex seit 1988, die Qum-
*[37]*ran-Texte vollständig erst seit 1994. Die Sensation ist nach Jahrzehnten
abgeklungen. Das tiefere Problem ist wohl, daß der Zugriff des Christentums auf die allgemeine Kultur sich gelockert hat, ja daß im Flimmern der
modernen Medien eine geistige Bewegung gar nicht mehr auszumachen ist.
Es wird stetig und intensiv auf dem Gebiet der Gnosis und des Manichäismus gearbeitet – aber es bleibt Spezialistenarbeit.[67]

Die Klassische Philologie, die sich auf Griechisch und Lateinisch zu beschränken pflegte, sieht sich durch die neuen Befunde marginalisiert. Der
'abendländische' Blick erweist sich als zu eng. Für die Erweiterung wenigstens in Richtung auf die anderen mediterran-christlichen Sprachen, Aramä-
isch-Syrisch und Koptisch, sind unsere Seminarien nicht im mindesten eingerichtet. Von interdisziplinärer Zusammenarbeit ist viel die Rede, sie zu
verwirklichen gelingt nicht häufiger und nicht besser als in der ersten Hälfte
dieses Jahrhunderts. Und ist es denn überhaupt noch menschenmöglich, auf
mehreren Gebieten beschlagen zu sein, wo doch schon auf kleinstem Fach-
gebiet die Produktion in ihrer weltweiten Vernetzung kaum mehr zu bewältigen ist – anders als zu Eduard Nordens Zeiten –, während zugleich die
Problematisierung, die methodischen Zweifel und Neuansätze uns immer
wieder den Boden unter den Füßen wegziehen?

Beim Versuch, aus eingeschränktem Blickwinkel trotzdem etwas wie eine Bilanz zu ziehen, scheint mir, daß die Eigenständigkeit und Besonderheit
des Jüdischen einerseits, zugleich aber auch die christlichen Grundlagen
von Gnosis und Manichäismus in unerwartet deutlicher Weise ins Licht
gerückt sind. Das Altiranische verblaßt gegenüber den neuen Evidenzen.[68]
[38] Die angeblich vorchristliche Gnosis entzieht sich mehr und mehr,[69]

---

[67] Vgl. z. B. Markschies 1992, Holzhausen 1994. Zum literarischen Erfolg wurde Filoramo 1983.

[68] Die Kritik an der religionsgeschichtlichen Schule und dem Bild vom iranischen Erlösungsmysterium hatten Quispel 1954, Colpe 1961, Schenke 1962 eingeleitet.

[69] Vgl. Yamauchi 1983.

während frühere 'kritische' Spätdatierungen der christlichen Texte sich als irrig herausgestellt haben. Die Frühdatierung eines Evangelienfragments durch C. P. Thiede,[70] möglicherweise vor 70 n. Chr., hat Aufsehen erregt, bleibt allerdings unter Spezialisten durchaus kontrovers. Doch daß die neutestamentlichen Schriften im wesentlichen noch dem 1. Jahrhundert n. Chr. angehören, und daß sie viel historische Realität transportieren, ist nicht ernsthaft zu bezweifeln.

Die Bibliothek von Nag Hammadi ist nicht nur den Fundumständen nach eine christliche Bibliothek; man kann auch nicht wohl behaupten, daß sie nur sekundäre und tertiäre Zeugnisse zur Gnosis enthält, die an den früheren Rekonstruktionen zu messen wären. Als ein Hauptwerk kennen wir jetzt das *Apokryphon des Johannes*, das in einer kürzeren und einer sekundären längeren Fassung überliefert ist. Zumindest sein wesentlicher Inhalt war dem Ketzerbestreiter Irenaeus bereits in der Mitte des 2. Jahrhunderts. n. Chr. bekannt. Dieses Werk endet mit "Jesus Christus. Amen" und gibt sich mit dem Titel, *ΚΑΤΑ ΙΩΑΝΝΗΝ ΑΠΟΚΡΥΦΟΝ* deutlich als Ergänzung des Johannes-Evangeliums zu erkennen.[71] Es nach Reitzensteins Methode in einen vorchristlichen Text umzuarbeiten, hieße eine Rekonstruktion an Stelle der Überlieferung zu setzen. Am bedeutendsten ist die Sammlung von Jesus-Logien, das sogenannte Thomas-Evangelium, von dem griechische Bruchstücke schon vorher bekannt waren.[72] Dieses Logion-Evangelium ist den kanonischen Evangelien nicht einfach nachgeordnet. Neutestamentler mögen unwillig sein, es ernst zu nehmen; doch scheinen einige 'Sprüche' *[39]* hier authentischer als in der kanonischen Fassung vorzuliegen, und andere sind originell und herausfordernd genug.

Auch ein "geheimes Markus-Evangelium" ist aufgetaucht, gefunden und herausgegeben von Morton Smith. Es ergänzt das kanonische Markus-Evangelium in verblüffender Weise: Es setzt den Jüngling, der bei Jesu Gefangennahme nackt von dannen floh, mit dem reichen Jüngling, den Jesus liebte, gleich und deutet ein homosexuelles Verhältnis an. Der Herausgeber meinte, der Text sei primär gegenüber unserem Johannes-Evangelium, ja gegenüber unserer Fassung des Markus. Kaum jemand hat dies akzeptiert, zumal die kuriose Lage der Überlieferung immer auch die Vermutung sehr viel späterer Entstehung zuläßt.[73]

Die Authentizität der griechischen Mani-Biographie unterliegt Einschränkungen, ist der Text doch wohl mehr als 100 Jahre nach Manis Tod

---

[70] C. P. Thiede, *ZPE* 105, 1995, 13–20.

[71] Waldstein-Wisse 1995; dort auch die Irenaeus-Texte. Holzhausen 1994, 198f., und Waldstein-Wisse 1 nehmen eine gemeinsame Quelle von Irenaeus und dem Apokryphon an.

[72] Flieger 1991.

[73] M. Smith 1973, vgl. Smith 1982, Levin 1988.

zusammengestellt, mit Berufung auf mehrere Mani-Schüler. Trotzdem ist
die Schilderung, die hier von der Entwicklung eines Religionsstifters gegeben wird, etwas Einzigartiges: Wie er in einer Täufer-Gemeinde aufwächst,
wie er seine Berufung durch den göttlichen 'Zwilling' erlebt, wie er schließlich in traumatischer Weise mit seiner Heimatgemeinde bricht und seine
Mission beginnt, das ist psychologisch einsehbar und tief ergreifend.[74] Es
besteht kein Anlaß, die prinzipielle Richtigkeit dieses Bildes zu bestreiten,
so wenig wie das hier gegebene genaue Geburtsdatum, 216 n. Chr., und andere historische Angaben. Mani ist demnach schon von Kind an in einer
christlichen Gemeinde aufgewachsen, der Elchasaiten-Gemeinde syrischer
Observanz, in der auch die Gnosis – in syrischer Sprache – mit ihren Mythen
und ihrer Begrifflichkeit bereits ihren festen Platz hatte. Zur Enttäuschung
mancher Spezialisten enthält der neue Text so gut wie nichts speziell Iranisches, wohl aber zeigt er deutlich den Hintergrund des bereits entfalteten syrischen Christentums und seiner Sekten. Mani beginnt – *[40]* was man
schon wußte, hier aber mehrfach bestätigt findet – seine Briefe mit der Formel „Ich, Manichaios, ein Apostel Jesu Christi," in wörtlicher Nachahmung
der Briefe des Apostels Paulus. Inwieweit der Manichäismus nicht so sehr
als prinzipieller Dualismus auf iranischer Basis, vielmehr als ein Entwurf
des absoluten Gewaltverzichts und gerade hierin als radikale Fortsetzung
von Jesus und Paulus zu verstehen wäre, bleibt erst noch aufzuarbeiten.

Neu zu untersuchen ist auch das hermetische Schrifttum, das auch in
Nag Hammadi inmitten der gnostischen Bibliothek auftritt.[75] Reitzenstein
hatte die Hermetik seit seinem *Poimandres* ins Zentrum gestellt, hatte für
'hellenistischen' Ursprung votiert. Dies war von Anfang an umstritten.[76]
Mehrfach wurde seither aufmerksam gemacht auf Indizien, die für eine
Spätdatierung des Corpus wie seiner Teile sprechen: Es gibt eindeutig Jüdi-
sches im angeblich Ägyptischen dieser Texte, wahrscheinlich aber auch direkt Christliches, das freilich zurückgedrängt wird. Dies gilt besonders von
der namengebenden ersten Schrift, dem Poimandres; ein begriffsgeschicht-
licher Kommentar führt mit vielen Indizien auf eine nachchristliche, nach-
johanneische Datierung.[77] Dann liegt eine absichtliche Paganisierung vor:
Die sogenannte Hermetik ist eine Form der Gnosis, die sich, mit dem Chris-

---

[74] Kölner Mani-Codex p. 89–104.

[75] Codex VI 8 enthält den in lateinischer Übersetzung seit je bekannten Asclepius, Kap. 21–29.

[76] Vgl. etwa Prümm 1954, 544–546.

[77] Büchli 1987. Das Genesis-Zitat in *Poimandres* 18 mußte immer auffallen. *Corpus Hermeticum*
     24 zitiert Plotin 4,8,8. Auf einen "hellenistischjüdischen" Anthropos-Mythos rekurriert wieder
     Holzhausen 1994, in dem er eine gemeinsame Quelle von Valentinos und Poimandres rekon-
     struiert; Paulus *Philipp.* 2,6–11 setze diesen Mythos voraus. Selbst wenn man dies zugäbe,
     müßte die 'Quelle' nicht vorchristlich sein.

tentum konkurrierend, von diesem wieder distanzieren will; sie ist im wesentlichen wohl ans Ende des dritten und ins vierte nachchristliche Jahrhundert zu setzen. Sie dürfte mit der Spaltung der Platoniker in Christen und Heiden zusammen-*[41]*hängen, von der Porphyrios in seiner Plotin-Biographie, Plotin selbst in seiner antignostischen – antichristlichen – Schrift Kunde gibt.[78] Die hermetischen Texte leisten dann allerdings nichts mehr für den sogenannten Ursprung des Christentums, wohl aber sind sie eine Stimme im vielstimmigen Konzert der religiösen Auseinandersetzungen, die mit dem Sieg des Christentums äußerlich ihr Ende fanden. Noch kaum untersucht ist, inwieweit wirklich echt Ägyptisches darin zum Ausdruck kommt. Das späte pagane Ägypten ist, soweit ich sehe, immer noch wenig erforscht. Rechten Ägyptologen liegt diese Spätzeit fern; und doch kann man der spätägyptischen oder pseudoägyptischen Spiritualität nicht mit den alten, seit langem edierten Texten wie Pyramidensprüche und Totenbuch beikommen. Gab es "heidnische Reaktion" im Ägypten des 4./5. Jahrhunderts?[79]

Auch von dem durch Reitzenstein geschaffenen Begriff der "Hellenistischen Mysterienreligionen" hat man abzurücken.[80] Neuere Aspekte religionsvergleichender, psychologischer, soziologischer Art haben die recht 'heidnische' Eigentümlichkeit der real existierenden Mysterienkulte ins Licht gerückt. Das christliche Modell ist hier nicht das geeignete Referenzsystem; der Hiat zwischen Mysterienkulten und Christentum erweitert sich. Das angebliche Mythologem vom sterbenden und wiederauferstehenden Gott, das man auf Frazers Spuren als grundlegend für Mysterien nahm, ist aus der Sicht der Spezialisten wieder zerfallen. Die vollständigere Edition des Keilschrifttextes von *Inannas Weg in die Unterwelt* hat ein groteskes Mißverständnis der älteren Religionsgeschichte entlarvt: Es geht in diesem sumerischen Text nicht um die Wiederauferstehung des Dumuzi-Tammuz, sondern im Gegenteil um seinen Tod als Ersatzopfer nach *[42]* dem Willen Inannas.[81] Es gibt bei den Griechen auch keine Mysterientaufe. Zu beachten, doch mit Vorsicht zu betrachten ist im griechischen Bereich die rhetorisch-philosophische, durchaus literarische Tradition, die von Platon ausgehend die Mysterienmetaphorik in philosophisch-religiöse Texte getragen hat, insbesondere zu Philon: Man darf hinter Philons Metaphern keineswegs reale jüdisch-hellenistische Mysterienkulte suchen und rekonstruieren, wie

---

[78] Zu dieser Schrift Elsas 1975.

[79] Es gab mehrere Ägypter unter den Mitgliedern der heidnischen Akademie von Athen. Vgl. auch Anm. 85/86.

[80] Burkert 1994; vgl. auch die zurückhaltende Zusammenfassung von Köster 1980, 182–211.

[81] Vgl. Colpe 1969; der Inanna-Text ist zugänglich bei J. Bottéro, S. N. Kramer, *Lorsque les dieux faisaient l'homme*, Paris 1989, 276–295.

es doch, Reitzenstein übertrumpfend, einige Gelehrte unternommen haben.[82]

Auch im Bereich der paganen *mysteria* hat es in jüngster Zeit sensationelle Entdeckungen gegeben: Der Bestand der sogenannten "orphischen Goldblättchen" hat sich entscheidend vermehrt, jener Texte, die den Toten ins Grab mitgegeben wurden, um ihnen den rechten Weg im Jenseits zu weisen. Seit 1974 wissen wir, daß es sich um Texte 'bakchischer' Mysterien handelt. "Sag der Persephone, daß Bakchios selbst dich freigelassen hat," steht auf einem Text aus Thessalien.[83] Zugleich steht nun fest, daß diese Texte bis ins 5. Jahrhundert v. Chr. zurückgehen und vor allem im 4. Jahrhundert v. Chr. verbreitet sind. Dionysos-Mysterien sind damit in der klassischen Zeit weit besser und direkter bezeugt als in der hellenistischen und in der kaiserzeitlichen Epoche. Es ist nichts mit einer eingleisigen Religions- und Geistesgeschichte, die aufs Christentum zuläuft.

Der Zuwachs an neuen Quellen hat also paradoxerweise vor allem zu negativen Ergebnissen geführt: Große religions- und geistesgeschichtliche Rekonstruktionen sind wieder zerfallen. Man kann das Christentum nicht mehr als eine unter verschiedenen "hellenistischen Mysterienreligionen" betrachten, schon *[43]* gar nicht als Spielart eines "iranischen Erlösungsmysteriums". Für den uns so vertrauten und doch unerhörten Text der christlichen Kommunion, "das ist mein Leib, das ist mein Blut", gibt es übrigens bislang kein paganes Gegenstück, außer dem sehr allgemeinen, wenn auch menschheitsgeschichtlich relevanten Kontext des blutigen Opfers überhaupt. Für die konkrete Situation der frühen Kaiserzeit wird man das Jüdische und das darauf aufbauende Christliche in seiner Besonderheit, in seiner Originalität anerkennen müssen. Die vorchristliche Gnosis verdämmert, während die christliche Gnosis Aufmerksamkeit erzwingt und auch der Manichäismus als christliche oder eher nachchristliche Religion, zwischen Christentum und Islam, zu fassen ist.

Ausgrenzungen haben damit weniger Berechtigung denn je. Die Klassisch-griechische Philologie kann in der multikulturellen Umwelt das 'Klassische' kaum festhalten; sie kann sich jedenfalls vom Semitischen und 'Orientalischen' nicht mehr abkoppeln – nicht einmal, was die vorhellenistische Phase betrifft, ist doch schon die Archaik von einer "orientalisierenden Epoche" geprägt.[84] Sie kann auch nicht bei Konstantin und Konstantinopel

---

[82] Siehe Riedweg 1987.

[83] Burkert 1994, 28; vgl. F. Graf, "Dionysian and Orphic Eschatology", in: Th.H. Carpenter, *Masks of Dionysus*, Ithaca 1993, 239–258.

[84] Burkert 1992.

Halt machen: Wann und wie das 'Mittelalter' beginnt, läßt sich im Osten noch weit schwerer angeben als im lateinischen Westen. Dabei kann die griechische Philologie sich der Aufgabe nicht entziehen, auch die spätantiken Religionen zumindest in ihren griechischen Texten zu erfassen und zu interpretieren, insbesondere das frühe Christentum, das fundamental griechischsprachig gewesen ist. Gewiß, die Herausforderung bedeutet zugleich Frustration. Die Klassische Philologie muß zugeben, daß in der Kaiserzeit die erregenden, zukunftsweisenden Impulse für Kultur und Religion nicht in der Pflege der 'klassischen' Sprache und Literatur bestanden, also auch nicht bei den attizistischen Rhetorenschulen zu finden sind – die Rhetorik freilich bestand weiter und gewann dann in der christlichen Pre-[44]digt sogar ein neues, besonders reiches Betätigungsfeld –; der Klassische Philologe als Religionswissenschaftler aber steht vor sprachübergreifenden Bewegungen, die ihn rasch an die Grenzen seiner Kompetenz kommen lassen. Wir freuen uns, daß der Kölner Mani-Codex griechisch geschrieben ist; aber Mani kam vom Syrischen her, und der rechte Erforscher des Manichäismus sollte dann außer Syrisch und natürlich Latein auch Koptisch, Arabisch, Mittelpersisch, ja Uigurisch und Chinesisch lesen können – alles Sprachen manichäischer Texte. Und auch schon für das frühe Christentum gilt: So gewiß es in einer hellenistischen, in einer gründlich hellenisierten Umwelt heranwuchs, das Hebräische ist als Hintergrund so wenig zu eliminieren wie das Aramäisch-Syrische, dem die anderen vom Christentum gepflegten Volkssprachen dann gefolgt sind. Ohne interdisziplinäre Zusammenarbeit wird man nicht weit kommen.

Wenn ich recht sehe, kann auch die Theologie nicht mehr, wie es seinerzeit *Karl Barth* proklamiert hat, 'Religion' überhaupt und Religionswissenschaft von sich weisen. Theologie kann heute kaum an der Tatsache vorbeigehen, daß sie 'Religion' vertritt Seite an Seite mit anderen, konkurrierenden Religionen – dem Islam zuvorderst; aber auch indische oder pseudoindische Trends, Ostasiatisches, dazu selbsternannte 'neue' Religionen drängen sich vor. Zudem erheischt das Judentum als Partner weit ernstere Aufmerksamkeit als früher. Mir scheint darum, es bleibt gerade hier religionswissenschaftlich geforderte Altertumswissenschaft mit einer historisch-religionswissenschaftlich ausgerichteten Theologie im zeitgenössischen Umfeld ganz eng verbunden.

Dabei bleibt es eine faszinierende Aufgabe für die Religionswissenschaft im Bunde mit Philologie und Theologie, die Welt der Spätantike mit ihren Varianten und Konflikten, mit ihren Konstanten und Übergängen gemeinsam zu erforschen. Es gibt noch eine Unmenge editorischer Aufgaben; sie sind noch nicht einmal für die wichtigsten griechischen *Patres* ans Ende gekommen, geschweige denn für das krause Material der Heiligenviten *[45]* und -legenden. Doch sollte die ungeheure noch zu leistende Arbeit nicht zur Trauerarbeit werden. Es bleibt ein einzigartig faszinierendes Phänomen, was sich damals ereignet hat, jene Kulturrevolution, die das Pagane unwiderruflich versinken ließ, so daß die "klassische Welt" der Klassischen Philologie etwas Nostalgisch-Irreales geworden ist. Die Widerstände, die Chancen des Nebeneinanders sind noch kaum endgültig erforscht; gab es doch generationenlang ein Schwanken zwischen Koexistenz und Konfrontation. Wo und wie wird das Ineinander von Staatsmacht und Widerstand, geistiger Diskussion und Verstummen im einzelnen faßbar? Ist es möglich, daß Nonnos, der Verfasser des riesigen mythologischen Epos von Dionysos, zugleich Bischof von Edessa war?[85] Wie kommen die mythologischen Szenen, z. B. ein prachtvoller Dionysos-Behang, in die christlichen Gräber Ägyptens?[86]

Es langweilt, von Krisen zu sprechen; aber sie sind fühlbar. Das Dach der Geschichtswissenschaft jedenfalls ist schütter geworden. Die bloße Sicherung und Anhäufung von Faktenwissen, von Informationen rückt in die elektronischen Speicher und kommt uns als Glied lebendigen Geisteslebens damit abhanden. Man hat wohl etwas voreilig das "Ende der Geschichte" proklamiert; ich fürchte, sie könnte uns wieder packen. Das Altertum jedoch rückt immer weiter weg, und man gewinnt nichts mehr damit, es 'klassisch' zu nennen. Im Konglomerat des Weltdorfes kann kein solches Zentrum existieren. Ob die Theologie das Postulat einer religiösen Urzeugung in Palästina braucht, muß ich ihr überlassen. Jedenfalls kommen wir weder mit dem Begriff des Klassischen noch mit dem Fortschrittsgedanken wesentlich weiter, auch nicht mit dem Fortschritt bis zur Christianisierung und durch die Christianisierung der Welt – von deren Abschluß wir heute weiter entfernt sind als vor 50 Jahren. Der [46] "Sieg des Christentums" war kein eindeutiger 'Fortschritt'; doch müssen die Klassischen Philologen ihrerseits zugeben, wie hohl der Klassizismus schon in der Spätantike klingt. Die Faktizität der Geschichte ist jedenfalls nicht abzustreiten. Die islamische Welt ist eine Tatsache, die die größte Niederlage des Christentums und auch des Griechentums in sich schließt; kann man sich noch vorstellen, daß die gesamte Türkei, Syrien, Palästina, Ägypten, Libyen, Nordafrika bis Marokko einmal christlich waren, dabei griechisch-sprachig bis nach Libyen?

Als Erbe des Historismus, als Erbe auch von Hans Lietzmann, sollte auf jeden Fall der Respekt vor den Fakten bleiben, der Respekt vor der Überlieferung, die Verpflichtung zur sachlichen Richtigkeit auf Grund genauen

---

[85] So Livrea 1991.
[86] Vgl. Willers 1992.

Studiums der Quellen, das nicht im Sinn postmoderner Beliebigkeit aufgegeben werden kann. Zugleich bleibt die Humanisierung einer multikulturellen Welt – nicht deren fundamentalistische Theologisierung – als gemeinsame Herausforderung im weiteren Rahmen. Die Philologie steht dabei, scheint mir, mehr als früher auch an der Seite der Theologie, indem wir uns gemeinsam den Fragen einer gemeinsamen Welt zu stellen haben. Man lernt nicht einfach aus der Geschichte. Diese zeigt uns die Mythen und Ideologien der jeweiligen Epochen – und damit gleichsam im Spiegel doch eben humane und inhumane Chancen, Aspekte der Wirklichkeit, die auf diese Weise an Tiefe und Lebendigkeit gewinnt. Daß die historische, altertumswissenschaftliche Forschung bei diesem allgemeinen Lernprozeß mithelfen kann, wage ich zu hoffen. *[47]*

Literaturverzeichnis

Eine zulängliche Bibliographie der vielen angesprochenen Probleme ist hier nicht zu erwarten. Die folgende Liste dient vor allem der Entlastung der Anmerkungen.

C. Andresen, *Die Kirchen der alten Christenheit* (RM 29/1–2), Stuttgart 1971.

O. Beidelman, *W. Robertson Smith*, Chicago 1974.

U. Bianchi (Ed.), *Le origini dello gnosticismo/The Origins of Gnosticism. Colloquio di Messina 13–18 Aprile 1966* (SHR 12), Leiden 1967, 1970².

A. Böhlig, Chr. Markschies, *Gnosis und Manichäismus* (BZNW 72), Berlin/New York 1994.

R. R. Bolgar, "Latin Literature: A Century of Interpretation", in: *Les Études classiques au XIXᵉ et XXᵉ siècles* (Entretiens sur l'antiquité classique XXVI), Vandoeuvres-Genève 1980, 91–117.

H. Bornkamm, "Hans Lietzmann und sein Werk", ZNW 41 (1942), 1–12.

– –, "Hans Lietzmann zum Gedächtnis", *Antike* 19 (1943), 81–85.

D. W. Bousset, *Hauptprobleme der Gnosis* (FRLANT 10), Göttingen 1907 (1973²).

– –, *Religionsgeschichtliche Studien. Aufsätze zur Religionsgeschichte des hellenistischen Zeitalters*, hg. v. A. F. Verheule (NT. S 50), Leiden 1979.

J. Büchli, *Der Poimandres. Ein paganisiertes Evangelium. Sprachliche und begriffliche Untersuchungen zum ersten Traktat des Corpus Hermeticum* (WUNT 2. R. 27), Tübingen 1987.

R. Bultmann, "Der religionsgeschichtliche Hintergrund des Prologs zum Johannes-Evangelium", in: *Eucharisterion. Hermann Gunkel zum 60. Geburtstag*, Göttingen 1923, 3–26 = Ders., *Exegetica. Aufsätze zur Erforschung des Neuen Testaments*, (...) hg. v. E. Dinkler, Tübingen 1967, 10–35.

– –, "Die Bedeutung der neuerschlossenen mandäischen und manichäischen Quellen für das Verständnis des Johannes-Evangeliums", *ZNW* 24 (1925), 100–147 = Ders., *Exegetica*, 55–104.

– –, *Das Urchristentum im Rahmen der antiken Religionen*, Zürich 1949 (1969⁵).

W. Burkert, "Griechische Mythologie und die Geistesgeschichte der Moderne", in: *Les Études classiques au XIXᵉ et XXᵉ siècles* (Entretiens sur l' antiquité classique XXVI), Vandoeuvres-Genève 1980, 159–199 *[= oben Nr. 3]*.

– –, "Homerstudien und Orient", in: J. Latacz (Hg.), *Zweihundert Jahre Homer-Forschung* (Colloquium Rauricum 2), Stuttgart 1991, 155–181 *[= Kleine Schriften I, 30-58]*.

– –, *The Orientalizing Revolution. Near Eastern Influence on Greek Culture in the Early Archaic Age*, Cambridge, Mass. 1992. *[48]*

– –, *Ancient Mystery Cults*, Cambridge, Mass. 1987; dt.: *Antike Mysterien. Funktionen und Gehalt*, München 1990; 1994³.

W. M. Calder III (Ed.), *The Cambridge Ritualists Reconsidered*, Atlanta 1989.

C. J. Classen, *Die Klassische Altertumswissenschaft an der Georg-August-Universität Göttingen*, Göttingen 1989.

C. Clemen, *Die religionsgeschichtliche Methode in der Theologie*, Gießen 1904

C. Colpe, *Die religionsgeschichtliche Schule. Darstellung und Kritik ihres Bildes vom gnostischen Erlösermythos* (FRLANT 78), Göttingen, 1961.

– –, "Zur mythologischen Struktur der Adonis-, Attis- und Osirisüberlieferungen", in: W. Röllig (Hg.), *lisan mithurti. Festschr. W. v. Soden*, Kevelaer-Neukirchen-Vluyn 1969, 23–44.

– –, "Gnosis II (Gnostizismus)", in: *Reallexikon für Antike und Christentum* XI (1981) 357–659.

A. Dieterich, *Abraxas. Studien zur Religionsgeschichte des späteren Altertums*, Leipzig 1891.

– –, *Nekyia. Beiträge zur Erklärung der neuentdeckten Petrusapokalypse*, Leipzig 1893, 1913².

– –, *Eine Mithrasliturgie*, Leipzig 1901, 1923³.

É. Durkheim, *Les formes élémentaires de la vie religieuse*, Paris 1912.

Chr. Elsas, *Neuplatonische und gnostische Weltablehnung in der Schule Plotins* (RGVV 34), Berlin/New York 1975.

Eranos-Jahrbuch Band 4/5, 1936/7: *Gestaltung der Erlösungsidee in Ost und West*, Zürich 1937.

Eranos-Jahrbuch Band 7, 1939: *Die Symbolik der Wiedergeburt in der religiösen Vorstellung der Zeiten und Völker*, Zürich 1940.

Eranos-Jahrbuch Band 8 (1940/41): *Trinität, christliche Symbole und Gnosis*, Zürich 1942.

Eranos-Jahrbuch Band 9 (1942): *Das Hermetische Prinzip in Mythologie, Gnosis und Alchemie*, Zürich 1943.

Eranos-Jahrbuch Band 11 (1944): *Die Mysterien*, Zürich 1945.

G. Filoramo, *L'attesa della fine. Storia della Gnosi*, Bari 1983; engl.: *A History of Gnosticism*, London 1990.

M. Flieger, *Das Thomasevangelium* (NTA, NF 22), Münster 1991.

J. Frickel, *Hellenistische Erlösung in christlicher Deutung. Die gnostische Naassenerschrift* (NHS 19), Leiden 1984.

M. Fuhrmann, H. Tränkle, *Wie klassisch ist die klassische Antike?*, Zürich 1970.

U. Hölscher, *Die Chance des Unbehagens. Drei Essays zur Situation der klassischen Studien*, Göttingen 1965.

J. Holzhausen, *Der 'Mythos vom Menschen' im hellenistischen Ägypten. Eine Studie zum 'Poimandres', zu Valentin und dem gnostischen Mythos* (Theophaneia 33), Bodenheim 1994.
[49]

G. W. Ittel, *Urchristentum und Fremdreligionen im Urteil der religionsgeschichtlichen Schule*, Erlangen 1956.

– –, "Die Hauptgedanken der 'religionsgeschichtlichen Schule'", *ZRGG* 10 (1958), 61–78.

H. Jonas, *Gnosis und spätantiker Geist*. I: *Die mythologische Gnosis* (FRLANT 51), Göttingen 1934; 1954²; 1964³; 1988⁴; II 1 *Von der Mythologie zur mystischen Philosophie* (FRLANT 63), Göttingen 1954 = (FRLANT 159) Göttingen 1993; II 2 (dito), hg. v. K. Rudolph (FRLANT 159) Göttingen 1993.

L. Koenen, C. Römer, *Der Kölner Mani-Codex. Kritische Edition* (ARWA. Pap. Col. 14), Opladen 1988.

H. Köster, *Einführung in das Neue Testament*, Berlin/New York 1980.

B. Kytzler, K. Rudolph, J. Rüpke (Hgg.), *Eduard Norden (1868–1941): Ein deutscher Wissenschaftler jüdischer Herkunft* (Palingenesia 49), Stuttgart 1994.

H. Leisegang, *Die Gnosis* (KTA 32), Stuttgart 1941³ (= 1985²).

S. Levin, "The Early History of Christianity in Light of the 'Secret Gospel' of Mark", in: *Aufstieg und Niedergang der römischen Welt* II 25,6, Berlin/New York 1988, 4270–4292.

H. Lietzmann, *Geschichte der Alten Kirche* I–IV, Berlin 1932–1944 = 1975⁴/⁵

– –, *Messe und Herrenmahl. Eine Studie zur Geschichte der Liturgie* (AKG 8), Berlin 1926, 1955³.

– –, *Die Religionswissenschaft der Gegenwart in Selbstdarstellungen* II, Leipzig 1926, 77–117 (= *Kleine Schriften* III 331–368).

– –, *Kleine Schriften* I–III: Bd. I *Studien zur antiken Religionsgeschichte*, hg. v. K. Aland (TU 67); Bd. II *Studien zum Neuen Testament*, hg. v. K. Aland (TU 68); Bd. III *Studien zur Liturgie- und Symbolgeschichte, zur Wissenschaftsgeschichte*, hg. v. d. Komission für Spätantike Religionsgeschichte (TU 74), Berlin 1958; 1958; 1962.

E. Livrea, "Il poeta ed il vescovo", in: *Studia Hellenistica* II, Florenz 1991, 439–462.

Chr. Markschies, *Valentinus Gnosticus? Untersuchungen zur valentinianischen Gnosis mit einem Kommentar zu den Fragmenten Valentins* (WUNT 65), Tübingen 1992.

H. Marti, *Übersetzer der Augustin-Zeit* (Studia et Testimonia Antiqua 14), München 1974.

B. Neuschäfer, *Origenes als Philologe* (SBA 18/1–2), Basel 1987.

E. Meyer, *Geschichte des Altertums* I–V, Stuttgart 1884–1902, I 1 1910³; I 2 1913³; II 1 1928²; III 1937²; IV 1 1939²; IV 2 1956²; V 1958² (repr.Darmstadt 1956/69).

A. A. Mosshammer, *The Chronicle of Eusebius and Greek Chronographic Tradition*, Lewisburg 1979. *[50]*

M. P. Nilsson, *Geschichte der griechischen Religion* I (HAW V 2/2, München 1940, 1967³.

E. Norden, *Publius Vergilius Maro, Aeneis Buch VI*, Leipzig 1903, 1915².

– –, *Agnostos Theos. Untersuchungen zur Formgeschichte religiöser Rede*, Leipzig 1913 = Stuttgart und Leipzig 1996.

– –, *Die Geburt des Kindes. Geschichte einer religiösen Idee* (Studien der Bibliothek Warburg 3), Leipzig 1924 = Darmstadt 1958.

H. Paulsen, "Traditionsgeschichtliche und religionsgeschichtliche Schule", *ZThK* 75 (1958), 22–55.

R. Pfeiffer, *History of Classical Scholarship from 1300 to 1850*, Oxford 1976.

K. Prümm, *Religionsgeschichtliches Handbuch für den Raum der altchristlichen Umwelt*, Rom 1954.

G. Quispel, *Die Gnosis als Weltreligion*, Zürich 1951.

– –, "Der gnostische Anthropos und die jüdische Tradition", *Eranos-Jahrbuch* 22 (1954) 195–234 = ders., *Gnostic Studies* I (UNHAII 34/1), Istanbul 1974, 173–195.

L. Radermacher, "Hans Lietzmann. Ein Nachruf", *Almanach der Akademie der Wissenschaften in Wien* 1943, 1–12.

K. Reinhardt, "Die Klassische Philologie und das Klassische", in: *Vermächtnis der Antike. Gesammelte Essays zur Philosophie und Geschichtsschreibung*, hg. v. C. Becker, Göttingen 1959, 234–260.

R. Reitzenstein, *Zwei religionsgeschichtliche Fragen nach ungedruckten griechischen Texten der Straßburger Bibliothek*, Straßburg 1901.

– –, *Poimandres. Studien zur griechisch-ägyptischen und frühchristlichen Literatur*, Leipzig 1904.

– –, *Die hellenistischen Mysterienreligionen nach ihren Grundgedanken und Wirkungen*, Leipzig 1910, 1920², 1927³ = Darmstadt 1980.

– –, *Das iranische Erlösungsmysterium*, Bonn 1921.

– –, "Alchemistische Lehrschriften und Märchen bei den Arabern", mit: G. Goldschmidt (ed.), *Heliodori carmina quattuor ad fidem codicis Casselani* (RGW 19/2), Gießen 1923.

– –, "Plato und Zarathustra", *Vorträge der Bibliothek Warburg* IV 1924/5 (Leipzig 1927), 20–37; wiederabgedruckt in: Reitzenstein 1963, 20–37.

– –, H. H. Schaeder, *Studien zum antiken Synkretismus aus Iran und Griechenland* (Studien der Bibliothek Warburg 7), Leipzig 1926.

– –, *Antike und Christentum. Vier religionsgeschichtliche Aufsätze* (Libelli 150), Darmstadt 1963.

Festschrift Richard Reitzenstein zum 2. April 1931, dargebracht von E. Fraenkel u. a., Leipzig/Berlin, 1931 (mit Bibliographie: p. 160–168).

Ch. Riedweg, *Mysterienterminologie bei Platon, Philon und Klemens von Alexandrien* (UaLG 26), Berlin/New York 1987. *[51]*

E. Rohde, *Psyche. Seelencult und Unsterblichkeitsglaube der Griechen*, Freiburg 1894, 1898² (9. u. 10. Aufl. mit einer Einführung v. O. Weinreich, Tübingen 1925).

H. Rollmann, "Duhm, Lagarde, Ritschl und der irrationale Religionsbegriff der Religionsgeschicht-
    lichen Schule", *ZRGG* 34 (1982), 276–279.

K. Rudolph, *Die Mandäer* I. *Prolegomena. Das Mandäerproblem*, Göttingen 1960.

– –, *Die Gnosis. Wesen und Geschichte einer spätantiken Religion* (UTB 1577), Göttingen ³1990.

– –, Art. "Religionsgeschichtliche Schule", *Encyclopedia of Religion* XII (1987) 293–296.

D. Sänger, "Phänomenologie oder Geschichte? Methodische Anmerkungen zur religionsgeschicht-
    lichen Schule," *ZRGG* 32 (1980), 13–27.

H. H. Schaeder, "Urform und Fortbildungen des manichäischen Systems", *Vorträge der Bibliothek
    Warburg* IV 1924/5, Leipzig 1927, 65–157.

H. M. Schenke, *Der Gott „ Mensch" in der Gnosis*, Berlin 1962.

R. Schlesier, *Kulte, Mythen und Gelehrte. Anthropologie der Antike seit 1800*, Frankfurt/Main
    1994.

C. Schneider, *Geistesgeschichte des antiken Christentums*, München 1954.

M. Smith, *Clement of Alexandria and a Secret Gospel of Mark*, Cambridge, Mass. 1973.

– –, "Clement of Alexandria and Secret Mark: The Score at the End of the First Decade," *HThR* 75
    (1982) 449–461.

W. R. Smith, *Lectures on the Religion of the Semites*, Cambridge 1889, 1894²; dt.: *Die Religion
    der Semiten*, Tübingen 1899.

E. Troeltsch, "Die Dogmatik der 'religionsgeschichtlichen Schule'", *Gesammelte Schriften* Bd. 2:
    Zur religiösen Lage, Religionsphilosophie und Ethik, Tübingen 1922² (= Aalen 1962), 500–
    524.

H. Usener, *Religionsgeschichtliche Untersuchungen* Tl. 1: *Das Weihnachtsfest*, Bonn 1889, 1911².

– –, *Die Sintfluthsagen*, Bonn 1899.

– –, *Sonderbare Heilige* Tl. 1: *Der heilige Tychon*, Leipzig 1907.

A. F. Verheule, *Wilhelm Bousset. Leben und Werk*, Amsterdam 1973.

M. Waldstein, F. Wisse (Ed.), *The Apocryphon of John. Synopsis of Nag Hammadi Codices II,1;
    III,1; and IV,1 with BG 8502,2* (NHS 33), Leiden 1995.

G. Widengren, "Leitende Ideen und Quellen der iranischen Apokalyptik", in: D. Hellholm (ed.),
    Apocalypticism in the Mediterranean World and the Near East, Tübingen ²1989, 77–162.

U. v. Wilamowitz-Moellendorff, *Die griechische Literatur und Sprache* (Kunst der Gegenwart 1
    8), Berlin 1905, 1912³. *[52]*

– –, *In wieweit befriedigen die Schlüsse der erhaltenen griechischen Trauerspiele?*, ed. W. M.
    Calder III, Leiden 1974.

D. Willers, "Dionysos und Christus – ein archäologisches Zeugnis zur 'Konfessionsangehörigkeit'
    des Nonnos", *Museum Helveticum* 49 (1992), 141–151.

E A. Wolf, *Prolegomena to Homer*, transl. with Introduction and Notes by A. Grafton, G. W.
    Most, J. E. G. Zetzel, Princeton 1985.

E. Yamauchi, *Pre-Christian Gnosticism. A Survey of the Proposed Evidence*, Grand Rapids ²1983.

Indices

a. Ausgewählte Stellen

b. Namen und Sachen

c. Graeca et Latina

d. Moderne Autoren

Platon Werke
Übersetzung und Kommentar

V&R

Im Auftrag der Akademie der Wissenschaften und der Literatur zu Mainz herausgegeben von Ernst Heitsch und Carl Werner Müller.
Bei Subskription ca. 5% Nachlass.
Bereits erschienen sind folgende Bände:

I 2 Apologie des Sokrates
Übersetzung und Kommentar
von Ernst Heitsch.
2., durchges. Auflage 2004.
216 Seiten, gebunden
ISBN 978-3-525-30401-3

I 4 Phaidon
Übersetzung und Kommentar
von Theodor Ebert.
2004. 516 Seiten, gebunden
ISBN 978-3-525-30403-7

II 4 Politikos
Übersetzung und Kommentar
von Friedo Ricken.
2008. 292 Seiten, gebunden
ISBN 978-3-525-30407-5

III 2 Philebos
Übersetzung und Kommentar
von Dorothea Frede.
1997. 450 Seiten, gebunden
ISBN 978-3-525-30409-9

III 4 Phaidros
Übersetzung und Kommentar
von Ernst Heitsch.
2., erweiterte Auflage 1997.
281 Seiten, gebunden
ISBN 978-3-525-30437-2

V 1 Theages
Übersetzung und Kommentar
von K. Döring.
2004. 93 Seiten, gebunden
ISBN 978-3-525-30416-7

V 4 Lysis
Übersetzung und Kommentar von Michael Bordt.
1998. 264 Seiten, gebunden
ISBN 978-3-525-30419-8

VI 2 Protagoras
Übersetzung und Kommentar
von Bernd Manuwald.
1999. 495 Seiten, gebunden
ISBN 978-3-525-30421-1

VI 3 Gorgias
Übersetzung und Kommentar
von Joachim Dalfen.
2004. 524 Seiten, gebunden
ISBN 978-3-525-30422-8

VIII 4 Kritias
Übersetzung und Kommentar
von Heinz-Günther Nesselrath.
2006. 496 Seiten, gebunden
ISBN 978-3-525-30431-0

IX 1 Minos
Übersetzung und Kommentar von J. Dalfen.
2009. 189 Seiten, gebunden
ISBN 978-3-525-30432-7

IX 2 Nomoi (Gesetze) Buch I–III
Übersetzung und Kommentar
von Klaus Schöpsdau.
1994. 540 Seiten, gebunden
ISBN 978-3-525-30433-4

IX 2 Nomoi (Gesetze) Buch IV–VII
Übersetzung und Kommentar von K. Schöpsdau.
2003. 656 Seiten, gebunden
ISBN 978-3-525-30434-1

Vandenhoeck & Ruprecht

Archaeologia Homerica

Die Denkmäler und das frühgriechische Epos. Im Auftrag des Deutschen Archäologischen Instituts herausgegeben von Hans-Günter Buchholz.

V&R

Hans-Günter Buchholz

Kriegswesen, Teil 3

Ergänzungen und Zusammenfassung. Mit der Vorlage eines unbekannten altägäischen Bronzehelms

Redaktion Hans-Günter Buchholz und Christa Sandner-Behringer. Unter Mitarbeit von Hartmut Matthäus und Malcolm Wiener.
Archaeologia Homerica – Lieferung E3.
2010. 370 Seiten mit 234, teilweise farbigen Abb., kartoniert
ISBN 978-3-525-25442-4

In dieser seit Langem geplanten, nun reich mit Farbbildern ausgestatteten Lieferung »Kriegswesen, Teil 3« finden sich ergänzende Beobachtungen und weitere Literatur zu den Fakten der beiden ersten Faszikel. In jüngerer Zeit haben Funde das Bild bereichert und im Einzelfall verschoben. Wirklich neu und geradezu sensationell ist der erste im Großen und Ganzen intakte altägäische Bronzehelm mit außergewöhnlichem Dekor.

Anders als in den chronologisch orientierten Untersuchungen in »Kriegswesen, Teil 1« und »Kriegswesen, Teil 2« geht Buchholz hier sachlich-thematisch vor, behält stets den Homertext im Blick und berücksichtigt synoptisch den archäologischen Fundstoff der 2. Hälfte des 2. Jahrtausends v. Chr. sowie der folgenden Jahrhunderte.

Bereits erschienen u.a.:

Hans-Günter Buchholz

Kriegswesen, Teil 1

Schutzwaffen und Wehrbauten
Archaeologia Homerica – Lieferungen, Lieferung E1.
1977. IV, 228 Seiten mit 44 Abb., 22 Taf., kartoniert
ISBN 978-3-525-25404-2

Hans-Günter Buchholz

Kriegswesen, Teil 2

Angriffswaffen: Schwert, Dolch, Messer, Lanze, Speer, Keule
Archaeologia Homerica – Lieferungen, Lieferung E2.
1980. IV, 116 Seiten mit zahlr. Abb., 4 Taf., kartoniert
ISBN 978-3-525-25403-5

Erschienen sind Lieferung A-C, E-X.
Einige Lieferungen der Reihe sind auch in Bänden zusammengefasst beziehbar:

Archaeologia Homerica Band 2

(Lieferungen G – N/2)
1990. XVI, 854 Seiten mit 41 Taf., 1 farb. Abb., 1 Faltkarte, Leinen in Schuber
ISBN 978-3-525-25436-3

Archaeologia Homerica Band 3

(Lieferungen O-T)
1988. XVI, 850 Seiten mit 38 Taf., Leinen in Schuber
ISBN 978-3-525-25437-0

Bitte informieren Sie sich unter www.v-r.de

Vandenhoeck & Ruprecht